高 等 学 校 教 材

新型干法水泥生产技术与设备

第二版

李海涛　主编

郭献军　吴武伟　副主编

化学工业出版社

·北京·

本书系第二版，在保持第一版特色的基础上，对全书内容进行了全面调整、优化和更新，并对部分章节内容进行了删减或补充。

　　全书共分九章，从水泥生产原材料、燃料、配料、预均化到水泥制成，详细介绍了水泥生产过程主要设备的结构、工作原理、性能特点、操作维护以及常见故障处理。生料粉磨系统重点讲述了立磨粉磨系统，并补充了辊压机终粉磨系统和中卸烘干磨系统；烧成系统主要讲述了各种预热预分解系统、回转窑、新型篦冷机、多风道燃烧器、煤粉制备与计量、耐火材料配置及施工；水泥制成部分对辊压机、立磨和管磨机组成的各种粉磨系统以及立磨、筒辊磨水泥终粉磨系统以及球磨机、辊压机、高效选粉机等内容作了详尽介绍。

　　本书可作为高等院校水泥工艺专业方向以及相关专业教材，也可供从事水泥工业科研、设计、生产技术及管理人员参考，还可作为水泥企业职工培训用书。

图书在版编目（CIP）数据

新型干法水泥生产技术与设备／李海涛主编．—2版．—北京：化学工业出版社，2013.9（2023.9重印）
高等学校教材
ISBN 978-7-122-18141-1

Ⅰ.①新…　Ⅱ.①李…　Ⅲ.①水泥-干法-生产工艺-高等学校-教材②水泥-干法-生产-化工设备-高等学校-教材　Ⅳ.①TQ172.6

中国版本图书馆 CIP 数据核字（2013）第 179395 号

责任编辑：窦　臻　　　　　　　　文字编辑：冯国庆
责任校对：蒋　宇　　　　　　　　装帧设计：关　飞

出版发行：化学工业出版社（北京市东城区青年湖南街 13 号　邮政编码 100011）
印　　装：北京虎彩文化传播有限公司
787mm×1092mm　1/16　印张 17½　字数 456 千字　　2023 年 9 月北京第 2 版第 7 次印刷

购书咨询：010-64518888　　售后服务：010-64518899
网　　址：http://www.cip.com.cn
凡购买本书，如有缺损质量问题，本社销售中心负责调换。

定　　价：49.00 元

第二版前言

本书自 2005 年出版以来，承蒙广大读者厚爱，曾多次重印。在此期间，新型干法水泥生产技术得到了快速发展。为了适应现代化水泥生产和教学需要，我们重新编写了《新型干法水泥生产技术与设备》。

第二版保持了第一版的特色，在内容上做了全面调整、优化与更新，并对部分章节内容进行了删减或补充。全书共分九章，详细介绍了水泥生产工艺过程及主要设备的结构、工作原理、运行参数、操作维护以及常见故障的预防与处理。

本书收集了国内新型干法水泥生产线生产、建设和改造过程中的成功经验和生产运行数据，查阅了业内资深专家、学者近期发表的有关新型干法水泥方面的论文和其他相关文献，并结合作者多年的教学和实践总结撰写而成，内容翔实、通俗、实用。

本书由洛阳理工学院李海涛任主编，郭献军、吴武伟任副主编。洛阳理工学院王晓峰、刘辉敏、张冬阳、张明海，中联登电水泥有限公司何继刚参加了编写工作。

在编写过程中，得到了有关高等院校、设计研究院和水泥企业的大力支持和热情帮助，在此一并表示感谢。

由于本人水平有限，书中不妥之处在所难免，恳请广大读者和水泥行业的专家、同仁提出批评和改进意见。

李海涛
2013 年 6 月

第一版前言

以预分解窑为代表的新型干法水泥生产技术是国际公认的代表当代技术发展水平的水泥生产方法。它具有生产能力大、自动化程度高、产品质量高、能耗低、有害物排放量低、工业废弃物利用量大等一系列优点，成为当今世界水泥工业生产的主要技术。

近年来，我国新型干法水泥生产技术得到了飞速发展。尤其是进入21世纪，大批5000t/d熟料新型干法水泥生产线的建成、投产，标志着我国新型干法水泥生产技术已经成熟。目前全国已建成的新型干法水泥生产线约400余条，产能达3亿多吨，占我国水泥总产量的32%以上。

新型干法水泥生产技术的发展，使得水泥生产新工艺、新技术、新设备及操作控制手段日益更新，造成水泥生产企业工程技术人员、生产控制操作人员及高级技术工人短缺，职工技术、知识结构更新迫在眉睫。为满足水泥生产企业员工技术培训、水泥工艺专业教学需要，我们以近几年的教学讲义为基础，结合水泥工业发展及企业的要求，编写了《新型干法水泥生产技术与设备》，并以期为从事水泥工作的同行们提供学习、技术交流和参考的资料。

本书以国内已建成的1000～5000t/d熟料新型干法水泥生产线为主，收集了大量在新线建设、日常生产和技术改造过程中的成功经验与存在不足，查阅了业内资深专家、学者近期发表的有关新型干法水泥方面的论文和相关文献，从石灰石破碎、原料预均化堆场、生料制备及均化、预分解烧成与冷却、水泥制成及预分解系统调节与控制等方面，系统地介绍了新型干法水泥生产的工艺过程及设备的结构性能、运行参数和操作维护等。内容系统、新颖、翔实、通俗、实用、可靠。

全书共分九章，重点介绍了立磨生料粉磨系统、预分解系统、多风道燃烧器和第三代篦式冷却机的结构、性能特点、操作控制与维护以及常见故障的预防处理，辊压机及第三代选粉机的结构、运行参数和操作维护等。还介绍了水泥熟料形成过程、回转窑结构及耐火衬料的选用和施工注意事项。

本书由李海涛主编，郭献军、吴武伟副主编，王晓峰、任和平、张伟、陈白生及同力水泥有限公司曹庆霖参加了编写。在编写过程中，得到了系领导和协作单位的大力支持和热情帮助，在此一并表示感谢。

本书可供水泥工业的科研、设计、生产建设、工程技术及管理人员参考，也可作为水泥专业大专院校师生教学用书。

由于时间仓促、水平有限，书中缺点错误在所难免，希望广大读者和水泥行业的专家、同仁提出批评和改进意见。

编　者
2005 年 9 月

目　录

第1章 绪论

1.1 水泥在国民经济中的地位和作用

水泥是国民经济建设的重要基础原材料之一，可广泛用于民用、工业、农业、水利、交通和军事等工程。虽然制造水泥的能耗较高，但它与砂、石等集料制成的混凝土却是一种低能耗的建筑材料。目前国内外尚无一种材料可以替代它的地位。作为国民经济的重要基础产业，水泥工业已经成为国民经济社会发展水平和综合实力的重要标志。

1.2 新型干法水泥生产技术现状

新型干法水泥生产技术，是以悬浮预热和预分解技术为核心，利用现代科学理论和技术，并采用计算机及其网络化信息技术进行水泥生产的综合技术，具有优质、高效、节能、环保和可持续发展等特点。

新型干法水泥生产技术的内容：原料矿山计算机控制开采、原燃料预均化、生料均化、新型节能粉磨、高效低阻预热器和分解炉、新型篦式冷却机、高耐热耐磨及隔热材料、计算机与网络化信息技术等。

1.2.1 国外新型干法水泥生产技术现状

（1）预分解系统 高效低阻预热器在系统阻力不增加或略有降低的情况下，出现了6级、多级热交换预热器，6级预热器出口废气温度下降至 $260\sim280℃$，多级预热器降至 $260℃$ 以下。

单系列预热器具有操作简单、筒体散热损失低等特点，目前已有 6000t/d 规模采用单系列的成功案例；技术先进的预分解系统阻力已降至5级 4500Pa，6级 5200Pa 以下。

技术先进的分解炉可大量燃烧低挥发分、低热值的燃料、工业废弃物、城市生活垃圾，NO_x 排放值（标准状况）低于 $500mg/m^3$，占系统烧成燃料比例超过 65%，入窑物料分解率超过 92%。

（2）回转窑 回转窑长径比从15左右的三挡窑缩短至 $10\sim13$ 的二挡窑。窑的单位容积产量从 $3.0t/(d\cdot m^3)$ 提高至 $6.0t/(d\cdot m^3)$。筒体散热损失从三挡窑的大于 35kcal/kg 下降至二挡窑的 $26\sim30$kcal/kg（1kcal=4.18kJ，下同）。窑速从 3r/min 提高至 4r/min 以上，物料在窑内停留时间从 40min 逐步下降至 30min 以下。

二挡窑和三挡窑相比，设备重量降低约 10%，还具有运行平稳、安装简单、维护方便等优点。进入21世纪，国际上新建生产线投入的二挡窑数量已超过三挡窑。

为满足不同性能的燃料和工业废弃物的燃烧，燃烧器设计从以往的内风旋流发展为内风、外风双旋流，且在风道中间部位增设了液体或固体废物或不同性能粉状燃料通道，以满足不同性能的燃料燃烧要求。新型燃烧器的一次净空气量为 6%，煤风为 $2\%\sim4\%$，合计一次风量为 $8\%\sim10\%$。

（3）冷却机 第四代无漏料冷却机由若干条纵向熟料冷却输送通道组成，运行速度随料层冷却情况自动调节。通道单独通风，热交换时间可以控制，确保不同粒径熟料得以冷却，冷却风量（标准状况）约为 $1.6m^3/kg$ 熟料，热回收率超过 76%，篦床有效面积负荷大于 $45t/(m^3 \cdot d)$。同时具有结构紧凑，机内无输送部件，篦板不与热熟料直接接触，磨损小，熟料输送无阻碍，输送效率稳定，模块化设计，安装维护方便，篦下无漏料，不需设置拉链机，整机高度低等一系列优点。

（4）熟料烧成系统　由 6 级或多级预热器、低 NO_x 分解炉系统、二挡短窑、高效燃烧器、第四代篦冷机组成的 5000t/d 熟料烧成系统，设计热耗低于 690kcal/kg（长期运行生产热耗 730kcal/kg），熟料电耗 $17\sim19kW \cdot h/t$。

（5）水泥粉磨　世界水泥粉磨技术呈多元化趋势，粉磨设备也向大型化、低耗高效及自动化方向发展。辊压机＋V 形选粉机＋管磨机预处理的双闭路粉磨系统，比较先进的粉磨电耗指标已低于 $27kW \cdot h/t$。

辊压机终粉磨系统完全取消了球磨机，由辊压机承担全部的粉磨功耗，其水泥粉磨电耗可降到 $21\sim22kW \cdot h/t$。

立磨水泥终粉磨系统具有工艺流程简单、建筑面积和占地面积小、单位产品电耗低、允许入磨物料水分高、运转率高、粉磨效率高、操作维护简单、运行费用低、单机规模大等诸多优点而被广泛采用。国际上新建的水泥生产线粉磨系统对立磨终粉磨系统的选用率已达 80% 以上。其水泥粉磨电耗可达 $25\sim29kW \cdot h/t$。

由法国 FCB 公司开发的 Horomill 和 FLS 公司后来推出的 CEMAX 型筒辊磨，配用高效选粉机组成闭路水泥粉磨工艺，其水泥粉磨系统电耗约 $25kW \cdot h/t$。

分别粉磨工艺制备的水泥颗粒级配更合理，强度增进率高，制造成本低，水泥粉磨电耗一般在 $30\sim40kW \cdot h/t$，是水泥粉磨工艺发展和改造的方向。

1.2.2　国内新型干法水泥生产技术现状

通过引进、吸收、消化、冷热态模拟实验、计算机模拟技术等研发手段，以及大批生产线的建设和生产实践，使我国水泥工业得到了快速发展。

（1）合理使用低品位原燃料　通过对矿山开采和搭配、原、燃料和生料的均化等技术的研发，使新型干法水泥生产原、燃料的许用范围得到较大的拓宽。目前新型干法生产使用的原料中，石灰石的氧化钙、氧化镁含量可分别放宽到 45%、4.0%；燃煤的挥发分 $<2.0\%$，全硫含量 $<3.0\%$，灰分可高达 40%；对原料中的有害组分碱、氯、硫等的许用范围也扩大了很多。

（2）原料、生料制备系统　大型石灰石单段锤式破碎机，产量可达 $1500\sim1700t/h$；用于破碎黏土、粉砂岩、煤等物料的大型齿辊式破碎机，产量达到 550t/h；用于破碎硬硅质原料的大型反击式破碎机，产量达到 400t/h。

自行设计制造的大型辊磨，主要技经指标达到国际先进水平。

采用国产辊压机生料终粉磨系统，通过生产实践和优化改进，节能效果更加显著。

（3）熟料烧成系统　从 20 世纪 70 年代开始，我国水泥工业科研人员研究新型干法水泥生产烧成技术，综合多种专业学科，开发了具有自主知识产权、达到国际先进水平的水泥预热、预分解系统技术，解决了系统优化和规模放大技术难题；同时，结合机械制造专业，进行适应不同建设条件、不同长径比大型回转窑和第三、第四代熟料冷却机的研发，实现了各种规模水泥熟料烧成系统的国产化，并使烧成系统主要技术经济指标达到世界先进水平。国产先进的预热、预分解系统换热效率高，阻力损失小，可根据工艺需求按 5 级或 6 级布置。对于 5 级布置的预热、预分解系统，其 C_1 筒出口气体温度可小于 $320℃$，系统压降低于 $4.8kPa$；新型篦式冷却机系统热回收效率大于 72%，熟料冷却用风量（标准状态）为 $1.8\sim2m^3/kg$。

（4）水泥粉磨系统　近十余年来，我国水泥粉磨工艺和装备发展迅速，在消化吸收外国引进技术的基础上，已自主开发出不同规模的立磨、不同类型的高效选粉机和挤压磨，以及其他节能粉磨设备。应用于我国日产熟料 2500t 以上的新型干法生产线上，可使吨水泥电耗降低到 110kW·h 以下；应用在我国管理好的日产 5000t 熟料新型干法生产线上，吨水泥电耗为 90～100kW·h，达到国际先进水平。

①辊压机半终粉磨系统，其中辊压机分担了一半以上的粉磨功耗，通常可以使水泥粉磨电耗下降到 26kW·h/t。

②辊压机终粉磨系统完全取消了球磨机，由辊压机承担全部的粉磨功耗，其水泥粉磨电耗可进一步减少到 21～22kW·h/t。

③CKP 立磨（不带选粉）和球磨机组成的粉磨系统，使水泥粉磨电耗降到 26～28kW·h/t。

④立磨水泥终粉磨效率高、电耗低（比球磨机节电 20%～30%）、工艺简单、调整品种灵活等诸多优点，电耗可降到 25～29kW·h/t。

（5）纯低温余热发电技术　目前，我国已开发出不同形式、不同技术特点的性能优良的水泥窑纯低温余热发电技术与装备，可以根据不同的水泥生产线和生产操作参数，采用不同特点和规模的发电技术，在不增加熟料烧成热耗生产操作条件下，吨熟料的发电量可达 36～40kW·h/t。

（6）工业废渣综合利用技术发展迅速　我国冶金、电力等各行各业迅猛发展，伴随产生的主要问题是工业废弃渣的排放量越来越多。

各种活化处理的高炉矿渣和粉煤灰以较大比例掺入水泥或混凝土中，既节约了能源、利用了废渣，还可有效地调节水泥品种、改善水泥性能，经济效益和社会效益显著。

针对不同固废资源的理化特性，利用电石渣、锰渣、磷渣、钢铁厂熔渣、城市及河道污泥等不同固废资源生产水泥，对循环经济和节能减排具有重大意义。

（7）水泥窑协同处理废弃物技术　我国城市人均生活垃圾年产生量已经达到 450kg 或更多。水泥窑体积大，热容量也很大，且煅烧温度高，技术上具备协同处理废弃物的能力。20 世纪 90 年代以来，国外水泥行业已经有较多的利用废弃物部分取代水泥窑原、燃料来处理废弃物的实例，既处理了废弃物，又节约了矿物原燃料用量，效果很好。与国外相比，国内的废弃物在其构成、形态、性质等各方面差距较大，在利用处理上有其自身特点和难度。近 10 年来，国内一些大的水泥研究设计院及大水泥公司都在进行这方面的技术研究开发，北京水泥厂等一些水泥企业已利用这一技术，处理工业垃圾或废弃物，能高效处理二噁英，节能减排效果好。铜陵海螺引进日本川崎技术，实现了 5000t/d 熟料水泥窑焚烧处理城市生活垃圾的工业应用，日处理城市生活垃圾 300t。真正实现"减量化、再利用、再循环"。

1.3　水泥工业的发展趋势

（1）水泥生产线能力的大型化　世界水泥生产线建设规模越来越大，已建成 5000～12000t/d 的生产线达 100 多条。

（2）水泥工业生产的生态化

①减少粉尘、NO_2、SO_2、重金属等对环境的污染。

②实现高效余热回收，减少水泥电耗。

③不断提高燃料的代替率，降低熟料烧成热耗。

④努力提高窑系统的运转率，提高劳动生产率。

⑤开发生产生态水泥，减少自然资源的消耗。

⑥利用计算机网络系统，实现高智能型的生产自动控制和管理现代化。

（3）水泥生产管理的信息化

①水泥生产过程的自动化、智能化。

②生产管理决策的科学化、网络化和信息化。

③企业商务活动电子化、网络化、信息化。

1.4 水泥工业的可持续发展

依靠科技进步，合理利用资源，大力节省能源；在水泥的生产和使用过程中尽量减少或杜绝废气、废渣、废水和有害有毒物质排放对环境的污染，维护生态平衡；大力发展绿色环保水泥；大量消纳本行业和其他工业难以处理的废弃物和城市垃圾；满足经济和社会发展对水泥的需求，并保持满足后代需求的潜力；支持国内经济和社会的可持续发展。

水泥工业可持续发展的内容。

①节约资源 提高资源利用率，少用或不用天然资源，鼓励使用再生资源，提高低质原燃材料在水泥工业中的可利用性，鼓励企业大量使用工业和农业废渣、废料及生活废弃物等作为原料生产建材产品。

②节约土地 采取少用或不用毁地取土作原料的行业可持续发展政策，以保护土地资源。

③节约能源 大量利用工业废料、生活废弃物作燃料，节约生产能耗，降低建筑物的使用能耗。

④节约水源 节约生产用水，将废水回收处理再利用。

第2章 原燃料及配料

2.1 水泥生产原料

生产硅酸盐水泥的主要原料为石灰质原料和硅铝质原料，有时还要根据原燃料品质和水泥品种，掺加校正原料以补充某些成分的不足，也可以利用工业废渣作为水泥的原料或混合材进行生产。

2.1.1 石灰质原料

石灰质原料是指以碳酸钙为主要成分原料，包括石灰石、泥灰岩、白垩、贝壳以及工业废渣（如电石渣、糖滤泥、碱渣、白泥）等，我国大部分水泥厂使用石灰岩和泥灰岩。石灰石是生产水泥的主要原料，每生产 1t 熟料大约需要 1.3t 石灰石。

石灰岩是由碳酸钙组成的化学生物沉积岩，主要矿物是方解石。纯方解石含有 56% 的 CaO 和 44% 的 CO_2，呈白色。石灰岩常混有白云石、硅石、含铁矿物和黏土等杂质，呈灰白、淡黄、红褐或灰黑等颜色。石灰岩呈块状、无层理，结构致密，性脆，密度为 2.6~2.8 g/cm³，水分通常小于 2%。

泥灰岩是由碳酸钙和黏土物质同时沉积所形成的均匀混合的沉积岩。它是一种由石灰石向黏土过渡的岩石。氧化钙含量超过 45% 的泥灰岩称为高钙泥灰岩；含量小于 43.5% 的称为低钙泥灰岩，通常与石灰石搭配使用。泥灰岩是一种极好的水泥原料，其中石灰岩和黏土混合均匀，易烧性好，有利于提高窑的产量，降低燃料消耗。

2.1.2 硅铝质原料

硅铝质原料的主要成分为 SiO_2 和 Al_2O_3，主要有黄土、黏土、砂岩、粉砂岩、页岩、河泥和尾矿（如铜尾矿、铅锌尾矿、矾土尾矿）等。为节约矿产资源，我国大部分水泥厂使用砂岩、粉砂岩、页岩和尾矿等。生产 1t 硅酸盐水泥熟料需 0.3~0.4t 硅铝质原料。

黄土由花岗岩、玄武岩等经风化分解后，再经搬运、沉积而成。其黏土矿物以伊利石为主，其次是蒙脱石、石英、长石、方解石和石膏等。黏土是由钾长石、钠长石或云母等矿物经风化及化学转化，再经搬运、沉积而成的。

页岩是黏土受地壳压力胶结而成的黏土岩，层理分明，颜色不定，其成分与黏土类似。砂岩由海相或陆相沉积而成，是以 SiO_2 为主要成分的矿石。

尾矿是由选矿厂排出的尾矿浆，经自然脱水后所形成的固体废料，也包括与矿石一起开采出的废石。

2.1.3 校正原料

当石灰质原料和黏土质原料配合所得生料成分不能满足配料方案要求时，必须根据所缺少的组分，掺加相应的校正原料。

当原料中 SiO_2 不足时，常用砂岩、河沙、粉砂岩等作为硅质校正原料；当 Al_2O_3 不足时，常用粉煤灰、煤矸石、炉渣、铝矾土等作为铝质校正原料；当 Fe_2O_3 不足时，常用低品位铁矿石、硫酸渣、铜矿渣、铅矿渣等作为铁质校正原料。

生产硅酸盐水泥熟料对原料质量的一般要求见表 2-1。

表 2-1　生产硅酸盐水泥熟料对原料质量的一般要求　　　　　　　单位：%

原料名称		成分									SM	IM
		CaO	SiO_2	Al_2O_3	Fe_2O_3	MgO	R_2O	SO_3	Cl^-	石英或燧石		
石灰石	一级品	>48				<2.5	<1.0	<1.0	<0.015	<4.0		
	二级品	45~48				<3.0	<1.0	<1.0	<0.015	<4.0		
泥灰岩		35~45				<3.0	<1.2	<1.0	<0.015	<4.0		
黏土类	一级品					<3.0	<4.0	<2.0	<0.015		2.7~3.5	1.5~3.0
	二级品					<3.0	<4.0	<2.0	<0.015		不限	2.0~2.7、3.5~4.0
硅质校正原料			>70			<3.0	<4.0	<1.0	<0.015		>4.0	
铝质校正原料				>30		<3.0	<2.0	<1.0	<0.015			
铁质校正原料					>40	<3.0	<2.0	<2.0	<0.015			

新型干法水泥生产过程中，采用了原燃料预均化、生料均化等措施，为低品位石灰石的利用提供了保证，使用 CaO 含量在 42% 左右、MgO 含量在 3%~5% 的低品位石灰石，也能达到生产要求，有效利用了资源。

2.2　水泥生产燃料

国内水泥工业主要燃料是煤。煤是古代植物和动物尸骸埋在地下，在隔绝空气的条件下受地质作用，经长期的物理和化学变化而形成的复杂有机化合物。随其形成的地质条件不同各种元素含量各异，燃料的性质也不同。根据埋藏时间及碳化程度不同，可分为泥煤、褐煤、烟煤和无烟煤。

2.2.1　燃料的组成及表示方法

分析燃料的组成通常有元素分析法和工业分析法两种。

2.2.1.1　元素分析法

用化学分析方法分析燃料的元素组成，得知燃料是由碳（C）、氢（H）、氧（O）、氮（N）、硫（S）五种元素及灰分（A）和水分（M）组成，其基本性质如下。

（1）碳（C）　碳是燃料中最主要的组分，它在煤中的含量为 55%~99%，在重油中的含量达 86% 以上，在燃料中与氧、氢、氮、硫等组成各种有机化合物。当燃料受热燃烧时，这些有机化合物首先分解，然后再进行燃烧，放出大量热。

$$C + O_2 =\!=\!= CO_2 + 408.8 \quad (kJ/mol) \tag{2-1}$$

碳是固体和液体燃料的主要热能来源。

（2）氢（H）　氢是燃料中的一种可燃成分，对燃料性质的影响较大。它在燃料中有两种存在形式：一种是和碳、硫化合的，称为可燃氢（或自由氢）；另一种是与氧化合的，称为化合氢。化合氢不能参加燃烧反应。可燃氢在燃烧时具有很高的热效应，1kg 可燃氢燃烧放出的热量，约为 1kg 碳产生热效应的 3.5 倍。

$$H_2 + \frac{1}{2} O_2 =\!=\!= H_2O + 242 \quad (kJ/mol) \tag{2-2}$$

氢在固体燃料中含量越多，燃料的挥发分越高，越容易着火燃烧，燃烧的火焰也越长。氢在固体燃料中的含量一般不超过 5%，在液体燃料中氢含量可达 14%。

（3）氧（O）和氮（N）　燃料中的氧和氮不参与燃烧，不能放出热量，它们的存在，降低了燃料中可燃物的比例，降低发热量。不过在一般固体和液体燃料中，氧和氮的含量不高（不包括灰分中氧化物中的氧），为 1%～3%，故影响不大。

（4）硫（S）　燃料中的硫有三种形态。

①有机硫化物，硫与碳、氢、氧等结合成有机化合物，在燃料中分布较均匀。

②金属硫化物，如黄铁矿 FeS_2 等。

③无机硫化物，以硫酸盐存在于燃料中，如 $CaSO_4$、$MgSO_4$、$FeSO_4$ 等。它们不能再进行氧化，不参与燃烧反应，是煤中灰分的一部分。

前两项的硫化物可挥发并参与燃烧，放出热量，称为可燃硫或挥发硫。

硫燃烧后虽能放出热量，但会形成 SO_2 气体，对人体有害。污染环境，腐蚀设备，影响产品质量，所以，硫是燃料中的有害成分。一般固体燃料含硫量大多在 2% 以内，液体燃料中为 0.1%～3.5%。

（5）灰分（A）　燃料燃烧后剩下的不可燃烧的杂质称为灰分，其成分多为硅酸盐等无机化合物，如 SiO_2、Fe_2O_3、Al_2O_3、CaO、MgO 等。其中 SiO_2 及 Al_2O_3 占大多数。

灰分是燃料中的有害成分，灰分越多，燃料品质越低。其影响如下。

①灰分的存在，降低了燃料中可燃成分含量，同时燃烧过程中灰分升温吸热，消耗热量降低燃料的发热量。

②灰分过高时，影响燃料的燃烧速度和燃烧温度，使燃烧达不到工艺要求。

③灰分在较高温度下，熔化产生液相，使炉内或窑内结皮、结渣，清炉时增加劳动强度，并可夹带未燃组分，造成机械不完全燃烧热损失。

固体燃料中灰分较多，一般为 5%～35%，劣质煤的灰分可达 40%～50%。液体燃料中的灰分较少，一般不超过 1%。

（6）水分（M）　燃料中的水分是指自然水分（不包括化合结晶水）。一般是机械地混入燃料的非结合水和吸附在毛细孔中的吸附水。燃料中的水分不仅不能燃烧放热，而且汽化时要吸收大量汽化热。降低燃料品质。所以，水分一般是燃料中的有害成分。但固体燃料含有少量水分可减少燃料飞损，液体燃料含的水分如果以乳化状态存在，还有利于燃烧。

2.2.1.2　工业分析法

其组成由挥发分（V）、固定碳（C）、灰分（A）及水分（M）组成，分析方法简单，应用较广。

（1）收到基　指工厂实际使用的煤的组成，即实际使用煤的组成（原称应用基），在各组成的右下角以"ar"表示。

$$C_{ar}+H_{ar}+O_{ar}+N_{ar}+S_{ar}+A_{ar}+M_{ar}=100 \qquad (2-3)$$

式中　C_{ar}，H_{ar}，…，M_{ar}——燃料中各组成的收到基的质量分数，%。

（2）空气干燥基　指实验室所用的空气干燥煤样的组成（将煤样在 20℃ 和相对湿度 70% 的空气下连续干燥 1h 后质量变化不超过 0.1%，即可认为达到空气干燥状态，此时煤中的水分与大气达到平衡），在各组成的右下角以"ad"表示。

$$C_{ad}+H_{ad}+N_{ad}+S_{ad}+A_{ad}+M_{ad}=100 \qquad (2-4)$$

式中　C_{ad}，H_{ad}，…，M_{ad}——燃料中各组成的空气干燥基含量，%。

空气干燥状态下留存在煤中的水分称为空气干燥基水分或内在水分 M_{ad}，在空气干燥过程中逸出的水分称为外在水分 $M_{ar,f}$。收到基水分为总水分，即内在水分与外在水分之和，两者关系为：

$$M_{ar} = M_{ar,f} + M_{ad}\frac{100 - M_{ar,f}}{100} \qquad (2\text{-}5)$$

（3）干燥基　指绝对干燥的煤的组成。不受煤在开采、运输和贮存过程中水分变动的影响，能比较稳定地反映成批贮存煤的真实组成，在各组成的右下角以"d"表示。

$$C_d + H_d + O_d + N_d + S_d + A_d = 100 \qquad (2\text{-}6)$$

式中　C_d，H_d，…，A_d——燃料中各组成的干燥基含量，%。

（4）干燥无灰基　指假想的无灰无水的煤组成。由于煤的灰分在开采、运输或洗煤过程中会发生变化，所以除去灰分和水分的煤组成，可排除外界条件的影响。在各组成的右下角以"adf"表示。

$$C_{adf} + H_{adf} + O_{adf} + N_{adf} + S_{adf} = 100 \qquad (2\text{-}7)$$

式中　C_{adf}，H_{adf}，…，S_{adf}——燃料中各组成的干燥无灰基含量，%。

一般同一矿井煤的干燥无灰基组成不会发生太大变化，因此煤矿的煤质资料常以干燥无灰基组成表示。

煤中的氢以两种形式存在：一种是与煤中的氧结合成水的化合氢，它不能进行燃烧反应；另一种是和碳、硫结合在一起的可燃氢，称为净氢，能够燃烧并放出大量热量。

煤中的硫有三种存在形式：一种叫有机硫，是与碳氢化合物结合在一起的；另一种以硫化物的形式存在，如 FeS_2；还有一种以硫酸盐的形式存在，如 $CaSO_4$、$MgSO_4$、$FeSO_4$、Na_2SO_4、K_2SO_4 等。有机硫和硫化铁中的硫均能燃烧生成 SO_2，又叫可燃硫。硫酸盐中的硫除一小部分在高温下分解成 SO_3 外，其余均留在灰分中。

煤中的灰分是不能燃烧的矿物杂质，其主要化学成分为 SiO_2、Al_2O_3、Fe_2O_3、CaO、MgO，此外还有 K_2O、Na_2O 和 SO_3。

不同基准的煤的组成需进行换算，其换算关系见表 2-2。

表 2-2　不同基准的煤的组成换算

已知的"基"	要换算的基			
	收到基	空气干燥基	干燥基	干燥无灰基
收到基	1	$\dfrac{100 - M_{ad}}{100 - M_{ar}}$	$\dfrac{100}{100 - M_{ar}}$	$\dfrac{100}{100 - M_{ar} - A_{ar}}$
空气干燥基	$\dfrac{100 - M_{ar}}{100 - M_{ad}}$	1	$\dfrac{100}{100 - M_{ad}}$	$\dfrac{100}{100 - M_{ad} - A_{ad}}$
干燥基	$\dfrac{100 - M_{ar}}{100}$	$\dfrac{100 - M_{ad}}{100}$	1	$\dfrac{100}{100 - A_d}$
干燥无灰基	$\dfrac{100 - M_{ar} - A_{ar}}{100}$	$\dfrac{100 - M_{ad} - A_{ad}}{100}$	$\dfrac{100 - A_d}{100}$	1

2.2.2　回转窑对燃料的质量要求

新型干法水泥生产采用了多风道燃烧器、高效篦冷机等，提高了二次风温度，对燃料要求相对较低，用低质煤煅烧水泥熟料技术已成熟。

（1）热值　燃料热值高，可以提高发热能力和煅烧温度；热值低，使煅烧熟料的单位煤耗增加，窑的单位产量降低。一般要求燃料的低位热值大于 21000kJ/kg。

（2）挥发分　挥发分和固定碳是可燃成分；挥发分低，着火温度高，黑火头长，热力不集中。一般要求煤的挥发分在 18% 以上。但随着能源紧张和燃烧器的改进，低挥发分煤在回转窑上的应用越来越普遍。如福建普遍采用挥发分在 3%～5% 的无烟煤，也能正常生产。

（3）细度　煤粉太粗，燃烧不完全，增加能耗，同时煤灰落在熟料表面，降低熟料质量。

煤粉细度主要取决于燃煤种类和质量。煤种不同，煤粉质量不同，煤粉的燃烧温度、燃烧所产生的废气量也不同。对正常运行的回转窑，在燃烧温度和系统通风量基本稳定的情况下，煤粉的燃烧速度与煤粉的细度、灰分、挥发分和水分含量有关。绝大多数水泥厂，水分一般都控制在 1.5％以下。所以挥发分含量越高，细度越细，煤粉越容易燃烧。当水泥厂选定某矿点的原煤作为烧成用煤后，挥发分、灰分基本固定，只有改变煤粉细度才能满足燃烧工艺要求。但煤粉磨得过细，既增加能耗，又容易引起煤粉自燃和爆炸。因此确定符合本厂需要的煤粉细度，对稳定烧成系统的热工制度，提高熟料产质量和降低热耗都是非常重要的。根据煤粉挥发分和灰分含量来确定煤粉细度的经验公式。

① 烟煤　新型干法水泥厂都采用三风道或四风道燃烧器和高效篦冷机，当煤粉灰分小于 20％时，煤粉细度应为挥发分含量的 0.5～1.0 倍；当灰分高达 40％左右时，煤粉细度应为挥发分含量的 0.5 倍以下。

国内某水泥厂根据多年的生产实践，总结出的经验公式如下。

$$R = 0.15 \left(\frac{V+C}{A+W} \right) V \tag{2-8}$$

也可用下列经验公式：

$$R = (1 - 0.01A - 0.011W) \times 0.5V \tag{2-9}$$

式中　R——90μm 筛筛余，％；

　　　V——煤粉的挥发分含量，％；

　　　C——煤粉的固定碳含量，％；

　　　A——煤粉的灰分含量，％；

　　　W——煤粉的水分含量，％。

② 无烟煤　伯力休斯公司介绍的烧无烟煤时煤粉细度经验公式如下。

$$R \leqslant \frac{27V}{C} \tag{2-10}$$

国外某公司的经验公式如下。

$$R \leqslant (0.5 \sim 0.6)V \tag{2-11}$$

国内某设计院提供的烧无烟煤经验公式如下。

$$R = \frac{V}{2} - (0.5 \sim 1.0) \tag{2-12}$$

必须指出，许多水泥厂对煤粉水分控制不够重视，认为煤粉中的水分能增加火焰的亮度，有利于烧成带的辐射传热。但是煤粉水分高，煤粉松散度差，煤粉颗粒易黏结在一起，影响煤粉的燃烧速度和燃尽率；煤粉仓也容易结拱，影响喂煤的均匀性。生产实践证明，入窑煤粉水分控制在≤1.5％对水泥生产和操作较为有利。

2.3　硅酸盐水泥熟料的矿物组成

硅酸盐水泥熟料的矿物主要由组成硅酸三钙（C_3S）、硅酸二钙（C_2S）、铝酸三钙（C_3A）和铁铝酸四钙（C_4AF）组成。

2.3.1　硅酸三钙（C_3S）

硅酸三钙是熟料的主要矿物，其含量通常在 54％～60％。C_3S 在 1250～2065℃温度范围内稳定，低于或高于该范围会发生分解，析出 CaO（二次游离氧化钙）。实际上 C_3S 在 1250℃ 以下分解为 C_2S 和 CaO 的反应进行得非常慢，致使纯的 C_3S 在室温下可以呈介稳状态存在。

在硅酸盐水泥熟料中总含有少量其他氧化物，如氧化镁、氧化铝等形成固溶体。还含有少量的氧化铁、碱、氧化钛、氧化磷等。含有少量氧化物的硅酸三钙称为阿利特。其化学组成接近于纯的 C_3S，因此简单的将其看做是 C_3S。

阿利特为板状或柱状晶体，在光片中多数呈六角形。在熟料光片中往往看到阿利特形成环带结构，即平行晶体的边棱，形成不同的带，这是阿利特形成固溶体的特征，不同带表示固溶体的成分不同。阿利特的相对在 3.14～3.25 之间。

硅酸三钙凝结时间正常，水化较快，放热较多，抗水侵蚀性差。但早期强度高，强度增进率较大，28d 强度可达到 1 年强度的 70%～80%，其强度在四种主要矿物中最高。

硅酸三钙是在高温下形成的，在 1250～1450℃ 下，有足够液相存在时硅酸二钙吸收氧化钙形成硅酸三钙。适当提高熟料中的硅酸三钙含量，可获得高质量的熟料，但硅酸三钙含量过高，会给煅烧带来困难，使熟料游离氧化钙增加，从而降低熟料强度，甚至影响水泥的安定性。

2.3.2　硅酸二钙（C_2S）

硅酸二钙由氧化钙和氧化硅反应生成，是硅酸盐水泥熟料的主要矿物之一，其含量一般在 15%～22% 之间。纯的 C_2S 有四种晶型即 $\alpha\text{-}C_2S$、$\alpha'\text{-}C_2S$、$\beta\text{-}C_2S$ 和 $\gamma\text{-}C_2S$。当加热或冷却时四种晶型发生转变的温度及途径如下。

加热时：$\gamma\text{-}C_2S \xrightarrow{830℃} \alpha'\text{-}C_2S \xrightarrow{1450℃} \alpha\text{-}C_2S$。

冷却时：$\alpha\text{-}C_2S \xrightarrow{1425℃} \alpha'\text{-}C_2S \xrightarrow{670℃} \beta\text{-}C_2S \xrightarrow{525℃} \gamma\text{-}C_2S$。

在室温下，具有水硬性的 α、α'、β 几种变型都是不稳定的，由 $\beta\text{-}C_2S$ 转变为 $\gamma\text{-}C_2S$ 时体积增大 10%，使熟料粉化。急冷可制止 $\beta\text{-}C_2S$ 转变为 $\gamma\text{-}C_2S$。熟料中的硅酸二钙并不是以纯的形式存在，而是在硅酸二钙中溶进少量 MgO、Al_2O_3、R_2O、Fe_2O_3 等氧化物的固溶体，称为贝利特。贝利特晶体多数呈圆形或椭圆形，表面光滑，带有各种不同条纹的双晶槽痕。有两对以上呈锐角交叉的槽痕，称为交叉双晶；互相平行的称为平行双晶。贝利特水化较慢，28d 仅水化 20% 左右；水化热小，早期强度低，凝结硬化慢。后期强度增长较快，一年以后其强度可超过阿利特。

2.3.3　铝酸三钙（C_3A）

铝酸三钙中可固溶 SiO_2、Fe_2O_3、R_2O、TiO_2 等氧化物，其相对密度为 3.04。

铝酸三钙水化迅速、水化热高、凝结硬化快，容易使水泥产生急凝。早期强度高，28d 以后将不再增长，甚至会倒缩。铝酸三钙干缩变形也大，抗硫酸盐性能差。

2.3.4　铁铝酸四钙（C_4AF）

熟料中的铁铝酸四钙为 $C_2F\text{-}C_8A_3F$ 的一系列固溶体，在一般熟料中接近于 C_4AF。当熟料中 Al_2O_3/Fe_2O_3 小于 0.64 时，生成 C_4AF 和 C_2F 的固溶体。

铁铝酸四钙又叫才利特，相对密度为 3.77。在反光显微镜下，由于反射能力强，呈白色，称为白色中间相。

铁铝酸四钙的早期水化速度介于铝酸三钙和硅酸三钙之间，后期发展比硅酸三钙低，但能继续增长。铁铝酸四钙的抗冲击性能和抗硫酸盐性能好，水化热较铝酸三钙低。

2.4　硅酸盐水泥熟料的率值

水泥生产常用的率值是表示熟料化学组成或矿物组成相对含量的系数。它们与熟料质量及生料易烧性有较好的相关性，是生产控制中的主要指标。

经常使用的率值是石灰饱和系数、硅酸率和铝氧率。

2.4.1　石灰饱和系数

石灰饱和系数 KH 又称石灰饱和比，它是水泥熟料中总的氧化钙含量减去饱和酸性氧化物（Al_2O_3、Fe_2O_3 和 SiO_2）所需的氧化钙，剩下的二氧化硅全部化合成硅酸三钙所需的氧化钙的含量之比。简单地说，石灰饱和系数表示熟料中二氧化硅被氧化钙饱和成硅酸三钙的程度。石灰饱和系数的数学式为：

$$KH = \frac{CaO - (1.65\,Al_2O_3 + 0.35Fe_2O_3 + 0.7SO_3)}{2.8SiO_2} \tag{2-13}$$

或近似为：

$$KH = \frac{CaO - 1.65\,Al_2O_3 - 0.35Fe_2O_3}{2.8SiO_2} \tag{2-14}$$

对于 Al_2O_3、Fe_2O_3 和 SiO_2 完全被 CaO 饱和的熟料，石灰饱和系数应等于 1。为使熟料顺利形成，不致因过多的游离石灰而影响熟料质量。新型干法生产石灰饱和系数一般控制在 $0.86 \sim 0.92$。KH 越高，C_3S 含量越多，C_2S 含量越少，此时生料难烧，但如果烧得好，这种熟料制成的水泥硬化较快，强度高。

熟料的石灰饱和系数低，说明 C_2S 含量多，C_3S 含量偏小，此时生料易烧，这种熟料制成的水泥水化较慢，早期强度偏低。

2.4.2　硅酸率

$$SM = \frac{SiO_2}{Al_2O_3 + Fe_2O_3} \tag{2-15}$$

SM 表示熟料中硅酸盐矿物和熔剂矿物的比例。新型干法窑烧成带的热力强度比传统回转窑高得多，适合煅烧高硅酸率的配料，通常 $SM = 2.5 \sim 2.9$。熟料中硅酸率过高，燃烧时液相量不多，矿物形成困难并易粉化；硅酸率过低则硅酸盐矿物少，影响水泥强度而且易结块、结圈，影响窑的操作。

2.4.3　铝氧率（或称铁率）

$$IM = \frac{Al_2O_3}{Fe_2O_3} \tag{2-16}$$

表明熟料中 C_3A 与 C_4AF 的质量比，一般 $IM = 1.4 \sim 1.8$。IM 高，液相黏度大，难于煅烧，水泥趋于早凝早强，水泥中石膏添加量也需相应增加；IM 低，有利于 C_3S 的形成，但窑内易结块、结圈，操作难度大。

2.5　熟料化学成分、矿物组成和各率值之间的关系

（1）由化学组成计算率值

$$KH = \frac{CaO - 1.65Al_2O_3 - 0.35Fe_2O_3}{2.8SiO_2} \tag{2-17}$$

$$SM = \frac{SiO_2}{Al_2O_3 + Fe_2O_3} \tag{2-18}$$

$$IM = \frac{Al_2O_3}{Fe_2O_3} \tag{2-19}$$

（2）由化学组成计算矿物组成

$$C_3S = 3.8SiO_2(3KH - 2) \tag{2-20}$$

$$C_2S = 8.6SiO_2(1 - KH) \tag{2-21}$$

$$C_3A = 2.65(Al_2O_3 - 0.64Fe_2O_3) \tag{2-22}$$

$$C_4AF = 3.04Fe_2O_3 \quad (IM > 0.64 \text{ 时}) \tag{2-23}$$

（3）由矿物组成计算各率值

$$KH = \frac{C_3S + 0.8838C_2S}{C_3S + 1.3256C_2S} \tag{2-24}$$

$$SM = \frac{C_3S + 1.3254C_2S}{1.4341C_3S + 2.0464C_2S} \tag{2-25}$$

$$IM = \frac{1.1501C_3S}{C_4AF} + 0.6383 \tag{2-26}$$

（4）由矿物组成计算化学组成

$$SiO_2 = 0.2631C_3S + 0.3488C_2S \tag{2-27}$$

$$Al_2O_3 = 0.3773C_3A + 0.2098C_4AF \tag{2-28}$$

$$Fe_2O_3 = 0.3286C_4AF \tag{2-29}$$

$$CaO = 0.7369C_3S + 0.6512C_2S + 0.6227C_3A + 0.4616C_4AF \tag{2-30}$$

2.6　配料计算

2.6.1　配料的目的和基本原则

配料计算是为了确定各种原料、燃料的消耗比例和优质、高产、低消耗生产水泥熟料。在水泥厂设计和生产工程中，必须进行配料。

配料的基本原则是：配制的生料易磨易烧，生产的熟料优质，充分利用矿山资源，生产过程易于操作控制和管理，并尽可能简化工艺流程。

2.6.2　配料计算的依据

配料计算的依据是物料平衡。任何化学反应的物料平衡都是反应物的量应等于生成物的量。因为有水分、二氧化碳以及挥发物的逸出，所以计算时必须采用统一基准。

（1）干燥基准　物料中的物理水分蒸发后处于干燥状态，以干燥状态质量所表示的计量单位，称为干燥基准，简称干基。干基用于计算干燥原料的配合比和干燥原料的化学成分。如果不考虑生产损失，则干燥原料的质量等于生料的质量，即：

干石灰石＋干黏土＋干铁粉＝干生料

（2）灼烧基准　去掉烧失量（结晶水、二氧化碳与挥发物质等）以后，生料处于灼烧状态。以灼烧状态质量所表示的计量单位，称为灼烧基准。灼烧基准用于计算灼烧原料的配合比和熟料的化学成分。如不考虑生产损失，在采用有灰分掺入的煤作燃料时，则灼烧生料与掺入熟料中的煤灰的质量之和应等于熟料的质量，即：

灼烧生料＋煤灰（掺入熟料中的）＝熟料

（3）湿基准　用含水物料作计算基准时称为湿基准，简称湿基。

2.6.3 配料方案的选择

配料方案，即熟料的矿物组成或熟料的三率值。配料方案的选择，实质上就是选择合理的熟料矿物组成，也就是对熟料三率值 KH、n、p 的确定。

确定配料方案，应根据水泥品种、原料与燃料品质、生料质量及易烧性、熟料煅烧工艺与设备等进行综合考虑。

不同品种的水泥，其用途和特性也不同，所要求的熟料矿物组成也不同，因而熟料率值就不同。例如用于紧急施工或生产预制构件的快硬硅酸盐水泥，需要较高的早期强度，应提高熟料中硅酸三钙与铝酸三钙的含量；又如生产低热水泥，则应降低熟料中的硅酸三钙与铝酸三钙的含量。

原料和燃料的品质对熟料组成的选择有很大影响。熟料率值的选取应与原料化学组成相适应。要综合考虑原料中四种主要氧化物的相对含量，尽量减少校正原料的品种，以简化工艺流程，便于生产控制。如石灰石品位低而黏土氧化硅含量又不高，则无法提高 KH 和 n 值，而应适当降低 KH 值以适应原料的实际情况。又如燃料煤质量差，灰分高，发热量低，一般烧成温度低，因而熟料的 KH 值不宜选择过高。

熟料率值的选取要与生料成分的均匀性、细度及易烧性相适应。生料成分均匀性差或粒度较粗时，选取 KH 值低一些，否则熟料中的游离氧化钙会增加，熟料质量变差。生料易烧性好，可以选择较高石灰饱和系数、高硅率、高铝率（或低铝率）的配料方案；反之，只能配低一些。

由于生产窑型和生产方法的不同，即使生产同一种水泥，所选的率值也应该有所不同。对于湿法窑、新型干法窑，由于生料均匀性较好，生料预烧性好，烧成带物料反应较一致，因此 KH 值可适当高些。预分解窑的生料预烧性好，分解率高，窑内热工制度稳定，窑内气流温度高，为了有利于挂窑皮和防止结皮、堵塞、结大块，目前趋向于低液相量的配料方案。中国大型预分解窑大多采用高硅率、高铝率、中饱和比的配料方案。

在实际生产中，由于有生产损失，且飞灰的化学成分不可能等于生料成分，煤灰的掺入量也不相同。因此，在生产中应以生熟料成分的差别进行统计分析，对配料方案进行校正。

2.6.4 配料计算

生料配料计算的方法有很多种，包括代数法、图解法、尝试误差法（包括递减试凑法）、矿物组成法、最小二乘法等。随着计算机技术的发展，计算机配料已代替了人工计算，使计算过程更简单，计算结果更准确。下面主要介绍应用较广泛的尝试误差法（包括递减试凑法）及其用计算机编程的计算方法。

（1）熟料中煤灰掺入量 熟料中煤灰掺入量可按下式计算。

$$G_A = \frac{qA_{ar}S}{Q_{net \cdot ar}} = PA_{ar}S \tag{2-31}$$

式中　G_A——熟料中煤灰掺入量，%；

　　　q——单位熟料热耗，kJ/kg 熟料，一般 5000t/d 生产线取 700～710kJ/kg 熟料；

　$Q_{net \cdot ar}$——煤收到基低热值，kJ/kg 煤；

　　A_{ar}——煤收到基灰分含量，%；

　　　S——煤灰沉落率，%；

　　　P——单位熟料煤耗，kg/kg。

（2）计算步骤

①列出各原料、煤灰分的化学组成和煤工业分析资料。

②计算煤灰掺入量。

③选择熟料矿物组成。

④将各原料化学组成换算为灼烧基$\left(\text{即乘以}\dfrac{100}{100-\text{烧失量}}\right)$。

⑤按熟料中要求的 SiO_2、Al_2O_3、Fe_2O_3、CaO 的量以误差尝试法求出各灼烧基原料的配合比。

⑥将灼烧基原料的配合比换算为应用基原料配合比。

(3) 计算举例　已知原燃材料的化学分析见表 2-3，用预分解窑以四种原料配合进行生产，要求熟料的三率值为：$KH=0.90\pm0.02$，$SM=2.6\pm0.1$，$IM=1.7\pm0.1$，单位熟料热耗为 3053kJ/kg 熟料，试计算原料的配合比。原煤的工业分析见表 2-4。

表 2-3　原燃材料的化学成分　　　　　　　　　单位：%

名称	烧矢量	SiO_2	Al_2O_3	Fe_2O_3	CaO	MgO	SO_3	K_2O	Na_2O	Cl^-	Σ
石灰石	42.86	1.68	0.60	0.39	51.62	2.21	0.05	0.25	0.03	0.019	99.71
砂岩	2.72	89.59	2.82	1.67	1.77	0.74	0.07	0.36	0.06	0.015	99.82
粉煤灰	3.70	47.57	28.14	8.95	4.18	0.52	0.50	1.13	0.21	—	94.90
铁矿石	2.65	49.96	5.51	32.51	2.56	1.95	—	—	0.45	—	95.59
煤灰	—	52.55	28.78	6.30	6.49	1.45	2.20	1.00	0.44		99.21

表 2-4　原煤的工业分析

$M_{ar}/\%$	$V_{ar}/\%$	$A_{ar}/\%$	$FC_{ar}/\%$	$Q_{net,ar}/(kJ/kg\ 熟料)$
1.70	28.00	26.10	44.20	22998

解：根据题意，已知熟料率值为 $KH=0.90$，$SM=2.6$，$IM=1.7$。

(1) 计算煤灰掺入量

$$G_A=\frac{qA_{ar}S}{Q_{net,ar}\times100}=\frac{3053\times26.10\%\times100}{22998}=3.46\%$$

(2) 计算干燥原料配合比　设定干燥原料配合比为：石灰石 81%，砂岩 9%，铁矿石 3.5%，粉煤灰 6.5%，以此计算生料的化学成分，见表 2-5。

表 2-5　生料的化学成分　　　　　　　　　单位：%

名称	烧失量	SiO_2	Al_2O_3	Fe_2O_3	CaO	MgO	SO_3	K_2O	Na_2O	Cl^-
石灰石	34.72	1.36	0.49	0.32	41.81	1.79	0.04	0.20	0.02	0.0154
砂页岩	0.24	8.06	0.25	0.15	0.16	0.07	0.006	0.0324	0.0054	0.0014
粉煤灰	0.24	3.09	1.83	0.58	0.27	0.038	0.0325	0.0735	0.0137	0
铁矿石	0.09	1.75	0.19	1.138	0.09	0.07	0	0	0.0158	0
生料	35.29	14.26	2.76	2.19	42.33	1.96	0.0793	0.3084	0.0591	0.0167
灼烧生料	—	22.05	4.27	3.38	65.42	3.03	0.1226	0.4765	0.0913	0.0259

煤灰掺入量 $G_A=3.46\%$，则灼烧生料配合比为 $100\%-3.46\%=96.54\%$。按此计算熟料的化学成分，见表 2-6。

表 2-6　熟料的化学成分　　　　　　　　　　　　　　　单位：%

名称	配合比	SiO$_2$	Al$_2$O$_3$	Fe$_2$O$_3$	CaO	MgO	SO$_3$	K$_2$O	Na$_2$O	Cl$^-$
灼烧生料	96.54	21.28	4.12	3.26	63.16	2.92	0.1183	0.4600	0.0882	0.0250
煤灰	3.46	1.82	1.00	0.22	0.22	0.05	0.0762	0.0346	0.0152	0
熟料	100	23.10	5.12	3.48	63.38	2.97	0.1945	0.4947	0.1034	0.0250

则熟料的率值计算如下：

$$KH = \frac{CaO - 1.65Al_2O_3 - 0.35Fe_2O_3 - 0.7SO_3}{2.8SiO_2}$$

$$= \frac{63.38 - 1.65 \times 5.12 - 0.35 \times 3.48 - 0.7 \times 0.1945}{2.8 \times 23.10} = 0.83$$

$$SM = \frac{SiO_2}{Al_2O_3 + Fe_2O_3} = \frac{23.10}{5.12 + 3.48} = 2.69$$

$$IM = \frac{Al_2O_3}{Fe_2O_3} = \frac{5.12}{3.48} = 1.47$$

式中　CaO，SiO$_2$，Al$_2$O$_3$，Fe$_2$O$_3$——熟料中各氧化物的含量，%。

由上述计算结果可知，KH 值过低，SM 值较接近，IM 值较低。为此，应增加石灰石配合比例，减少铁石，增加粉煤灰量，又因粉煤灰中含有大量 SiO$_2$，为保证 SM 值相对恒定，应适当减少砂岩的量。根据经验统计，每增减 1% 石灰石（相应减增适当砂岩），KH 约增减 0.05。据此，调整原料配合比为：石灰 82.3%，砂岩 8.1%，铁矿石 2.6%，粉煤灰 7%。重新计算结果，见表 2-7 和表 2-8。

表 2-7　重新计算的生料的化学成分　　　　　　　　单位：%

名称	烧失量	SiO$_2$	Al$_2$O$_3$	Fe$_2$O$_3$	CaO	MgO	SO$_3$	K$_2$O	Na$_2$O	Cl$^-$
石灰石	35.27	1.38	0.49	0.32	42.48	1.82	0.0412	0.2058	0.0247	0.0156
砂页岩	0.22	7.26	0.23	0.14	0.14	0.06	0.0057	0.0292	0.0049	0.0012
粉煤灰	0.26	3.33	1.97	0.63	0.29	0.036	0.035	0.0791	0.0147	0.0000
铁矿石	0.069	1.3	0.14	0.85	0.07	0.05	0.0000	0.0000	0.0117	0.0000
生料	35.82	13.27	2.84	1.93	42.99	1.97	0.0818	0.3140	0.0560	0.0169
灼烧生料	—	20.67	4.42	3	66.98	3.0632	0.1275	0.4893	0.0872	0.0263

表 2-8　重新计算的熟料的化学成分　　　　　　　　单位：%

名称	配合比	SiO$_2$	Al$_2$O$_3$	Fe$_2$O$_3$	CaO	MgO	SO$_3$	K$_2$O	Na$_2$O	Cl$^-$
灼烧生料	96.54	19.96	4.26	2.9	64.66	2.96	0.1231	0.4723	0.0842	0.0253
煤灰	3.46	1.8Z	1.00	0.22	0.22	0.05	0.0762	0.0346	0.0152	0.0000
熟料	100	21.78	5.26	3.12	64.88	3.01	0.1993	0.5070	0.0994	0.0253

则熟料的率值计算如下：

$$KH = \frac{CaO - 1.65Al_2O_3 - 0.35Fe_2O_3 - 0.7SO_3}{2.8SiO_2}$$

$$= \frac{64.88 - 1.65 \times 5.26 - 0.35 \times 3.12 - 0.7 \times 0.1993}{2.8 \times 21.78} = 0.90$$

$$SM = \frac{SiO_2}{Al_2O_3 + Fe_2O_3} = \frac{21.78}{5.26 + 3.12} = 2.60$$

$$IM = \frac{Al_2O_3}{Fe_2O_3} = \frac{5.26}{3.12} = 1.69$$

由上述计算结果可知，三个率值达到预先要求，可按此配料进行生产。实际生产时，熟料率值控制指标可定为：$KH = 0.90 \pm 0.02$，$SM = 2.6 \pm 0.1$，$IM = 1.7 \pm 0.1$。按上述计算结果，干燥原料配合比为：石灰石 82.3%，砂岩 8.1%，铁矿石 2.6%，粉煤灰 7%。

（3）计算湿原料的配合比　设原料水分为：石灰石 1%，砂岩 3%，铁矿石 4%，粉煤灰 0.5%。则湿原料质量配合比为：

$$湿石灰石 = \frac{82.3\%}{100\% - 1\%} = 83.13\%$$

$$湿砂岩 = \frac{8.1\%}{100\% - 3\%} = 8.35\%$$

$$湿铁矿石 = \frac{2.6\%}{100\% - 4\%} = 2.71\%$$

$$湿粉煤灰 = \frac{7\%}{100\% - 0.5\%} = 7.04\%$$

将上述质量比换算为百分比：

$$湿石灰石 = \frac{83.13\%}{83.13\% + 8.35\% + 2.71\% + 7.04\%} \times 100\% = 82.12\%$$

$$湿砂岩 = \frac{8.35\%}{83.13\% + 8.35\% + 2.71\% + 7.04\%} \times 100\% = 8.25\%$$

$$湿铁矿石 = \frac{2.71\%}{83.13\% + 8.35\% + 2.71\% + 7.04\%} \times 100\% = 2.68\%$$

$$湿粉煤灰 = \frac{7.04\%}{83.13\% + 8.35\% + 2.71\% + 7.04\%} \times 100\% = 6.95\%$$

第3章　原燃料预均化

在新型干法水泥的生产过程中，力求原燃材料的质量稳定、生料质量均齐，以保证熟料在煅烧时热工制度的稳定。因此，预均化是水泥生产的重要环节。

3.1　预均化基本原理及意义

3.1.1　基本原理

原燃材料预均化的基本原理就是在物料堆放时，由堆料机把进来的原料连续地、按一定的方式堆成尽可能多的相互平行、上下重叠和相同厚度的料层。取料时，在垂直于料层的方向，尽可能同时切取所有料层，依次切取，直到取完，即所谓的"平铺直取"。

3.1.2　预均化的意义

预均化的意义主要表现在以下几个方面。

①有利于入窑生料成分的稳定。

②有利于扩大资源利用范围，扩大矿山使用年限。

③满足贮存及均化双重要求，节约建设投资。

3.2　预均化效果的评价方法

3.2.1　标准偏差

标准偏差是表征数据波动幅度的一个重要指标，其计算式如下：

$$S = \sqrt{\frac{1}{n-1}\sum_{i=1}^{n}(x_i - \bar{x})^2} \tag{3-1}$$

式中　S——样品的标准偏差。

标准偏差可直接表示波动幅度，其值越小，表示质量越均匀。

有了标准偏差 S 和平均值 $\bar{x}$，可以计算波动范围 R。

$$R = \frac{S}{\bar{x}} \times 100\% \tag{3-2}$$

3.2.2　均化效果

评价均化效果可用进料和出料标准偏差之比表达，其比值越大表示均化效果越好。

$$H = \frac{S_{进}}{S_{出}} \tag{3-3}$$

式中　H——均化效果，按多少倍计算；

　　$S_{进}$——均化前进料标准偏差；

　　$S_{出}$——均化后出料标准偏差。

当进料成分的波动情况符合正态分布时，标准偏差的计算结果是正确的。如果偏离正态分布较远，则计算所得的结果比实际标准偏差大，由此计算出的均化效果也会偏大一些。所以，在一定条件下，直接用出料标准偏差来表示均化作业的好坏，比单纯采用均化效果来表示要切合实际一些。此外，作为计算标准偏差依据的原始数据需要 30 个以上。预均化堆场的均化效果 H 一般在 5～8，最高可达 10。

3.3 预均化堆场的选用条件

(1) 原料预均化堆场的选用条件 一般认为，当进厂石灰石的 $CaCO_3$ 标准偏差大于 $\pm3\%$，而其他原料如黏土、煤炭等成分也波动较大时，就应该考虑采用石灰石预均化堆场。在石灰石的 $CaCO_3$ 标准偏差小于 $\pm3\%$ 时，也要结合石灰石贮库、生料粉磨以及生料均化库的情况，进行综合考虑。

也有人认为，当 $CaCO_3$ 的波动范围 R 小于 5% 时，表示原料均匀性较好，不需用预均化；$R=5\%～10\%$，表示原料均匀性一般，可以考虑也可以不考虑预均化；$R>15\%$ 时，表示原料均匀性差，必须考虑采用预均化。

原料是否采用顶均化，还要结合原料矿山的具体情况统一考虑。例如矿山的覆盖层厚薄、喀斯特发育的情况、裂隙土和夹层的多少、低品位矿石的数量和位置等因素。

(2) 煤炭预均化堆场的选用条件 当煤炭供应矿点得不到保证，煤炭灰分波动大于 $\pm5\%$ 时，一般应该建设预均化堆场。

3.4 预均化堆场的类型

预均化堆场通常有三种型式。

(1) 石灰石、煤预均化堆场 它是将石灰石化学成分和岩性波动较大的一种劣质原料或将成分不同的原煤堆入混料堆场，经混料以后使其出料成分均齐稳定，使物料均匀混合。

(2) 预配料堆场 它是将化学成分波动较大、品种不同的两种或两种以上原料，按一定比例进入堆场，经混合以后使其成分均齐，而且在一定的要求范围内有利于下一步的正式配料，例如石灰石和黏土、石灰石和页岩等配料可用此法。

(3) 配料堆场 这种配料堆场是将全部品种的原料按配料要求，以一定的比例进入堆场。经混合后，使其出料成分均齐，符合生料要求。该堆场具有完全的配料作用，必须配备完善的取样、试样处理、快速分析、计算机等装置。

3.5 预均化堆场的布置型式及堆、取料方式

3.5.1 预均化堆场的布置型式
现代化水泥厂预均化堆场通常采用矩形和圆形两种布置型式。
3.5.1.1 矩形堆场
如图 3-1 所示，矩形堆场一般都有两个料堆，一个堆料，一个取料，相互交替。每个料堆的贮存期为 5～7 天，根据工厂地形和总图要求，两个料堆可平行布置和直线布置。

进料皮带机和出料皮带机分别布置在堆场两侧。取料机一般停在料堆之间，可向两个方向任意取料。堆料机通过活动的 S 形卸料机在进料皮带机上截取原料，沿纵长方向向任何一个堆料堆堆料。也有的堆场采用堆场顶部活动皮带。

平行布置有时在总平面的布置上比较方便，但是取料机要设中转台车以便平行移动于两个料堆间。堆料机也可选用回转式或双臂式以适用于平行的两个料堆，但采用较少。

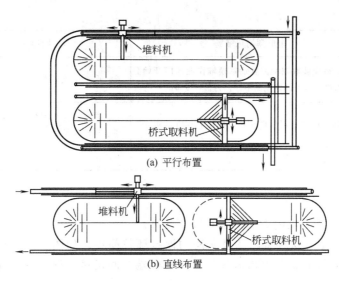

(a) 平行布置

(b) 直线布置

图 3-1 矩形预均化堆场

3.5.1.2 圆形堆场

如图 3-2 所示，原料由皮带机送到堆场中心，由可以围绕中心作 360°回转的悬臂式皮带堆料机堆料，堆料为圆环，其截面则是人字形料层。取料一般都用桥式刮板取料机，桥架的一端接在堆场中心的立柱上，另一端则架在堆料外围的圆形轨道上，可以回转 360°。取出的原料经刮板送到堆场中心卸料口，由地沟内的出料皮带机运走。

堆场应根据需要决定是否加盖厂房。有时由于风大，物料飞扬多，出于环境保护目的而加盖房屋，但主要是避雨雪。堆场占地面积很大。堆料机在旋转堆料的同时，还根据料堆的高度进行升降运动。每一次扇面形往返作业，不断从最低点升到最高点，接着又从最高点降到最低点。堆料机按照程序工作，包括行程长度、回转角度、升降高度和每次向前移动一定的角度，使环形堆料不断扩展。这种料堆是人字形料堆和纵向倾斜层料堆的结合型料堆，选择的

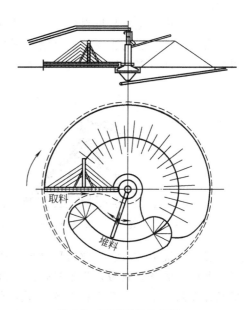

图 3-2 圆形预均化堆场

料堆休止角越小，单个料层就越长，均化效果也越好。矩形和圆形堆场的比较见表 3-1。

表 3-1 矩形和圆形堆场的比较

比较项目	矩形预均化堆场	圆形预均化堆场
占地面积	较大	小
工艺平面布置	进出料方向有所限制，不利于灵活布置	进出料方向随意，布置灵活
投资费用	设备费用多，土建投资较多	土建、设备费用较低，投资减少 30%～40%
均化效果	由于每个料堆的堆端和每个料堆之间的成分差异，影响均化效果，成分波动不连续	取料层数大于堆料层数，因此均化效果好，堆、取料连续进行，物料成分的波动不会产生突变

比较项目	矩形预均化堆场	圆形预均化堆场
设备利用率	只有在料堆被取或堆完料后，换堆作业才能开始。因此如堆、取料周期控制不好，会影响设备的利用	堆、取料机能分别连续工作，设备利用率高
生产操作	由于堆、取料分别分堆作业，操作上有所不便	堆、取料机连续围绕中心立柱回转，操作方便，利于自动化控制
可扩展性	可在长度方向扩展	无法扩展

3.5.2　堆料方式

水泥厂预均化堆场的堆料方式通常有以下几种。

（1）人字形堆料法　这种堆料法及所需的设备都较简单。如图 3-3 所示，堆料点在矩形料堆纵向中心线上，堆料机只要沿着纵长方向在两端之间定速往返卸料就可完成两层物料的堆料。这种料层的第一层堆横截面为等腰三角形的条状料堆，以后各层则在这个料堆上覆盖一层层的物料，因此除第一层之外，每层物料的横截面都呈人字形，所以被称为人字形料堆。

这种料堆的优点是堆料的方法和设备简单，均化效果较好，使用普遍。

人字形堆料法的主要缺点是物料颗粒离析比较显著，料堆两侧及底部集中了大块物料，而料堆中上部分多为细粒，且有端锥。

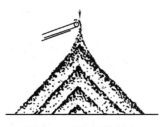
图 3-3　人字形堆料法

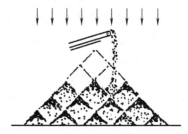
图 3-4　波浪形堆料法

（2）波浪形堆料法　波浪形堆料法如图 3-4 所示。物料在堆场底部整个宽度内堆成许多平行而紧靠的条状料带，每条料带的横截面都为等腰三角形。然后第二层平行紧靠的条形料带又铺在第一层上，但堆料点落在原来平行的各料带之间，使新料带不仅填满原来料带之间的低谷，而且使其成为新的波峰，这样第三层又铺在第二层之上。从第二层起，每条物料带的横截面都呈菱形。这种料堆把料层变为细小的条状料带，其目的就是使物料的离析作用减至最小。

这种堆料方法的优点是均化效果好，特别是当物料颗粒相差较大（如 0～200mm），或者物料的成分在粒度大小不同的颗粒中差别很大的情况下，效果比较显著。缺点是堆料点要在整个堆场宽度范围内移动，堆料机必须能够横向伸缩，回转设备价格贵，操作比较复杂，所以此法一般仅限于少数物料。

（3）水平层堆料法　如图 3-5 所示，堆料机先在堆场底部均匀地平铺一层物料，然后再一层层铺水平料层。从料堆横截面来看，由于物料有自然休止角，故每层物料铺上的宽度要适当缩短。

这种堆料法的优点是，可以完全消除颗粒的离析作用，每层内部也比较稳定。缺点是，

堆料机结构复杂，操作也不简单，用于多种
原料混合配料的堆场。

（4）横向倾斜层堆料法　先在堆场靠近
堆料机的一侧堆成一条料带，其横截面是等
腰三角形，然后将堆料机的落料点向中心稍
稍一移，使物料按自然休止角覆盖于第一层

图 3-5　水平层堆料法

的内侧，然后各层依次堆放，形成许多倾斜而平行的料层，直到堆料点达到料堆的中心为
止，要求堆料机在料堆宽度的一半范围内能伸缩或回转，如图 3-6 所示。

这种堆料机可以采用耙式堆、取料合一的设备，优点是设备价格特别便宜。但颗粒离析
现象比人字形堆料法还严重，大颗粒几乎全落到料堆底部，均化效果不理想。只能应用于对
均化要求不高的原材料。

（5）纵向倾斜层堆料法　如图 3-7 所示，从料堆的一端开始向另一端堆料，堆料机的卸
料点都在料堆纵向中心线上，但卸料并不是边移动边卸料，而是定点卸料。开始在一端卸
料，使料堆达到最终高度形成一个圆锥形料堆，然后卸料点再向前行走一定距离，停下来堆
第二层。第二层物料的形状是覆盖第一层圆锥一侧的曲面，行走距离就是料层的厚度。所以
这种堆料法也称为圆锥形堆料法。

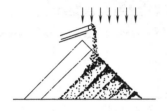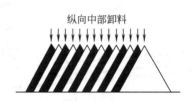

图 3-6　横向倾斜层堆料法　　　　　图 3-7　纵向倾斜层堆料法

这种堆料法对堆料设备要求不高，但料层较厚，物料颗粒离析现象较严重，因此它的应
用范围相似于横向倾斜层堆料法。

（6）Chevcon 堆料法　如图 3-8 所示，Chevcon 堆料法是人字
形堆料法和纵向倾斜层堆料法的混合，适用于圆形堆场，堆料过程
和人字形堆料法相似，但堆料机下料点的位置不是固定在料堆中心
线上，而是随每次循环移动一定的距离。这种堆料法不仅可以克服
"端锥效应"，而且由于料堆中、前、后原料的重叠，长期偏差和原
料突然变化产生的影响也可被消除，均化效果较好。

除此之外，还有交替倾斜层堆料法、双圆锥形堆料法、人字形
和圆锥形结合堆料法等。

3.5.3　取料方式

（1）端面取料　取料机从料堆的一端（包括圆形堆料的截面端
开始）向另一端或整个环形料堆推进。取料是在料堆整个横断面上

图 3-8　Chevcon 堆料法

α—死区；γ—等符取料区；

β—料堆端面；δ—堆料区

进行的，最理想的取料就是同时切取料堆端面各部位的物料，循环前进。这种取料方法最适
用于人字形、波浪形和水平层的堆料。

（2）侧面取料　取料机在料堆的一侧从一端至另一端沿料堆纵向往返取料。这种取料方
式不能同时切取截面上各部位的物料，只能在侧面沿纵长方向一层层刮取物料，因此最适用
于横向倾斜层堆料。取料机沿料堆纵向中心线从一端至另一端径返取料。纵向倾斜层料堆用

侧面取料的方法也可以获得一定的均化效果。但总体来说，侧面取料的均化效果不及端面取料的均化效果好。这种取料的方式一般都采用耙式取料机。

3.6 堆料机和取料机

3.6.1 圆形堆场混匀堆、取料机

如图 3-9 所示，圆形堆场混匀堆、取料机的基本构造是由中心支柱、可在中心支柱上回转的堆料机和一端绕中心支柱回转、另一端在圆形轨道上运行的桥式刮板取料机组成，可同时或分别进行堆料及取料作业。

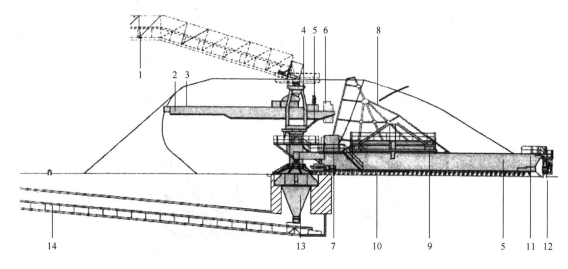

图 3-9   圆形堆场堆、取料机

1—来料皮带；2—悬臂；3—悬臂皮带；4—中心柱；5—转动装置；6—悬臂配重；7—操作间；8—料耙；
9—耙车；10—刮板链；11—液压链拉紧装置；12—转向架；13—出料斗；14—卸料皮带

（1）堆料机   堆料机上部设有回转支承，其内圈与支座固定，支座与来料栈桥连接。堆料机下部也设有回转支承，其带外齿的外圈用高强螺栓连接固定在中柱上。堆料机转台上设置的立式减速器输出轴上的小齿轮与回转支承的外齿圈啮合，实现堆料机的回转运动。堆料机悬臂的变幅运动由转台上设置的液压驱动油缸的伸缩来实现的。堆料机悬臂上设有胶带输送机，来自栈桥皮带机输入的物料，通过堆料机悬臂上的皮带机完成堆料。

在正常的堆料工艺过程中，堆料机的回转和悬臂的变幅是合成运动，在可编程控制系统的控制下进行回转往复式堆料。

（2）取料机   取料机主要由主梁、松料装置、刮板取料部分及走行机构构成。

主梁一端铰接于中柱下面外部的转台上，该转台固定在另一个回转支承外圈上，回转支承内外圈与中柱下部用螺栓连接，这一结构使得主梁绕中柱回转。

主梁的另一端用螺栓连接在走行机构上，走行机构上设有两套相同的行走驱动装置。行走车轮轴装入驱动装置中的减速器的中空轴里，用锁紧盘连接，启动走行机构驱动装置，主梁可绕中心支柱在圆形轨道上运行。

取料机主梁上设有液压驱动的松料装置，行程 4m 的料耙覆盖了整个料堆断面，料耙的倾斜角是可调的。当物料的含水量或黏度大时，要适当手动调大料耙的倾斜角度，料耙的倾角比物料的休止角大 $1°\sim 2°$ 是适宜的。

当料耙往复运动时，均布在料耙平面上的耙齿拨动取料面上的物料使其下落到取料面的底部，被连续不断运行的取料机运走。

沿取料机主梁底面设置有循环运行的刮板输送链，链条上均布安装有刮板，被料耙拨动滑落下来的物料进入运动着的刮板之间。经过刮板的连续运动，直至将物料刮入中心落料斗下面的出料皮带机上输出。

取料的过程是取料机、料耙和刮板三套驱动联动的过程。取料机工作行走的速度采用变频调速，通过行走调速来调整取料量。

3.6.2　矩形堆场堆、取料机

3.6.2.1　侧式悬臂堆料机

侧式悬臂堆料机主要由悬臂架、悬臂皮带机、行走机构、液压变幅机构、来料车、轨道等组成。

（1）悬臂架　悬臂架由两个变截面的工字形梁构成，工字形梁采用钢板焊接，横向用钢板连接成整体。悬臂尾部设有配重箱，箱内装有铸铁配重块。悬臂下部设有两处支撑铰点：一处是与行走机构的门架上部铰接，使臂架可绕铰点在平面内回转；另一处是通过球铰与液压缸的活塞杆端铰接，随着活塞杆在油缸中伸缩，实现悬臂架变幅运动。

（2）悬臂皮带机　悬臂架上面安有胶带输送机，皮带机随臂架可上仰 $12°$、下俯 $16°$，皮带机的传动采用传动辊筒。张紧装置设在头部卸料点处，使胶带保持足够的张力。皮带机上设有料流检测装置，当皮带机上无料时发出信号，堆料机停机；同时还设有打滑检测器、防跑偏等保护装置；皮带机头、尾部设有清扫器，头部卸料改向辊筒处设有可调挡板，可根据现场实际落料情况调整挡板的角度和位置来调整落料点。

（3）行走机构　行走机构由球铰支座、门架、行走台车、行走驱动装置组成。门架通过球铰支座与上部悬臂铰接，堆料臂的全部重量压在门架上。门架下端四点各与一台行走台车铰接，每台行走台车配一套驱动装置，驱动装置实现软启动、延时制动。

门架下部设有平台，用来安装变幅机构的液压站。

行走驱动装置采用电机-偶合器-制动器-减速器-车轮系统的传动形式，驱动系统的同步运行是靠结构刚性实现的。车轮架的两端设置缓冲器和轨道清扫器。

在门架的横梁上吊装一套行走限位装置，所有行走限位开关均安装在吊杆上，随堆料机同步行走，以实现堆料机的限位。

（4）液压变幅机构　液压系统实现悬臂的变幅运动。液压系统由液压站、油缸组成，液压站安装在三角形门架下部的平台上，而油缸支撑在门架和悬臂之间。

（5）来料车　来料车就是一台卸料台车。堆料皮带机从来料车通过，将堆料皮带机运来的物料通过来料车卸到悬臂的皮带机上。

来料车由卸料斗、卸料辊筒、斜梁、平台、立柱、压带轮等组成。卸料斗悬挂在斜梁前端，斜梁由两根焊接工字形梁组成，斜梁与平台之间通过大小立柱连接。平台上安有控制室以及电缆卷盘。斜梁上设有皮带机托辊，前端设有卸料辊筒，尾部设有防止空车时飘带的压带轮。大小立柱下端装有四组共 8 个车轮。

卸料改向辊筒处设有可调挡板，现场可以根据实际落料情况调整挡板角度、位置来调整落料点。

3.6.2.2　桥式刮板取料机

这种取料机适用于矩形堆场端面取料，能同时切取全端面上的物料，有较好的均化效果。

取料机有两种型式：倾斜式和水平式。前者主要用于地下水位较高的地区，后者主要用于地下水位较低、气候干燥的地区。

取料机的组成如图 3-10 所示,桥式刮板取料机主要由箱形主梁、刮板输送部分、耙车部分、固定端梁、摆动端梁、动力电缆卷盘、控制电缆卷盘等部分组成。

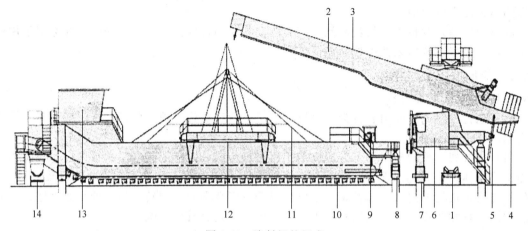

图 3-10 取料机的组成

1—来料皮带;2—悬臂;3—悬臂皮带;4—悬臂配重;5—转动装置;6—操作间;7—堆料机转向架;
8—取料机转向;9—液压拉紧装置;10—刮板链;11—料耙;12—耙车;13—操作间;14—卸料皮带

(1) 箱形主梁 该箱形主梁四周由钢板围成,在长度方向上有若干个空心隔板起抗扭作用,内壁四周每边设有由槽钢组成的加强筋,用来提高箱形主梁的稳定性。该梁在厂内分段组装,现场焊接。梁的上部两侧设有由耐磨方钢组成的轨道,用来支承料耙小车在上面走。中部设有托槽,该托槽的一个作用是托链条;另一个作用是集积润滑链条的外流的废油。

桥梁的两个侧面都设有下轨道,料耙侧支架上的两个滚轮在运动中与轨道接触。桥梁的下面设若干个支架座,用以悬吊刮板吊架。桥梁一端下面有悬吊端部链轮组的支座,侧面有悬吊刮板驱动装置的支点。端头下部与固定端梁连接,梁的另一端下面设刮板尾部链轮组和拉紧装置的吊架。端头下面与摆动端梁的铰座相接,摆动端梁上的防偏装置通过桥梁端头开孔进入梁内部。

(2) 刮板输送部分 在主梁下面吊着若干个吊架,吊架的上、下方设置左、右两条导槽,上方中间和下方中间各设置一条防偏导槽,上方和下方左右导槽内装有两条输送链条。两条链条之间设置一个折线形的刮板,头部设置传动链轮及传动装置,尾部设置张紧装置,在头部下方设置溜槽。

吊架由工字钢和钢板组成,上部用螺栓与主梁连接。采用非标大节距套筒辊子输送链条,节距 250mm,每两个节距设置一个刮板。刮板上的法兰与链条侧耳用螺栓固定。刮板为钢板结构,两侧边缘和底边缘镶有用耐磨材料制成的刮削刃。

一套驱动装置由电动机-偶合器-减速器组成;驱动装置驱动主动链轮轴,链轮轴带动链条运动。

尾部拉紧部分采用弹簧缓冲形式,其中包括尾部链轮、链轮轴、带滑动轨道的拉紧轴承座、拉紧丝杠及缓冲弹簧。

链条拉紧由调整丝杠上的螺母完成。

(3) 耙车部分 在主梁上部安装有料耙小车,小车上设置驱动装置、驱动链轮、改向链轮、塔架,塔架上安装有滑轮组,滑轮组中的滑轮通过钢丝绳分别与两侧侧料耙相连。塔架中部两侧各安装一台手动卷扬机,用来调整料耙倾角。小车的两侧设有侧支架,侧支架下方设有侧挡轮，支承在主梁下部轨道上，并且设安装料耙的铰点，料耙下部靠这两个铰点固定，上部通过滑轮由钢丝绳固定到塔架上，角度调整通过手摇卷筒缠绕或放出钢丝绳来实现。

小车的下方设有四个滚轮，置于桥梁上方的一条导向轨道上。小车的行走是由驱动链轮绕着链条往复运动来实现的。链条的两端固定在主梁的两端，链条采用标准套筒滚子链。

驱动装置由电机、带制动轮的液力偶合器、制动器、中空轴减速器组成。链条采用定时滴油式润滑。

料耙整体形状为三角形框架，由两个槽钢对焊成的矩形方管组焊而成。料耙下面焊有很多耙齿，用来耙动物料，料耙上方有一个由两个滑轮组成的滑轮组，塔架上的钢丝绳与该滑轮组相连。

（4）固定端梁　固定端梁由端梁体、车轮、驱动装置组成。端梁体是由钢板组焊而成，形成箱形结构。两个行走车轮设在两端，其中一个为主动轮，另一个为被动轮。主动轮由驱动装置驱动，驱动装置由调频电机、摆线减速器、电磁离合器、调车电机、制动器、直交中空轴减速器组成。取料时变频电机通过变频调速适应取料量的要求，动力通过摆线针轮减速器，离合器通电吸合，调车电机带动主动轮转动。调车时，需要设备快速行走，这时变频电机断电，电磁离合器断开，调车电机通电，通过减速器带动主动轮，使设备快速运行。在端梁下部靠运行走轮的轨道外侧，设两个侧向挡轮，使设备能承受刮板系统产生的侧向力。

（5）摆动端梁　摆动端梁是由端梁体、铰支座、防偏机构、车轮、挡轮、驱动机构所组成的。端梁体是由钢板组焊而成的箱形结构，该端梁上部设有球铰支座。支座上部与桥梁尾端下部相连。摆动端梁下部两端设有与固定端梁一样的两个车轮和驱动机构，动作形式也相同。端梁下部距行走车轮附近，在轨道内外侧设有两对防脱轨挡轮，安装在轨道两侧，当端梁行走超前或滞后时，端梁都能平行于轨道，能使防偏装置发信号准确、及时。

3.6.2.3　侧式刮板取料机

侧式刮板取料机由刮板取料系统、机架及行走端梁、卷扬提升系统、链条润滑系统、导料槽、电缆卷盘、机架部分、固定端梁、摆动端梁、轨道系统等部分组成。

（1）刮板取料系统　刮板取料系统是本机实现取料功能的主要部件。驱动装置通过锁紧盘连接在驱动轴上，驱动轴上的链轮带动链条及固定在链条上的刮板在悬臂架的支承下循环运转，将物料刮取到料仓一侧。

驱动装置由电机、偶合器和减速器组成，减速器为直角轴全硬齿面空心轴减速器。

臂架为两个工字形板梁中间加交错连杆的结构，梁的上、下分别布置有支承链条的轨道导槽。

在改向链轮一端设有带塔形的张紧装置，可调节链条的松紧。链条采用套筒滚子链。

（2）机架及行走端梁　机架和行走端梁的作用是支承整机重量并驱动取料机在料场内的轨道上往复运行，机架采用了箱形结构的刚性平台，行走端梁由车轮组、驱动装置和支撑结构梁组成，其下部可在轨道上行走，上部与机架平台一侧用螺栓刚性连接（固定端梁），另一侧铰接（摆动端梁）。两套驱动装置均设在固定端梁上，构成单侧双驱动形式。

两套驱动装置由电机和行星摆线减速器、电磁离合器、调车电机和直交轴减速器、制动器等组成，在取料机进行取料工作行走时，取料电机驱动车轮组，此时电磁离合器处于通电状态，即合上的位置，当调车时，由调车电机驱动车轮组，此时电磁离合器处于断电状态，即脱开状态。

一套驱动装置的两个电机不能同时处于工作状态，启动其中一台电机，另一个电机必须停止运行，当设备调式好后取料量的调整依靠改变行走电机的频率来实现。

（3）卷扬提升系统　该系统是完成刮板取料系统变幅的机构，由支承架、电动葫芦和滑轮组等组成，并带有过载保护装置。

（4）链条润滑系统　在机架的一侧设有稀油润滑站，通过油管和给油指示器将润滑油滴在链条上，保证其正常工作。

在正常工作情况下，要求链条每工作 3h 就需润滑一次，每次润滑 5min，每次总油量为 1.25L。

（5）导料槽　导料槽设计有可调溜板，可根据实际落料情况调节合适的角度，保证物料准确地落在出料皮带机上。导料槽内设有耐磨衬板。

3.6.2.4　取料机与侧式刮板取料机工作原理

取料机在混合料场中与堆料机配合使用，混合料场由多个相邻的料堆组成，贮存数种不同的堆料，堆料机在料堆的一侧堆积物料，取料机在料堆另一侧的轨道上往复运行，通过刮板取料系统把物料卸到导料槽内，通过导料槽送到出料皮带机上运出。

取料臂每取完一层物料后，按预定的指令下降相应的高度（即相应的物料深度），并在相应的取料运行速度下，将料逐层取出，直至该料堆物料全部取完。

取料时操作人员按照中控室的指令将取料机调整到指定的料堆内（堆料机不可与取料机在一个料堆内工作）。借助行走限位装置正确识别堆料机所处的料仓编号。

当取料机按指令调入即将取料的料堆时限定了该料堆的左右两端的行走极限位置，取料机将在该极限位置内按程序进行往复取料。安装在电动葫芦上的编码器可以正确控制刮板臂的下降角度，保证取料机恒定的取料能力。在保证恒定的取料能力及确定的取料速度情况下，为使刮板之间冲入设计的最大容量的物料，悬臂及刮板取料系统下降的角度逐渐减少，从而实现将该料堆的物料逐层刮取。

取料机的取料运行速度采用驱动电机变频调速，通过调整取料运行速度来调节取料机的取料量。

在特殊情况下，取料机可以在人工的操作下从未堆满物料的料堆取料。

3.6.2.5　取料机与桥式刮板取料机工作原理

取料机在两个料堆中与堆料机配合使用，料场由两个相邻的料堆组成，贮存相同或不同的物料，堆料机在料仓的一个料堆堆积物料，而取料机在料仓的另一料堆全断面取料，通过刮板取料系统把物料卸到导料槽内，通过导料槽送到出料皮带机上运出，直至该料堆物料全部取完。这种取料过程使堆料机按一定方式堆积起的物料再次得到均化。

取料时操作人员按照中控室的指令将取料机调整到指定的料堆内（堆料机不可与取料机在一个料堆内工作）。借助行走限位装置正确识别堆料机所处的料堆编号。

当取料机按指令调入即将取料的料堆时限定了该料堆的左右两端的行走极限位置。

取料机的取料运行速度采用驱动电机变频调速，通过调整取料运行速度来调节取料机的取料量。

在特殊情况下，取料机可以在人工的操作下从未堆满物料的料堆取料。

3.6.2.6　操作

本取料机采用三种操作方式，即手工操作、自动控制和机旁（维修）操作。每种操作都是通过工况转换开关实现的。

（1）手工操作　手工操作（机上人工控制）适用于调试过程中所需要的工况和自动控制出现故障时，要求取料机继续工作，允许按非规定的取料方式取料。操作人员在机上控制室内，控制操作盘上相应按钮进行人工取料作业。只能在操作台上进行，通过操作台上的控制按钮对各部进行单独操作。当工况开关置于手动位置时，自动、机旁（维修）操作均不能切入，手动控制可使各系统之间失去相互联锁（电缆卷盘与行走机构的联锁保留），但各系统的各项保护仍起作用。

（2）自动操作　自动控制方式下的堆、取料作业由中控室和机上控制室均可实施。当需要中控室对堆、取料机自动控制时，操作人员只要把操作台上的自动操作按钮按下，然后按下启动按钮，堆、取料机上所有的用电设备都将按照预定的程序启动，整机操作进入正常自动运行作业状态。在中控室的操作台上，通过按动按钮可以对堆取料机实现整机系统的启动或停车。

在自动控制状态下堆料机启动前首先响铃，启动顺序是：

①启动悬臂上的卸料皮带机；

②启动液压系统；

③启动堆料皮带机（联锁信号）；

④启动电缆卷盘；

⑤启动行走机构。

正常停车顺序：

①停止堆料皮带机（联锁信号）；

②停止悬臂上的卸料皮带机；

③停止行走机构；

④停止电缆卷盘。

在自动控制状态下取料机启动前首先响铃，启动顺序是：

①启动取料皮带机（联锁信号）；

②启动电缆卷盘；

③启动刮板输送系统；

④启动卷扬提升系统（按设定时间慢速下降一定角度，桥式刮板取料机为启动料耙）；

⑤启动行走端梁。

正常停车顺序：

①停止刮板取料系统；

②停止行走机构；

③卷扬提升系统将刮板臂提升至 45°位置，停止卷扬提升系统（桥式刮板取料机未停止料耙）；

④停止电缆卷盘；

⑤通知出料皮带机停止运行。

（3）机旁（维修）操作　只能在现场机旁进行操作。当工况开关置于机旁（维修）位置时，自动操作及手动操作不能切入，手动操作的功能，机旁（维修）操作也具备，但操作按钮装在有利于维修操作的位置上。机旁（维修）操作不装行走操作按钮。

（4）换堆　为了实现物料的均化处理，堆料机需和取料机配套使用。即当一堆已堆满，堆料机需离开该堆区域，以便取料机进入该区域取料，这就是换堆。在换堆过程中，堆料机和取料机有一个联锁保护问题，即在正常工作或调车工况时，堆料机和取料机均不得进入换堆区，由限位开关来限制。当控制室发出换堆指令时，现场认为满足换堆条件后，将工况开关置于手动操作，此时堆料机和取料机才可进入换堆区。堆、取料机必须同时进入换堆区；如果堆料机没进入换堆区，则取料机就不能走出换堆区；反之亦然。只有等另一机进入换堆区后，两机才能分别走出换堆区，进入各自的工作区。这时，取料机开始取料，堆料机走到另一堆料区的最远端等待。指导取料机走出中间危险障碍区后，堆料机才可以进行堆料作业。换堆时，堆料机的悬臂抬升到最高点，即上仰 14°的位置，由堆料机限位开关来控制。

侧式刮板取料机的刮板臂必须抬升到最高极限位置即 45°，然后原地不动地等待堆料机错车或运行到指定取料区域（桥式刮板取料机料耙移动到堆料机的远侧）。

（5）事故停车　凡在本系统任何地方出现事故，必须停车时，按动紧急开关，使取料机马上停止工作。

3.7　影响均化效果的因素及解决措施

（1）原料成分波动　原料矿山开采时如果夹带其他废石，或者矿山本身波动剧烈，开采后进入预均化堆场的原料成分波动就会呈非正态分布。原料低品位部分会远离正态分布曲线，甚至呈现一定的周期性剧烈波动，使原料在沿纵向布料时产生周期性长的波动，即所谓长滞后的影响。这种影响在出料时会增加出料的标准偏差。

当料堆的布料层数一定时，进料波动频率与出料的标准偏差近似成反比。进料的波动频率越高，出料标准偏差越小。如果进料时波动频率是随机变动的，即变化周期很短，出料标准偏差也会显著降低。可以解释为：当波动频率很大时，各层原料都有可能铺上极高或极低成分的原料，料堆纵向成分波动（即长滞后的现象）就会减弱。

因此原料矿山开采时要注意搭配。特别在利用夹石和品位低的矿石时不仅要合理搭配开采时的台段、采区，而且要合理地规定各区的采掘量和运输方式。那种认为有了预均化堆场就可以不用搭配开采的思想是错误的。

在使用多种产地不同、品质各异的煤炭时，也要注意使其经过搭配后进入预均化堆场，以保证取得较好的均化效果。

（2）物料离析作用　物料颗粒总是有差别的，堆料时，物料从料堆顶部沿着自然休止角滚落（人字形、波浪形、横向倾斜层和纵向倾斜层堆料法都可能出现这种现象），较大的颗粒总是滚到料堆的底部两边，而细料则留在上半部。大小物料颗粒的成分往往不同，特别是石灰石，大颗粒一般碳酸钙含量高，引起料堆横断面上成分的波动。这就是所谓短滞后现象，或称为横向成分波动。要减少物料离析作用的影响，可以从三个方面去解决。

①减小物料颗粒级差　通过破碎机的物料，由于管理上的原因，常常会出现同一台设备的破碎率有很大差异的情况，例如锤式破碎机的锤头、篦条磨损过大，没有及时更换；检修时，修理质量没有严格要求等。为了减少物料离析作用影响，提高粉磨效率，应该尽量减少物料颗粒级差，不允许超过规定的颗粒进入堆场。

②加强堆料管理工作　物料离析作用影响最小的是水平层堆料，其次是波浪形堆料，这两种方式都需要比较复杂的设备。当堆料机型式确定后，堆料方式是很难改变的。水泥厂较多采用的堆料方式还是人字形堆料。防止物料离析，在堆料时减少落差是一个重要的措施。随着料堆的升高，堆料皮带卸料端要相应提高，因此堆料皮带机端部常常设触点式探针来探测自身同料堆的距离，使卸料端自动与料堆保持一定的距离。一般可以使落差保持在 500mm 左右。

③加强取料管理工作　生产中要注意检查松料钢绳是否按设计要求掠过全部断面，均匀使松动物料滚落底部，包括钢绳的松紧程度、配重适合与否、耙齿工作情况、钢绳扫掠断面所滚落的物料是否与刮板运输能力相适应、各部件磨损情况是否影响工作等。此外，在旱季和雨季，物料水分含量会有较大差别，物料被松动的难易程度和休止角都将发生变化，要及时调整松料装置的角度、耙齿的扫掠速度，甚至增减耙齿的数量或深度等以保证作业正常。

（3）料堆端部锥体的影响　矩形堆场每个料堆都有两个呈半圆锥形的端部，称为端锥。

在采用人字形料堆和端面取料的情况下，开始从料堆端部取料时，端锥部位的料层方向正好与取料机切面方向平行，而不是垂直。因此取料机就不可能同时切取所有料层。此外端锥部分的物料离析现象更为突出，降低了均化效果。

为了减少端锥的影响，必须研究端锥部分在布料时的特点。以直线布置的矩形堆场为例，两个矩形人字形料堆，取料机处在中间。当取料机向任意一个料堆取料，取到接近终点时，料堆的高度已经大大下降，到不足 1/2 高度时，一般取料机就停止取料。因此每个料堆都有一小堆"死料"。这堆"死料"虽然量不多，但是在重新布料时，要给予考虑。堆料机在矩形堆料上往复布料时，有两个终点，到了终点就要回程。为了使布料合理，一方面堆料机的卸料端要随料堆的升高而升高；另一方面在到达终点时，要及时回程，否则端锥部分料层增厚，会加大端锥的不良影响。在布完一层料到达终点时，由于端锥的几何形状所决定，上一层要比下一层缩短一小段距离。

（4）堆料机布料不均　理论上要求，堆场每层物料纵向单位长度内重量应相等，实际上不易做到。从小的影响来说，当天桥皮带堆料机布料时，因为布料皮带机是沿料堆纵向输送物料的，因此当布料方向和主皮带机上物料前进方向一致时，物料相对速度高，当布料方向和皮带机上物料运动方向相反时，速度就会相对低。但从实践得知，这种影响不大。比较大的因素还是进预均化堆场时进料量的不均匀。在工艺设计方面，有些预均化堆场就是从破碎机出口直接进料的，也有少量是从中间贮存小库底部出口而进料的。为求得预均化效果的提高，应该采取一定的措施，如规定破碎机的喂料制度、增添破碎机喂料机控制系统、定期检测预均化堆场进料量、规定原料小贮库出库制度等，以保证布料均匀。

（5）堆料总层数　原料料堆横断面上物料成分的标准偏差与料堆的布料层数平方根成反比。因此布料层数越多，标准偏差越小。但由于物料颗粒相对较大以及物料自然休止角的作用等影响，越到高层，布料面积越小，料层越薄，均化效果相对较差。均化效果并不总是随布料层数增加而增加，一般来说，堆料层数在 400～600 层之间较合适。

第4章 生料制备

4.1 概述

在水泥生产过程中,粉磨电耗占总电耗的 60%~70%,其中生料粉磨电耗约占总电耗的 30%,煤磨电耗约占 3%,水泥粉磨电耗约占 40%。合理选择粉磨设备,对保证产品质量和降低能耗具有重大意义。

目前生料制备有立磨、辊压机终粉磨和中卸烘干磨三种方案。

4.2 立磨

4.2.1 立磨的特点

(1) 能耗低。辊磨采用料床粉磨原理,大大降低了粉磨无功消耗。同时大量的外循环和内循环减少了过粉磨现象,提高了粉磨效率;新型辊磨设计中,降低了风环处的风速,加大了物料外循环量,系统能耗进一步降低。

(2) 烘干能力强。辊磨密闭性好,漏风少;物料在热风中以悬浮态进行热交换且循环数十次,换热效率高。利用窑尾废气作为烘干热源,允许烘干含水分为 8% 的物料。如采用外加热源的方式,则可烘干水分达 20% 的物料。

(3) 辊磨集中碎、粉磨、烘干、选粉等工序于一体,具有系统流程简单、运转率高、操作和维修方便、噪声小、占地面积小、土建费用低、允许入磨物料粒度大等优点。

辊磨的主要缺点是不适用于磨蚀性大的物料。

4.2.2 立磨的工作原理

电动机通过减速机带动磨盘转动,物料通过锁风喂料装置经下料溜子落到磨盘中央,在离心力的作用下被甩向磨盘边缘并受到磨辊的碾压粉磨,粉碎后的物料从磨盘的边缘溢出,被来自喷嘴环高速向上的热气流带起烘干,根据气流速度的不同,部分物料被气流带到高效选粉机内,粗粉经分离后返回到磨盘上,重新粉磨;细粉则随气流出磨,在系统收尘装置中收集下来,即为产品。没有被热气流带起的粗颗粒物料,溢出磨盘收集后被外循环的斗式提升机喂入选粉机,粗颗粒落回磨盘,再次挤压粉磨。

4.2.3 各种型式立磨的结构特点

4.2.3.1 莱歇公司 LM 型立磨

如图 4-1 所示,LM 型辊式磨采用圆锥形磨辊和水平磨盘,有 2~6 个磨辊,磨辊轴线与水平夹角为 15°,各磨辊可以由液压系统单独加压,在检修时可以用液压系统将磨辊翻出磨外。其优点是对粉磨物料的适应性强,操作稳定。

LM 型辊式磨主要由以下几个部分组成:分离器、壳体、磨辊、翻辊装置、液压加压装置、摇臂、圆柱销、磨盘、传动装置、机座、磨机振动监视装置和喷水系统等。

(1) 磨盘 磨盘是辊式磨的主要部件之一,它包括导向环、挡料圈、衬板、压块、盘体、圆柱销、提升装置、螺栓和刮料装置等,如图 4-2 所示。

来自风环处的热风由导向环引入磨机中心，风环上焊有耐磨导向叶片，可以承受从磨盘上溢出的大块物料、铁块及杂质的冲刷，随后这些异物由刮料装置送入排渣口。磨盘周边设置有挡料圈，挡料圈的高度通常都是根据生产实践经验按需要进行调整的。

（2）分离器　分离器位于磨机的上部，其传动装置的转速是可调的，以便根据需要来调整产品的细度。分离器内的转子上布有一圈叶片，用于撞击随气流上升的粗颗粒物料，并把它们抛向壳体，然后沿壳体内壁滑落返回磨盘上，为防止壳体磨损，其内装有可更换的衬板。喂料溜子的壳体底部通有热风，以防潮湿物料黏附其上，从而保证下料通畅。转子轴装有两个可承受较大径向力和少量轴向力的滚动轴承。由于磨内温度较高，为避免轴承发热，在其外部设有倒锥形水箱，以进行循环冷却。

（3）磨辊　磨辊的辊套是易磨损件，它的使用寿命将直接影响着磨机的运转率，特别是对于大规格的辊套来讲，既要有足够的韧性，又要有良好的耐磨性能，它所采用的材料也是镍硬合金铸钢。

（4）摇臂　整个摇臂作为一个杠杆（支点在

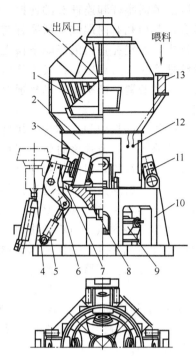

图 4-1　莱歇磨

1—分离器；2—壳体；3—磨辊；4—翻辊装置；
5—液压加压装置；6—摇臂；7—圆柱销；8—磨盘；
9—传动装置；10—机座；11—摇臂运动、磨机振动
监测装置；12—喷水系统；13—三道锁风阀

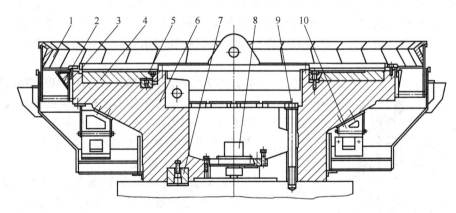

图 4-2　磨盘结构示意

1—导向环；2—风环；3—挡料圈；4—衬板；5—压块；6—盘体；7—圆柱销；
8—提升装置；9—螺栓；10—刮料装置

中轴处），把油缸对连杆所产生的拉力传递给磨辊，作为研磨物料的粉碎力。

（5）液压加压装置　这种装置也被称为液-气弹簧系统，其压力可根据需要进行调整，保证磨机在运转中辊压波动小，磨机运转平稳。

莱歇磨在运行中，磨辊对物料的碾压力来自液压缸产生的拉力，通过活塞杆和连杆头作用在摇臂上，整个摇臂作为一个杠杆，支点在中轴处，把液压缸产生的拉力传递给磨辊。

　　液压缸的活塞杆和连杆头的连接是通过两个半圆外套来实现，两个半圆外套由螺栓连接成圆筒套，其内孔有内螺纹，活塞杆与连杆的外表面有外螺纹。

　　运行中，磨辊在物料的影响下做上、下频繁运动，活塞杆和连杆头在长期突变应力作用下，螺纹处产生应力集中，易发生疲劳断裂。

　　（6）传动装置　磨机由电动机通过立式行星减速器驱动，结构紧凑、体积小、重量轻、效率高。

　　（7）壳体　磨机中间壳体为焊接件，在安装现场与机座焊成一体，壳体上开设有与磨辊相对应的检修孔，以便检修时将磨辊翻出。壳体与摇臂之间的缝隙采用耐热橡胶板密封，壳体内壁设有波形衬板，以防物料冲刷。另外壳体还设置了用于检修和维护的磨门。

　　（8）机座　机座是一个将基础框架、减速机底板、轴承座、环形管道、风管以及废料闸门集结为一体的焊接件。其主要作用一是支承整个磨机的重量和承受动力；二是接纳回转窑窑尾废气，作为磨内烘干与输送物料之用。

　　（9）摇臂监视装置　摇臂的运动情况是靠安装在下臂附近托架上的电传感器来反映的，当导轨移入或移出传感器前的感应区时，传感器便会及时发出相应的信号，以显示"磨辊抬起"或"磨辊下料层太薄"等情况，料层的厚度也可直观地从摇臂的刻度上读出。

　　（10）磨机的振动监视　辊式磨的振动是用振动传感器监测的，它所测量出的数值将被转换成电信号，然后再通过电缆传送到电控柜中的指示器上，振动一旦超出预定值，就会自动报警直至停磨。

　　（11）喷水系统　设置喷水系统的目的在于通过水分来消耗部分窑尾废气的热能，使静电收尘器能正常工作，产品中含有 $1\%\sim2\%$ 的水分是不够的，为此必须向磨内喷水，而喷水量则取决于热风的温度。喷水系统由喷嘴、水管、控制装置和固定元件所组成。

　　（12）翻辊装置　此套装置是为检修而配备的一套专用移动式工具，使用时只要与液压系统接通，即可将磨辊翻出磨外，便于检修。

　　莱歇磨磨辊加压装置设在壳体外，壳体的密封设计要求高，锥形辊套不能翻转重复使用，而磨盘衬板可以翻面使用，磨内设有磨辊与磨盘间隙限位装置，磨机可空载启动，不需要另设高扭矩辅助启动装置。莱歇磨的停机没有任何特殊要求，开机启动也无需进行磨盘布料操作。

4.2.3.2　德国 Pfeiffer 公司的 MPS 型立磨

　　MPS立磨采用鼓形磨辊和带圆弧凹槽形的碗形磨盘。如图 4-3 所示，3 个磨辊相对于磨盘倾斜 12°安装，间隔 120°排列。辊皮为拼装组合式。磨辊可以翻转 180°使用。

　　3 个磨辊统一由支架固定，同时加压。启动时磨辊不能抬起，需先用辅助传动在磨盘上铺料，形成粉磨料床后再开启主传动装置，以防止辊、盘直接接触。检修时磨辊不能翻出磨外，需从磨中将磨辊吊出机外。磨辊与加压部件都在机壳内，磨机的密封性能较好。

　　由 3 根液压张紧杆传递的拉紧力通过压力框架传到 3 个磨辊上，再传到磨辊与磨盘之间的料层上。在运转前进入磨内用遮挡喷口环截面的方法来改变风环通风面积，从而改变风速，以适应

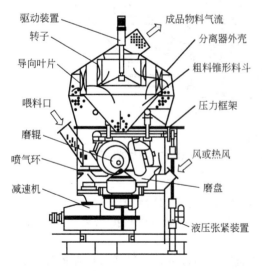

驱动装置
转子
导向叶片
喂料口
磨辊
喷气环
减速机

成品物料气流
分离器外壳
粗料锥形料斗
压力框架
风或热风
磨盘
液压张紧装置

图 4-3　MPS 立磨结构图

不同密度物料的风速需要。

检修时液力张紧杆只可将连在磨辊上的压力框架抬起，但应先拆除压力框架与磨辊支架间的连接板，并用专用工具将磨辊固定。

当磨辊辊套或磨盘衬板磨损后，通常在磨内将磨损部位慢转到便于维修的位置进行更换或检修。镶嵌式衬板（辊套）受热应力和机械应力较小，但一旦其中的一片受到损坏，整个辊套将受到影响。

4.2.3.3　Polysius 公司的 RM 型立磨

RM 辊磨采用两对分半的轮胎直辊，为双凹槽形磨盘，如图 4-4 所示。

两组磨辊共 4 个，每组磨辊装一个架子，分别用液压系统加压，磨辊与磨盘间的速差小，滑动摩擦小。双凹槽型衬板对物料的啮合性能强，并形成双重挤压，粉磨效率高，磨损后的磨辊可以翻转 180°使用。

RM 立磨的特点如下。

(1) 双磨辊　磨盘装有双凹槽的磨辊轨道，形成双重挤压粉磨系统，立磨结构中最重要的部件首推带有双凹槽的粉磨磨盘和两套对辊。两套对辊在料床上可进行垂直方向位移的单独调整，并围绕其自身进行转轴运转。双凹槽磨盘和双鼓

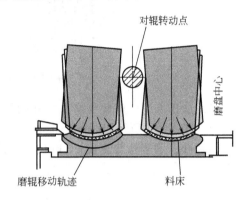

图 4-4　双凹槽辊道粉磨系统

面磨辊采用优化了被磨物料的啮入条件，提高了的粉磨效率。

(2) 双重粉磨系统　两对磨辊在磨盘上相对独立运转，对辊的设计使磨辊和磨盘之间的速度差降低。在两组相对独立的对辊下，物料先被内辊挤压粉磨，然后物料移到外侧，经外辊再次挤压粉磨。内外辊在磨盘上以不同的转速运行，使磨辊和磨盘间的速度差（滑动摩擦）最小，实际发生的磨损减小。磨辊可上、下移动，补偿了由于磨损造成磨辊辊套金属表面的残缺，保持被磨物料和粉磨组件表面间的良好啮合，防止产品当中的尾渣出现，并防止了一般情况下辊套磨损后出现的电耗增加现象。

在工作中，当一个辊被料床抬高时，另一个磨辊会被强迫压下。内外磨辊不同的磨损情况可通过施加到磨辊托架上力的作用点的调整来达到接近均衡。使辊压的分布与磨损一致，磨辊元件可最大限度地被利用。也可将对辊托架旋转 180°，使外辊和内辊实现对换，使被磨后的边际线相同，延长使用寿命。根据粉磨要求情况，磨辊辊套可为整体形式或分块形式。

磨辊在磨盘的双凹槽轨道中运行，被粉磨物料在磨盘上的停留时间延长。特别是在物料难磨的情况下，易形成稳定的料床。双凹槽辊道可以确保料床不过厚，避免物料"短路"（未经充分粉磨就到达磨盘边缘），能量消耗低。

(3) 喷嘴环　喷嘴环由定位销挡板调节通风截面（图 4-5），因为不改变气流方向，不增加气流通过的路径长度，因而，系统的单位耗气量和系统压损低，磨损减少。气流速度可以从 70mm/s 调节到 30mm/s。

(4) 磨辊轴承的密封　新设计的磨辊轴承安装了防磨损密封装置，增加了润滑油循环系统，如图

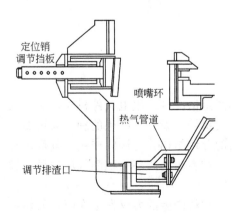

图 4-5　由定位销调节挡板及通风截面

4-6 所示，并装有自动测试系统，为安全运转提供保证。

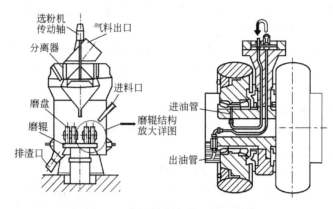

图 4-6　磨辊轴的润滑油循环系统

（5）加压系统　磨辊与磨盘之间的加压由液压系统调整。磨辊托架通过拉杆直接与磨基础连接，如图 4-7 所示。因此磨辊对磨盘的压力是平行垂直向下的，拉杆通过两个接口分别与磨辊基础、磨辊托架连接，可以传递不同方向的拉力，使磨辊对磨盘的压力分布均匀、平衡。

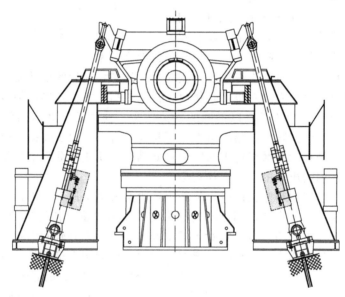

图 4-7　液压加压系统

4.2.3.4　F. L. Smidth 公司的 ATOX 型立磨

ATOX 辊磨由 3 个圆柱形磨辊和水平磨盘组成。

磨辊加压用的液压缸双向动作，开、停磨机或遇到紧急情况导致主电机停机时，液压系统将反向进油提升磨辊，它既减小了辊磨的启动负荷，又保护了设备；磨辊的轴承采用循环润滑，轴承寿命提高 2.5 倍；圆柱面的磨辊衬板为均匀的分块结构，可调向使用，且可进行表面堆焊修补，衬板的寿命较长；磨盘外的挡料圈、提升物料用的风环面积和气流的导向锥都可依据粉磨工艺情况进行调整。

磨辊面与其轴线有一个夹角，这样磨辊面与被研磨的物料产生的力仅发生在磨辊的切线方向；水平磨盘与圆柱面磨辊使惯性力和粉磨力仅发生在垂直方向；喂料装置选用了既简单可靠又锁风和喂料连续的回转下料器。

（1）磨盘　ATOX 磨磨盘结构如图 4-8 所示。

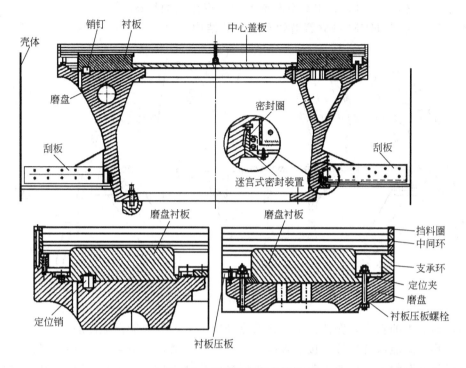

图 4-8　ATOX 磨磨盘结构

（2）磨辊　如图 4-9 所示，磨辊主要由辊套、辊轴、轮毂、轴承、润滑、密封结构等部分组成。

三个磨辊由一个刚性的连接块连接在一起，每个磨辊的外端连接一根扭力杆，扭力杆通过橡胶缓冲装置固定在磨机壳体上。调整三根扭力杆的长度可对磨辊进行精确定位，使三个磨辊的中心与磨盘中心重合。每个磨辊的轴端均与一个双向液压缸相连，用以将磨辊压向磨盘，调节粉磨力，或者将磨辊抬起，脱离磨盘以利磨机空载启动。

磨辊依靠本身的重量放置在磨盘上，只做上、下运动，只受垂直方向力（不受轴向力），辊套磨损均匀。磨辊的直径比其

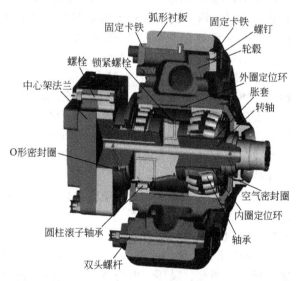

图 4-9　ATOX 磨磨辊

他立磨大，对料层变化、喂料大块（100～150mm）、异物的适应性强。磨辊为空心结构，重量轻、刚性好，内部可装大型重载轴承，辊套分成弧形片状，可避免高硬度脆性合金材料因残余应力、热处理应力和热胀冷缩应力而引起开裂。磨辊采用稀油循环润滑，可对润滑油量、油压和油温进行控制，润滑效果好，确保磨辊轴承始终处于最佳润滑状态。润滑油采用在线过滤，确保不被污染。轴承腔双唇边油封，采用正压保护。

4.2.3.5　HRM系列立磨

HRM系列立磨采用轮胎形斜磨辊和带圆弧凹槽形的碗形磨盘，它既有莱歇LM磨可翻滚检修的优点，又具有MPS磨辊套可翻面使用、寿命长的特点。

如图4-10所示为HRM型立磨磨辊和磨盘的结构。

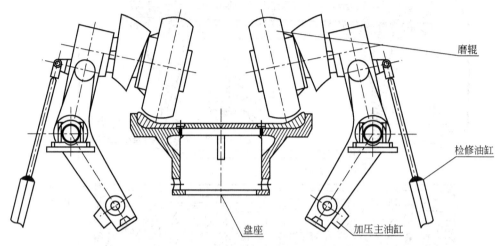

图4-10　HRM型立磨磨辊和磨盘的结构

凹槽形磨盘内的料床能保持稳定，自磨盘外缘上升的气流能保证出磨的料流均匀，磨辊和磨盘与物料之间能保持良好的接触表面，辊、盘衬料磨损相对匀称，且磨损后还可以通过调整辊压以弥补对粉磨质量的影响。磨辊可以翻到机体外检修，辊套可以根据磨损情况进行调面使用，延长使用寿命；辊套和磨盘衬板采用了快拆装结构，提高了磨机的运转率。为了有效地控制和调整辊、盘间的料层厚度，防止辊、盘因直接接触产生金属碰撞增加磨机噪声，对磨辊和磨盘的间隙有一定限制。

磨辊轴承不需要采用密封风机就能保证磨辊轴承不进粉尘，磨辊能抬起使磨机轻载启动，不需要辅助传动装置。而且在某个磨辊发生故障时，可以在将磨辊翻出机外检修的同时，用对称的另外两个磨辊继续生产，产量达到正常产量的60%左右，能避免回转窑断料停窑。

液压系统的设计主要考虑发挥HRM型立磨在启动时能将磨辊抬起轻载启动的优点，同时要求能够远程操作，在粉磨系统运行时对物料施加研磨压力以粉磨物料，同时又要具备起缓冲减震的作用，在磨辊压力达到设定值、磨机正常运行后，停止加压油泵，仍能使磨辊压力保持不变。

在断料时能将磨辊抬起，使磨机处于等待状态。为保证磨辊不与磨盘直接接触，设有机械限位装置。

4.2.3.6　TRM系列辊磨

TRM系列辊磨结构与LM立磨相似，采用锥形磨辊和水平形磨盘，主要由分离器、磨辊、摇臂、磨盘、风环、中壳体、进风口、传动装置、干油润滑装置、气封管道、限位装置、喷水系统、液压加压装置及管路、磨辊润滑装置及管路、翻辊装置等部件组成。

（1）磨盘　磨盘主要由盘体、衬板、压块、挡料圈、刮料板、风环等部件组成（图4-11）。

磨盘衬板构成了磨机的粉磨轨道。所有衬板组合在一起就是一个圆环形的平板。每块衬板的内圆处均有一个平滑的斜面，压块通过此斜面将衬板压紧在盘体上。

挡料圈用螺栓连接在磨盘的外凸边上部，挡料圈的高度决定了磨盘上粉磨物料层所需的厚度，通常被称为"料床"。

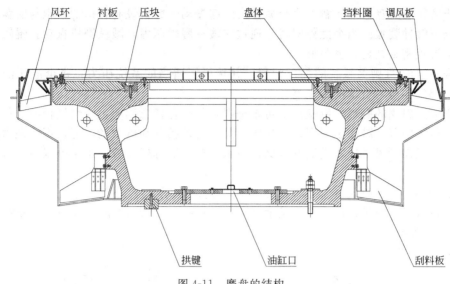

图 4-11　磨盘的结构

风环是环绕着磨盘的焊接结构件，它的功能是将来自风道的气体均匀地导入磨腔。当风速过低时，会导致风环处下落的回料量增多；当风速过高时，又会在风环处产生较大的通风阻力。

调风板的分段设计使得各区段可以方便地进行更换，通过设置不同规格的调风板，可以在不同的部位产生不同的风速。

刮料板的作用是将从风环处落下的较大块的料扫入连接在进风道上的重锤阀，然后排出机外。因此必须定期检查刮板是否牢固。

（2）磨辊　TRM 立磨共配备 4 个磨辊，每个磨辊均与相应的摇臂固定在一起。磨辊相互间互为 90° 等距布置，低位置时磨辊轴与磨盘水平面夹角 15°，磨辊与磨盘衬板间距为 14mm。

磨辊主要由轮毂、辊轴、轴承、辊套（易磨损件）、轴承密封件、闷盖、端盖、润滑油管等部件组成，如图 4-12 所示。

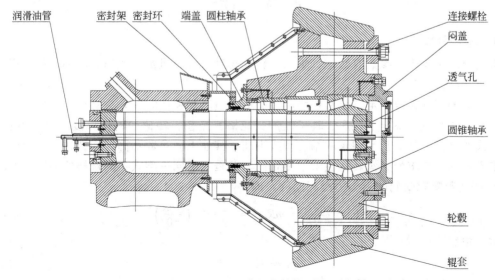

图 4-12　磨辊的结构

　　为防止磨辊与磨盘直接接触产生金属撞击引起振动，磨机设有特殊的磨辊与磨盘之间间隙定位、调节缓冲装置。当突然停料时，通过它缓冲磨辊压力，减缓磨机振动。辊轴与壳体间采用了弧形板密封结构，密封好。

　　磨机采用了液-气弹簧系统的加压装置，并选择了适当的系统压力，每个液压油缸都配置容量和内部气体压力合理的蓄能器。

　　三道锁风进料阀的翻板，翻板周期可根据喂料量变化任意调节，喂料过程中，任何时间都有两块翻板关闭着，减小了漏风。磨机磨辊具有自动抬起和落下的功能，可实现磨机空载或轻载启动，无需设置慢速驱动装置。磨机设有一套液压翻辊装置，可将磨辊翻出机外，检修方便又省时。

　　（3）摇臂装置　摇臂装置包括摇臂、心轴、滑动轴承和胀套等。摇臂上部与辊轴相连接，下部通过胀套、心轴、胀套支承在两个滑动轴承上。向前伸出的摇臂杆与油缸接杆连接，如图 4-13 所示。

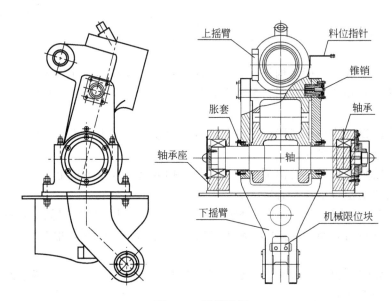

图 4-13　摇臂装置

4.2.4　工艺参数

　　辊式磨的主要工艺参数有转速、辊压、辊盘相对尺寸、风量、风速、功率、能力等。

4.2.4.1　磨盘转速

　　辊式磨的磨盘转速决定了物料在磨盘上的运动速度和停留时间，它必须与物料的粉磨速度相平衡。粉磨速度决定于辊压、辊子数量、规格、盘径、转速、料床厚度、风速等因素。不同型式的辊磨因其磨盘和磨辊的结构型式不同，其他工艺参数不同，物料在磨盘上的运行轨迹也不相同，要求的磨盘转速也就不尽相同。但是对于同一型式不同规格的辊磨，要求质量为 m 的物料颗粒受到的离心力是相同的，即：

$$F = \frac{mv^2}{R} = mR\omega^2 = \frac{1}{2}mD\left(\frac{2\pi n}{60}\right)^2 \tag{4-1}$$

因此可以得到：

$$n = K_1 D^{-0.5} \tag{4-2}$$

式中　F——物料在磨盘上所受的离心力；

v——辊式磨磨盘的圆周线速度，m/s；

ω——辊式磨磨盘的圆周角速度，rad/s；

R——磨盘半径，m；

m——物料质量，kg；

D——磨盘直径，m；

n——磨盘转速，r/min；

K_1——系数。

据统计，莱歇 LM 型辊磨 $K_1=58.5$，MPS 型辊磨 $K_1=45.8$，ATOX 型辊磨 $K_1=56$。不同形式辊磨磨盘转速见表 4-1，主要磨机的转速和盘径的关系见表 4-2。

表 4-1　不同形式辊磨磨盘转速　　　　　　　　　单位：r/min

规格	LM59.4	LM50.4	LM32.4	MPS3150	MPS2450	MPS2250	ATOX50	ATOX37.5	TRM25
$n_{实际}$	23.8	26	32.5	25	29.2	31	25.04	28.7	37
$n_{计算}$	24.1	26.2	32.7	25.8	29.3	30.5	25	28.8	37

表 4-2　主要磨机的转速和盘径的关系

磨机名称	LM	ATOX	RM	MPS	球磨机
n 和 D 的关系式	$n=58.5D^{-0.5}$	$n=56.0D^{-0.5}$	$n=54.0D^{-0.5}$	$n=51.0D^{-0.5}$	$n=32.0D^{-0.5}$
相当于球磨机的比例/%	182.8	175.0	168.8	159.4	100.0

4.2.4.2　生产能力

生料辊磨是烘干兼粉磨的磨机，其能力由粉磨能力和烘干能力中较低的能力确定。其中粉磨能力取决于物料的易磨性、辊压和磨机规格的大小。在物料相同、辊压一定的情况下，磨机的产量和物料的受压面积即磨辊的尺寸有关，每一磨辊碾压的物料量正比于磨辊的宽度 B、料层厚度 h 和磨盘的线速度 v。磨辊的宽度 B 和料层厚度 h 在一定的范围内均与磨盘直径 D 成正比，线速度 v 与 $D^{0.5}$ 成正比，因此可以得出辊磨的粉磨能力公式为：

$$G=K_2D^{2.5} \tag{4-3}$$

式中　G——辊磨的粉磨能力，t/h；

　　　D——磨盘直径，m；

　　　K_2——系数，与辊磨型式、选用压力、被研磨物料的性能有关。

各种磨机的工艺参数不同，其 K_2 也不同。一般 LM 型辊磨 K_2 取 9.6，D 取磨盘碾磨区外径；而 MPS 型辊磨 K_2 取 6.6，D 取磨盘碾磨区中径。

烘干能力：

$$G_d=K_dD^{2.5} \tag{4-4}$$

式中　G_d——辊磨的烘干能力，t/h；

　　　D——磨盘的公称直径，m；

　　　K_d——系数，与物料水分、热风量及热风温度有关。

一般辊磨生产厂家依据试验磨的能力来推算辊磨的生产能力，但存在一定误差，差值一般为 ±7.5%。新磨和磨损后的磨机产量相差 12.5%。不同规格辊磨之间的产量由下式确定。

$$f=\frac{G_1}{G_2}=\left(\frac{D_1}{D_2}\right)^{2.5} \tag{4-5}$$

式中　　f——放大系数；

　　　　G_1——要选辊磨的能力，t/h；

　　　　G_2——试验辊磨的能力，t/h；

　　　　D_1——要选辊磨的直径，m；

　　　　D_2——试验辊磨的直径，m。

在选用立磨前一定要做好被磨物料的特性试验，以测定各种参数，选定立磨的型号、内部结构设计和操作数据。Polysius 试验室立磨（ATROL），每次试验需原料 800kg。测定内容：

①物料流的特性——物料在气体输送时的自由度；

②物料的压缩性——物料形成稳定料床的性能；

③振动——物料造成振动的趋势；

④动力消耗——易磨性；

⑤空气消耗量——输送物料需要的空气量；

⑥磨蚀性——磨机各种部件的磨损（磨辊、磨盘、磨体、喷嘴等）。

通过各种物料的 ATROL 立磨试验，与其实际工业生产数据比较，得到了从 ATROL 立磨试验结果换算到工业立磨的系数，如根据试验测得物料的易磨性，求得工业立磨的物料易磨性；根据试验测得物料的摩擦系数（μ）；求出工业立磨的物料摩擦系数，并计算其工业立磨主动轴所需的功率。

$$P_{aw}=\mu Z F_{spec} D_R B_R D_{TM} \pi \frac{n}{60}=\sin\beta V_m \times 粉磨动力 \tag{4-6}$$

式中　　P_{aw}——磨机主动轴功率，kW；

　　　　μ——原料摩擦系数；

　　　　Z——磨辊数量；

　　　F_{spec}——粉磨压力，kPa；

　　　　D_R——磨辊直径，m；

　　　　B_R——磨辊宽，m；

　　　D_{TM}——磨盘平均直径，m；

　　　　n——磨盘转速，r/min。

4.2.4.3　辊压

压力增加，成品粒度变小，但压力达到某一临界值后，粒度不再变化。该临界值取决于物料的性质和喂料粒度。

辊式磨是多级粉碎，循环粉磨，逐步达到要求的粒度，因此其实际使用压力并未达到临界值，一般为 10～35MPa。理论上磨辊、磨盘之间是线接触，物料所受真实辊压很难计算，所以可以用相对辊压来表示。比较不同型式磨机的辊压应在同一基准条件下进行。如图 4-14 所示是辊式磨辊压情况。

计算相对辊压的方法一般有以下几种：

（1）磨辊面积压力 p_1（kPa）

$$p_1=\frac{F}{\pi} D_R B \tag{4-7}$$

式中　　F——每个磨辊所受的总压力，kN；

　　　　D_R——磨辊平均直径，m；

　　　　B——磨辊宽度，m。

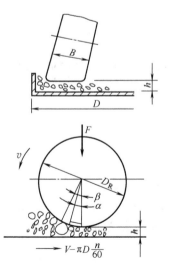

图 4-14　辊式磨辊压情况

（2）磨辊投影面积压力 p_2（kPa）

$$p_2 = \frac{F}{D_R}B \qquad (4\text{-}8)$$

（3）平均物料辊压 p_3（kPa）

$$p_3 = \frac{2F}{D_R}\sin\beta B \qquad (4\text{-}9)$$

式中　β——啮入角，（°）。

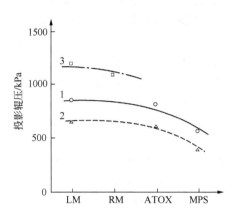

图 4-15　不同型式磨机相对辊压
1—配用功率限压；2—实际操作压力；
3—强度设计压力

啮入角将随料床厚度增加而达到临界值，同时也受辊面的影响。为了比较方便，统一以 6°计算。这样，各相对压力之间的关系为：

$$p_1 : p_2 : p_3 = 0.318 : 1 : 19.12$$

现以 p_2 为基准，将主要辊式磨的压力表示于图 4-15。

图 4-15 中列出了四种辊磨的 3 种辊压情况。1 线表示磨机配用功率时的最大限压，2 线表示实际操作时的压力，3 线表示磨机设计强度时考虑的压力。从图中可以看出 LM 相对辊压最高，MPS 最低，RM 和 ATOX 介于其中。从配用限压来看，LM 为 MPS 的 1.5 倍。

辊压增加，产量增加，但相应的功率也增加。实际操作时，应尽可能调整到适宜的辊压。该值既取决于物料性能和入磨粒度，也取决于磨机的结构形式和其他工艺参数。在适宜辊压时，磨机的功率称为磨机需用功率，而在磨机配用电机时需留有贮备，一般贮备系数为 1.15~1.20。配用功率时的压力就是最大操作限压。实际生产操作时压力有时可能比操作限压低 25% 以上。在机械强度设计时，往往还需考虑一些特殊原因引起的超压，例如进入铁件、强力振动等，因此设计压力取值更高。

4.2.4.4　磨辊、磨盘的相对尺寸

辊式磨是靠磨盘和磨辊的碾磨装置来粉碎物料的，因此其相对尺寸将直接影响到磨机的粉磨能力和功率消耗。不同型式的磨机磨辊的数量和相对尺寸也不相同，同一种磨机，随着技术的发展、规格的大型化和特殊要求，相对尺寸略有差别。主要磨机的基本尺寸相对关系见表 4-3。

表 4-3　主要磨机的基本尺寸相对关系

项目	LM	ATOX	RM	MPS
磨辊数 i/个	2	4	3	2×2	3
辊径 D_R：盘径 D	0.8	0.5	0.6	0.5	0.72
辊宽 B：盘径 D	0.229	0.187	0.2	0.143	0.24
辊宽 B：辊径 D_R	0.286	0.375	0.333	0.286	0.333

表 4-3 中辊径指平均值，盘径对 LM、RM、ATOX 磨指辊道外径，对 MPS 磨指辊道直径，该值小于外径，一般约为外径的 1/1.24 倍。表 4-3 中的比值也指平均值，实际上不同大小的磨机在设计时还要考虑尺寸的圆整，比值略有变化。

4.2.4.5　辊磨通风

按照辊磨系统物料外循环量的大小，可以将辊磨分为风扫式、半风扫式和机械提升式。

风扫式辊磨无外循环装置，即外循环量等于零，物料靠通过磨机的气体被提升到辊磨上部的选粉机进行选粉，用风量大，内循环量也大；半风扫式有一定的粗料进行外循环，即通过外部的机械输送装置送回到磨内，用风量要小一些；机械提升式主要指用作预粉磨的辊磨，因其内部不带选粉机，出磨物料全靠机械装置送到外部选粉机或下一级粉磨设备中，仅有少量的机械密封用风和收尘用风。对前两种辊磨的通风量可通过出磨废气含尘浓度来计算。

$$Q = CG \tag{4-10}$$

式中　Q——辊磨的通风量，m^3/h；

　　　C——出磨废气含尘浓度，生料取 $500\sim700g/m^3$，水泥可取 $400\sim500g/m^3$；

　　　G——磨机产量，kg/h。

也可以按照粉磨室的截面风速来计算：

$$Q = 3600VS \tag{4-11}$$

式中　S——粉磨腔的截面积，m^2；

　　　V——截面风速，生料取 $3\sim6m/s$。

当以磨盘面积来计算风量时，其盘面风速约为该风速的两倍。另外应该注意的是因为磨机产量正比于 $D^{2.5}$，而通风面积正比于 D^2，所以通风量将随着磨机规格的增大而按 $D^{0.5}$ 增大。

磨机通风量还可按单位装机功率所需标况下的通风量（I_0）计算，对于 MPS 和 ATOX 磨 I_0 大致波动在 $135\sim165m^3/(kW\cdot h)$。

表 4-4 是根据磨机风量、产量和盘径计算出的含尘浓度和截面风速，从表中数据可以看出，MPS 型辊磨比 LM 和 ATOX 型磨机的风速要小，但是粉磨生料时的出口浓度比较接近。

表 4-4　根据磨机风量、产量和盘径计算出的含尘浓度和截面风速

磨机规格	产量/(t/h)	风量/(m³/h)	C/(g/m³)	v/(m/s)	备注
LM35.4	190	370000	514	10.7	生料
LM50.4		520000		7.4	生料
LM59.4				5.9	粉磨腔风速
ATOX50	351	593114	592	8.4	生料
ATOX37.5	174	302965	575	7.6	生料
MPS3450	152.8		350～500		生料
ZGM95	35	63943	541	6.3	电厂用煤
TRM25	80	127000	630	7.2	生料

上述风量指磨机出口处的工况风量，其中包括烘干用热风、循环风、磨机漏风和密封用风。在进行热平衡计算时建议考虑磨机的漏风系数 $15\%\sim35\%$（以出磨风量为基准），引进磨取低值，国产磨取高值。

如图 4-16 所示是 UBE-LM 32 实测的各处压力损失值。从图上可知风环压损高达 $665mmH_2O$，占整个系统总压损的 57%。为降低此处压损，一是大幅度降低风速，将部分掉料用提升机进行外循环，这样可大量降低压损；二是适当调整风环圆周方向各区段之间的风速。在实际操作中四周的料流是不均匀的。在磨辊后半区料流少，在磨辊前半区及两辊之间料流多。料流少的区域，风环风速可低一些，料流多的区域，风环风速高一些。这可以通过风环的插板，改变各区风环面积来做到。通过调整不仅可使磨内循环物料均匀，提高粉磨

效率，同时可使风环处的平均风速适当降低，因而可以降低此处的阻力 20％左右。

　　从图 4-17 可以看出随着盘径的增大，磨内风速增大。在同样盘径条件下 LM 风速最大，ATOX 次之，MPS 最小。还需说明的是对 MPS 计算基准为辊道直径，其他均为盘径，也就是外径。因此实际上磨内风速 MPS 将更小。而配备的单位风量（标准状态）：LM 为 $1.16 m^3/kg$，ATOX 为 $1.30 m^3/kg$，MPS 为 $1.25 m^3/kg$。单位配备风量相同表示可烘干的水分相同。因此在同样烘干条件下，LM 的通风阻力较高、电耗略大，而 ATOX 和 MPS 相对较小。在选择排风机时风量应增加 $1.15\sim1.20$ 作为备用。

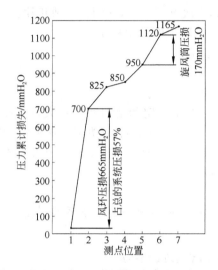

图 4-16　UBe-LM32 实测的各处压力损失值

$1mmH_2O = 9.8Pa$

1—磨入口；2—风环出口；3—选粉机入口；4—选粉机出口；
5—旋风筒入口；6—旋风筒出口；7—风速入口

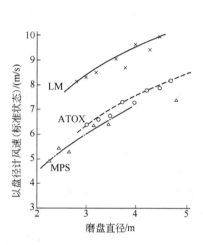

图 4-17　不同辊磨盘径和风速

4.2.4.6　磨机功率

　　辊式磨的功率可由每个磨辊的力矩和角速度的乘积求得。每个磨辊对磨盘中心的力矩为：

$$T = F\sin\alpha \cdot \frac{D_m}{2} \tag{4-12}$$

式中　　T——每个磨辊的力矩，kN/m；

　　　　F——每个磨辊所受的总力，kN；

　　　　α——作用角，(°)；

　　　　D_m—磨辊平均辊道直径，m。

　　辊磨的总需用功率为单辊需用功率和辊数 i 的乘积。

$$N_0 = iF\sin\alpha\frac{D_m}{2}\times\frac{2v}{D_m} = iF\sin\alpha v = iF\sin\alpha\pi D_m\frac{n}{60} \tag{4-13}$$

式中　　v——磨机的圆周速度，m/s；

　　　　i——磨辊数。

　　如以磨辊的投影面积压力代替总力，则：

$$N_0 = ip_2 D_R B\sin\alpha\pi D_m\frac{n}{60} = ip_2 D_R B\sin\alpha\pi D_m\frac{K}{\sqrt{D}}\times60 \tag{4-14}$$

式中　　n——磨机的转速，r/min；

　　　　D——磨盘直径，m。

D_R、B、D_m 均与 D 有一定比例关系，代入（4-14）得：

$$N_0 = Kip_2\sin\alpha D^{2.5} \qquad (4\text{-}15)$$

式中　N_0——磨机的需用功率，kW；

　　　i——磨辊数；

　　　p_2——每个辊上的投影压力，kPa；

　　　α——作用角，(°)；

　　　D——磨盘直径，m。

式（4-15）表示磨机的需用功率与盘径的 2.5 次方成正比，并与 p_2 成正比。

磨机配用电机时，应有必要的备用系数，所以磨机的配用功率为：

$$N = K_1 K_2 ip_2\sin\alpha D^{2.5} \qquad (4\text{-}16)$$

式中　K_1——磨机的动力系数；

　　　K_2——功率备用系数，一般为 1.15～1.20。

对同一型式磨机，其适宜的操作压力 p_2 值，对于一定的物料相差不大，因此每一种规格都有其相当的需用功率以及适宜的配用功率。换句话说，配用功率是根据需用功率确定的，而配用功率确定后，也规定了磨机的最大操作限压。所以式（4-16）也可写成：

$$N = KD^{2.5} \qquad (4\text{-}17)$$

式中　K——常数。

表 4-5 是主要辊磨规格和配用功率的关系，表中所列数据是正常系列，在特殊条件下，配备的功率出入较大。

表 4-5　主要辊磨规格和配用功率的关系

型号规格	配用功率/kW	型号规格	配用功率/kW	型号规格	配用功率/kW	型号规格	配用功率/kW
LM 28：40	1180	ATOX30	1000	RM 36	1120	MPS 2250	500
LM 30：40	1400	ATOX32.5	1200	RM 41	1500	MPS 2450	630
LM 32：40	1600	ATOX35	1450	RM 46	1865	MPS 2650	735
LM 34：40	1850	ATOX37.5	1750	RM 51	2238	MPS 2900	900
LM 36：40	2120	ATOX40	2050	RM 54	3270	MPS 3150	1100
LM 38：40	2450	ATOX42.5	2400	RM 59	4200	MPS 3450	1250
LM 40：40	2800	ATOX45	2750			MPS 3750	1500
LM 43：40	3200	ATOX47.5	3150			MPS 4150	1850
LM 45：40	3750	ATOX50	3550			MPS 4500	2120
LM 48：40	4400					MPS 4850	2700
LM 50：40	5000					MPS 5300	3250

由表 4-5 值可作图 4-18。从图可分别求出不同型式辊磨正常配备功率的计算式，见表 4-6。

表 4-6　不同辊式磨功率计算式

磨机型式	LM	ATOX	RM	MPS
配备功率计算式	$N=87.8D^{2.5}$	$N=63.9D^{2.5}$	$N=42.2D^{2.5}$，$D<51$	$N=64.5D_m^{2.5}$，$D_m<3150$
			$N=49.0D^{2.5}$，$D>54$	$N=52.7D_m^{2.5}$，$D_m^{2.5}>3450$

4.2.4.7　磨损

辊磨的一个主要缺点是粉磨磨蚀性大的物料时辊套、磨盘衬板磨损大，影响运转率和磨机产量，运行费用也相应提高。一般认为当辊套使用寿命＜6000h 时不宜采用辊磨，因此在进行工艺方案比较时磨蚀性只是一个重要方面。对于原料来讲，磨蚀性较大的原料有石英（砂）岩、含燧石的石灰石等，其中影响磨蚀性的主要成分是物料中 f-SiO$_2$ 的含量。非凡公司指出＞100μm 的 f-SiO$_2$ 的颗粒重量不应＞4％；史密斯公司认为＞45μm 的 f-SiO$_2$ 的颗粒重量＞5％时会显著减少磨衬寿命；伯利休斯公司认为＞90μm 的 f-SiO$_2$ 的颗粒重量不应＞6％。易磨损件的寿命可按如下公式计算。

$$T = kG\,10^6\frac{Q}{g} \qquad (4\text{-}18)$$

式中　G——易磨损件的质量，t；

　　　Q——磨机产量，t/h；

　　　k——磨损系数，指允许的磨损程度，可取 0.4～0.6；

　　　g——磨耗量，g/t。

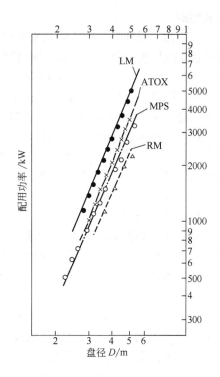

图 4-18　辊式磨配备功率、盘径关系

对于磨蚀性较大的物料在选用辊磨时应注意采用较好的耐磨材料，同时适当加大辊套和磨盘衬板的厚度，还应尽量选用磨盘、辊套磨损后对产量影响不大的辊磨。

4.2.5　立磨的控制与操作

4.2.5.1　立磨参数的控制

（1）磨机通风

①风量控制

a. 出磨气体中的含尘（成品）浓度应在 550～800g/m³。

b. 出磨管道风速一般要大于 20m/s，避免水平布置。

c. 喷口环处的标准风速为 90m/s。

d. 当物料的易磨性不好，磨机的产量低，喷口环风速较低时，根据需要用铁板挡上磨辊后喷口环的风孔，减少通风面积，增加风速。挡多少个孔，要通过平衡计算确定。

e. 根据具体情况通风量可在 70％～105％ 范围内调整，但窑磨串联的系统应不影响窑系统的操作。

②风温的控制

a. 生料磨出磨风温不应超过 120℃，否则软连接受损，旋风筒分格轮可能膨胀卡停，磨机容易产生振动；煤磨出磨风温视煤质情况而定，挥发分高则出磨风温要低；反之可以高些。一般控制在 100℃ 以下，以免发生燃烧、爆炸等现象。

b. 烘磨时入口风温不能超过 200℃，以免使磨辊内润滑油变质。

③系统漏风　系统漏风是指立磨本体、出磨管道及收尘器等处的漏风。在总风量确定的情况下，系统漏风会使喷口环处的风速降低，导致吐渣严重。出口风速降低，使成品的排出量减少，循环负荷增加，压差升高。总风量减少，易造成饱磨、振动停车。还会降低产量，

造成结露。

如果为了保持喷口环处的风速而增加通风量，将会增加风机和收尘器的负荷，浪费能源。同时也受风机能力和收尘器能力的限制。德国研究人员认为MPS立式磨系统漏风要求<4%，根据我国国情，应按<10%漏风作风路设计。

（2）拉紧力　拉紧压力的选用与物料特性及磨盘料层厚度有关，因为立磨是料床粉碎，挤压力通过颗粒间互相传递，当超过物料的强度时被挤压破碎，挤压力越大，破碎程度越高，因此，越坚硬的物料所需拉紧力越大。

在其他因素不变的情况下，液压装置的拉紧力越大，作用于料床上物料的正压力越大，粉碎效果就越好。但拉紧力过高会增加引起振动的概率，电机电流也会相应增加。因此操作人员要根据物料的易磨性、产量和细度指标以及料床形成情况和控制厚度及振动情况等统筹考虑拉紧力的设定值。

对易碎性好的物料，在料层薄的情况下，拉紧力过大造成振动加大，而易碎性差的物料，所需拉紧力大，料层偏薄会取得更好的粉碎效果。拉紧力选择的另一个重要依据；为磨机主电机电流。正常工况下不允许超过额定电流。否则应调低拉紧力。

（3）分离器的转速　立磨的产品细度主要因素由分离器的转速和该处的风速决定。分离器转速一定时，风速越大，产品越粗。而风速不变时，分离器转速越快，产品越细。正常状况下，出磨风量稳定，该处的风速变化也不大。因此控制分离器转速是控制产品细度的主要手段。立磨产品粒度应控制在合理的范围，一般0.08mm方孔筛筛余控制在12%左右可满足生料、煤粉细度的要求，过细不仅降低产量，浪费能源，而且提高了磨内的循环负荷，造成压差不好控制。

（4）料层厚度　物料易磨性差，单位表面消耗能量较大，此时若料层较厚，吸收能量的物料量增多，造成粉碎过程产生的粗粉多而符合细度要求的少，使产量低，能耗高，循环负荷大，压差不易控制。因此，在物料难磨的情况下，应适当减薄料层厚度，以求增加物料中合格颗粒的比例。反之，如果物料易磨性好，在较厚的料层时也能产生大量的合格颗粒，应适当加厚料层，相应提高产量。

（5）磨机的振动　正常运行时，噪声不超过90dB，但如调整不好，会引起振动，振幅超标会自动停车。因此，调试阶段主要遇到的问题就是振动。

引起立磨振动的主要原因有：有金属进入磨盘引起振动，为防金属进入，可安装除铁器和金属探测器；磨盘上没有形成料垫；磨辊和磨盘衬板直接接触引起振动。

形不成料垫的主要原因如下。

①喂料量　立磨的下料量必须适应立磨的能力，每当下料量低于立磨的产量时，料层会逐渐变薄，薄到一定情况时，在拉紧力和本身自重的作用下，会出现间断的辊盘直接接触撞击的机会，引起振动。

②物料硬度低，易碎性好　当物料易碎性好，硬度低，拉紧力较高时，即使有一定的料层厚度，在瞬间也有压空的可能引起振动。

③挡料环低　当物料易磨易碎时，挡料环较低，很难保证平稳的料层厚度，此时应适当提高挡料环。

④饱磨　磨内物料沉降几乎把磨辊埋上，称为饱磨。产生饱磨的原因有：

a. 下料量过大，使磨内的循环负荷增大；

b. 分离器转速过快，使磨内的循环负荷增加；

c. 循环负荷大，使产生的粉料过多，超过了通过磨内的气体携带能力；

d. 磨内通风量不足，系统大量漏风或调整不合适。

（6）立磨吐渣　正常情况下，喷口环的风速可将物料吹起，又允许夹杂在物料中的金属和大密度的杂石从喷口环处跌落到刮板腔，经刮板清出磨外，这个过程称为吐渣。有少量的杂物排出是正常的，但如果吐渣明显增大，需要及时加以调节。造成大量吐渣的原因主要是喷口环处风速过低，而造成喷口环处风速低的主要原因有：

①由于气体流量计失灵或其他原因，造成系统通风大幅度下降，喷口环处风速降低造成大量吐渣；

②由于磨机和出磨管道、旋风筒、收尘器等大量漏风，使喷口环处风速降低，造成吐渣；

③由于物料易磨性差，立磨规格选得较大，产量没有增加，通风量必须按规格增大而同步增大，但喷口环面积增大了，没有及时降低通风面积，造成喷口环处风速较低而吐渣；

④磨内密封装置损坏，磨机的磨盘座与下架体之间、三个拉力杆上、下两道密封装置的密封损坏，漏风严重，影响喷口环的风速，造成吐渣加重；

⑤磨盘与喷口处的间隙增大，该处间隙一般为 $5\sim8mm$，如果用以调整间隙的铁件磨损或脱落，使间隙增大，热风从这个间隙通过，降低了喷口环处的风速而造成吐渣。

（7）压差的控制　MPS立磨的压差是指运行过程中，分离器下部磨腔与热烟气入口静压之差，这个压差主要由两部分组成，一是热风入磨的喷口环造成的局部通风阻力，在正常工况下，有 $2\sim3kPa$；另一部分是从喷口环上方到取压点（分离器下部）之间充满悬浮物料的流体阻力。在正常运行的工况下，出磨风量保持在一个合理的范围内，喷口环的出口风速一般在 $90m/s$ 左右，因此，喷口环的局部阻力变化不大，压差的变化取决于磨腔内流体阻力的变化，而悬浮物料量的大小一是取决于喂料量的大小；二是取决于磨腔内循环物料量的大小，喂料量是受控参数，正常状况下是较稳定的，因此压差的变化直接反映了磨腔内循环物料量（循环负荷）的大小。

压差稳定，标志着入磨物料量和出磨料量达到了动态平衡，循环负荷稳定。一旦这个平衡破坏，循环负荷发生变化，压差将随之变化。如果压差的变化不能及时有效地控制，必然会给运行过程带来影响。压差降低表明入磨物料量少于出磨物料量，循环负荷降低，料床厚度逐渐变薄，薄到极限时会发生振动而停磨。压差不断增高表明入磨物料量大于出磨物料量，循环负荷不断增加，最终会导致料床不稳定或吐渣严重造成饱磨而振动停车。

压差增高的原因是入磨物料量大于出磨物料量，一般不是因为无节制地加料而造成的，而是因为各个工艺环节不平衡，造成出磨物料量减少。出磨物料应是细度合格的产品。若料床粉碎效果差，必然会造成出磨物料量减少，循环物料量增多；若粉碎效果很好，但选粉效率低，也同样会造成出磨物料减少。

4.2.5.2　立磨的操作

①影响产品细度的主要因素是分离器转速和该处风速，一般风速不能任意调整，因此调整分离器转速为产品细度控制的主要手段，分离器是变频无级调速，转速越高，产品细度越细。立磨的产品细度是很均齐的，但不能过细，应控制在要求范围内，理想的细度应为 $9\%\sim12\%$（0.08mm方孔筛），对预分解窑可放宽至 16%。

②影响产品水分的因素是入磨风温和风量。风量基本恒定，不应随意变化。因此入磨风温就决定了物料出磨水分。在北方，以防均化库在冬季出现问题，一般出磨物料水分在 0.7% 以下。

③影响磨机产量的因素除物料本身的性能外，主要是拉紧压力和料层厚度的合理配合。拉紧压力超高，研磨能力越大，料层越薄，粉磨效果越好。但必须要在平稳运行的前提下追求产量，否则事与愿违。当然磨内的通风量应满足要求。

④产品的电耗是和磨机产量紧密相关的。产量越高，单位电耗越低。另外与合理用风有关，产量较低，用风量很大，势必增加风机的耗电量，因此通风量要合理调节，在满足喷环风速和出磨风量含尘浓度的前提下，不应使用过大的风量。

⑤过程操作。立式辊磨的性能与磨辊压力、喂料量及振动的控制、挡料圈高度的调整、出磨气体温度和气流量、磨机吐渣量、金属异物的控制及产品细度的控制等因素有关。

a. 磨辊压力　液压系统是碾压粉磨至关重要的部件之一，磨辊由液压装置提供粉磨力，液压缸的上缸室油在选定的工作压力下，将活塞向下压，活塞连杆便通过摇臂将磨辊紧紧地压在物料面上，形成比磨辊的重力大得多的碾压力，一般控制在 1000kN 左右。当碾过较大块物料时，磨辊会被抬起，液压缸中的活塞也会随连杆上移，并将上缸室的油排入氮气蓄能器，将氮气囊压缩，压缩的氮气囊与弹簧的性质一样，既能贮备能量，又可以通过活塞和摇臂反作用于磨辊，压缩得越多，反弹力越大，因此，大颗粒物料也能获得较大的碾压力。当提高液压装置的工作压力时，磨辊压力相应变大，磨机的粉磨能力提高，但同时磨损、振动和主电机电流也相应增大。如果液压缸的设定压力过高，只会增加驱动力，加快附件磨损，并不能按比例提高粉磨能力。当液压装置的工作压力降低时，磨辊压力变小，粉磨能力相应降低，但会增加磨盘的料层厚度和排渣量。因此要根据具体情况和经验来调整磨辊压力及相适应的蓄能器压力。蓄能器的压力一般为油泵压力的 60%，调整范围为 50%～70%。

b. 喂料量及振动的控制　立式辊磨属料床式粉磨，磨辊压力很大，这就要求磨机的喂料量和物料粒度波动要小，要连续、稳定喂料，且不能有金属等异物，否则，磨机就不能安全、高效地运行。磨机的喂料量可通过压差来控制，当喂料量增大时，进出口压差就大；反之就小。如果喂料量和物料粒度有较大变化，会引起磨机剧烈振动，加剧磨机和选粉机传动部件的损坏，影响设备使用寿命，同时还会增加不稳定的传动负荷。磨机产生振动的主要原因有：喂料量不稳、粒度波动大、液压装置的压力调整不当或与蓄能器压力不相适应、入磨物料水分偏高或磨内喷水量过大等。解决振动问题，首先应合理调整运行参数，稳定喂料量，严格控制入磨物料粒度、水分及磨内喷水量，尽量提高入磨物料的均匀性，稳定料层厚度，调整好磨辊压力。

c. 挡料圈高度的调整　挡料圈的高度决定磨盘料层的厚度，挡料圈越高，料层越厚，如果料层过厚，会增大驱动动力的消耗，并不能提高粉磨效果；但挡料圈过低，物料就会溢出磨盘外，吐渣量增多，磨机的振动值增加。在喂料量和研磨压力一定的情况下，磨盘上的料层厚度，靠增减调整板的厚度来调整挡料圈高度。挡料圈的高度主要根据物料的易磨性、入磨粒度和出磨产品细度来调整。

d. 出磨气体温度和气流量　根据磨内温度的高低及物料水分的含量来调节喷水量，如喷水量太多，易形成料饼，导致磨内工况恶化；喷水量太少，则温度降不下来。为保持磨机出口温度的稳定，一定要控制好磨内喷水量。磨机出口温度还可以用循环风量来调节，如果出口温度高，可增大循环风量，减少进磨热风量，循环风阀门的开度一般控制在 95% 左右。磨机的通风量，可根据需要通过调节风机闸板来实现。气流量加大，必然会引起磨机压差的增大；气流量太小，磨细的生料不能及时排出，导致料床增厚，排渣量增多，产量降低。

e. 磨机吐渣量　当操作或选用参数控制不当时，会使物料撒出磨盘外，造成吐渣。引起吐渣的原因很多，除了入磨物料粒度、喂料量、挡料圈高度和磨辊压力外，最主要的因素就是磨盘、磨辊长期与物料及热气流接触后的磨损。磨损后，会使吐渣量增多，引起磨机循环负荷增大，磨机压差增大，导致磨机功率增加。在生产管理上，一定要勤检查，勤测量，根据磨盘、磨辊的磨损程度，及时合理地调整磨辊压力及相应的蓄能器压力，以减少磨机的吐渣量。

f. 金属异物的控制　立式辊磨是高压操作，当铁质等金属异物进入磨内时，不仅造成磨辊和磨盘硬化层的崩裂，还会引起压力冲击，损坏传动部件。因此，应在物料入磨前和外部循环系统的适当位置上安装除铁器和金属探测仪。当物料中含有铁质等金属时，经除铁器分离出去；当含有其他金属时，金属探测器运作，控制旁路阀，将物料从旁路阀排出，延时几秒钟，旁路阀复位，使异物不得进入磨内。

g. 产品细度的控制　选粉机转速越快，产品越细；转速越慢，产品越粗。当磨内通风量有变化时，为了使产品细度均一，选粉机转速必须随气流量的增加而加快；反之应减慢。

4.2.6　常见故障及排除

ATOX 立磨常见故障及处理方法见表 4-7，HRM 立磨液压系统常见故障的排除见表 4-8，LM 立磨常见故障及处理方法见表 4-9。

表 4-7　ATOX 立式磨常见故障及处理方法

故障	产生原因	处理方法
减速机振动大	①入磨物料粒度太大或太小 ②衬板磨损 ③喷水系统水量不够 ④氮气压力不够	①调整物料粒度 ②更换衬板 ③检查、调整喷水量 ④补充氮气
磨辊漏油	①磨辊骨架油封损坏 ②磨辊空气平衡管道堵塞 ③磨辊过允油 ④磨辊密封风机管道破损	①拆卸磨辊，更换骨架密封 ②检查、清洗空气平衡管道 ③检查、调整负压 ④清理管道并焊补
磨辊无法升起	①油泵损坏 ②油泵反转	①更换油泵 ②调整油泵运转方向
液压系统不能正常工作	①加热器损坏 ②冷却水管道堵塞 ③加热泵损坏	①更换加热器 ②清理管道或更换过滤器 ③更换加热泵
减速机泵站不能正常工作 磨辊润滑油泵站不能正常工作	①加热器损坏 ②冷却水管道堵塞 ③加热泵损坏 ④流量报警 ⑤压力报警	①更换加热器 ②清理管道或更换过滤器 ③更换加热泵 ④检查油过滤器并进行处理 ⑤同④
拉伸杆断裂	①拉伸杆上面没有保护套，运转中，物料击打拉伸杆，造成磨损 ②由于螺纹头根部应力集中，中部直径增大后，冲击韧性降低，长期处于交变应力作用下，加上 3 个磨辊衬板高度不同，造成断裂（中部拉伸杆断）	①在拉伸杆上焊上保护套，并避免运转中相碰 ②改进拉伸杆结构
选粉机振动大	①导风叶片磨损 ②轮子磨损 ③电动机故障	①补焊或更换 ②补焊或更换 ③检查转子、联轴节、主轴轴承，若发现故障应进行排除
喷水管破损	磨内风量太大	在喷水管外部增加耐磨护套并定期更换

续表

故障	产生原因	处理方法
连接头和内部关节轴承一起从磨辊轴上脱出	①更换空气密封环时需将连接头和关节轴承一起从磨辊轴上拔出，多次操作，轴表面被拉伤 ②轴表面硬度低，上半表面受压产生变形 ③轴承抱死时轴承内圈与轴相对转动 ④安装时轴承内圈内端面留有的距离没有到位 以上原因使轴承与轴由过盈配合成为间隙配合，继而螺栓断裂，连接头脱出	①改进空气密封环，使密封环更换方便 ②将轴承内圈刷镀，恢复到要求轴径 ③将轴承内圈内端面顶到位 ④将轴承压盖螺栓强度提高
磨辊衬板产生裂纹	安装不当，衬板底面与磨辊面不均匀接触，导致衬板振动	正确安装新衬板
磨盘衬板移位	安装时压块底面接触到磨盘，而斜面并未与衬板接触	将压块底面车去适当厚度。衬板内卡面卡到磨盘的卡槽，外卡面由三块压块的卡面卡住，每块压块都用螺栓固定磨盘

表 4-8　HRM 立式磨液压系统常见故障的排除

故障	产生原因	排除方法
液压泵吸空	①进油管密封不良，漏气 ②泵本身密封不好，漏气 ③油量不足，油液稠度不当	①拧紧管路螺母 ②更换不良密封件 ③加足油，加稠度适当的油液，如耐磨液压油 32# 和 46#
液压泵压力不足或无压力	①电机线反接或电机功率不足，转速不够 ②泵的进出油口反接，吸油不畅	①调换电机电线，检查电压、电流大小 ②将泵油出油口接正确，保证吸油通畅
液压泵元件故障	①泵轴向间隙大 ②输油量不足 ③泵内铜套、齿轮等元件损坏或精度差 ④压力板磨损大	及时检修或更换零件，严重时换齿轮泵
控制阀故障	①阀的调节弹簧永久变形、扭曲或损坏 ②阀座磨损，密封不良 ③阀芯拉毛、变形，移动不灵活、卡死、阻尼小孔堵塞 ④阀芯与阀孔配合间隙大 ⑤高低压油互通 ⑥阀开口小，流速大，产生空穴现象	及时检修、调整，更换元件，尽量减小进出口压差
机械振动	油管振动或互相撞击	加支承管夹
液压缸故障	①装配或安装精度差 ②活塞密封圈损坏 ③间隙密封的活塞缸壁磨损大、内漏多 ④缸盖处密封圈摩擦力过大 ⑤活塞杆处密封磨损严重或损坏，运动爬行	及时检修、调整，更换不良元件和密封圈
液压冲击	①液压缸缓冲失灵 ②背压阀调整压力变动	及时检修、调整、更换元件
液压元件生锈，磨损快	油液中混入水分，变成乳白色液体	将油静置 30min，从油箱底部放出部分油水混合物；严重时更换新油

续表

故障	产生原因	排除方法
泵、阀等元件中的活动件卡死，小孔缝隙堵塞等	油液中混入了切屑、砂土、灰渣等杂质	①在灌油前清洗油箱 ②加油时需加上过滤网 ③定期更换新油、及时清洗过滤器
系统振动产生噪声，油液变质	油液中浸入了空气	①更换不良密封件 ②检查管接头及液压元件连接处，并及时紧固松动螺栓

表 4-9　LM 立磨磨常见故障及处理方法

故障	产生原因	处理方法
磨辊油缸连杆断裂	连杆长期受突变应力的冲击，在连杆螺纹处应力最集中，产生疲劳断裂	更换连杆
磨辊油缸的活塞杆头部连接螺纹处断裂	连杆长期受突变应力的冲击，在连杆螺纹处应力最集中，产生疲劳断裂	更换活塞杆
磨辊油缸连杆与穿心轴销轴承损坏	润滑不良引起轴承损坏	将销轴割断，取出轴承，更换新轴承和新销轴
磨辊油缸盖与活塞杆处漏油	油封被磨损	更换油封，一般 2~3 年更换一次
循环风机振动大	工作介质含尘大，磨损大	①在停磨时，对风叶进行动平衡试验 ②用补焊的方法，解决平衡问题 ③磨损严重时，应更换风机叶轮
循环风叶无载端轴承损坏	①磨机循环风机经常开停，风机叶轮轴不断因冷热而胀缩 ②工作介质和环境含尘大	更换轴承
主减速机齿轮传动装置润滑油泄漏	①在输出端和止推轴承罩之间有少量泄漏 ②在输入端有少量泄漏 ③紧固件没有充分拧紧	①在检修时，拆卸齿轮传动装置，更换密封毡 ②同① ③按规定拧紧紧固件
低压油泵系统供油压力不足而引起的报警或磨机停车	①低压油系统泄漏 ②低压油泵系统吸气管阻塞 ③油过滤器阻塞 ④油泵损坏	①检查低压供油系统，修理泄漏的管道；泄漏严重时，应停磨处理 ②清理阻塞的吸气管 ③清理油过滤器 ④更换油泵
高压润滑油系统的压力不足而引起的报警或磨机停车	①高压润滑油系统有泄漏 ②高压泵系统的吸气管阻塞 ③润滑油过滤器阻塞 ④油泵损坏	①检查高压润滑系统，修理泄漏的管道，泄漏严重时，应停磨处理 ②清理阻塞的吸气管 ③清理油过滤器 ④更换油泵

4.3 辊压机终粉磨

4.3.1 系统工艺流程

　　从配料站来的混合物料由皮带输送至粉磨系统,皮带上挂有除铁器,将物料中混入的铁件除去,同时皮带上装有金属探测仪,发现有金属后气动三通换向,把混有金属的物料由旁路排出,以保证辊压机的安全正常运行,不含金属的物料由气动三通经重锤锁风阀喂入V形选粉机,在V形选粉机中预烘干后,通过提升机提升进入恒重仓内,该恒重仓设有荷重传感器以检测仓内料位,物料从恒重仓过饱和喂入辊压机中进行挤压,挤压后的料饼通过提升机提升后入V形选粉机中进行烘干、打散、分级,细小颗粒被热风选出来,粗颗粒与新喂入的混合料一同进入循不挤压过程。

　　V形选粉机分选出来的细颗粒被热风带至热风管道内,继续烘干后进入动态选粉机,通过分选,粗粉通过锁风阀卸至恒重仓后继续挤压,选出的生料成品通过旋风除尘器料气分离后,通过锁风阀卸入生料成品输送斜槽入,进生料库,生料烘干热源来自窑尾废气,通过热风阀的开度控制窑尾热风量,冷风阀的开度控制掺入的冷风量,以保证V形选粉机的热风温度,生料系统含尘废气由旋风筒经循环风机排出后,一部分经调节阀循环回V形选粉机进风管,大部分进入窑尾袋收尘,净化后由尾排风机排入大气,循环风机设有进口调节阀以调节烘干用风量,其系统工艺流程如图4-19所示。

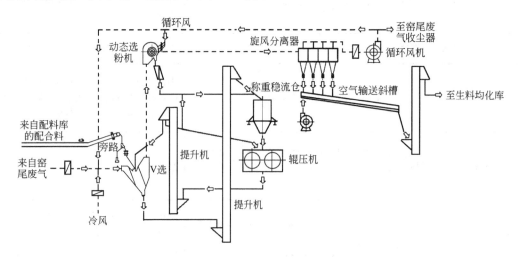

图 4-19　辊压机生料终粉磨系统工艺流程

4.3.2 操作与控制

　　(1) 称重稳流仓

　　①恒重仓必须保证仓重70%时,方可开气动阀投料;若仓位不够时,需先补仓。

　　② 恒重仓保持一定的料位,使稳流仓下料口与辊压机进料口之间的垂直溜子始终保持充满状态,物料以料柱形式进入辊压机。

　　③恒重仓必须定期进行清理,每周保证不少于一次。

　　(2) 辊压机

　　①辊压机入料温度不可超过100℃(以V形选粉机出口风温来判断物料温度),超过120℃时,停止喂料。

②辊压机处理量通过调节进料装置上的电动插板来控制入辊压机的进料量，严禁通过棒条闸板调节喂料量，生产时必须保证棒条阀门全开。

③辊压机的工作辊缝由辊压机的处理量来确定，料饼厚度过厚或过薄，对挤压效果和设备本身都会产生不良的影响。

④停车时待辊压机内物料走完，液压油站压力回到预加压力值，辊缝回到原始辊缝时才能停主电机。主电机停下 40min 以后再停减速机稀油站。低温季节开车时，要提前开稀油站加热器，保证不低于 25℃，并间歇性开启稀油站保证油路循环畅通。

（3）液压系统压力　实际操作中，在满足挤压物料的工艺性能的前提下，尽量降低其工作压力，这样对系统的安全运行有好处。一般来说，物料的硬度大、粒度较大，液压压力要高。如果压力过低，料饼成品含量减少，系统产量降低；若压力过高，能耗就高，辊面磨损快，液压系统寿命下降。通过实践摸索，压力控制在 $(75 \sim 85) \times 10^5 Pa$，辊压机运行电流在 $100 \sim 115A$ 时，效果较好。

（4）料饼厚度　根据的料饼实际厚度，调节辊压机辊缝。调节电动推杆，使滑动闸板下部开口增大，辊压机辊隙增大，料饼变厚；反之变薄。在滑动闸板下部开口不变的情况下，喂料粒度大，辊压机辊隙增大，料饼变厚；反之变薄。一般控制辊缝为 50mm。

（5）系统风量控制　通过电动阀门控制热风量，冷风阀控制冷风量，达到控制入 V 形选粉机的热风温度时，最高温度不超过 200℃，出口风温应当控制在 80℃ 以下。适当多用系统内的循环风，少掺冷风，减小系统负荷。日常操作中主要针对系统的负压（循环风机入口、旋风除尘器入口、V 形选粉机入口）及温度进行合理控制。

（6）磨内的工况　通过稳流仓的料位掌握辊压机的工况。在喂料量和辊压一定的情况下，稳流仓的料位上升，说明回料量大，工况差，严重时需减产量；稳流仓的料位下降，说明回料量小，工况较好，严重时需加产量。根据稳流仓的仓位、辊缝、提升机电流、辊压机主电动机的电流等来加减物料。

（7）循环量　合理的物料循环可改善辊压机的料流结构，调整物料级配，减少物料间隙，使其密实，增加物料入辊压机的压力，达到"过饱和喂料"的目的，改善挤压效果，减小对辊压机的振动。控制辊压机的循环负荷在 $150\% \sim 200\%$ 之间，粗粉提升机电流在 120A 左右，细粉提升机电流在 140A 左右时，系统运行平稳。

（8）振动　影响辊压机振动的因素，常见的有压差、电流差、辊缝差、温度超限及机械磨损等故障。物料下料不畅、下料偏料、入磨物料颗粒粗、细粉多、含水量大、金属的进入等都有可能引起振动。

（9）V 形选粉机的调节　V 形选粉机是依靠重力打散、靠风力分选的静态选粉机，用于分离无黏性、低水分的物料。进 V 形选粉机的物料最高温度不超过 200℃，通入的热风最高温度不超过 200℃。进入 V 形选粉机的物料最大粒度不超过 35mm，分选的颗粒粒径一般小于 0.2mm，通过调整风量和叶片角度来调整物料细度，严格控制循环系统的风量，减少进料口和回料口漏风，保证喂料装置均匀进料。V 形选粉机要严格控制循环系统的风力，减少进料口和回料口的漏风。

（10）XR 选粉机　XR 选粉机通过调整选粉机转子转速以及调节三个补风口的补风量来调节产品的细度和产量。选粉机轴承温度不能高于 85℃，检查、维护好选粉机下部锁风阀的密封。

（11）其他　运行过程中，保证除铁器和金属探测仪的正常使用外，严禁硬质金属进入辊压机内部。严格控制进料粒度，$95\% \leqslant 45mm$，最大 $\leqslant 75mm$。

正常运行时主要操作参数见表 4-10。常见故障及处理见表 4-11。

表 4-10　正常运行时主要操作参数

序号	部位	控制范围	备注
1	辊压机进料温度	≤100℃	根据 V 形选粉机出口温度判断进入辊压机物料的温度
2	物料水分	≤5%	
3	入辊压机的物料粒度	95%≤45mm，最大≤75mm	
4	辊压机通过能力	553～844t/h	
5	液压系统预压压力	7.3MPa	
6	液压系统工作压力	8.5～11MPa	
7	辊缝工作间隙	30～50mm	
8	初始辊缝	25mm	
9	V 形选粉机进口温度	200℃左右	根据出口温度适当调整
10	稳流仓仓重	60%～70%	
11	循环风机进口负压	−6000Pa 左右	
12	动态选粉机进口负压	−2000Pa 左右	
13	循环风阀门开度	80%左右	根据生产情况适当调整

表 4-11　常见故障及处理

常见故障	可能的原因	主要操作处理
增湿塔内喷头雾化不良，回灰水分过高	• 喷嘴调整不佳 • 喷嘴内结垢堵塞 • 压力不足、管路漏水 • 水泵故障	• 停窑检修时重新调整 • 停窑检修时清洗或更换 • 堵漏管路、调整水泵工作压力 • 启动备用水泵。查明原因，尽快检修、更换部件 • 回灰既不送回生料均化库，也不入窑，从旁路排出
窑尾高温风机停车	• 叶轮变形、磨损；振动过大；轴承温度超限 • 风机润滑不良 • 烧成系统漏风大造成电机超负荷	• 停窑检修，其操作过程参见设备厂提供的说明书，然后查明原因，尽快处理。注意防止风机长时间的超高温而使叶轮变形加剧 • 疏通管路、修堵漏油，补加润滑油 • 停窑检修
原料磨风机停车	• 叶轮变形、磨损；振动过大；轴承温度超限 • 风机润滑不良 • 磨机选粉机故障	• 停磨检修，按设备厂提供的说明书查明原因，尽快处理 • 疏通管路、修堵漏油，补加润滑油 • 停磨检修
废气排风机停车	• 叶轮变形，磨损；轴承箱剧烈振动 • 轴承温度超限 • 系统流量压力超过规定值，造成电机超负荷	• 停机检修，相应地也停窑、磨 • 清扫灰尘、疏通管路、修复渗漏、补加润滑油、保证冷却水通畅。若此后仍不能恢复正常，则应考虑停机 • 首先查明原因，然后根据对工艺操作与设备安全的影响程度决定系统是否停车

续表

常见故障	可能的原因	主要操作处理
定量给料机计量显示物料流量变化很大	• 计量元件或显示仪表故障，计量皮带跑偏 • 料仓内结拱堵料或塌料 • 料仓内贮量不足，料位过低 • 皮带秤设定参数可能不合适	• 密切监控磨机工况，加强仓底现场巡视，并视影响程度决定是否停磨。若是校正料或铁粉的给料机故障，可以通过相应加大其他两种物料的喂料量以满足磨机要求，维持一段时间的运行操作，但故障处理必须马上进行，尽快恢复 • 必须马上到现场捅料清堵，若混合料仓堵塞严重，应考虑停磨，若其他两个料仓之一堵料，其运行操作可同前，但如果清堵时间超过 4h，应考虑停磨，否则出磨生料质量难以均化调整 • 必须马上向料仓送料 • 请制造厂改变给定参数
磨机隆响振动	• 启动前磨床上铺料不足 • 进磨物料粒度过粗；磨机供料不足或过多；选粉机调整的细度过细 • 窑尾高温风机故障而中断供风；磨机风机故障而无法满足磨内通风与选粉出料的要求	• 立即停机，待加厚磨床上物料量后重新启动 • 结合磨机工况下的其他参数，及时采取相应的操作措施，但情况严重时，需考虑停磨 • 停机检修
磨机进出风口压差过大或过小	• 喂料输送系统故障，供料过多或过少；风量过低或不稳定；选粉机调整的细度过细或过粗 • 喷口风环阻塞或磨损严重 • 显示器与仪表故障	• 结合磨机工况下的其他参数，及时采取相应的操作措施，同时还应加强生产监控 • 减少供料，加强监控。若情况严重，需停机检修 • 尽快进行修理恢复。在此期间，应密切监视其他工况参数的变化和调控，并根据工艺操作难易程度和对设备安全性可能造成的影响程度决定是否停磨
磨辊张紧压力下降	管路渗漏；压力安全溢流阀失灵；油泵工作中断；压力开关失常	对于完好设备，可启动油泵重新开始工作，关泵后仍能保压，否则停磨
磨辊密封风压下降	管道漏风；密封风机故障；阀门调节不当	检查设备，若风压略有降低后仍能恒定，可不停机，但如果其恒定值已超过最低要求。磨机将自动联锁停机
磨机排渣量过多	• 供料过多、磨机过载；磨机通风量偏小；选粉机调整的细度过细而使磨机过载 • 喷口风环面积过大或磨损严重	• 减少供料、加强通风、适当调粗生料细度，并结合磨机其他工况下参数，及时采取其他相应的灵活措施 • 根据前项操作后，视排渣量的变化，决定是否停机检修和调整
收尘系统冒灰	• 收尘风管阀门调节不当；袋收尘器内部滤布糊袋 • 滤袋破损、拉裂、卡箍脱落	尽快查明原因，采取相应措施。必要时应单机停车检修和更换

4.4　中卸烘干磨

4.4.1　系统工艺流程

原料磨由一个烘干仓、两个粉磨仓和一个中卸仓组成。

如图 4-20 所示，来自原料配料站按比例配好的混合料进入烘干仓后，被烘干仓内的扬料板扬起，在 220℃左右的窑尾废气中，大部分水分被烘干。在额定产量 190t/h 时，用窑尾废气作为烘干热源，可烘干粉磨初水分为 6% 的混合料。

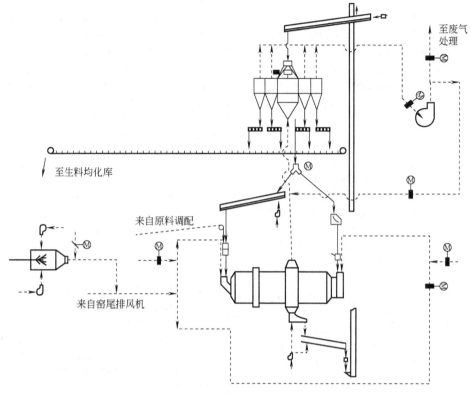

图 4-20　中卸提升循环磨系统工艺流程

经过烘干的物料，通过磨内的隔仓板进入粗磨仓。在粗磨仓中，钢球的直径较大，对物料进行粗粉磨。同时物料在粗磨仓中，得到进一步烘干。经过粗粉磨的物料，再通过隔仓板进入中卸仓，一部分细颗粒随气流进入组合式选粉机，大部分物料从中卸仓经卸料装置排出，经翻板阀、空气输送斜槽、斗式提升机和空气输送斜槽，由分配器喂入组合式选粉机。

从生料磨中卸罩上方排出的含尘气体进入选粉机下部的立式风管内，气体中的物料在反击锥处受到碰撞作用而转向，由于上升风速的降低、提升气力的变小，粗颗粒向下降落并通过粗粉出口离开选粉机，选粉机的粗粉出口设有锁风阀。细颗粒由混合气体继续带到上部，到达位于导向风环与旋转着的笼形转子间的选粉区，汇合上部进料装置喂入物料一并分选。

粗粉从选粉区降落下来进入内锥体，通过内锥体与反击锥之间的环形缝隙实现物料的均匀分撒。这样，上升的混合气体可对此部分物料进行再分选，形成选粉机内部循环分选，以提高选粉机的选粉效率。出选粉机的粗粉通过电动分料阀分成两部分，大部分（约 70%）经锁风阀进入磨尾细磨仓进行研磨，粉磨后的物料也经隔仓板排到中卸仓；少部分（约 30%）经空气输送斜槽、锁风阀由磨头喂料装置喂入磨内，可改善物料的流动性。为了提高粉磨和烘干能力，在磨机的细磨仓引入窑尾热风，对物料进行烘干和风扫。

细粉即生料成品由于气力的驱动，穿过选粉机笼形转子上的笼条及位于选粉机顶部的壳体上部的出风口进入四个旋风筒，成品经旋风筒收集后通过锁风卸灰阀卸出，经空气输送斜槽、斗式提升机及库顶斜槽送入生料均化库。经选粉机四个旋风筒之后的气体含尘浓度及温度已经较低，通过系统排风机引出后与来自增湿塔的小部分废气混合后进入窑尾收尘器进行除尘净化后，经废气排风机从烟囱排入大气。另外，根据原料水分及产量不同，为满足选粉机的选粉风量，出系统排风机的少部分废气可作为循环风通过循环风管由选粉机立式进风管引入选粉机内。

4.4.2　操作与控制

(1) 喂料量　磨机正常运行时，若粗磨仓磨音和出磨提升机电流均符合要求，则不调整喂料量；若粗磨仓磨音过高，出磨提升机电流偏低，则增大喂料量；若粗磨仓磨音低，出磨提升机电流低，则应减小喂料量，进行"砸磨"；若粗磨仓磨音高，出磨提升机电流高，成品提升机电流低，应调整粗粉分料阀的开度，增加粗粉返回粗磨仓的比率，反之，则适当减少返回粗磨仓的粗粉比率。

(2) 热风　调整热风的目的是调节烘干速度，在保证设备安全运转的前提下，使烘干能力与粉磨能力相平衡。热风的调整包括调整入磨热风的温度和风量以及控制出磨废气的温度。

①入磨热风的调节。在磨机轴承温度允许时，力求保持较高的热风温度；在热风温度受到限制时，保证入磨热风量充足；入磨热风不可骤然升降，以防衬板、螺栓、篦板等构件产生裂纹。

②保证出磨废气温度符合要求（55～100℃）。一旦出磨废气温度接近规定的上下限，应及时调整入磨热风的温度或流量。出磨废气温度过高，会为"静电"包球创造条件；出磨废气温度过低，会造成废气中水蒸气结露冷凝。

③加强密闭，防止漏风。保持磨内通风良好。经常进行检查，保证卸料口密封良好，保持锁风阀的锁风性能良好、开关灵活。大量冷风的漏入会减少入磨风量，降低入磨废气温度，降低磨机的烘干能力，影响磨机产量。

④加强通风管道保温，防止废气结露冷凝。

(3) 控制产品细度　产品细度的控制主要通过对研磨体级配、装载量、选粉机调节、喂料的增减和入磨热风进行调节来实现。

①研磨体装载量不足或平均球径过大都会导致产品细度偏粗，故研磨体的装载量应恰当，并应及时补球和调整级配。

②若粉磨条件正常，出磨物料细度适当，但选粉机选出产品的细度不符合要求，则应提高选粉机的转速，使产品变细；若调整选粉机转速也达不到细度要求，则调整选粉机调节板开度。导板开度关紧，细度变细；导板开度开宽，细度变粗。

③若粉磨能力和选粉能力都正常，但产品细度偏粗或偏细，应适当减少或增多喂料量。喂料量直接影响进入选粉机物料的数量和细度，因而喂料量的变化直接影响选粉机的操作状况。为保持选粉机操作正常，喂料量应适当并保持稳定。

④若通过喂料量和选粉机的调节，产品细度仍过粗或过细，则应调节入磨热风。产品过粗，应减少热风量或降低热风温度；反之，应增大热风量或热风温度。调节热风时，必须保证风量和风温满足烘干要求，风温不超过允许范围，其变化不能太大。

(4) 严格控制入磨物料水分　控制入磨物料的水分<5%，以防钢球和衬板粘料、隔仓板篦缝堵塞。

(5) 开磨前先进行"暖机"　"暖机"的目的是为了保证磨机运转后，使烘干能力和粉磨能力达到平衡。一般"暖机"时，控制进磨热风温度≤220℃。当粗磨仓温度达40℃以上，"暖机"结束。

(6) 阀门操作和风量平衡　原料磨系统的运转，应尽量避免对烧成系统的运行造成影响。若要调整入磨热风阀门和粉磨系统排风机进出口阀门的开度，应先相应调整废气总管阀门和窑尾电收尘器排风机进口阀门，使窑尾高温风机出口负压保持在$-300\sim-200$Pa。同时因大部分热风通过旁路直接进入窑尾电收尘器，为保证其入口风温为$100\sim130℃$，应相应调节增湿塔喷水量，降低出增湿塔的废气温度。

操作员在熟练掌握操作要点的同时，还要会根据磨机控制参数的曲线变化来判断磨机的运行状况。正常运行时主要操作控制参数见表4-12。常见故障及处理见表4-13。

表 4-12　正常运行时主要操作控制参数

序号	控制项目	参数范围	序号	控制项目	参数范围
1	喂料量/(t/h)	$200\sim220$	8	中卸出口气体温度/℃	$75\sim80$
2	磨音/dB	$65\sim70$	9	中卸出口气体负压/Pa	$2000\sim2300$
3	主电机电流/A	$320\sim330$	10	选粉机出口气体温度/℃	$70\sim80$
4	磨头进口气体温度/℃	$240\sim260$	11	选粉机出口气体负压/Pa	$4500\sim5000$
5	磨头进口气体负压/Pa	$350\sim500$	12	粗粉分料阀开度/%	$15\sim20$
6	磨尾进口气体温度/℃	$200\sim210$	13	出磨提升机电流/A	$170\sim175$
7	磨尾进口气体负压/Pa	$1000\sim1300$	14	选粉机循环风开度/%	$30\sim45$

表 4-13　常见故障及处理

序号	故障设备	现象及原因	处理方法
1	斗式提升机	①跳闸或故障停车 ②原料磨系统出磨排风机组库、顶收尘器组和稀油站组外联锁停车	①关闭进磨的热风阀门 ②将磨排风机进口阀门关小 ③循环风阀门开度加大 ④废气总管阀门开度加大 ⑤喂料量设定为"0" ⑥通知废气处理工艺调整后排风机进口阀门开度及增湿塔喷水量 ⑦选粉机转速设定为"0" ⑧磨机慢转
2	磨机、主电机或减速机的润滑装置	①油泵跳闸或现场停车 ②油压过高或过低 ③磨机、入磨输送组联锁停车	①关闭进磨的热风阀门 ②加大循环风阀门开度 ③将磨排风机进口阀门关小 ④加大废气总管阀门开度 ⑤喂料量设定为"0" ⑥通知废气处理工艺调整后排风机进口阀门开度及增湿塔喷水量 ⑦对油泵和管路进行检查处理
3	磨排风机	①跳闸或现场停车 ②油压过高或过低 ③磨机及入磨输送组联锁停车	①关闭进磨的热风阀门 ②加大循环风阀门开度 ③将磨排风机进口阀门关小 ④加大废气总管阀门开度 ⑤喂料量设定为"0" ⑥通知废气处理工艺调整后排风机进口阀门开度及增湿塔喷水量 ⑦关闭磨排风机进口阀门 ⑧磨机慢转 ⑨检查处理

续表

序号	故障设备	现象及原因	处理方法
4	压力螺旋输送机	①跳闸或现场停车 ②磨排风机、选粉机及出磨输送组、磨机、入磨输送组联锁停车	①关闭进磨的热风阀门 ②加大循环风阀门开度 ③将磨排风机进口阀门关小 ④加大废气总管阀门开度 ⑤喂料量设定为"0" ⑥通知废气处理工艺调整后排风机进口阀门开度及增湿塔喷水量 ⑦选粉机转速设定为"0" ⑧关闭磨排风机进口阀门 ⑨磨机慢转 ⑩检查处理
5	入选粉机前输送组中任一台设备	①现场跳闸或停车 ②后续设备、磨机、入磨输送组联锁停车	①关闭进磨的热风阀门 ②加大循环风阀门开度 ③将磨排风机进口阀门关小 ④加大废气总管阀门开度 ⑤喂料量设定为"0" ⑥通知废气处理工艺调整后排风机进口阀门开度及增湿塔喷水量 ⑦检查处理
6	选粉机	①跳闸或现场停车 ②速度失控 ③磨系统排风机组、出磨输送组、磨机、入磨输送联锁停车	①关闭进磨的热风阀门 ②加大循环风阀门开度 ③将磨排风机进口阀门关小 ④加大废气总管阀门开度 ⑤喂料量设定为"0" ⑥通知废气处理工艺调整后排风机进口阀门开度及增湿塔喷水量

4.5 生料均化

4.5.1 概述

生料均化是保证熟料质量、产量及降低消耗的基本措施和前提条件，也是稳定出厂水泥质量的重要途径。新型干法水泥生产过程中，矿山搭配开采、原料预均化堆场、生料粉磨和生料均化库四个链环构成生料制备过程的"均化链"，每经过一个环节都会使原料或半成品进一步得到均化，各个环节的均化作用不同，均化效果也不一样，而生料均化是生料均化链中的最后一环，担负着均化任务的 40%。本小节将主要讲述生料均化库的基本原理、国内外均化技术的发展情况及各种型式均化库的特点。

4.5.1.1 均化基本原理

生料均化的基本原理是采用空气搅拌及重力作用下产生"漏斗效应"，使生料粉在向下卸落时尽量切割多层料面，充分混合。同时，在不同的流化空气的作用下，使库内平行料面发生大小不同的流化膨胀作用，有的区域卸料，有的区域流化，从而使库内料面产生倾斜，进行径向混合均化。

　　水泥工业所用的生料均化库都是利用三种均化作用原理进行匹配设计的，目前，普遍应用的是多料流均化库，主要在于保证均化效果的同时，力求节约动力消耗。因此，无论哪种型式的多料流均化库都是尽量发挥重力均化作用，利用多料流使库内生料产生多漏斗流，同时产生径向倾斜料面运动，提高均化效果。此外，在力求弱化空气搅拌以节约动力消耗的同时，许多多料流均化库也设置容积大小不等的卸料小仓，使生料库内已经过漏斗流及径向混合流均化的生料再卸入库内或库下的小仓内，进入小仓内再进行空气搅拌，而后卸出运走。

　　不同类型的均化库均化效果高低、动力消耗大小不等，关键在于三种均化作用匹配和利用技术水平的高低。

4.5.1.2　生料均化链中各环节的主要功能

　　生料均化链中各环节的主要功能见表 4-14。

表 4-14　生料均化链中各环节的主要功能

环节名称	平均均化周期/h	CaCO₃ 标准偏差/%		均化效果 (S_1/S_2)	完成均化工作量的比例/%
		进料 S_1	出料 S_2		
矿山	8～168	—	±(2～10)	—	10～20
预均化	2～8	±10	±(1～3)	≤10	30～40
生料磨	1～10	±(1～3)	±(1～3)	1～2	0～10
均化库	0.2～1.0	±(1～3)	±(0.2～0.4)	≤10	约 40

注：生料成分的加权平均值达到目标值所需用的时间称为波动周期，各次波动周期的平均值称为平均均化周期。

4.5.1.3　均化的基本参数

　　多种（两种以上）单一物料相互混合后的均匀程度称为这种混合物的均化度（M）。均化度是衡量物料均化质量的一个重要参数。硅酸盐水泥生料中因 CaCO₃ 含量占 75% 以上，所以生料均化度主要用 CaCO₃ 在生料中分布的均匀程度来表示，有时也增加 Fe_2O_3 含量的检测。生料均化过程的基本参数包括：均化度、均化效率和均化过程操作参数，下面简要介绍生料均化度的标准偏差表示法及其计算。

　　（1）均化度　从库中多次取试样测某组分（如 CaCO₃）的含量，可计算出 T_c 偏离平均值的偏差，常用 S_T 表示。

$$S_T = \sqrt{\frac{1}{n-1}\left(\sum_{i=1}^{n} X_i - \overline{X}\right)^2} \qquad (4\text{-}19)$$

式中　S_T——生料标准偏差，%；

　　　n——生料试样的总数或测量次数，一般不应少于 30 个；

　　　X_i——生料试样中某成分的各次测量值，$X_i \sim X_n$；

　　　$\overline{X}$——各次测量的平均值，即 $\overline{X} = \dfrac{1}{n}\sum_{i=1}^{n} X_i$。

　　标准偏差不仅反映了数据围绕平均值的波动情况，而且便于比较多个数据的不同分散程度。S_T 越大，分散越大；S_T 越小，分散越小。应当指出，应用"标准偏差"的先决条件是测定值必须是大量而又互相独立的随机数值（遵守正态分布或其他特性分布）。入库生料成分的波动实际上是一个动态的过程，是时间的函数，而不具有随机性。因此，应用"标准偏差"表示入库生料成分波动情况并不完全正确。但是对于均化后出库生料是可以用"标准偏差"来表示其波动情况的。

（2）均化效率　均化效率是衡量各类均化库性能的重要依据之一。均化前后被均化物料中某组分如生料T_C值差之比，就称为该均化库在某段时间t内的均化效率（H_T），即$H_T = S_t/S_0$。均化时间与均化效率的关系为：

$$H_T = \frac{S_t}{S_0} = e^{-kt} \tag{4-20}$$

式中　H_T——均化时间为t时的均化效率；

t——均化时间；

S_t——均化时间为t时，被均化物料中某组分含量的标准偏差；

S_0——均化初始状态时，被均化物料中某组分含量的标准偏差；

k——均化常数。

生产实践证明，粉磨均化初期均化效率很高，随着均化时间的延长，均化效率逐渐降低，一定时间后，效率不再提高。因此，不同均化库在进行均化效率对比时，要求：①有相同的均化时间；②被均化物料有相似的物理化学性能，例如水分、细度、被均化成分的含量等；③经足够多的入库粉料试样分析，各对比库有相近似的波动曲线和标准偏差。

（3）均化过程操作参数　均化空气消耗量、均化空气压力和均化时间是均化过程操作的三个主要参数。

①均化空气消耗量　均化所需压缩空气量与库底充气面积成正比。另外，生料性质、透气性材料性能、操作方法、库底结构和充气箱安装质量等都是影响耗气量的因素。因此，欲从理论上得到准确的计算结果较为困难，通常根据试验和生产实践总结出的下列经验公式进行计算。

$$Q = (1.2 \sim 1.5)F \tag{4-21}$$

式中　　Q——单位时间压缩空气消耗量，m^3/min；

$1.2 \sim 1.5$——单位时间、单位充气面积所需压缩空气体积，$m^3/(m^2 \cdot min)$；

F——均化库库底有效充气面积，m^2。

②均化空气压力　均化库正常工作时所需最低空气压力应能克服系统管路阻力包括透气层阻力和气体通过流态化料层时的阻力。由于流态化生料具有类似液体的性质，因此，料层中任一点的正压力与其料层深度成正比。当贯穿料层的压力等于料柱重量时，整个料层开始处于流态化状态。此时所需最低空气压力等于单位库底面积所承受的生料重量加上管路系统阻力（包括透气层阻力），即：

$$p = Rh + p' \tag{4-22}$$

式中　p——所需均化压缩空气压力，Pa；

R——流态化生料容重，kgf/m^3，取$1.1 \times 10^3 kgf/m^3$，$1kgf = 9.8N$；

h——流态化料层高度，m；

p'——充气箱透气层和管路系统总阻力，Pa。

另外，也可用下列经验公式计算均化空气压力：

$$p = (1500 \sim 2000)H \tag{4-23}$$

式中　　p——均化空气压力，Pa；

$1500 \sim 2000$——库内每米流态化料柱处于动平衡时所需克服的系统总阻力（均化库内外管道和充气箱透气层阻力以及料层压力等），Pa/m；

H——库内流态化料柱高，m。

③均化时间　实践证明，在正常情况下，对生料粉进行$1 \sim 2h$的空气均化，生料碳酸钙

滴定值（T_{CaCO_3}）最大波动可达小于±0.5%（甚至±0.25%）的水平。如遇暂时性特殊情况（充气箱损坏、生料水分大、生料成分波动特大），可适当延长均化时间。

4.5.2　多料流式均化库

多料流式均化库均化原理侧重于库内重力混合作用，基本不用或减小气力均化作用，以简化设备和节省电力。多料流式均化库则有多处平行的料流，漏斗料柱以不同流量卸料，在产生纵向重力混合作用的同时，还有径向混合作用，因此，一般单库也能使均化效果 H 达到 7 以上。同时，也有许多类型多料流库在库底增加小型搅拌仓（一般 100m³ 左右），使经过库内重力切割层均化后的物料，在进入小仓后再经搅拌后卸料，以增加均化效果。搅拌空气的压力一般在 60kPa 即可满足要求，故动力消耗低。IBAU 中心室库、伯力休斯 MF 库、史密斯 CF 库以及 TP 库、NC 型多料流库均属此类型。

4.5.2.1　IBAU 型中心室均化库

IBAU 型中心均化库采用德国洪堡公司的连续均化技术（图 4-21）。在外部配有搅拌仓，库底中心设一个大圆锥，库内生料的重量通过大圆锥传递给库壁，库底环形空间被分成向中心倾斜 10° 的 6~8 个充气区，每区装多种规格充气箱。充气卸料时生料首选被送至一条径向布置的充气箱上，再经过锥体下部的出料口由空气斜槽送入库底中央搅拌仓中；卸料时，生料在自上而下的流动过程中，切割水平料层而产生重力混合作用，进入搅拌仓后又因连续充气搅拌而得到进一步均化。IBAU 型中心室均化库有以下特点。

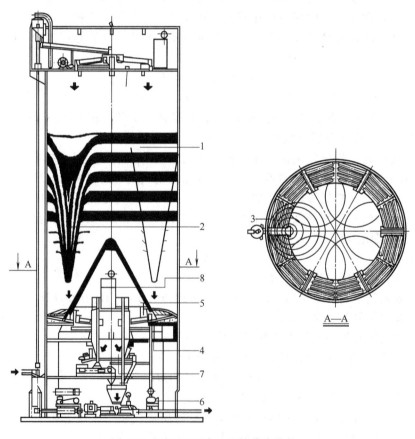

图 4-21　IBAU 型中心室均化库结构

1—料层；2—漏斗形卸料；3—充气区；4—阀门；
5—流星控制阀门；6—空气压缩机；7—集料斗；8—吸尘器

①库底中心设置一个大型圆锥，通过它可将库内荷载传递到库壁，结构合理；库壁与圆锥之间形成 6～8 个环形充气区，每个区有一个流量控制阀和空气阀来控制卸料量，生料经斜槽进入库底中心搅拌仓内。

②生料在库内既有重力混合，又有径向混合，中心室也有少量空气搅拌，故均化效果较好，一般单库时 H 可达 7，双库并联时 H 可达 10 以上；电力消耗较小，一般在 0.36～0.72MJ/t，库内物料卸空率较高。

③在设备运行中可以更换充气部件，在检修或者检查时，断流闸门保证不让生料进入充气部件，有了这样的装置，必须设置的备用库就可以省掉。

④中央料仓上面的收尘器可防止设备运行时产生的任何粉尘污染，装在锥体内的充气系统每小时作 8～10 次空气转换，为操作和维修提供了良好条件。

IBAU 型中心室均化库主要缺点是施工复杂，造价较高，而且由于搅拌仓的容积较小，均化效果不够理想，所以，该库适用于有预均化堆场，而且出磨生料 T_c 波动较小的水泥厂。

4.5.2.2　CF 型控制流式均化库

CF 型控制流式均化库是史密斯公司开发的控制流均化库（F. L. Smidth Controlld Flow Silo），简称 CF 库，如图 4-22 和图 4-23 所示分别为 CF 库物料均化剖面图和库迪结构示意。CF 库生料入库方式为单点进料，区别于其他均化库；物料从库底的若干出料口同时以不同的速度卸出，可以保证用较小的动力消耗来达到入窑生料成分稳定，其特点如下。

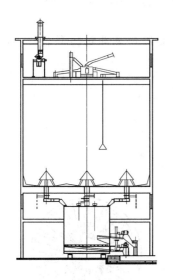

图 4-22　CF 库物料均化剖面图

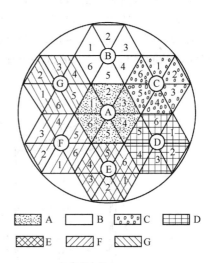

图 4-23　CF 库底部结构示意

①库顶采用单点进料（也有多点进料），库底分为七个卸料区，每个区由六个等边三角形充气区组成（共 42 个），每个三角形充气区的充气箱都是独立的，整个库底共分布 42×7＝294 条充气箱，每个卸料区的中心有一个卸料孔，上面由卸料减压锥覆盖，卸料孔下部与卸料阀及空气斜槽相连，将生料送到库底中央的小混合室中。

②库底 42 个三角形充气箱充气卸料是由设定的程序控制，每次只有 3～4 个卸料口在卸料，其余的不卸料，使库内卸料形成的 42 个漏斗流按不同流量卸出，物料卸出的过程中，产生重力纵向均化的同时，也产生径向混合均化，同时，进入库下小型混合室后也有搅拌混合作用。

③由于依靠充气和重力卸料，物料在库内实现轴向及径向混合均化，各个卸料区可控制

不同流速，再加上小混合室的空气搅拌，因此，均化效果较高，均化值 H 一般可达 $10\sim16$，电耗为 $0.72\sim1.08MJ/t$。生料卸空率较高。

④CF 库对进库和出库生料采用连续作业方式进行均化，库容得到充分利用，库内所有生料始终处于被搅拌状态。

⑤CF 库缺点是库内结构复杂，充气管路多，虽然自动化水平高，但维修比较困难。

4.5.2.3　MF 型多料流式均化库

MF 型多料流式均化库是德国伯力休斯公司（Polysius Mulliflow Silo，简称 MF 库）开发的，如图 4-24 所示。20 世纪 80 年代以后，MF 库又吸取 IBAU 和 CF 库的经验，库底设置一个大型圆锥，每个卸料口上部也设置减压锥。这样可使土建结构更合理，又可减轻卸料口的料压，改善物料流动状况，特点如下。

①库顶设有分配器及呈辐射状布置的输送斜槽，入库生料基本形成水平料层。库底为锥形，略微向中心倾斜。库底设有一个容积较小的中心混合室，其上部与库底的连接处四周开有许多入料孔。

②中心室与均化库壁之间的库底分为 $10\sim16$ 个充气区。每区装设 $2\sim3$ 条装有充气箱的卸料通道。通道上沿径向铺有若干块盖板，形成 $4\sim5$ 个卸料孔。卸料时，两个相对区轮流充气，以使上方出现多个漏斗凹陷，漏斗沿直径排成一列，随着充气变换而旋转角度，从而使物料产生重力混合和径向混合，增加均化效果。

③生料从库顶料面到达卸料通道时，已经得到较充分的重力混合，再经过卸料通道和库下中心室连续充气，使生料又得到的气力均化。

④MF 库均化值 H 可达 $7\sim10$，MF 库的均化原理是料流漏斗重力混合，中心室较小，故电耗较低，一般为 $0.43\sim0.58kW\cdot h/t$。

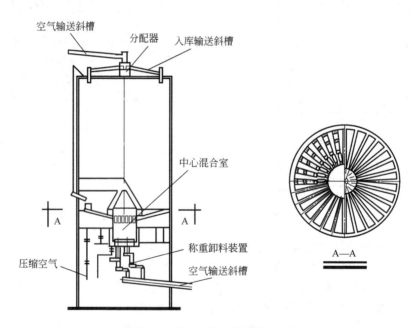

图 4-24　MF 型多料流式均化库示意

4.5.2.4　TP 型多料流式均化库

TP 型多料流式均化库是在总结 IBAU 型均化库和 MF 型切向流库实践经验的基础上研发的一种库型（图 4-25）。在库底部设置大型圆锥结构，通过它可以将库内生料的重量传到底部库壁上，土建结构更加合理，同时将原设在库内的混合搅拌室移到库外，减少库内充气面积。圆壁与圆锥体周围的环形空间分6个卸料大区，12个充气小区，每个充气小区向卸料口倾斜，斜面上装设充气箱，各区轮流充气。当某区充气时，上部的物料下落形成漏斗流，同时切割多层料面，库内生料流同时有径向混合作用，其特点如下。

①在库顶采用溢流式生料分配器，向空气输送斜槽分配生料，入库后进行水平铺料。溢流式分配器分为内筒和外筒，内筒壁开有多个圆形孔洞，在外筒底部较高处开有6个出料口，与输送斜槽相连，将生料输送入库。

②设在库顶的溢流式生料分配器向空气斜槽分配生料，分配器分为内筒和外筒，内筒壁开有多个圆形孔洞，在外筒底部较高处开有6个出料口，与输送斜槽相连。

③由库中心的两个对称卸料口同时卸料。出库生料经手动、气动、电动流量控制阀将生料送到计量小仓。计量仓带有称重传感器，由外筒和内筒组成，内筒壁开有孔洞。根据连通管原理，进入计量仓外筒的生料与内筒的生料会产生交换，并在内筒充分搅拌均匀后卸出。

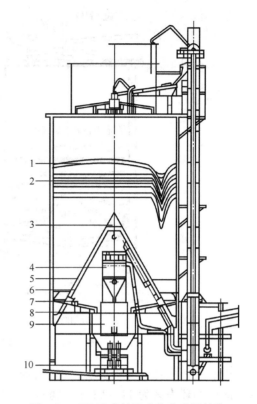

图 4-25　TP 型多料流式均化库的结构
1—物料层；2—漏斗；3—库底中心锥；4—收尘部；
5—减压锥；6—充气管道；7—气动流量控制阀；
8—电动流量控制阀；9—套筒式生料计量；
10—固体流量计

④在库底卸料区上部设置减压锥，可降低卸料区的压力，使生料在出料口形成多股料流，增强了生料的径向流动；生料由库中心的两个对称卸料口卸出。

⑤出库生料可经手动、气动、电动流量控制阀将生料输送到计量小仓。小仓集混料、称量、喂料于一体。这个带称重传感器的小仓，也由内外筒组成。内筒壁开有孔洞，根据通管原理，进入计量仓外筒的生料与内筒生料会产生交换，并在内仓经搅拌后卸出。

⑥生产实践标定，TP 型多料流式均化库的电耗为 0.9MJ/t，入窑生料 CaO 标准偏差 $<$ 0.25，均化效果为 3～5，卸空率可达 98%～99%。

4.5.2.5　NC 型多料流式均化库

NC 型多料流式均化库（图 4-26）主要包括库顶分配器、库内充气系统、库底卸料系统及一些配套设备等部分。生料经库顶中心分料装置进入 8 个分布斜槽，喂入库中。库底布满充气箱，并将库底分成 18 个区，库中心有一个中心室，中心室下为 1～10 区，中心室外的环形区为 11～18 区。生料从外环区进入中心室，再由中心室卸入库下的称量仓内，其特点如下。

①库顶多点下料，生料均匀地、以层的形式平铺在库内。根据各个半径卸料点数量，确定半径大小，以保证流量平衡；各个下料点的最远作用点与该下料点距离相同，保证生料层在平面上对称分布。

②库内料层切割。在向中心室进料时，外环区的充气箱只在 11～18 区中的一个区充气，这样就会对这个区上方的料层形成切割作用。

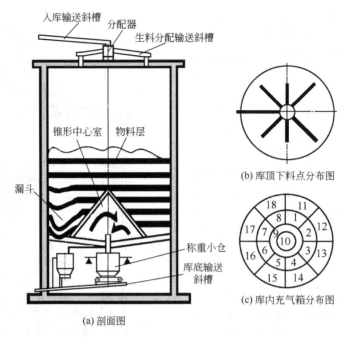

图 4-26 NC 型多料流式均化库的结构

③中心仓内搅拌。库内设有锥形中心室，库底共分 18 个区，中心室内为 1～10 区，中心室与库壁的环表区为 11～18 区。物料进入中心仓后，在减压锥的减压作用下，被仓内充气气流强烈搅拌。中心区 1～8 区轮流充气，外环区充气箱仅对 11～18 区中的一个区充气，使得刚进入中心区的生料能够迅速膨胀、活化，然后与仓内其他物料混合，会对更多料层起强烈的切割作用；9～10 区一直充气，进行活化卸料，卸料主要通过一根溢流管进行，可保证物料在中心仓内不会短路，另一个卸料孔为备用和清库出口。

④生产实践测定，均化电耗 0.24kW·h/t（0.86MJ/t），入窑生料 CaO 标准偏差 <0.2%，均化效果 ≥8，生料卸空率也较高。

4.5.2.6 NGF 型均化库

NGF 型均化库主要由库顶分配器、库内充气箱、库底卸料装置、充气计量仓、荷重传感器、手动闸板阀、气动开关阀、电控气动流量阀、输送斜槽和库内外充气管路系统及配件组成（图 4-27）。

生料经库顶多点下料分配器分配后，进入按一定规律分布的深型斜槽喂入库中。库底板上有一个锥形中心混合室（也称减压锥），锥体底部与库底板连续的四周有许多孔洞；库底板上布满充气箱，依要求将库底充气箱分成若干个充气区；锥体与库壁形成的区域称为外环区，中心混合室内称为内环区。卸料时根据混合室内压力的高低，罗茨风机分别向库底内外环区分区轮流循环充

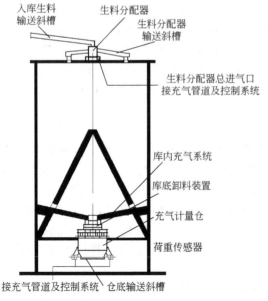

图 4-27 NGF 型均化库的结构

气，使生料从外环区进入中心混合室的内环区，再由中心室卸入库底卸料装置，其特点如下。

①生料从分配器进入库内后，以层的形式均匀地平铺在库内。

②在向中心混合室轮流循环充气进料时，在外环区锥体孔洞上方依次出现多个漏斗凹陷，漏斗沿径向排成一列，随充气的变换而旋转角度，产生重力混合，也因漏斗卸料速度不同，库底生料产生径向混合。

③生料进入中心混合室内，在减压锥的减压作用下，被充气气流强烈搅拌，使得在外环区混合均化后的生料又进行了一次充分的气力混合。因此，库外环区的充气是为了活化物料形成漏斗流并向锥内混合室输送物料；锥体内环充气则是为使物料充分均化混合并卸料出库。

④经过均化的生料由库底溢流管卸出，出库生料由库底气动开关阀和电控气动流量阀，根据充气计量仓荷重传感器显示的料重来调节控制进入的料量，出计量的仓生料量可根据入窑喂料量大小，完成生料从库顶进入至仓底卸出的均化计量全过程。

⑤NGF 型均化库即使在库内料位较低的情况下，仍能给窑系统提供化学成分稳定的生料，均化效果超过保证指标，为窑系统的安全高产和稳定运行提供了必备基础条件。

⑥NGF 型连续重力充气搅拌式均化库具有原理先进、充气系统配置合理、透气率高、阻力低、运行可靠、电耗低、均化效果高、检修维护灵活方便等特点。

4.5.3 各种类型均化库的比较

各种类型均化库的比较见表 4-15。

表 4-15 各种类型均化库的比较

均化库种类		多料流均化库					
均化库名称		IBAU 中心室库	MF 库	CF 库	TP 库	NC 库	NGF 库
均化空气压力/kPa		60～80	60～80	50～80	60～80	60～80	60～70
均化空气量/(m³/t)		7～10	7～10	7～12	7～10	7～10	7～9
均化电力/(MJ/t)		0.36～0.72	0.54 左右	0.72～1.08	0.90	0.86	0.54～1.0
均化效果/(H 值)		7～10	7～10	10～16	3～8	—	≥8
均化方式	主要作业	多点布料，库内有 6 个环形充气区轮流卸料	多点布料，库内有 10～12 个充气区，多漏斗流向库底中心室卸料	单点下料库内有 6×7＝42 个充气区，分 7 个卸料区向下部混合室卸料	多点布料，有 6 个卸料大区，12 个充气小区，多漏斗流轴向及径向混料，卸入库下小仓	多点布料，有 18 个区，中心室为 1～10 区，室外环形区为 11～18 区，多漏斗流，轴向、径向混合料，卸入库下小仓	多点布料，均化库内充气系统共分 n 个充气区，多流股物料重力混合
基建投资	相对比较	较高	较低	较高	一般	一般	一般
操作要求	相对比较	很简单	很简单	简单	简单	简单	简单
结构或均化库的特点	相对比较	土建结构较复杂，但电耗极低，操作很简单	管理方便，电耗很低	均化效果很好，控制系统较复杂，基建费较高	土建结构合理，电耗较低	土建结构合理，电耗较低	土建结构合理，电耗较低

第5章　预分解系统

5.1　预热器

5.1.1　预热器的发展

1932 年丹麦工程师 M·沃格尔·约根生向捷克斯洛伐克共和国提交了"用细分散物料喂入回转窑的方法和装置"的专利申请书，就是现在新型干法水泥生产采用的预热器。

1951 年德国洪堡公司制造并投产了世界上第一台洪堡型旋风预热器。

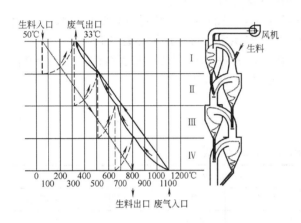

图 5-1　洪堡型旋风预热器

如图 5-1 所示为洪堡型旋风预热器，它是把生料的预热和部分分解由预热器来完成，代替回转窑部分功能，缩短回转窑长度，同时使窑内以堆积状态进行气料换热过程，移到预热器内在悬浮状态下进行，使生料能够与窑内排出炽热气流充分混合，增大了气料接触面积，传热速度快，热交换效率高，达到提高窑系统生产效率、降低熟料烧成热耗的目的。

生料由与最上部 I 级旋风筒连接的风管喂入，喂入量为 1650g/kg 熟料。对四级旋风预热器的热工制度研究表明，80% 的热交换在连接风管中进行，只有 20% 的热交换在旋风筒中进行。

顶部 C_1 级旋风筒及连接风管将喂入的含有 8.5% 水分的生料烘干，排出废气温度为 330℃，废气中含生料量 80~115g/kg 熟料。

四级旋风预热器高度约为 50m（从顶部喂料入口至回转窑进料口），气体和生料在连接风管中流速为 15~25m/s。生料在预热器中停留时间大约为 25s，生料停留时间为它在各级连接风管通过时间及在旋风筒内分离时间之和。在这段时间内，生料粉由 50℃ 预热至 800℃，而窑尾废气由 1100℃ 降至 330℃，从预热器排出。

5.1.2　预热器的分类

预热器的种类较多，大致有三种分类方法。

① 按热交换工作原理分类　以同流热交换为主、以逆流热交换为主和以混流热交换为主。

② 按制造商命名分类　洪堡型、史密斯型、多波尔型、维达格型、盖波尔型和 ZAB 型等。

③ 按预热器组合分类　多级旋风筒组合式、以立筒为主组合式、旋风筒与立筒组合式。

5.1.3　预热器的作用及特点

如图 5-2 所示，将 $T_{m0}=40℃$ 的 0.5kg 物料喂入预热器，与 $T_{g0}=1000℃$ 的 1kg 气体进

行热交换，物料与气体的热容（比热容）之比为 0.95，出预热器物料温度为 T_m，气体温度为 T_g。根据热力学定律，则有 $(T_m - 40) \times 0.5 \times 0.95 = (1000 - T_g) \times 1$。

假定物料与气体之间进行最大限度热交换后，均达到极限温度，即 $T_m = T_g$，计算可得 $T_m = T_g = 690℃$，此时相应回收的热量为 337kJ/kg 气体，仅占废气总热焓的 31%。可见，一次换热是达不到充分回收废气余热目的的，必须进行多次换热，即预热器要多级串联。

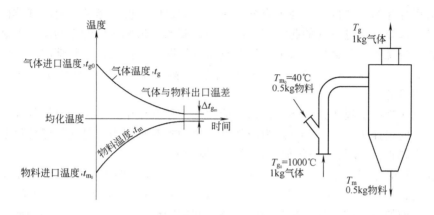

图 5-2　预热器单级换热极限

5.2　预热器的工作原理

5.2.1　预热器的换热功能

预热器的主要功能是充分利用回转窑和分解炉排出的废气余热加热生料，使生料预热及部分碳酸盐分解。为了最大限度地提高气固间的换热效率，实现整个煅烧系统的优质、高产、低消耗，必须具备气固分散均匀、换热迅速和高效分离三个功能。

旋风筒换热单元功能结构示意如图 5-3 所示。

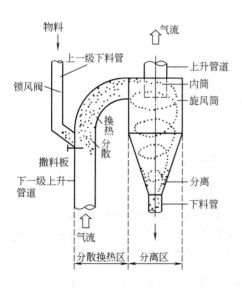

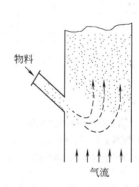

图 5-3　旋风筒换热单元功能结构示意　　　图 5-4　物料落入旋风筒上升管道后运动轨迹示意图

5.2.2　物料分散

如图 5-4 所示，喂入预热器管道中的生料，在高速上升气流的冲击下，物料折转向上随气流运动，同时被分散。物料下落点到转向处的距离（悬浮距离）及物料被分散的程度取决于气流速度、物料性质、气固比、设备结构等。因此，为使物料在上升管道内均匀迅速地分散、悬浮，应注意下列问题。

（1）选择合理的喂料位置　为了充分利用上升管道的长度，延长物料与气体的热交换时间，喂料点应选择靠近进风管的起始端，即下一级旋风筒出风内筒的起始端。但必须以加入的物料能够充分悬浮、不直接落入下一级预热器（短路）为前提。一般情况下，喂料点距进风管起始端应有 1m 以上的距离，它与来料落差、来料均匀性、物料性质、管道内气流速度、设备结构等有关。

（2）选择适当的管道风速　要保证物料能够悬浮于气流中，必须有足够的风速，一般要求料粉悬浮区的风速为 16～22m/s。为加强气流的冲击悬浮能力，可在悬浮区局部缩小管径或加插板（扬料板），使气体局部加速，增大气体动能。

（3）合理控制生料细度　实验研究发现，悬浮在气流中的生料粉，大部分以凝聚态的"灰花"（粒径在 300～600μm，个别达 1000μm）游浮运动着，灰花在气流中的分散是一个由外及里逐步剪切剥离的过程。生料越细，颗粒间的吸附力越大，凝聚倾向越明显，灰花数量越多；生料越粗，灰花数量减少，但传热速率减小。

（4）喂料的均匀性　要保证喂料均匀，要求来料管的翻板阀（一般采用重锤阀）灵活、严密；来料多时，它能起到一定的阻滞缓冲作用；来料少时，它能起到密封作用，防止系统内部漏风。

（5）旋风筒的结构　旋风筒的结构对物料的分散程度也有很大影响，如旋风筒的锥体角度、布置高度等对来料落差及来料均匀性有很大影响。

（6）在喂料口加装撒料装置　早期设计的预热器下料管无撒料装置，物料分散差，热效率低，经常发生物料短路，热损失增加，热耗高。

为了提高物料分散效果，在预热器下料管口下部的适当位置设置撒料板，如图 5-5 所示。当物料喂入上升管道下冲时，首先撞击在撒料板上被冲散并折向，再由气流进一步冲散悬浮。

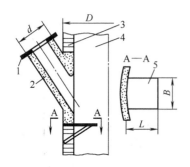

图 5-5　撒料板结构

1—料管接管；2—浇注料衬；3—衬砌；
4—管道；5—撒料板

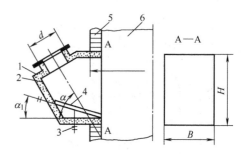

图 5-6　史密斯公司的撒料箱结构

1—撒料箱；2—浇注料衬；3—铰链螺栓组；
4—凸弧形底板；5—衬砌；6—管道

撒料板有的水平安装，有的倾斜 30°或 45°，板宽约等于料管直径。板插入管道内的长度约等于料管直径或管道有效内径的 1/4。生产实践证明，各种撒料板都有分散物料的作用，热效率有所提高。但是，由于撒料板伸入管道内，减小了管道有效面积，增加了管道阻力而引起系统阻力加大（据实际测定，增加 490～980Pa）；同时撒料板长时间承受高温气流作用，容易磨损、热变形和热腐蚀，使用寿命较短。

为了进一步提高物料分散效果，降低阻力，延长撒料装置的使用寿命，又开发了撒料箱。由于撒料箱安装在管道外部，不减小管道面积，不增加系统阻力，底板不直接受热气流的腐蚀，材料耐热性能要求不高，热变形和磨损不大，使用寿命长，同时撒料箱底面宽度不受管道直径的限制，可适当放宽，扩大物料分散面，与热气流接触面积加大，换热效果好。下面是几种撒料箱的结构。

如图 5-6 所示是丹麦史密斯公司的撒料箱结构。在撒料箱底面安装一块凸弧形底板，并且与水平成 20°角，底板与箱体用两组铰链螺栓固定。撒料箱圆形进料口轴线与水平成 60°角，出料口为方形。

如图 5-7 所示是日本小野田公司的撒料箱结构。其特点是撒料箱底面为水平面，并用浇注料铸成，圆形进料门轴与水平成 70°角，出料口为方形。

如图 5-8 所示是洪堡-维达格公司的撒料箱结构图。特点是箱体上半部料管呈天圆地方，下半部为截锥梯形与管道相接，底面比顶面宽，底面与水平成 10°角，底面用浇注料铸成，圆形进料口轴线与水平成 60°角，出料口为梯形。但由于上述撒料箱的凸弧形底板撒料效果不佳，浇注料底面粗糙，与物料摩擦阻力大，不利于物料流动，水平底面容易集料而产生堵塞，底板宽度偏小（0.3～0.36)D，因而物料分散不够充分等。

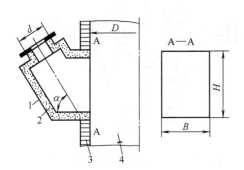 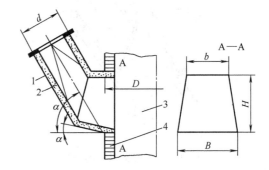

图 5-7 日本小野田公司的撒料箱结构
1—撒料箱；2—浇注料衬；3—衬砌；4—管道

图 5-8 洪堡-维达格公司的撒料箱结构
1—撒料箱；2—浇注料衬；3—管道；4—衬砌

如图 5-9 所示是 CJ 型撒料箱的结构，特点是：①利用物料下落的动能冲击撒料箱底板而将流股打散；②增大底板面积并成梯形与管道相接，以适应物料分散扩散形状的要求；③底板倾斜 15°角并用钢板制造，降低物料与底板的摩擦阻力，以利分散的物料向管道内流动；④底板表面加三条顺料流方向的山形筋条，增强底板刚度以防热变形，同时防止分散后的物料重新汇聚成团。

如图 5-10 所示为 NC 型撒料箱的结构。它的特点是：①采用倾斜导向弧板结构，能够均匀有效地将物料分散到整个管道内，达到提高换热效率的目的；②由于开口较大，倾斜弧板产生绕流作用，具有防堵功能。

5.2.3 锁风

锁风阀（又称翻板阀）的作用是既保持下料均匀畅通，又起密封作用。它装在上级旋风筒下料管与下级旋风筒出口的换热管道入料口之间的适当部位。锁风阀必须结构合理，轻便灵活。

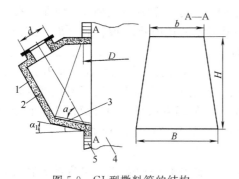
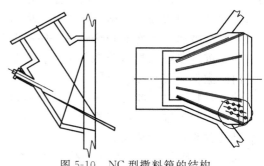

图 5-9　CJ 型撒料箱的结构　　　　　　图 5-10　NC 型撒料箱的结构

1—撒料箱；2—浇注料衬；3—底板；4—管道；5—衬砌

常用的锁风阀一般有单板式、双板式和瓣式三种。

如图 5-11 所示是单板式锁风阀的结构，如图 5-12 所示为双板式锁风阀的结构。对于板式锁风阀的选用，一般来说在倾斜式或料流量较小的下料管上，多采用单板阀；垂直的或料流量较大的下料管上，多装设双板阀。

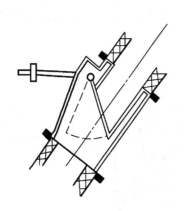
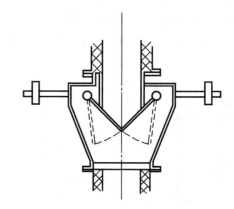

图 5-11　单板式锁风阀的结构　　　　　图 5-12　双板式锁风阀的结构

NJ 型无缺口料管单板阀（图 5-13），其轴板采用箱外无滚珠滑动轴承，具有密封性能好、使用寿命长、自动卸料灵活等特点。

对锁风阀的结构要求如下。

①阀体及内部零件坚固、耐热，避免过热引起变形损坏。

②阀板摆动轻巧灵活，重锤易于调整，既要避免阀板开、闭动作过大，又要防止料流发生脉冲，做到下料均匀。一般阀板前端部开有圆形或弧形孔洞，使部分物料由此流下。

③阀体具有良好的气密性，阀板形状规整，与管内壁接触严密，同时要杜绝任何连接法兰或轴承间隙的漏风。

④支撑阀板转轴的轴承（包括滚动、滑动轴承等）要密封良好，防止灰尘渗入。

⑤阀体便于检查、拆装，零件要易于更换。

5.2.4　气固间换热

气固间的热交换 80% 以上是在入口管道内进行的，热交换方式以对流换热为主。当 $d_p=100\mu m$ 时换热时间只需 $0.02\sim0.04s$，相应换热距离仅为 $0.2\sim0.4m$。因此，气固之间的换热主要在进口管道内瞬间完成的，即粉料在转向被加速的起始区段内完成换热。

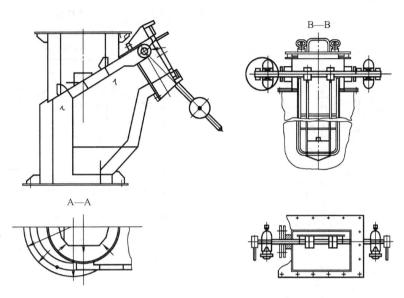

图 5-13 NJ 型无缺口料管单板阀的结构

根据传热学定律，物料与气体之间的换热速率可以用下式表达：

$$Q = K\Delta tF \tag{5-1}$$

式中 Q——气固间的换热速率，W；

K——气固间的综合传热系数，W/(m² · ℃)；

Δt——气固间的平均温差，℃；

F——气固间的传热（接触）表面积，m²。

在预热器内，气固间的综合传热系数在 $0.8 \sim 1.4 \, W/(m² · ℃)$ 之间，气固间的平均温差 Δt 开始时在 $200 \sim 300℃$，平衡时趋于 $20 \sim 30℃$；影响换热速率的主要因素是接触面积 F，当料粉充分分散于气流中时，其换热面积比处于结团或堆积状态时将增大上千倍。

5.2.5 气固分离

旋风筒的主要作用是气固分离。提高旋风筒的分离效率是减少生料粉内、外循环，降低热损失和加强气固热交换的重要条件。

5.2.5.1 旋风筒与旋风收尘器的主要区别

旋风筒是利用粉尘的惯性力和含尘气流旋转产生的离心力将粉尘从气流中分离出来的，同旋风收尘器的主要区别在于：

①预热器所处理的粉尘浓度（标准状态）达 1kg/m³ 以上，远大于旋风收尘器；

②预热器所处理的气固温度达 $700 \sim 1000℃$；

③预热器的旋风筒采用多级串联，与旋风收尘器不同。

如图 5-14 所示，当气流携带料粉进入旋风筒后，被迫在旋风筒筒体与内筒（排气管）之间的环状空间内进行旋转流动，并且一边旋转一边向下运动，由筒体到锥体，一直可以延伸到锥体的端部，然后转而向上旋转上升，由排气管排出。

由于物料密度大于气体密度，受离心力作用，物料向边部移动的速度远大于气体，致使靠近边壁处浓度增大；同时，由于黏滞阻力作用，边壁处流体速度降低，使得悬浮阻力大大减小，物料沉降而与气体分离。

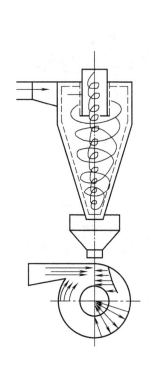

图 5-14 旋风筒内气体流动示意

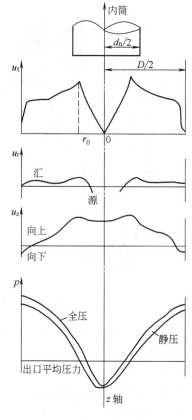

图 5-15 旋风筒内流场分布

旋风筒内向下旋转运动的流体称为外涡旋，向上旋转运动的流体称为内涡旋。根据测定，旋风筒内流体流动具有三维分布特征，并处于湍流状态，即旋风筒内流场是一个三维流场，其速度矢量有三个分量：切向速度 u_t、轴向速度 u_z 和径向速度 u_r。某一截面的三维速度分布和压力分布如图 5-15 所示。

三个速度矢量的数值大小、分布规律及对气固分离的作用是不同的。

①切向速度 u_t 除轴心附近外，是三维速度分量中数值最大的，其在径向上的分布规律几乎与侧面位置无关。正是由于切向速度，使得物料受离心作用而向边壁浓缩、分离，因此，它对于承载、夹带和分离物料起主要作用。

②径向速度 u_r 在核心部分主要是由里向外的类源流，而在外部则主要是由外向里的类汇流。由里向外的类源流使物料向边壁处移动，但因其数值很小，对气固分离的作用不太明显。

③轴向速度 u_z 在紧邻边壁处向下流动，在轴心附近基本上是向上流动。由于向上的流动，使得分离出的物料又被气流扬起而带出。

5.2.5.2 影响旋风筒分离效率的主要因素

①旋风筒的直径。在其他条件相同时，筒体直径小，分离效率高。

②旋风筒进风口的型式及尺寸。气流应以切向进入旋风筒，减少涡流干扰；进风口宜采用矩形，进风口尺寸应使进口风速在 16～22m/s 之间，最好在 18～20m/s 之间。

③内筒尺寸及插入深度。内筒直径小、插入深，分离效率高。

④增加筒体高度，分离效率提高。

⑤旋风筒下料管锁风阀漏风，将引起分离出的物料二次飞扬，漏风越大，扬尘越严重，

分离效率越低。漏风量≤1.85%时，分离效率降低得比较缓慢；漏风量≥1.85%时，分离效率下降得比较快。当漏风量大于8%时，分离效率降为零。

⑥物料颗粒大小、气固比（含尘浓度）及操作的稳定性等，都会影响分离效率。

5.2.6　影响预热器热效率的因素

（1）预热器分离效率（η）对换热效率的影响　分离效率的大小对预热器的换热效率有显著影响。研究表明：预热器的分离效率与换热效率呈一次线性关系。

（2）各级旋风筒分离效率对换热效率的影响　对于多级串联的预热器，各级旋风筒分离效率对换热效率的影响程度是不同的，徐德龙教授等通过对两级串联的预热器的研究表明：提高上一级预热器的分离效率对提高换热效率的作用比提高下一级预热器的分离效率要大。因此，保持最上级预热器有较高的分离效率是合理的。

（3）固气比对换热效率的影响　随着固气比的增大，一方面气固之间换热量增加；另一方面又会使由预热器入窑的物料温度降低，增加窑内热负荷，因此存在一个最佳固气比。

实际生产过程中，预分解窑的固气比一般在1.0左右，因此提高固气比有利于提高热效率。在一般情况下，尽量减少设备散热，严格密封堵漏，降低热耗，均有利于提高固气比，从而提高热效率。

（4）预热器级数对换热效率的影响　预热器级数越多，其热效率越高。相同条件下，两级预热器比一级的热效率可以提高约26%。但随着级数的增多，其热效率提高的幅度逐渐降低，如预热器由四级增加到五级，单位熟料热耗下降126~167kJ/kg熟料，由五级增加到六级，单位熟料热耗仅下降42~84kJ/kg熟料。预热器级数增加，系统阻力增大，从经济效益角度考虑，预热器级数不宜超过六级。

5.3　旋风预热器的结构及技术参数

5.3.1　旋风筒的结构

旋风筒的设计应主要考虑如何获得较高的分离效率和较低的压力损失。旋风筒的压损除位头损失（通常忽略不计）外，主要由四部分组成：①进、出口局部阻力损失；②进口气流与旋转气流冲撞产生的能量损失；③旋转向下的气流在锥部折返向上的局部阻力损失；④沿筒内壁的摩擦阻力损失。

影响旋风筒流体阻力及分离效率的主要因素有两个，一个是旋风筒的几何结构；另一个是流体本身的物理性能。旋风筒结构与尺寸如图5-16所示。

5.3.1.1　旋风筒的直径

旋风筒的处理能力主要取决于通过的风量和截面风速。圆筒部分假想截面风速过去一般在3~5m/s选取，近年来为了缩小旋风筒规格，有所提高。

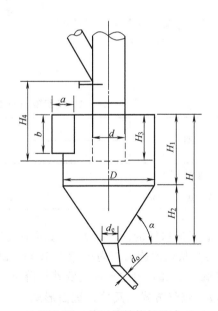

图 5-16　旋风筒结构与尺寸

D—旋风筒内径；H—旋风筒总高度；H_1—圆筒部分高度；H_2—圆锥部分高度；H_3—内筒高度；H_4—喂料位置（喂料口下部至内管下端）；a—进风口宽度；b—进风口高度；d—内筒直径；α—锥体倾斜角；d_e—排料口直径；d_0—下料管直径

圆柱体直径有多种计算方式。

①按排气管需要的尺寸，反推圆柱体直径。

②以实验数据为基础，根据负荷系数（即单位流量 Q）所需的有效横断面积计算，即：

$$K=\frac{\pi}{4}\times\frac{D^2-d^2}{Q} \tag{5-2}$$

式中　D，d——圆柱体和排气管直径；

　　　K——一般在 $1.2\sim1.7$。

③根据旋风筒假想截面风速计算，即：

$$D=2\sqrt{\frac{Q}{\pi v_A}} \tag{5-3}$$

式中　D——旋风筒圆柱体直径；

　　　Q——旋风筒内气体流量；

　　　v_A——假想截面风速，选 $5\sim6m/s$ 较为稳妥。

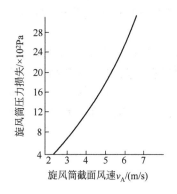

图 5-17　旋风筒截面风速与旋风
压力损失关系曲线

旋风筒截面风速与旋风压力损失关系曲线如图 5-17 所示。

各级旋风筒分离效率的要求不同，最上一级 C_1 旋风筒作为控制整个窑尾系统的收尘效率关键级，要求分离效率达到 $\eta_1>95\%$。最下一级旋风筒作为提高热效率级，主要承担将已分解的高温物料及时分离并送入窑内，以减少高温物料的再循环，因此，对 C_5 旋风筒的分离效率要求较高。理论和实践表明，高温级分离效率越高，C_1 出口温度越低，系统热效率越高。中间级在保证一定分离效率的同时，可以采取一些降阻措施，实现系统的高效低阻。各级旋风筒分离效率配置应为 $\eta_1>\eta_5>\eta_{2,3,4}$。

各级旋风筒推荐分离效率及圆筒断面风速见表 5-1。

表 5-1　各级旋风筒推荐分离效率及圆筒断面风速

项目	旋风筒				
	C_1	C_2	C_3	C_4	C_5
分离效率 η/%	≥95	约 85	约 85	85～90	90～95
圆筒断面风速 v_A/(m/s)	3～4	≥6	≥6	5.5～6	5～5.5

随着对旋风筒的深入研究，低压损旋风筒压力降不断降低，有可能将断面风速提高到 $5\sim7m/s$，从而使旋风筒内径缩小 $13\%\sim20\%$，使得旋风筒外形缩小，重量减轻，整个预热器塔降低，建筑面积缩小，投资费用降低。

5.3.1.2　进气方式、尺寸、进口形式

旋风筒进风口结构一般为矩形，长宽比（b/a）在 2 左右，最上级（C_1）圆筒部分较长，一般在（$2\sim2.5$）D，其他级在（$1.5\sim1.8$）D 之间。新型低压损旋风筒的进风口有菱形和五边形，其目的主要是引导入筒的气流向下偏斜运动，减少阻力。

旋风筒进口面积大小根据进口面积系数（ϕ_A），即进口面积（$a\times b$）与旋风筒直径平方

（D^2）之比确定。新型旋风筒进口一般采用斜坡面形式，以免造成粉尘堆积而引起"塌料"。

旋风筒进口风速（v_i）一般在 $18 \sim 20 \text{m/s}$ 之间。在一定范围内提高进口风速会提高分离效率，但过高会引起二次飞扬加剧，分离效率降低。实验表明，在实际生产中，进口风速对压损的影响远大于对分离效率的影响，因此在不影响分离效率和进口不致产生过多物料沉积的前提下，适当降低进口风速，可作为有效的降阻措施之一。

旋风筒气流进口方式有蜗壳式和直入式两种，气流内缘与圆柱体相切称为蜗壳式；进口气流外缘与圆柱体相切称为直入式。

由于气流进入旋风筒之后，蜗壳式通道逐渐变窄，有利于减小颗粒向筒壁移动的距离，增加气流通向排气管的距离，避免短路，提高分离效率。同时具有处理风量大、压损小等优点，采用较多。

蜗壳式进口分为 $0°$、$90°$、$180°$、$270°$ 四种（图 5-18）。

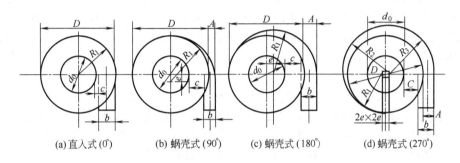

(a) 直入式 ($0°$)　　(b) 蜗壳式 ($90°$)　　(c) 蜗壳式 ($180°$)　　(d) 蜗壳式 ($270°$)

图 5-18　旋风筒进风蜗壳尺寸

5.3.1.3　排气管尺寸与插入深度

排气管的结构尺寸对旋风筒的流体阻力及分离效率至关重要，设计不当，在排气管的下端会使已沉降下来的料粒带走而降低分离效率。一般认为排气管的管径减小，带走的粉料减少，分离效率提高，但阻力增大。排气管尺寸是按气流出口速度计算的。一般来说 $v_{出}$ 大于 10m/s，在有良好的撒料装置时，不会发生短路。新型旋风筒 $v_{出}$ 一般在 $15 \sim 20 \text{m/s}$ 之间。降低出口风速也是较为普遍的措施，特别是大蜗壳旋风筒为增大其出口内筒提供了可能。

内筒插入深度对分离效率和阻力有很大影响，降低内筒插入深度，可降低阻力，但插入过浅会明显影响收尘效率。内筒插入越深，阻力越大，分离效率越高。一般内筒插入深度分为以下三种情况：①插入深度达到进气管中心附近；②与排气管径相等；③达到进气管外缘以下。

为了降低旋风筒阻力，有效措施是增大内筒直径，降低内筒插入深度，国外公司预热器内筒与筒径之比 d/D 已提高到 $0.6 \sim 0.7$。试验表明，当 d/D 大于 0.6 时，分离效率显著下降。因此国内一般取 $0.45 \sim 0.6$，以保证适当的出口风速。与此同时，要对上级旋风筒的下料位置和撒料装置做适当调整，防止物料短路。

近年来，有的厂开发了分块浇注组合式内筒和高温陶瓷挂片式内筒，多数采用耐热铸钢挂片结构内筒，寿命较长。

最下级装内筒后，分离效率可提高 $5\% \sim 10\%$，系统出口气流温度降低约 $25℃$。

5.3.1.4　旋风筒高度（H）

旋风筒高度是指包括圆柱体高度和圆锥体高度的总高度。旋风筒高度增加，分离效率提高。

（1）圆柱体高度（H_1）　圆柱体高度是旋风筒的重要参数，它的高低关系到生料粉是否有足够的沉降时间。理论计算是根据粉粒从旋风筒环状空间位移到筒壁所需的时间和气流在环状空间的轴向速度求得。

$$H_1 = \frac{4Q\tau}{\pi(D^2 - d^2)} \tag{5-4}$$

式中　d——旋风筒排气管直径，m；

τ——尘粒从旋风筒环状空间位移到筒壁所需的时间，根据尘粒粒径通过理论计算求得。

为了保证足够的分离效率，圆柱长度应满足以下要求：

$$H_1 \geqslant \frac{2Q}{(D-d)v_t} \geqslant \frac{\pi D^2 v_A}{2(D-d)v_t} \tag{5-5}$$

式中　v_t——气流在旋风筒内的线速度，它取决于进风口风速（$v_入$），一般可取 $v_t = 0.67 v_入$。

（2）圆锥体高度（H_2）　圆锥体结构在旋风筒中的作用有三个：第一，能有效地将靠外向下的旋转气流转变为靠轴心的向上旋转的核心流，它可使圆柱体长度大为减少；第二，圆锥体也是含尘气流气固相最后分离的地方，它的结构直接影响已沉降的粉尘是否会被上升旋转的气流再次带走，从而降低分离效率；第三，圆锥体的倾斜度有利于中心排灰。

实验表明，当旋风筒的直径不变时，增大圆锥体长度（H_2），能提高分离效率。不同类型的旋风筒圆锥体长度，可根据不同需要，通过它与旋风筒的直径相对比例关系来确定。一般旋风筒圆锥体均高于本身的圆柱体，但 LP 型低压损旋风筒，其 H_1 均大于 H_2。

圆锥体结构尺寸，由旋风筒直径和排灰口直径及锥边仰角（α）决定，其关系为：

$$\tan\alpha = \frac{2H_2}{D - d_c} \tag{5-6}$$

如果排灰口直径和锥边仰角太大，排灰口及下料管中物料填充率低，易产生漏风，引起二次飞扬；反之，引起排灰不畅，甚至发生黏结堵塞。α 值一般在 $65°\sim75°$ 之间，d_c/D 可在 $0.1\sim0.15$ 之间，H_2/D 在 $0.9\sim1.2$ 之间选用。

实际上，一般是根据一些规律性的数据来指导设计。不同型式预热器旋风筒的 H/D 与 H_1/H_2 值见表 5-2。

表 5-2　不同型式预热器旋风筒的 H/D 及 H_1/H_2 值

预热器型式		洪堡、石川岛	多波尔、三菱重工	维达格、川崎重工	神户制钢、天津院	史密斯
C_1 筒	H/D	2.87	2.49	2.40	2.59	2.45
	H_1/H_2	1.91	0.42	0.76	0.63	0.50
C_2 筒	H/D	1.82	1.73	1.89	1.81	1.78
	H_1/H_2	0.66	0.60	0.55	0.56	0.83

旋风筒的种类根据 H/D 可分为：$H/D>2$，高型旋风筒；$H/D<2$，低型旋风筒；$H/D=2$，过渡型旋风筒。

根据 H_1/H_2 可分为：$H_1/H_2>1$，圆柱形旋风筒；$H_1/H_2<1$，圆锥形旋风筒；$H_1/H_2=1$，过渡型旋风筒。

高型旋风筒直径较小，含尘气流停留时间长，分离效率高，尤其是高型旋风筒中圆锥体较长的圆锥形旋风筒的分离效率较高。常用于预热器的最上一级，以减少预热器排出气体中的粉尘量。

5.3.2　新型旋风筒的结构

川崎重工采用螺旋形进口，增加进口螺旋角及进口断面积，降低进口阻力。卧式旋风筒，降低旋风筒高度，以降低整个预热塔架的高度，降低系统投资，如图 5-19 所示。

宇部公司将进风口断面加大，进风管螺旋角加大到 270°，将出风内筒做成靴形，扩大内筒面积，减少旋风筒内旋流风通过筒内壁与内筒之间的面积，减少与进风的撞击，并设置弯曲导流装置（图 5-20）。

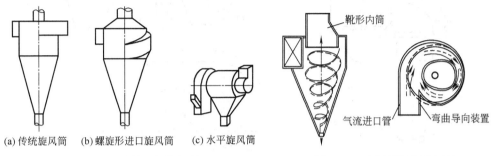

(a) 传统旋风筒　(b) 螺旋形进口旋风筒　(c) 水平旋风筒

图 5-19　川崎低压损旋风筒　　　　图 5-20　宇部低压损旋风筒

燕山型旋风筒采用一块耐热钢板伸向内筒，降阻效果好，如图 5-21 和图 5-22 所示。但导流板的耐热、磨损问题尚待解决。

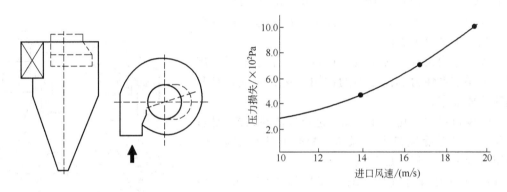

图 5-21　燕山型低压损旋风筒　　　图 5-22　扁内筒旋风筒阻力损失与进口风速的关系

伯力休斯公司采用将旋风筒进口及顶盖倾斜，内筒偏心布置，缩短内筒的插入深度，使气流平缓进入筒内，减少回流，减少了同进口气流相撞形成的局部涡流。使 6 级预热器压力损失仅 3000Pa（图 5-23）。

洪堡公司的低压损旋风筒，顶部 C_1 旋风筒的筒体是细而高双旋风筒，目的是为了提高分离效率。而 $C_2 \sim C_5$ 是矮胖形旋风筒，为了达到更低压力损失，旋风筒的改进主要有如下几个方面（图 5-24）。

①进口风管螺旋角加大至 270°，使含尘气流平稳地导入旋风筒，气流沿筒壁高速旋转，提高了分离效率。

②加大进口风管截面积，并且处于内筒外侧，使气体不会冲向内筒造成阻力增大。

③由于旋风筒壁是蜗壳状，逐渐向内筒靠近，气流不会受到阻碍。

④内筒的高度是进口风管高度的 1/2，同时进风螺旋下部设计成锥形。与内筒下端平齐。使含尘气流不会直接进入内筒，分离效率不受影响。

⑤旋风筒的锥体部分设计成为内筒直径的 2 倍，斜度为 70°。增大旋风筒出口尺寸，使卸料通畅，防止堵塞。

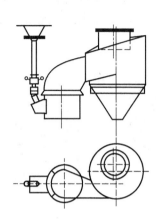
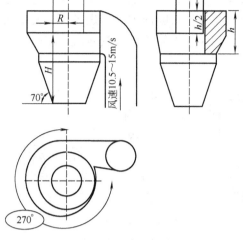

图 5-23　伯力休斯低压损旋风筒　　　　图 5-24　洪堡新旋风筒结构

　　FLS 的低压损、高分离效率的旋风筒如图 5-25 所示。消除内部平面，防止内部积灰，也消除了物料对内壁的冲刷。新旋风筒直径降低了 25%，使整个预热器系统投资降到最低。

　　TC 型低压损旋风筒如图 5-26 所示，其特点是：

　　①采用 270°三心大蜗壳，扩大了大部分进口区域与蜗壳，减少了进口区涡流阻力；

　　②大蜗壳内设有螺旋结构，可将气流平稳地引入旋风筒，物料在惯性力和离心力的作用下达到筒壁，有利于提高分离效率；

　　③进风口尺寸优化设计，减少进口气流与回流相撞；

　　④适当降低旋风筒入口风速，蜗壳底边做成斜面，适当降低旋风筒内气流旋转速度；

　　⑤适当加大内筒直径，缩短旋风筒内气流的无效行程；

　　⑥旋风筒高径比适当增大，减少气流扰动；

　　⑦旋风筒出口与连接管道取合理结构型式，减少阻力损失；

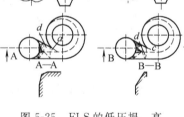

图 5-25　FLS 的低压损、高分离效率的旋风筒

　　⑧保持连接管道合理风速。

　　TC 型五级预热器系统，总压降为 (4800±300)Pa，分离效率 $\eta_1=92\%\sim96\%$，$\eta_{2\sim4}=87\%\sim88\%$，$\eta_5=88\%$ 左右。旋风筒截面风速一般为 3.5～5.5m/s。旋风筒高径比：C_1 级为 2.8～3.0，$C_2\sim C_5$ 级为 1.9～2.0。进口风速为 15～18m/s。

　　TC 型旋风筒出口风速低，进口为斜切角，减少物料的堆积，对贴壁旋转的物料有向下导向作用，有利于气固分离。结构简单，故障率低。内筒采用耐热钢制的分片悬挂式内筒，使用寿命长，维修更换方便；采用固定型式的撒料装置，结构简单，物料分散均匀，气固换热效果好。

　　NC 型高效低压损旋风筒如图 5-27 所示。采用多心大蜗壳、短柱体、等角变高过渡连接、偏锥防堵结构、内加挂片式内筒、导流板、整流器、尾涡隔离等技术等。使旋风筒单体具有低阻耗（550～650Pa）、高分离效率（$C_2\sim C_5$，86%～92%；C_1，95%以上）、低返混度、良好的防结拱堵塞性能和空间布置性能。各种新型旋风筒的结构见表 5-3。

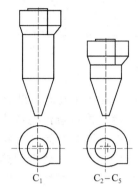

图 5-26　TC 型低压损旋风筒

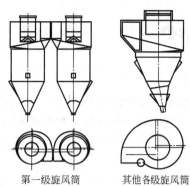

图 5-27　NC 型高效低压损旋风筒结构

表 5-3　各种新型旋风筒的结构

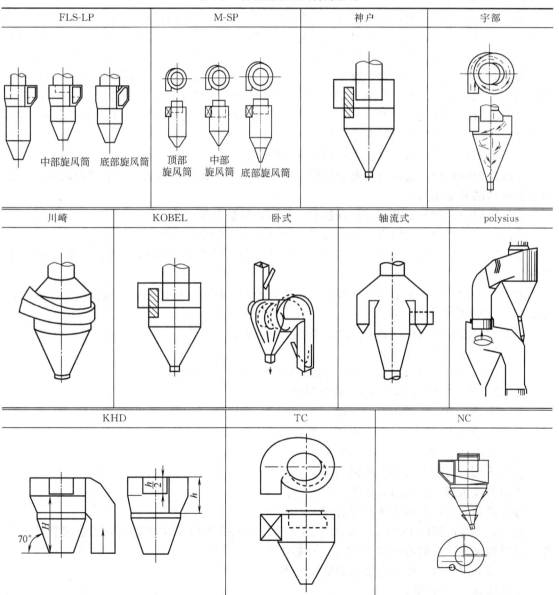

5.4　分解炉

5.4.1　概述

预分解技术是在预热器和回转窑之间增设分解炉或利用窑尾上升烟道，设燃料喷入装置，使燃料的燃烧放热过程与生料的碳酸盐分解吸热过程在分解炉内以悬浮态或流化状态下进行，使入窑生料的分解率得到提高。将原来在回转窑内进行的碳酸盐分解任务移到分解炉内进行；燃料大部分从分解炉内加入，少部分由窑头加入，减轻了窑内煅烧带的热负荷，延长了衬料寿命，有利于生产大型化；由于燃料与生料粉混合均匀，燃料燃烧热及时传递给物料，使燃烧、换热及碳酸盐分解过程都得到优化。具有优质、高效、低耗等一系列优良性能及特点。

5.4.1.1　分解炉的作用

分解炉的作用是完成燃料的燃烧、碳酸盐分解、气固两相的输送、混合（分散）、换热传质等一系列过程，并且伴有物料浓度、颗粒粒径的变化以及气体流量、成分和温度场的变化。这些任务能否在高效状态下顺利完成，主要取决于生料与燃料能否在炉内很好地分散、混合和均布，燃料能否在炉内迅速完全燃烧，并把燃烧的热及时传递给物料，同时物料中的碳酸盐组分能否迅速吸热、分解和 CO_2 能否及时排出，这些都取决于炉内气、固流动方式。

新型分解炉的发展大都趋向于采用以上各种效应的"综合效应"，以进一步完善性能，提高效率。其主要表现在以下几个方面：

①适当扩大炉容，延长气流在炉内的滞留时间；

②改进炉的结构，使炉内具有合理的三维流场，力求提高炉内气、固滞留时间比，延长物料在炉内的滞留时间；

③保证向炉内均匀喂料，并做到物料入炉后，尽快分散、均布；

④改进燃烧器型式与结构，合理布置，使燃料入炉后尽快点燃；

⑤下料、下煤点及三次风之间布局的合理匹配，以有利于燃料起火、燃烧和碳酸盐分解；

⑥选择分解炉在窑系统的最佳部位和流程，充分发挥分解炉的功能，提高全系统效率。

5.4.1.2　分解炉的分类

预分解窑的种类很多，其分类方法基本上有三种。

（1）按制造厂命名可分类

①SF 型（N-SF、C-SF），日本石川岛公司与秩父公司研制。

②MFC 型（N-MFC），日本三菱公司研制。

③RSP 型，日本小野田公司研制。

④KSV 型（N-KSV），日本川崎公司研制。

⑤DD 型，日本神户制钢公司研制。

⑥FLS 型，丹麦史密斯公司研制。

⑦普列波尔型，德国伯力休斯公司研制。

⑧派洛克隆型，德国洪堡公司研制。

此外，还有法国的 FCB 型、日本宇部兴产的 UNSP 型以及在窑尾上升烟道或预热器下部增设燃料喷入装置的盖波尔、ZAB、米亚格等。

（2）按分解炉内气流的主要运动形式分类

①旋风式——SF 型。

②喷腾式——FLS 型。

③悬浮式——普列波尔、派朗克隆型。

④流化床式——MFC（N-MFC）型。

而 RSP 型、KSV 型、N-SF 型、C-SF 型属于旋风-喷腾式，严格地说旋风式、喷腾式分解炉也属于悬浮式分解炉。

（3）按全窑系统气体流动方式可分为三种基本类型

①第一类如图 5-28（a）所示，利用窑尾与最下一级旋风筒之间的上升烟道作为分解炉，不设三次风管。

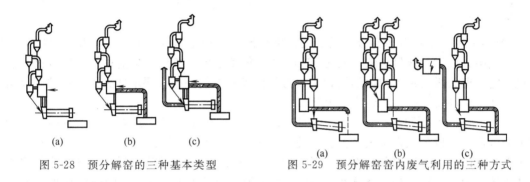

图 5-28　预分解窑的三种基本类型　　　　　　图 5-29　预分解窑窑内废气利用的三种方式

②第二类如图 5-28（b）所示，又称在线型，设有三次风管，来自冷却机的热风在炉前或炉内与窑气混合，如 SF、KSV 等。

③第三类如图 5-28（c）所示，设有三次风管，分解炉内燃料燃烧所需的空气全部从冷却机抽取，窑气不进分解炉，对窑气的处理，又有三种方式，如图 5-29 所示。

a. 第一种又称半离线型，出分解炉烟气与窑气混合，一起进入预热器，如 MFC、SLC-S 型等，如图 5-29（a）所示。

b. 第二种又称离线型，窑气与炉气不混合，各经过单独的预热器系列，如 SLC 型等；如图 5-29（b）所示。

c. 第三种当原料中碱、氯、硫等有害成分较高时，采用旁路放风，利用余热发电或烘干原料，如图 5-29（c）所示。

5.4.2　各类分解炉的结构特点

5.4.2.1　SF 分解炉系列

（1）SF 分解炉是由日本石川岛公司（IHI）开发的世界上第一台分解炉。

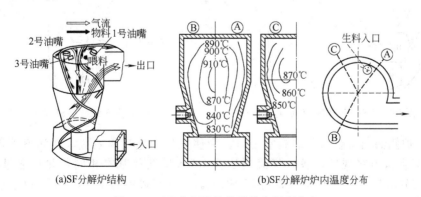

(a)SF分解炉结构　　　　　　(b)SF分解炉内温度分布

图 5-30　SF 分解炉结构及炉内温度分布

如图 5-30 所示，SF 炉上部是圆柱体，下部是锥形，三次风从最下部切向吹入，与窑尾排出烟气混合，以旋流方式进入炉内，3 个喷油嘴和 C_3 旋风筒卸出的生料喂料口都设在分解炉顶部。经试验发现喷嘴设在分解炉顶部，燃料燃烧时间太短，后将喷油嘴移到炉锥体下部，生料入口仍留在顶部。保证了生料与气流的热交换。炉内温度在 $830\sim910℃$ 之间，有利于生料分解。窑尾废气温度为 $1000\sim1050℃$，使窑废气中碱硫氯元素凝聚在生料颗粒上再回到窑内，避免了分解炉结皮。

SF 分解炉内燃料与生料停留时间只有 $3\sim4s$，不利于燃料燃烧和气流与生料换热，只能烧油。

（2）N-SF 分解炉　N-SF 分解炉是在 SF 炉的基础上改进的，两者的结构如图 5-31 所示，其特点如下。

①将 SF 炉燃烧喷嘴由炉顶移动到旋流室顶部，以一定角度向下吹，使喷出煤粉直接喷入三次风中，由于三次风含氧浓度比 SF 炉中混合气体高，同时不含生料粉，故点火容易且燃烧稳定。着火煤粉进入炉内继续燃烧，为保证煤粉燃烧完全，要求增大煤粉在炉内停留时间，增加了炉高度，提高了炉有效容积。

②将 SF 炉顶喂料口下移，由 C_3 筒卸出的生料通过分料阀分成两部分，一小部分到窑尾上升烟道内，以降低窑尾废气温度，使废气中碱硫氯元素凝聚在生料颗粒上再回到窑内，减少在烟道内结皮。这部分物料不能喂入过多，否则也会结皮堵塞烟道，大部分生料喂入炉锥体下部。由于生料下料口下移及 N-SF 分解炉加高延长了生料在炉内的停留时间（达 $12\sim13s$），有利于气料间热交换，使入窑生料分解率提高到 90% 以上。

③取消了 SF 炉窑尾上升烟道中设置平衡窑内和三次风管内压力的缩口，在烟道内加生料可以消耗部分动能，适当控制三次风管进分解炉闸门，可取得窑与分解炉之间的压力平衡。取消缩口不会因为缩口结皮引起堵塞，同时在烟道四壁设置捅料孔，定期用压缩空气清除四壁的结皮。

（3）C-SF 分解炉　N-SF 分解炉的不足之处在于分解炉在侧面出口，出口高度大，占分解炉高度的 1/3 左右，使炉内产生偏流、短路和形成稀薄生料区，影响热交换。

为了克服 N-SF 炉的缺点，研制出 C-SF 炉，其结构如图 5-32 所示。

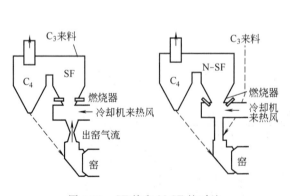
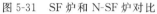

图 5-31　SF 炉和 N-SF 炉对比

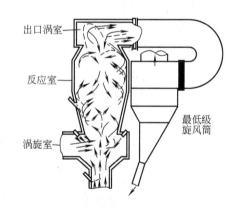

图 5-32　C-SF 炉的结构

将 N-SF 炉侧面出口改为顶部涡室出口。为使气料产生喷腾效应，在涡室下设置缩口，克服了气流偏流和短路现象，各区气流到达 C_4 筒入口路径基本相同，并且通过增设连接管，使生料在分解炉中停留时间增加到 $15s$ 以上。有利于燃料的完全燃烧和加强气流与生料之间的热交换，入窑生料分解率提高到 90% 以上。

5.4.2.2   KSV 分解炉系列

（1）KSV 分解炉的结构   KSV 分解炉是由下部喷腾层及上部的涡流室两个部分组成。喷腾层由下部倒锥、入口喷管及圆筒部分组成，涡流室则为喷腾层的扩展部分，如图 5-33 所示。

（2）KSV 分解炉的工作原理   从冷却机来的三次风分两路入炉：一路从炉底部以 25～30m/s 的速度喷入形成喷腾床；另一路从圆筒体的最下部以 20m/s 的速度沿切线方向入炉，以便加强气流与生料的混合。在大型窑中，这两路三次风之比为 6∶4 或 7∶3。由炉底喷入的三次风入炉后形成一定高度的上升气流，并且在倒锥体处由于断面扩大，产生涡流。炉内断面风速为 8～10m/s。窑尾烟气从炉圆筒部分中间偏下部位，以切线方向进入。燃油从炉的圆筒部分的几个不同高度分别喷入。

生料也分两路入炉。从上一级旋风筒下来的生料约有 75% 从炉的圆筒部分与三次风切线进口的交界处进入，使生料和气体充分混合并在上升气流作用下形成喷腾床。生料随气流流动在喷腾床停留一定时间后，进入涡流室，并通过排气口进入最低一级的旋风筒内，由此分离入窑。同时，为了防止窑尾 1000～1100℃ 的高温烟气在入炉管道中的黏结堵塞，从上一级旋风筒下来的生料约有 25% 从烟道缩口上部加入，以吸收烟气显热，如果烟气温度不高，加入烟道中的生料，可根据需要相应减少。

KSV 分解炉内的燃料燃烧及生料的加热分解是在喷腾床的"喷腾效应"及涡流室的"旋风效应"的综合作用下完成的。入窑物料分解率可达 85%～90%。

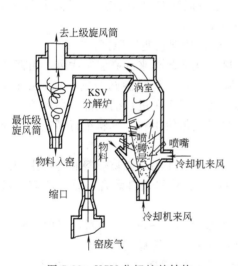

图 5-33   KSV 分解炉的结构

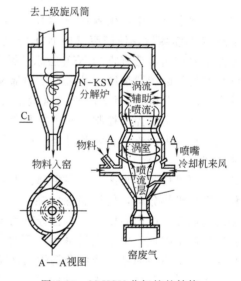

图 5-34   N-KSV 分解炉的结构

（3）N-KSV 分解炉   N-KSV 分解炉是由 KSV 分解炉改进而成，其结构如图 5-34 所示，特点如下。

①在炉的圆筒部分增加了缩口，全炉由喷腾层、涡室、缩口和辅助喷腾涡室四个部分组成。增加缩口后，产生两次喷腾运动，延长了燃料和生料在炉内停留时间，有利于燃料燃烧及气料间热交换。

②窑尾烟气从 N-KSV 分解炉底以 35～40m/s 的速度喷入，三次风由炉的涡室下部对称切向吹入，风速为 18～20m/s。取消窑废气到圆筒中部的连接管道，简化了系统流程，省掉烟道内的缩口，减少系统阻力，有利于窑炉调节通风。

③在炉底喷腾层中部，增加了燃料喷嘴，使燃料在低氧状态下燃烧，可使窑烟气中的 NO_x 还原，有利于减少环境污染。

④从上一级旋风筒来的生料，一部分从三次风入口上部喂入，另一部分由涡室上部喂入，产生喷腾效应及涡室漩涡效应，使生料能够与气流均匀混合和热交换。出炉气体温度为 $860 \sim 880℃$，入窑生料分解率为 $85\% \sim 90\%$。

5.4.2.3　DD 型分解炉

DD 型分解炉是日本水泥公司与神户制钢公司在总结了其他分解炉，特别是 N-KSV 分解炉经验的基础上共同研制开发的，具有一系列优点。

如图 5-35 所示是 DD 分解炉原理及系统图，按内部作用原理，DD 炉可分 4 个区。

（1）还原区（Ⅰ区）　包括咽喉部分和最下部锥体部分。咽喉部分是 DD 炉的底部，直接座在窑尾烟室之上，窑烟气通过咽喉直吹向上，使生料喷腾进入炉内。窑尾烟气速度在 $30 \sim 40m/s$，取消了窑尾上升烟道，不会出现上升烟道结皮堵塞，保证系统稳定运行。

窑炉燃料比为 40:60，炉内燃料在较低温度下（900℃以下）燃烧，故 C_4 废气中 NO_x 较低。为进一步除去 NO_x，在Ⅰ区锥体侧面装几个除 NO_x 的喷嘴，大约总燃料量的 10% 由这几个喷嘴喷出。此处燃料在缺氧的窑气中燃烧，产生高浓度还原气体 CO、H_2 和 CH_4，同窑废气中 NO_x 发生下列反应：

$$2CH_4 + 4NO_2 \longrightarrow 2N_2 + 2CO_2 + 4H_2O$$
$$4H_2 + 2NO_2 \longrightarrow N_2 + 4H_2O$$
$$4CO + 2NO_2 \longrightarrow N_2 + 4CO_2$$

在这些化学反应中，生料中 Fe_2O_3 和 Al_2O_3 起着脱硝催化剂作用，降低了 NO_x 含量。故装上除 NO_x 喷嘴后，使筒废气中 NO_x 降至 110×10^{-6}。

该区主要作用是把有害的 NO_x 还原为无害的 N_2，故把它叫还原区。

（2）燃料裂解和燃烧区（Ⅱ区）　中部偏下区。从冷却机来的高温三次风，由两个对称风管喷入炉内（Ⅱ区），每根风管的风量由装在风管上的流量控制阀控制，总风量根据 DD 炉系统操作情况由主控阀控制。两个主要燃料喷嘴装在三次风进口的顶部。燃料喷入Ⅱ区富氧区，立即在炉内湍流中裂解和燃烧。产生的热量迅速传给生料，气料进行高效热交换，生料迅速分解。

（3）主要燃烧区（Ⅲ区）　在中部偏上到缩口，主要作用是燃烧燃料和把产生的热量传给生料，生料吸热分解，使炉温保持在 $850 \sim 900℃$，生料和燃料混合、分布均匀，没有明亮火焰的过热点，区内温度较低，且分布均匀。

在炉的侧壁附近，由于生料幕不断下降，其温度在 $800 \sim 860℃$ 之间，因此生料不会在壁上结皮，也就不会因结皮造成分解炉断面减小，保证窑系统稳定运行。

用气相色谱仪对气体分析，发现 90% 的燃料在Ⅲ区中燃烧，因此叫主燃烧区。

（4）全燃烧区（Ⅳ区）　炉顶部圆筒体，主要作用是使未燃烧的 10% 左右的燃料继续燃烧，并促进生料分解。

气体和生料通过Ⅲ区和Ⅳ区间缩口向上喷腾，直接冲击到炉顶棚，翻转向下后到出口，使气料搅拌和混合，达到完全燃烧和热交换。

此外在 DD 型分解炉下部对称的三次风进风管，以及顶部两根出风管，都是向炉中心径向安装。防止气流产生切向圆周的旋流运动，有利于炉内生料和气流产生良好喷腾运动，使分解炉压力降低到 $60mmH_2O$，整个预分解系统静压仅为 $500mmH_2O$。

出 C_4 筒气体中 CO 含量保持在 0.05% 以下，炉出口温度控制在 $870 \sim 880℃$，入窑分解率在 90% 以上。

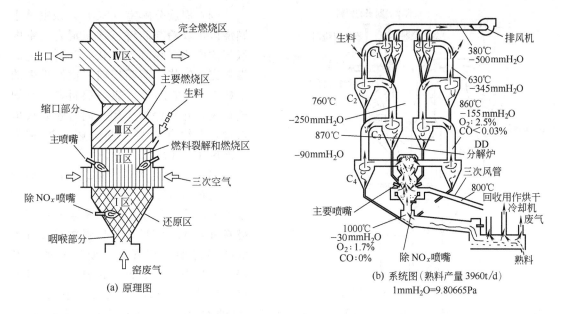

图 5-35　DD 型分解炉原理及系统图

DD 型分解炉顶设置气料反弹室，有利于气料产生搅拌和混合，增加气料在炉内停留时间（达 10s 以上），达到燃料完全燃烧和改善热交换。防止炉内的偏流现象。炉下对称的三次风管以及顶部两根出风管，都是向炉中心径向安装，有利于产生良好喷腾和降低炉内压力降。

此外 4 个主喷嘴，从三次风管上部两侧直接喷入三次风富氧气流中，点火燃烧条件较好。因此 DD 型分解炉是比较好的炉型，特别是更适合中级和劣质煤。

5.4.2.4　RSP 分解炉

RSP 分解炉是日本小野田水泥公司与川崎重工业公司共同研制的。RSP 分解炉是研制较早的炉型，整体结构合理，最早的 SB 室内烧油，使其在三次风中涡旋点火，烧煤后也可用于提高风温，有利于煤粉迅速起火燃烧。

如图 5-36 所示，RSP 分解炉主要由涡旋燃烧室 SB（swirl bumer），涡旋分解室 SC（swirl calciner）和混合室 MC（mixing chamber）三部分组成。在窑尾烟室与 MC 室之间设有缩口以平衡窑炉之间的压力，缩口风速一般为 50～60m/s，负压为 0.8～1.0kPa。

（1）涡旋燃烧室（SB）　SB 室主燃烧器旁设有供点火用的辅助燃烧喷嘴。因 SB 室很小，温度容易升高。当喷入的燃料着火燃烧后，即停止供辅助喷嘴燃料。烧油时，在三次风下部，沿 SC 室周围设有 4 个烧油喷嘴；烧煤时，仅有一个喷煤管从 SB 室上部伸入，燃烧器插入深度与 SC 室顶部平齐。喷煤管用耐热钢制成，结构简单。一次风占分解炉三次风总量的 $10\%～15\%$，在喷煤管内设置风翅，煤粉以 30m/s 的速度从顶部向下呈漩涡状喷入，使煤粉易于分散、燃烧。煤风旋转方向与 SC 室三次风气流旋转方向相反，有利于煤粉同三次风混合。否则会造成 SC 室旋流过大，影响燃料在 SC 室的燃烧，造成大部分煤粉进入 MC 室燃烧，而 MC 室 CO_2 分压较大，燃烧环境不好，结果使部分煤粉进入 C_5 筒中燃烧。

从冷却机抽来的三次风（占分解炉总风量的 $85\%～90\%$）大约以 30m/s 的速度从 SC 室上部对称地以切线方向吹入炉内。从 C_4 旋风筒下来的生料喂入该气流中，该处设有撒料棒，把生料打散后，与三次风一起吹入 SC 室内。

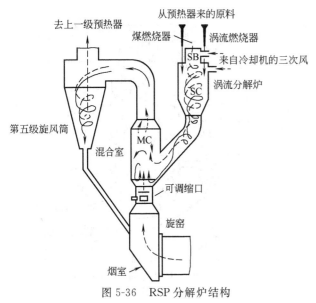

图 5-36　RSP 分解炉结构

（2）涡旋分解室（SC）　该室是主燃烧区，煤粉与新鲜三次风混合，室内氧气浓度高，燃烧速度快，50%以上的煤粉完成燃烧。而随切向三次风进来的生料在 SC 炉内壁形成一层料幕，对炉壁耐火砖起到保护作用。同时吸收火焰热量，大约有 40% 生料分解。SC 室内截面风速为 10～12m/s。

（3）混合室 MC　MC 室的主要功能是完成大部分生料分解任务。由 SC 室下来的热气流、生料粉及未燃烧完的燃料进入 MC 室后，与呈喷腾状态进入的高温窑烟气相混合，使燃料继续燃烧，生料进一步分解。高温窑气通过缩口产生喷腾运动，故缩口大小很关键，

根据一些厂经验，喷腾速度要求达到 38m/s，才有良好的喷腾效果。另外 MC 室截面要大，截面风速为 8～12m/s，风速低有利于延长生料和燃料在炉内滞留时间，使未燃尽的煤粉完全燃烧，生料继续分解。

RSP 分解炉设计气流停留时间为 3～4s，生料停留时间大于 10s。

随着 RSP 分解炉烧煤和烧无烟煤、劣质煤的技术进展，分解炉单位炉容由 3m³/(t·h)增加到 4～6m³/(t·h)，高海拔地区达到 8m³/(t·h)。

RSP 分解炉，大部分燃料在炉的 SB 及 SC 室内燃烧，燃烧温度为 900℃ 左右，产生的 NO_x 较少。出窑废气中的 NO_x 进到 MC 室，遇到由 SC 室下来的还原气体 CO、H_2 和 CH_4 产生化学反应，降低了 NO_x 的浓度。

RSP 分解炉的不足之处是：结构复杂，系统通风调节困难，流体阻力损失大，SC 室内料粉与煤粉均由上而下，与重力方向一致，当旋风效应控制不好时，料粉或煤粉在室内停留时间过短，造成物料的分解率降低，出口气温过高。

5.4.2.5　MFC 炉系列

MFC 流化床分解炉是日本三菱重工和三菱矿业及水泥公司共同研制的。

原型 MFC 炉高径比（$H/D \approx 1$）较小；改进型 $H/D \approx 2.8$；新型 N-MFC 炉 $H/D \approx 4.5$。

（1）MFC 分解炉原型　如图 5-37（a）所示，被预热的生料，从自下而上数第二级旋风筒进入分解炉内，由篦冷机抽吸的热空气一部分降温到 350℃ 以下，经高压鼓风机及流态化喷嘴至流化床底部。大部分进入炉内流化床的上部；燃烧后的烟气由炉上部进入最低一级旋风筒，即第一级旋风筒。

燃料喂入流化床内，与生料混合并进行裂解，随后进入流化床上部的自由空间，在篦冷机来的三次空气作用下继续燃烧。炉内过剩空气系数一般在 0.9～1.1 范围内，由炉内出来的尚未燃烧的可燃成分，经斜烟道与窑尾出来的烟气混合，在上升烟道及最低级旋风筒内继续燃烧，并用于生料分解。炉温在 800～850℃ 之间，温差在 ±10℃ 之内，煅烧稳定，没有局部高温，不易发生黏结故障。

流化床的鼓风压力在 10～15kPa，炉截面动力消耗为 10～15kW/m²。由于燃料在炉内滞留时间较长，适合于使用各种低热值及颗粒状燃料。

MFC 分解炉经使用后发现炉底流化床的面积很大，通过流化床的最低风速要控制在

0.8m/s 以上，造成流化空气和三次空气比高于 0.3∶0.7，故一方面使通过的三次空气回收热量减少，造成整个分解窑系统热耗增高；另一方面由于流化床面积大，形成稳定流化层厚度很难，使炉内煅烧条件恶化。另外吹入大量流化空气，使流化空气风机的功率消耗增大。

（2）改进型 MFC 炉　改进型 MFC 炉［图 5-37（b）］采用流化-悬浮叠加原理，延长了物料在炉内滞留时间（$\tau_m \geqslant 84s$），生料在炉内分解率达 50%～60% 后，通过斜烟道进入窑尾上升烟道底部，再利用窑气中过剩氧使燃料继续燃烧，使生料分解率提高到 90% 以上。利用出炉烟气将含碱、氯、硫成分较高及温度较高的窑气"稀释"和降温，防止上升烟道结皮。

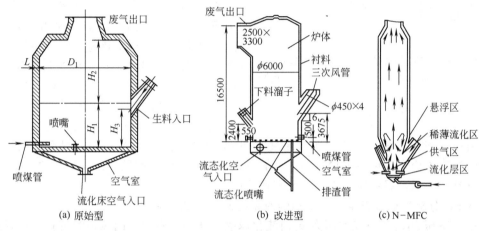

图 5-37　MFC 分解炉的结构

（3）N-MFC 分解炉　在改进型 MFC 炉的基础上，进一步增大分解炉的高径比，将流化床面积减小，使流化空气量降至最小；将全部生料喂入炉内，形成稳定流化层。N-MFC炉可烧煤粒、劣质煤，甚至可烧煤矸石、垃圾以及废轮胎。

N-MFC 分解炉［图 5-37（c）］可分成如下 4 个区。

①流化层区　炉底装有带喷嘴的流化床，但流化床断面积缩小到原型的 1/5，使燃料充分燃烧。直径 1mm 的燃料颗粒在炉内停留时间达 1min 以上；流化空气量为理论空气量的10%～15%，流化空气压力为 3～5kPa。煤粉可通过 1～2 个喂料口喂入，煤粒可通过喂料溜子或与生料一起喂入。由于流化层的作用，燃料很快在层中扩散，整个层面温度分布均匀。

②供气区　为防止压床，使生料完全流态化，一般设计风速为 10m/s。高流化风速在流化层中引起强烈搅拌，利于燃料和生料均匀混合，避免流化层中形成局部高温；有利于将生料由流化层带入稀薄流化区形成浓密状态下悬浮，提高热交换效率；使分解炉单位面积热负荷提高，缩小分解炉规格。

③稀薄流化区　该区内气流速度由下面的 10m/s 降到上面的 4m/s，煤中的粗粒在此区继续上、下循环运动，形成稀薄的流化区。当煤粒进一步减小时，被气流带到上部直筒部分。

④悬浮区　由箅冷机来的 700～800℃ 的三次风进入圆筒形自由空间，使风速增至 4m/s以上，煤粉及生料呈层流悬浮状态，燃料继续燃烧，生料继续分解，到分解炉出口生料分解率提高到 90% 以上。

（4）MFC 分解炉的生产控制参数　MFC 分解炉操作控制的测量点如图 5-38 所示。分解炉投入时要观察 SP 窑的运行情况，要求窑喂料量达满负荷的 1/3，烧成带在较好情况下供燃料进行点火，其操作顺序：首先确认下料溜子及喷煤管通畅，调好系统排风量，保证窑内通风稳定，启动流态化风机，风量 Q_2 满足流态化要求和适合喂煤量。

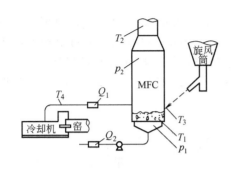

图 5-38　MFC 分解炉操作控制的测量点

Q_1—三次风量；Q_2—流态化空气量；p_1—空气室压力；p_2—自由空间压力；T_1—流化层温度；T_2—出炉气温；T_3—入炉料温；T_4—三次风温

向分解炉分配生料，观察下料溜子温度 T_3 上升情况和空气室压力 p_1 变化，从 p_1 的变化可判断下料溜子是否堵塞；一般最初将喂料量一半喂入分解炉，入窑物料量暂时减少，烧成带温度会上升，这时增加总的喂料量，同时要提高窑转速。物料温度上升到大于 400℃ 时喷入煤粉才能着火，过早，煤粉沉积在流化床上随气流带入预热器会引起危险；过迟，不能产生热能，空气室压力 p_1 上升，流化床压料过多；一般当流化层生料温度 T_1 达到 ＞400℃ 喷入适当煤粉，当 T_1 及出炉气温 T_2 明显上升时说明煤粉已着火。在 T_1 及 T_2 升温过程中，要根据空气室压力 p_1 控制分料溜子挡板开度，一般 p_1 不要超过 800Pa，当 T_1 达到 800℃ 时，分料溜子挡板全开。这时分解炉基本稳定，可逐步加料操作，加料过程中要仔细检查预热器、分解炉、窑及篦冷机各部分参数，保证系统风、煤、料及窑速平衡。

在 MFC 分解炉运转正常后，要加强对系统测量点的控制。

①空气室压力 p_1　空气室压力 p_1 由流化床喷嘴压损、自由空间压损和流化层压损组成。在流态化空气量一定情况下，前两者压损可视为恒定。这样空气室压力与流化层压损成正比，也就是与流化层高度成正比。因此在生料喂入量稳定情况下，空气室压力反映了流化层高度。

空气室压力要偏上限，可提高炉热交换效率和缓冲能力，但流化层高度不得超过生料下料口高度，否则会引起下料溜子堵塞，这时空气室压力 p_1 为一定值，对于改进型 MFC 炉，p_1 值≤1000Pa。

②流态化空气 Q_2　流态化空气量 Q_2 是通过高压鼓风机入口阀门来调整的，它首先保证流态化的最低风速为 0.8m/s（操作时取为 2.4～4.8m/s）。同时要求 Q_2 稳定，才能使空气室压力 p_1、出炉物料量及煤粉燃烧稳定。

③三次空气 Q_1　三次空气量 Q_1 是通过安装在三次风管上的阀门来调整，在运转开始时一般 $Q_1：Q_2＝0.7：0.3$，正常运转后可调整至 0.8：0.2。稳定三次空气量可稳定自由空间中燃料燃烧和出炉物料量。

④MFC 窑系统的炉、窑及总的过剩空气比的关系　MFC 窑系统的燃烧空气是通过预热器后排风机，经窑内及三次风管抽入的，其 MFC 分解炉过剩空气比 M_m、窑过剩空气比 M_k 及全系统过剩空气比 M_T 的调整办法见表 5-4。

⑤燃料喂入量　燃料喂入量必须准确、稳定，以保证使炉内燃烧和煅烧稳定。

⑥流化层温度 T_1　在流化层四周装有 4 根热电偶，测得温度大致等于生料分解温度（在 820～840℃），该温度与燃料及生料喂入量和流态化空气量 Q_2 有关。在良好状态下，4 个点测得接近一致，相差不大于 ±10℃，不至于产生局部过热和物料分布过分不均匀，然而具有一定的温度梯度，有利于传热。在运转中要监视由于过烧引起温度异常升高以及未燃烧的燃料排出分解炉，造成温度下降。

表 5-4 MFC 分解炉过剩空气比 M_m、窑过剩空气比 M_k 及全系统过剩空气比 M_T 的调整办法

M_m	M_T	M_k	控制办法
>1.1			降低 MFC 分解炉空气量
<0.9			增加 MFC 分解炉空气量（如三次管闸板全开仍不能增加到规定值,则可相应减小窑尾缩口）
0.9~1.1	>1.3		降低预热器主排风机风量
0.9~1.1	<1.15		增加预热器主排风机风量
0.9~1.1	1.15~1.3	>1.2	M_k 或 M_T 测定错误的可能性大,必要时重新测定
0.9~1.1	1.15~1.3	<1.05	M_m 或 M_T 测定错误,或预热器系统大量漏风
0.9~1.1	1.15~1.3	1.05~1.2	良好

⑦出炉气温 T_2 该温度在分解炉出口测量,它取决于燃料和生料喂料量、流态化空气量及三次空气量之间的平衡。供给分解炉的燃料在流化层中气化,在自由空间燃烧,使高浓度生料颗粒在悬浮状态下受热分解。出炉气温 T_2 比流化层温度 T_1 高 20~50℃,一般控制在 900℃ 以下,以免在出口管道中结皮,实际操作出口温度 T_2 为 840~860℃。

⑧入炉料温 T_3 通常在生料下料管中测量,一般该温度变化不大,如果 T_3 温度出现逐渐下降趋势,说明下料管有堵塞的可能,所以 T_3 是判断下料管是否堵塞的重要依据。

⑨三次风温 T_4 三次风温随冷却机操作条件而波动,一般在 700~850℃ 之间。冷却机操作时,要尽可能增加高温区熟料层厚度,减少一、二室风量,逐步提高三次风温。

⑩自由空间压力 p_2 该压力在炉顶测定,它随着分解炉与旋风筒之间排气管道中压力损失而变化,而排气管道的压力损失又随由炉到旋风管的气体量及带走的物料量而变化,因此通过自由空间的压力变化可以监测分解炉气体排出和带出物料的情况。当三次风量 Q_1 检测装置损坏时,可通过 p_2 与窑尾负压差值来判断三次风量大小。

5.4.2.6　FLS 分解炉系列

FLS 分解炉是将窑尾烟道扩大成圆筒形喷腾式,具有阻力小、结构简单、布置方便和燃料点火起燃条件好等优点。

(1) FLS 原型分解炉　如图 5-39(a) 所示,炉体是由上、下锥体和中间圆筒组成,内部砌有耐火砖。

预热后的生料由分解炉下锥体的上部和炉下上升管道喂入,燃料由下部锥体的中部喷入,首先生料与燃料接触混合。三次风由炉底管道以 25~30m/s 的速度喷入炉内,形成喷腾层,使燃料和生料进一步混合,扩散到中心气流中,当气料间产生相对运动时有利于燃料燃烧和生料加热分解。生料悬浮在炉内烟气中,通过上锥体及连接管道进入最低级旋风筒中。操作时控制炉出口处生料分解率为 90%~95%,如果控制 100% 的生料分解,会增加分解炉和最低级旋风筒堵塞的概率。

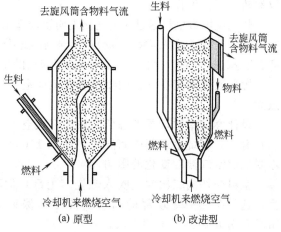

图 5-39　FLS 分解炉结构

分解炉单位负荷断面积为 $0.7 \sim 1 m^3/(100t \cdot d)$；单位容积热负荷为 $(3.77 \sim 7.4) \times 10^5 kJ/(m^3 \cdot h)$；炉内截面风速为 $5.5 \sim 7 m/s$；气流在炉内停留时间为 $1.8 \sim 4 s$。

（2）FLS 改进型分解炉　FLS 改进型分解炉如图 5-39（b）所示，炉顶由原来的倒锥形改为平顶，含有悬浮生料的气流从炉的圆柱形筒体上部以切线方向导出，进入最低级旋风筒进行分离。

改进型分解炉使用后发现，炉内产生偏流、短路和特稀浓度区，影响炉内气料的热交换。

（3）SLC-S 分解炉　SLC-S 分解炉是为烧石油焦而研制的。由于石油焦挥发物含量高，着火燃烧容易，要求三次风的温度只要 700℃ 即可；当燃料在炉下部 10% 的容积内燃烧，温度达到 840℃ 时，生料分解要吸热，使燃料燃烧较慢，一部分热量要用来加热悬浮燃烧物和生料，在分解炉容积 10%～75% 区间，温度缓慢升高到 890℃，此时生料接近完全分解，生料吸热反应减小，温度升高快，燃烧速度加快，使炉温急剧升高，至分解炉出口温度达 1050℃。如果提高三次风温度，分解炉底部低温区可缩短。

（4）SLC-S_x 分解炉　SLC-S_x 分解炉是把分解炉分成底部室和顶部室，中间设缩口，底部室作燃烧室。生料由底部和顶部室下部锥体及上升管道喂入，切向喂入燃烧室底部，生料沿着圆筒壁分布，中间部分没有生料；燃料由炉进口喷入，在燃烧室中部，燃烧燃烧速度快，产生高温区，特别适合烧无烟煤。

由于无烟煤挥发物含量低，难于着火和燃烧，要求三次空气温度高达 800℃ 以上。由于固定碳难于燃烧，在燃烧室的中部达到较高温度（1020～1170℃）才能迅速燃烧。生料分布在燃烧室周边，保护燃烧室壁耐火砖不结皮。因为在 1200℃ 下生料会烧熔结皮，为防中部缩颈处结皮，操作时在顶部分解室底锥加入较低温生料，使截面温度由 1170℃ 降至 1100℃。生料在缩颈处被上升气流二次喷腾进入顶部分解室，生料分解产生吸热反应，剩余燃料继续燃烧产生热量不足以供给分解吸热量，使截面温度降至 1050℃。

（5）SLC-D 分解炉　FLS 公司最新改进是把 SLC-S_x 分解炉底部燃烧室旋转至顶朝上而头朝下。顶部分解室与窑的上升管道组合成一个分解室段节，而与窑的烟室和最下一级旋风筒连接。

向下气流是建立环绕垂直中心线旋转气流，是燃烧室的一个重要特征，将含有生料的三次空气送入燃烧室，由于离心力作用，生料集中在靠近燃烧室壁处。在中心区，燃料将不会受到生料影响而迅速燃烧达到很高温度。在筒壁处，由于分解着的生料粉吸收了辐射热，有效地防止了高温作用。

热气流携带生料通过向下气流走向燃烧室出口，进入向上气流，与出窑气体混合。在分解室区段里没有经过燃烧室的部分生料被有效地分解。与分解室顶部连接的最低一级旋风筒能维持温度 850～870℃，由该旋风筒卸料管卸出的生料喂入窑内，生料分解率可达 90%～95%。

燃料通过固定在顶上的喷嘴喷入燃烧室，喷嘴中装有喷油枪，可喷重油或天然气，用于点火。

设计燃烧室时，要考虑切向供给三次空气，在燃料喷入时能有效混合并稳定燃烧，一旦燃料着火，燃烧室顶部中间温度可达到 1100℃ 或更高，这样能保持连续地充分地燃烧，而不受三次空气温度变化的影响。

生料被切向三次空气吹入燃烧室上部，但其旋转方向同供给喷嘴三次空气旋转方向相反，这种在燃烧室顶部的高度反混合是保证具有低挥发分无烟煤安全着火最好的方法。SLC-D 分解炉具有下列优点。

① 对冷却机来的三次空气温度不像 SLC-S_x 分解炉要求 810℃，有 700℃ 即可，因为由倒

数第二级旋风筒来的生料温度达 780～820℃，当生料加入燃烧室顶部可提高该处温度 50℃以上，更适合烧无烟煤，便于稳定操作。

②生料由燃烧室上部锥处喂入，要求将倒数第二级旋风筒和所有其他旋风筒都要放在较高处，增加了预热器框架高度。

③SLC-D 分解炉采用三次风提升生料，倒数第二级旋风筒下料点可以很低，不妨碍分解炉增大容积，同时各级旋风筒也可放得较低，可降低预热器塔高度。

④第三部分生料喂入向下气流的燃烧室内，运转时调整生料喂入量，控制分解炉出口温度为 1050℃即可。操作时要严格控制分解炉中间缩颈以及分解炉出口处温度不能过高，以免引起结皮堵塞。

（6）FLS 常用的炉型

①SLC 离线分解炉　SLC 离线分解的炉工艺流程如图 5-40 所示，它的特点如下。

a. 窑尾烟气及分解炉烟气各走一列预热器，两个系列各有单独的排风机，调节简单，操作方便。分解炉内燃料燃烧用的三次风是从篦冷机抽来的新鲜热风，有利于稳定燃烧。

b. 分解炉燃料加入量一般在总燃料量的 60% 左右，入窑物料温度约 840℃，分解率可达 90%，生产稳定，单位容积产量高。

c. 由篦冷机抽来的三次风，以 30m/s的速度从分解炉底部进入，炉内截面风速约为 5.5m/s。从炉列分解炉上一级旋风筒及窑列最下级旋风筒下来的生料，由炉的锥体上部喂入炉内。炉内温度在 800～900℃之间（由需要的分解率决定），炉列最下一级旋风筒内气体温度约为 840℃。

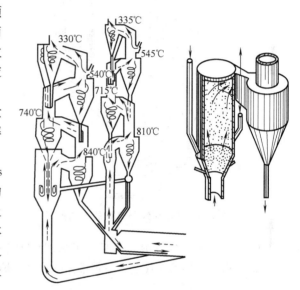

图 5-40　SLC 离线分解炉的工艺流程

d. 标准设计选用气体在分解炉内的停留时间约为 2.7s。炉内热负荷一般为 6.95 ×10⁵kJ/(m³·h)。

e. 操作适应性强。由于窑气中的挥发成分不进入分解炉，故炉中不易黏结。

f. 点火开窑快。开窑时仅使用窑列预热器，物料通过窑列最低一级旋风筒下的分料阀直接入窑；炉列预热器由篦冷机来的热风预热，并可用安装在三次风管上的启动喷嘴补充供热；当窑列产量达到全窑额定产量的 35% 时，即可转动分料阀，将来自窑列最低一级旋风筒的物料导入分解炉，同时点燃分解炉的燃料喷嘴，并把相当于窑额定产量 40% 的生料喂入炉列预热器；当分解炉温度达到大约 865℃时，即可增加分解炉到预热器的喂料量，使窑系统在额定产量下运转。

g. 容易装高放风旁路，以适应碱、氯、硫等有害成分的排除，放风热损失小。

②ILC 在线分解炉　ILC 在线分解炉的工艺流程如图 5-41 所示，其特点如下 。

a. 设有单独的三次风管道，从篦冷机抽吸来的三次风与窑气一起入分解炉。

b. 分解炉燃料加入量一般占总燃烧量的 60%，入窑物料温度约为 880℃，分解率可达 90%。

c. 从篦冷机抽吸来的 750～800℃热风，与窑烟气混合后以 30m/s 速度入炉，炉内截面风速约为 5.5m/s。从上一级旋风筒下来的生料，可以从炉下锥体的上部及炉下的上升管道喂入炉内，炉温在 $800\sim900℃$ 之间（主要由分解率决定），出最低一级旋风筒气体温度约为 $880℃$。

d. 标准设计选用气体在分解炉内的滞留时间为 3.3s。炉内热负荷一般为 $3.77\times10^5\,kJ/(m^3\cdot h)$。

e. 适用于旁路放风量大及放风经常变动的情况，窑尾烟气可全部放风。

f. 操作适应性强，可在额定产量 40% 的情况下生产。

g. 点火开窑快。可与悬浮预热窑一样点火开窑，当产量达到额定产量的 40% 时，点着分解炉燃料喷嘴，约 1h 后即可达额定产量。

h. 各种低质燃料不适宜在窑内使用，但可在分解炉内使用。

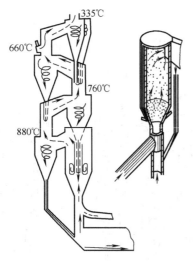
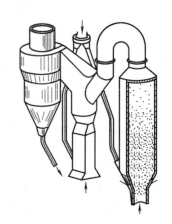

图 5-41　ILC 在线分解炉的工艺流程　　　图5-42　SLC-S 半离线型炉的工艺流程

（3）半离线型分解炉　SLC-S 半离线型炉工艺流程如图 5-42 所示，其特点如下。

a. 分解炉采用第一代上、下带锥体的炉型，炉气出口的"鹅颈"管道与最下级旋风筒连接。炉气在上升烟道顶部与窑气会合，共用一列预热器和一台主风机。预热器采用 LP 型旋风筒。

b. 下料及下煤点设置与 SLC 炉相似，燃料是在纯净三次风中起火燃烧。

c. 从篦冷机抽吸来的三次风以 30m/s 左右的速度喷腾入炉，炉内截面风速较其他炉型提高 $6\sim7m/s$。

d. 由于炉内只走炉气，与同规模的 ILC 炉相比，容积较小。

e. 由于主排风机需要抽吸窑气与炉气，因此两者需要平衡调节，相对来讲对生产操作要求较高。

f. 一般设计选用气体在炉内滞留时间为 $3\sim4s$，炉内负荷约为 $7.4 \times 10^5\,kJ/(m^3\cdot h)$（不含管道）。

g. 分解炉内燃料用量可占总用量的 60%～65%，入窑物料分解率可达 90% 左右。

h. 在生料中挥发性成分含量较高时，由于窑气中挥发性成分浓度较高，温度较高，上升烟道与 ILC 炉相比，容易发生结皮故障。

5.4.2.7　派朗克隆（Pyroclon）和普列波尔（Prepol）分解炉

德国洪堡及伯力休斯两大公司，把窑尾与最低一级旋风筒之间的连接烟道增高并弯曲向下，用延长烟道的方法开发出各自分解炉的专利。

（1）洪堡公司 Pyroclon 分解炉系列

Pyroclon 是 Pyro 和 Cyclon 的合成，即供燃料燃烧的旋风装置。大型预分解窑和洪堡预热器窑一样，窑尾烟室分成 2 个上升烟道、2 列预热器及 2 个排风机，各成系统。

①Pyroclon-RP 分解炉　如图 5-43 所示，该炉的特点是分解炉只通过冷却机来的三次风，窑气经上升烟道通过，两者在最下级旋风筒内汇合。炉气在旋风筒入口上部进入，而窑气在入口下部进入。燃料从分解炉下部喷入。窑尾废气直接进入预热器（不进分解炉），三次空气来自冷却机，进一步降低了分解炉内 CO_2 分压，加大了炉内 O_2 浓度，使温度进一步提高，生料分解率达到 95%～98%，缩短了窑内分解带，为短窑提供了必要条件。

由于 RP 型烟道分解炉内 CO_2 浓度低，氧气浓度与分解温度高，具有良好的分解条件，且烟道中料气流呈紊流悬浮状态向上移动，烟道的长度可根据需要增加。

RP 型分解炉可以烧粗粒和不易燃烧的燃料，如无烟煤、焦炭末、石油焦和废橡胶等。

②Pyroclon-R-LowNO$_x$ 分解炉　该分解炉是在 R 型分解炉基础上改进的，目的是降低 NO$_x$ 的排放

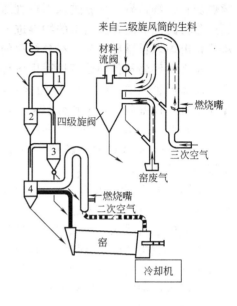

图 5-43　Pyroclon-RP 工艺系统

浓度，如图 5-44 所示。由冷却机来的三次空气呈锐角方向进入烟道式分解炉，使三次空气与窑尾废气在一段时间内在烟道分解炉中平行向上流动。在分解炉下部的窑尾废气区和分解炉稍高处三次空气区各设 1 个燃烧器。在窑废气区内燃料利用窑尾废气中过剩 O_2 燃烧，伴随着形成 CO 产生还原气氛，使 CO 与 NO$_x$ 反应生成 CO_2 和 N_2，使窑内产生的 NO$_x$ 降低 35%～50%。另一股燃料在纯三次空气中起火燃烧。两股料气在 180° 弯头合成一股进入预热器。

③Pyrotop 型分解炉　Pyrotop 型分解炉是在 Pyroclon-R-LowNO$_x$ 型分解炉的基础上改进的，它是在 R-LowNO$_x$ 分解炉鹅颈顶部增设一个 PyrotoP 混合室（图 5-45），其作用是炉内上行的料气流至鹅颈顶部时，从混合室圆筒体下部以切线方向涡旋入室，使较粗的物料及燃料颗粒分离，较细颗粒随气流从圆筒体上部排出，继续经分解炉下行烟道进入最下一级旋风筒。

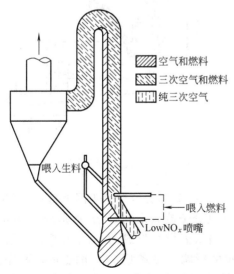

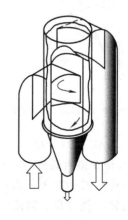

图 5-44　Pyroclon-R-LowNO$_x$ 分解炉　　　　图 5-45　PyrotoP 混合室

由 PyrotoP 混合室分离较粗物料及燃料经下料管分料阀，一部分返回分解炉上行烟道继续燃烧和分解，另一部分进入下行管道，随混合室出来的料气流一起进入最下一级旋风筒。通过分料阀调节混合室出来的物料进入上、下行烟道比例，来控制物料再循环量，达到进一步优化出炉燃料燃尽率和生料分解率的目的。

总之洪堡公司各种分解炉适用各种燃料；可控制分解炉内各区温度；使料气能很好地混合；能降低废气中 NO_x 及 CO 的含量，使整个系统压降降低。带有各种型式分解炉窑系统，操作稳定，设备简单，生料分解率高，适合燃烧劣质燃料。

(2) 普列波尔（Prepol）炉系列

① Prepol-AS-CC 型分解炉　Prepol-AS-CC 型分解炉适合烧劣质煤，特别是易烧性差、难以燃烧的燃料，如无烟煤、石油焦等。

如图 5-46 所示。它有一个单独的燃料燃烧室（CC 室），燃烧室固定在分解炉进口的炉壁一侧。三次空气分两处进入燃烧室，一处是在燃烧室上部切线方向进入，由倒数第二级旋风筒下来的生料喂入三次风切线入口处一起进入燃烧室；另一处是从燃烧室顶部中心与燃料一起吹入。燃烧气体及携带的生料经燃烧室下部与分解炉进口侧壁接口进入分解炉，而燃烧室收集下来的生料经下料管进入窑烟室上的上升烟道。

燃料由燃烧室顶部燃烧器喷入室内后，在纯三次空气中着火燃烧，并形成热核火焰，而在室的周围，切线吹入生料粉对耐火砖形成保护层，由于燃烧室容积有限，燃料来不及完全燃烧，以及生料分解率也不高，故其作用犹如 RSP 分解炉的 SC 室一样。而燃料完全燃烧及生料继续分解是在烟道分解炉中进行的，即起着 RSP 分解炉的 MC 室作用。

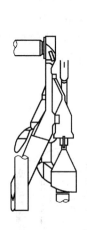
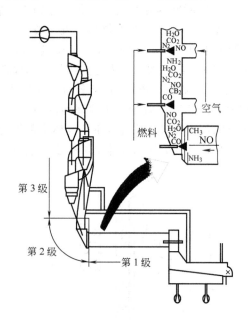

图 5-46　Prepol-AS-MSC 型分解炉　　　　图 5-47　多级燃烧降低 NO_x 系统

② Prepol-AS-MSC 型分解炉　Prepol-AS-MSC 型分解炉是为降低窑系统 NO_x 排放而研制的。高温 NO_x 是在窑内高温带，空气中的氮分子被氧化成 NO，故形成 NO_x 的量与温度、过剩氧含量以及停留时间有关。而在分解炉内低温燃烧形成的 NO_x 则是氮元素被氧化，主要受燃料中挥发物、氮含量、温度和过剩氧的影响。要降低 NO_x 的生成，要先在第一级采取措施减少窑内 NO_x 的生成，方法是采用低 NO_x 燃料喷嘴，产生更均匀的火焰，使其最高

点温度更低。另外在第三级的分解炉中，采用含氮量低的燃料来降低 NO_x 的产生，以及在上述两个地方采用成分均匀的易于煅烧的生料降低烧成和分解温度。

减少 NO_x 的另外措施是在 NO_x 形成后用它还原，将 NO_x 还原为 N_2 和 NH_4，如图 5-47 所示的第二级，在窑尾烟室只喷入燃料，不喷入三次空气使其减少 NO_x 的排出量。

伯力休斯公司通过 AS-MSC 型分解炉多级燃烧系统使排入大气的 NO_x 含量降至 AS 型窑排出 NO_x 含量的 50% 以下。

5.4.2.8　交叉料流型分解炉

交叉料流法是指物料进入预热器后，在双列预热器中，气流分别经过两列预热器，而物料经过两列预热器的所有热交换单元，以增加物料与气流间的热交换，提高换热效率，降低热耗。如图 5-48 所示，物料由最上一级旋风筒的入口管道喂入，先进入 K_5 级筒分离，由 C_5 级旋风筒入口管道喂入的物料与 K_5 级筒分离的物料混合后，一起进入 C_5 级旋风筒，随后再一起经过 $K_4 \rightarrow C_4 \rightarrow K_3 \rightarrow C_3 \rightarrow K_2 \rightarrow C_2 \rightarrow K_1 \rightarrow$ 分解炉 $\rightarrow C_1$ 筒入窑。此外，物料也可全部由窑列 K_5 级旋风筒管道喂入，进入 K_5 级筒，随后依次经过其他旋风筒入炉。由于物料在入炉前经过 8～9 次热交换过程，从而提高了整个系统的热效率。

（1）SCS 法（RC 型炉）　如图 5-49 所示是 SCS 法的工艺流程，RC 炉的结构如图 5-50 所示，其特点如下。

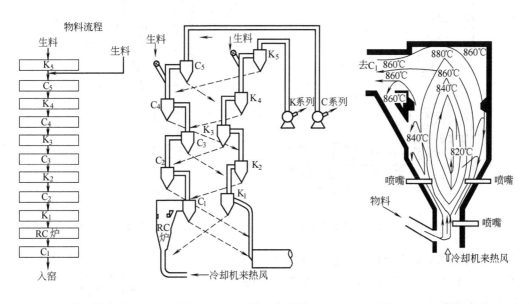

图 5-48　交叉料流法　　　　图 5-49　SCS 的工艺流程　　　　图 5-50　RC 炉的结构

①采用预热器，分两列，窑气通过的列称为窑（K）列，另一列通过分解炉烟气称为炉（C）列，窑列喂料 20%，炉列喂料 80%。

②两个系列气流单独通过，而生料交叉通过两个系列的全部旋风筒，换热效率高。

③气流中料粉浓度高，管道风速一般为 24～25m/s，阻力较大。

④为了降低阻力，两系列的 K_2、C_2、K_3、C_3 级旋风筒采用卧式，K_4、C_4、K_5、C_5 级旋风筒采用轴流式，两种旋风筒阻力较小，一般为 0.6～0.7kPa。

⑤两系列旋风筒均有单独的排风机，生产容易调节。

⑥入窑分解率达 90% 以上，窑内热工制度稳定。

⑦从冷却机抽来的三次风，温度及氧含量都较高，适用于各种燃料。

（2）PASEC 法（SEPA 型炉）　PASEC 法预分解窑工艺流程及 SEPA 型炉的结构如图 5-51 和图 5-52 所示。PASEC 法及 SEPA 型炉的特点如下。

①由最上级两列旋风筒中的一列喂入的生料，呈串行料流交叉进入两列旋风筒的平行气流，进行换热。

② 双列预热器（O 列及 V 列）的每一级旋风筒中，实际是总气流量的 50%，与 100% 的生料进行换热，系统废气温度大大降低。

③单独通过 O_5 级旋风筒的窑尾烟气，在 O_5 出口管道中分为两股气流，一股与同 SEPA 炉相连的两个旋风筒 V_{5A} 来的炉气汇合后一起进入 O_4 旋风筒；另一股与同 SEPA 炉相连的两个旋风筒 V_{5B} 来的炉气汇合后一起进入 V_4 旋风筒，从而形成两股平行的气流通过预热器，如图 5-52 所示。炉用燃料一般为 50%～52%。

④窑内与炉内通气量通过安装在三次风管道上的阀门控制。同时，在 O_5 筒出口管道的两个支管上安装两个气体分析仪和闸阀，以在必要时控制窑气流量。

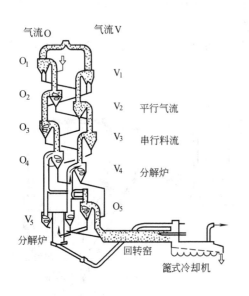

图 5-51　PASEC 法预分解窑工艺流程

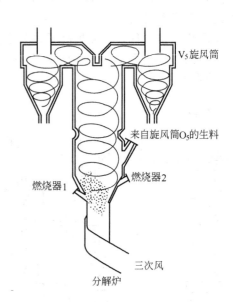

图 5-52　SEPA 型炉的结构

⑤三次风全部由窑头罩抽吸，温度高达 900～1100℃。

⑥从 V_4 旋风筒分离出来的物料全部进入窑尾上升烟道，使窑气迅速降温。

⑦对生料及燃料的波动，采用反馈控制系统调节，保持分解温度在 860℃ 左右。

⑧单位废气量少（1.20m^3/kg 熟料，标准状况），废气温度低（260～300℃）。

5.4.2.9　TC 型分解炉系列

如图 5-53 所示是根据国内燃料的燃烧特性在 DD 分解炉基础上研制开发的 TDF 分解炉，其特点如下。

①分解炉直接安装在窑尾烟室上，窑气以 30～40m/s 的速度喷射送入三次风形成交叉流动（或略有旋流）。炉与烟室之间缩口可不设调节阀板，炉中部设有缩口，保证

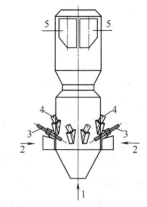

图 5-53　TDF 分解炉结构
1—窑气；2—三次风；3—分解炉燃烧器；
4—C_4 料；5—去 C_5

炉内气固流产生二次"喷腾效应"。

②炉的顶部设有气固流反弹室,使气固流产生碰顶反弹效应,延长物料在炉内滞留时间。

③三次风切线入口设于炉下锥体的上部,使三次风涡旋入炉;炉的两个三通道燃烧器分别设于三次风入口上部或侧部,以便入炉燃料斜喷入三次风气流之中迅速起火燃烧。

④在炉的下部圆筒体内不同的高度设置四个喂料管入口,以利物料分散均布及炉温控制。

⑤炉的下锥体部位的适当位置设置有脱氮燃料喷嘴,还原窑气中的 NO_x 满足环保要求。

⑥分解炉有两个燃烧区,即主燃区和后燃区,在主燃区内,气流以底部缩口首次喷腾为主;三次风分两路对称进入主燃区,煤粉对称喷入主燃区。在三次风入口处,伴有较强的涡流和回流,使物料和燃煤充分混合,在后燃区,气流经中部缩口产生二次喷腾和撞顶(炉顶)效应,为物料的分解提供了空间环境和反应时间。经充分加热和分解后的物料,随气体由 2 个径向出口分别经 2 个 C_4 级旋风筒分离后进入回转窑。

⑦气固流出口设置在炉上锥体顶部的反弹室下部。

⑧由于炉容较 DD 分解炉增大,气流、物料在炉内滞留时间增加,有利于燃料完全燃烧和物料中碳酸盐的分解。

如图 5-54 所示是根据国内无烟煤的燃烧特性开发研制的适应无烟煤煅烧的分解炉系列,其特点是:使初始燃烧区有较高的氧浓度和燃烧温度,通过改变燃烧气氛提高燃料的燃烧速率;适当加大炉容,降低炉内燃烧热力强度,延长料粉在炉内的停留时间,通过优化炉型结构,合理的功能分区,提高整体燃烧效率,保证系统稳定燃烧。

TWD 分解炉是带下置涡流预燃室的组合分解炉,如图 5-54(a)所示。应用 N-SF 分解炉结构作为该型炉的涡流预燃室,将 DD 分解炉结构作为炉区结构的组成部分,这种同线型炉适用于低挥分或质量较差的燃煤,具有较强的适应性。

TFD 分解炉是带旁置流态化悬浮炉的组合型分解炉,如图 5-54(b)所示。将 N-MFC 分解炉结构作为该型炉的主炉区,其出炉气固流经"鹅颈管"进入窑尾 DD 分解炉上升烟道的底部与窑气混合,该炉型实际为 N-MFC 分解炉的优化改造,并将 DD 分解炉结构用作上升烟道。

TSD 分解炉是带旁置旋流预燃室的组合式分解炉,如图 5-54(c)所示。它是结合了 RSP 和 DD 分解炉的特点,炉内既有强烈的旋转运动,又有喷腾运动。主炉座落在窑尾烟室之上,上有鹅颈管道,下部、中部均有固定缩口,中、下部有与预燃室相连接的斜烟道。从冷却机抽来的三次风,以一定的速度从预燃室上部以切线方向入炉。由 C_4 旋风筒下来的生料,在三次风入炉前喂入气流中。由于离心力的作用,使预燃室内中心成为物料浓度的稀相区,为燃料的稳定燃烧、提高燃尽率创造了条件,周边成为物料的浓相区。燃烧器从预燃室上部伸入,将煤粉以 30m/s 速度喷入,一次风占三次风总量的 10% 左右。在预燃室内,煤粉与新鲜三次风混合,燃烧速度较快,出预燃室进入主炉的生料分解率可达 40%~50%,预燃室内截面风速为 10~12m/s。

由于涡旋运动,生料通过载体在预燃室内所形成的物料浓度梯度,实质是一个多层次运动着的粉状物料吸热反应保护屏障,形成约 700℃ 的温度梯度,即当火焰温度为 1600℃ 时,炉壁温度为 900℃ 左右。生料率先到达分解炉内壁,免除了煤灰及未燃尽的燃料颗料与衬料接触,防止对衬料的熔蚀和黏附,有效地保护了炉衬。分解炉的热负荷达 6.52×10^6 kJ/($m^3 \cdot h$)。

窑气经下部缩口以喷腾方式入炉,由于主炉断面风速与其鹅颈管道断面风速存在差异,

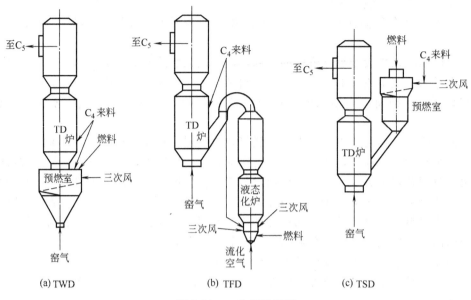

图 5-54　　分解炉系列

以及主炉内几何结构的特殊设计，创造了一个气固循环往复回流区，并以新旧交替方式不断进入与排出。在主炉内，由预燃室出来的热流、生料粉及未完全燃烧的燃料进入主炉后，与喷腾进入的高温窑尾烟气相混合，气体和固体以激烈的喷腾循环往复方式进行混合与热交换。此时燃料继续燃烧，生料继续分解，主炉截面风速为 8.5m/s 左右。预燃室可以说是燃烧与分解反应的初始区，其燃尽率为 80%，气体和固体在预燃室的停留时间分别为 1.7s 及 3.5s 左右。由于激烈的紊流运动，气体和固体进行强化热交换，在主炉内燃料的燃尽率与碳酸盐分解率已分别达 95% 和 85% 以上。气体和固体在主炉出口时的停留时间已分别延长到 4.6s 及 18.5s 左右，为提高燃尽率及分解率创造了有利条件。

　　由于物料随三次风以旋流状态进入预燃室，有利于炉内温度均匀分布及保护炉壁。同时由于窑气以较高速度进入主炉，形成喷腾运动，并且由于主炉截面较大，风速降低，增加了上升管道，既有利于物料的继续加热分解，又有利于延长物料及燃料在炉内的滞留时间，减少或避免了燃料在 C_5 筒内的燃烧，适合于低质燃料完全燃烧。在窑与炉的燃料比为 40：60 时，入窑分解率可达 95% 左右。

5.4.2.10　NC 型分解炉系列

　　NC 型分解炉系列是南京院开发研制的，如图 5-55 所示是在管道炉的基础上开发的 NST-I 型同线管道炉，如图 5-56 所示为 NST-S 型半离线型分解炉。

　　(1) NST-I 型同线管道炉安装于窑尾烟室之上，为涡旋、喷腾叠加式炉型，其特点如下。

　　①扩大了炉容，并在炉出口至最下级旋风筒之间增设了鹅颈管道，进一步增大了炉区空间。

　　②三次风切线入炉后也窑尾高温气流混合，由于温度高，煤、料入口装设合理，即使低挥发分煤粉入炉后也可迅速起火燃烧。同时，在单位时产 $10m^3/(t \cdot h)$ 的炉内，完全可以保证煤粉完全燃烧。

　　(2) NST-S 型半离线炉的主炉结构与同线管道炉相同，出炉气固流经鹅颈管与窑尾上升烟道相连。既可实现上升烟道的上部连接，又可采取"两步到位"模式将鹅颈管连接于上升烟道下部。由于固定碳的燃烧温度受温度影响很大，因此使低挥发燃料在炉下高温三次风及更高温度的窑尾烟气混合气流中起火燃烧，可以抵消其 O_2 含量较低的影响，所以 SST-S 型炉能适应低挥分煤。

（3）结构简单，系统阻力小；燃料细度可放宽到 20%（4900 孔筛余）以上。两者均为降低生产电耗的重要举措。

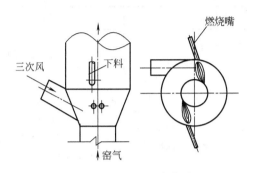

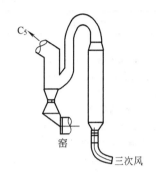

　　　图 5-55　NST-I 型同线管道炉　　　　　　　图 5-56　NST-S 型半离线型分解炉

5.4.2.11　CDC 分解炉

如图 5-57 所示，CDC 分解炉是在分析研究 N-SF 分解炉的基础上开发的，炉底部采用蜗壳型三次风入口，坐落在窑尾短型上升烟道之上；在炉中部设有"缩口"形成二次喷腾；上部设置侧向气固流出口。煤粉加入点一处设置在底部蜗壳上部；一处设在炉下锥体处，可根据煤质调整。下料点也有两处，一处在炉下部锥体处；一处在窑尾上升烟道上，可用于预热生料，调节系统工况。CDC 分解炉可根据原燃料需要，增大炉容，也可设置鹅颈管，满足燃料燃烧和物料分解的需要。

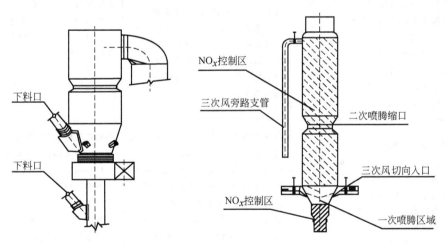

　　　图 5-57　CDC 型分解炉　　　　　　　图 5-58　CDC 低 NO_x 型分解炉的结构

CDC 低 NO_x 型分解炉的结构如图 5-58 所示，在上升烟道处增设低氮燃烧器，分解炉实施分级控量供风，控制 NO_x 排放量；三次风沿切向进入分解炉锥体，采用喷腾流（窑气）与旋流（三次风）形成的复合流，兼具喷腾流与旋流的特点，两者强度的合理配合促使物料在分解炉锥体处充分分散。分解炉中部设置缩口，可以增大缩口下部物料的回流量并改善上部物料的分布，有利于延长物料的停留时间。分解炉出口采取顶出风方式，避免了因侧出风而出现的稀相区，提高炉内浓度场及温度场分布的均匀性，提高炉容利用率。采用长的鹅颈管，延长气体和物料的停留时间，保证燃料充分燃烧，防止了因燃料在 C_5、C_4 筒内燃烧引起的温度倒挂等现象。

5.4.2.12 各类分解炉性能比较

各类分解炉性能及基本参数见表 5-5。

表 5-5 各类分解炉性能及基本参数

形式	基本参数	基本特征	优缺点
喷腾式	①炉子截面风速 $v=5.5\sim9.5\text{m/s}$ ②物料停留时间 $\tau_m=8\sim17\text{s}$ ③工作温度 $t=870\sim920℃$ ④炉内物料分解率为 $85\%\sim95\%$ ⑤过剩空气系数 $\alpha=1.05\sim1.25$ ⑥压力降为 $588\sim883\text{Pa}$ ⑦缩口处风速为 $26\sim40\text{m/s}$	该炉主要依靠喷腾作用将物料分散到整个炉腔内，内部存在喷腾区和环形区。有些炉子还可引入回旋风，以加强气固混合、换热和反应的进行。燃料分多点加入。离线式：燃料在纯空气中燃烧。在线式：燃料在过剩空气的废烟气中燃烧	①物料分布、温度分布均没有流态化炉、管道式分解炉均匀 ②可高温操作 ③可进行离线和在线设计 ④有些炉型 NO_x 浓度较低 ⑤常因强料流脉冲或三次风不畅造成塌料堵塞
强涡湍旋流式	①炉子截面变化较大，风速变化较宽，$v=5\sim20\text{m/s}$ ②物料停留时间 $\tau_m=7\sim18\text{s}$ ③工作温度 $t=860\sim910℃$ ④炉内物料分解率为 $85\%\sim92\%$ ⑤过剩空气系数 $\alpha=1.05\sim1.25$ ⑥压力降为 $588\sim883\text{Pa}$	该炉型通常分成 SB、SC 和 MC 三个室，在 SB、SC 室内燃料与纯三次风混合进行预燃烧，炉内具有较强的旋流和湍动加强了物料、燃料和空气的混合。在 MC 室内进一步燃烧、混合和分解。物料和燃料常分多点加入式	①两室温度稍有差别 ②物料分布和喷腾炉相当，没有流态化炉和管道式炉均匀 ③常采用在线设计，局部为离线，即"离线预燃"、"在线分解" ④有时因局部过热而产生结皮 ⑤与流态化炉相比属于高温操作炉
管道式	①炉子截面风速 $v=8\sim18\text{m/s}$ ②物料停留时间 $\tau_m=8\sim20\text{s}$（顶部采用特殊结构时 $\tau_m=30\text{s}$） ③工作温度 $t=880\sim920℃$ ④物料分解率为 $85\%\sim90\%$ ⑤过剩空气系数 $\alpha=1.1\sim1.20$ ⑥压力降为 $392\sim785\text{Pa}$（顶部用特殊结构时 $785\sim1080\text{Pa}$）	该种炉型为管道流，为了延长物料在管道内的停留时间，通常将管道做得很长，或在管式炉顶增加一个特殊结构的分离器，以加强粗物料的再循环。炉中也可设置多个缩口，以形成多级喷腾效应，物料和燃料分多点加入	①温度分布较均匀 ②物料分布均匀性介于流态化炉和其他几种炉型之间 ③常采用在线设计或局部离线设计 ④不易结皮

流态化式	①炉子截面风速
	  稀相区 $v=3.5\sim5.5\text{m/s}$
	  浓相区 $v=7.5\sim12\text{m/s}$
	②物料停留时间 $\tau_m=45\sim140\text{s}$
	③工作温度 $t=(865\pm10)℃$
	④炉内物料分解率为 $60\%\sim75\%$
	⑤过剩空气系数 $\alpha=0.95\sim1.05$
	⑥压力降为 $785\sim1030\text{Pa}$
		该种炉型靠布风板喷出的流化风进行流态化，三次风从炉中心割向加入。炉内存在着稀相区和浓相区。过剩系数小，控制在 $0.95\sim1.05$ 内并预热器共同作用，可使系统的废气量（标准状态下）小于 $1.5\text{m}^3/\text{kg}$ 熟料，该炉和垂直烟道一起实现入窑物料分解的"二次到位"，燃料分多点加入	①浓相区和稀相区物料分布较均匀
			②温度分布均匀，炉内温差常在 $\pm10℃$ 内，不会产生局部过热，更不会结皮
			③炉子运行比较稳定
			④和窑尾上升管道一起使入窑物料分解率达到 $90\%\sim95\%$
			⑤有利于劣质燃料的燃烧
			⑥低温操作，NO_x 浓度较低

5.4.3 分解炉的工艺性能

分解炉的主要作用是使碳酸钙颗粒在悬浮状态下进行分解，因而有必要研究影响碳酸钙颗粒分解速度的因素，探讨碳酸钙颗粒群的分解时间，从而为分解炉的设计提供理论支持。

5.4.3.1　生料中碳酸盐分解反应的特性

（1）碳酸钙分解反应特点　$CaCO_3$ 分解反应方程式为：

$$CaCO_3 \rightleftharpoons CaO + CO_2 - Q \tag{5-7}$$

碳酸钙的分解过程是可逆反应，为了使反应向右进行，必须保持适当高的反应温度，并降低周围介质中 CO_2 的分压。一般碳酸钙在 600℃ 时，已开始分解，但分解速度很慢。800～850℃ 时，分解速度加快，至 900℃ 左右，分解出的 CO_2 分压达 101325Pa，分解反应可快速进行，$CaCO_3$ 分解是强吸热反应，900℃时分解吸热为 1660kJ/kg。

碳酸钙分解的另一特点是烧失量大。每 100kg 的 $CaCO_3$ 分解时，排出 44kg 的 CO_2 气体，留下 56kg CaO。在不过烧（低于 900℃）的情况下，燃烧产物体积比原来收缩 10%～15%，所得石灰具有多孔结构。保持这种多孔性，对于在固相反应中加快 CaO 与其他组分的化学反应速率是有益的。

（2）碳酸钙分解温度与 CO_2 分压的关系　从反应方程看：$CaCO_3$（s）$\rightleftharpoons$ CaO（s）+ CO_2（g），其中独立组分数 $C=2$，相数 $P=3$。根据吉布斯相律：

$$f = C - P + 2 \tag{5-8}$$

式中　f——代表体系的自由度。

以 $C=2$、$P=3$ 代入得 $f=1$。说明体系中温度与压力只有一个是独立变量，当分解温度确定时，其 CO_2 平衡分压也随之确定。反之，当 $CaCO_3$ 分解时，周围 CO_2 浓度即 p_{CO_2} 一定时，其平衡分解温度也随之确定。

分解温度与 CO_2 分压的定量关系，可由范特荷夫公式导出：

$$\frac{\mathrm{d}\ln K_p}{\mathrm{d}T} = \frac{\Delta H}{RT^2} \tag{5-9}$$

式中　T——分解温度，K；

　　　K_p——恒压反应平衡常数；

　　　ΔH——恒压反应中，体系所吸收的热量；

　　　R——气体常数。

将式（5-9）积分：

$$\int \mathrm{d}\ln K_p = \int \frac{\Delta H}{RT^2} \mathrm{d}T$$

$$\ln K_p = -\frac{\Delta H}{RT} + 常数 \tag{5-10}$$

式中　K_p——$CaCO_3$ 分解复相反应的恒压平衡常数，在一定温度下，它仅与 p_{CO_2} 有关。

根据实验，求得 ΔH 及常数值，代入式（5-10）可得出分解温度与 CO_2 平衡分压之间的定量关系：

$$\lg p_{CO_2} = -\frac{9300}{T} + 7.85 \tag{5-11}$$

式中　p_{CO_2}——CO_2 的分压，atm；

　　　T——绝对温度，K。

当 $p_{CO_2} = 1\mathrm{atm}$（1atm = 101325Pa），代入得：

$$\lg 1 = -\frac{9300}{T} + 7.85$$

求得，$T=1184.7\mathrm{K}$（911.7℃），即为 CO_2 分压达 1atm 时的平衡分解温度。

（3）分解炉中碳酸钙分解温度与 CO_2 分压的关系　根据式（5-11）或实验中得到的

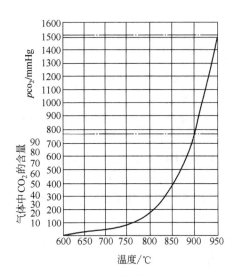

图 5-59　CaCO$_3$ 的分解温度与周围
介质中 CO$_2$ 分压的关系
1mmHg=133.32Pa

CaCO$_3$ 分解温度与 CO$_2$ 的平衡蒸气分压的关系，可作成 t-p_{CO_2} 关系曲线，如图 5-59 所示。

由图 5-59 可见，CaCO$_3$ 在 600℃ 开始分解，但分解出的 CO$_2$ 分压很低，只有在与它接触的气体介质中不含 CO$_2$ 时才能使分解继续进行。随着分解温度的提高，CO$_2$ 平衡分压也不断增加，分解所产生的 CO$_2$ 压力必须大于周围气体介质中 CO$_2$ 的分压，分解才能继续进行。在分解炉中，由于燃料燃烧及碳酸盐分解反应的进行，气流中 CO$_2$ 的浓度不断增加，与之对应的平衡分解温度也不断提高。例如，在分解炉的上游，当气流中含 10% 的 CO$_2$ 时，CO$_2$ 分压 p_{CO_2}＝10.1kPa，这时的平衡分解温度为 730℃；当气流中含 20% 的 CO$_2$ 时，p_{CO_2}＝20.3kPa，平衡分解温度为 780℃；当分解炉出口气流中 CO$_2$ 浓度为 25% 时，p_{CO_2}＝25.3kPa，则其平衡分解温度为 810℃。炉中的实际温度应当高于与炉气中 CO$_2$ 相应的平衡分解温度，才能使分解反应不断进行。当分解温度达 910℃ 时，物料分解放出 CO$_2$ 的压力达到 1atm（101325Pa），如果这时气流中 CO$_2$ 的浓度为 0，则这时分解面 CO$_2$ 向气流中扩散的推动力最大，将有最快的分解速度。分解出的 CO$_2$ 分压越高，烟气中 CO$_2$ 分压越低，分解速度越快。

一般分解炉内的实际分解温度为 820～860℃，气流的温度比料粉高 20～50℃，所以一般分解炉内的气流温度常在 850～900℃ 之间。在正常情况下，炉温是稳定的。

分解炉内生料的分解反应和反应温度密切相关，即一定的炉温存在一定的分解率，炉温越高，分解率越高，分解速度也越快，增加物料在炉内的停留时间可以增加分解率，但达到一定程度以后再增加物料在炉内的停留时间对增加分解率效果不大。

5.4.3.2　碳酸钙分解过程

如图 5-60 所示为正在分解的 CaCO$_3$ 颗粒。表面首先受热，达到分解温度后进行分解，排出 CO$_2$。随着过程的进行，表层变为 CaO，然后分解反应面逐步向颗粒内部推进。设分解面已由 a 进入 b，这时反应的继续进行，可分下列五个步骤，克服五种阻力：①通过颗粒边界层，由周围介质传进分解所需的热量 Q_1；②Q_1 以传导方式，由表面传至反应面，并积聚达到一定的分解温度；③反应面在一定温度下，继续分解、吸收热量并放出 CO$_2$；④放出的 CO$_2$ 从分解面通过 CaO 层，向四周进行内部扩散；⑤扩散到颗粒边缘的 CO$_2$，通过边界层向介质扩散。

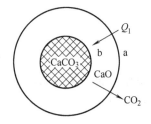

图 5-60　正在分解的
CaCO$_3$ 颗粒

五个过程中，四个是物理传递过程，一个是化学反应过程。每个过程都有各自的阻力，关联在一起，各受不同因素的影响，都可能影响分解过程，情况非常复杂。

从上面对 CaCO$_3$ 颗粒分解过程的分析看，五个分步过程都可能影响分解炉内 CaCO$_3$ 的分解过程，而且在颗粒开始分解与分解面向颗粒内部深入时，各因素影响的程度也不相同。哪个过程最慢，哪个便是主控过程。近年来 B. 福斯滕和 A. 米勒对于细颗粒石灰石粉料在悬浮态分解的机理、分解速率和影响因素方面作了比较系统的研究与报道。他们确认，在悬浮态反应器内，生料粉中的石灰石颗粒，其碳酸钙分解所需时间主要取决于化学反应速率，亦即主要取决于化学分解分步过程。

综合 B. 福斯滕等的图表资料，进行了计算分析后得出以下结论。

①在 $CaCO_3$ 粒径比较大时，例如 $d=1cm$ 的料球在受热分解时，以传热及传质过程为主，而化学反应过程不占主导地位。在粒径 $d=0.2cm$ 时，传热传质的物理过程与化学分解过程，几乎占有同样重要的地位。因此，在回转窑内碳酸钙的分解过程属传热、传质控制过程。

②在粒径比较小时，例如 $d \leqslant 0.003cm$（一般生料特征粒径范围），在悬浮态受热分解时，其整个分解过程主要取决于化学分解反应的过程。分解所需的时间，将主要由化学分解所需时间来决定。这是因为当粒径很小时，颗粒的比表面积很大，悬浮于气流中时与气流的传热、传质面积很大，而向颗粒内部传热、传质非常快，化学反应过程自然成为整个分解过程的决定性环节。值得一提的是回转窑分解带内的料粉，颗粒虽细，但它处于堆积状态，与气流的传热面积小，料层内部颗粒四周被 CO_2 包裹，对气流传质面积小，且平衡分解温度提高，所以回转窑内碳酸钙分解过程仍为传热传质控制过程。只有将分解过程移向悬浮态或流化态的分解炉，才使分解过程由物理控制过程转化为化学动力学控制过程。

5.4.3.3　分解炉中石灰石分解的化学动力学方程

由于分解炉中石灰石分解过程的性质是化学反应控制过程，所以分解速度的计算公式可大为简化。B. 福斯滕提出分解面向颗粒内心移动的速度 $\bar{w}$ 可用下式计算。

$$\bar{w} = \frac{1}{\rho_{CO_2}} K(p_{CT} - p_{CO_2}) \tag{5-12}$$

式中　ρ_{CO_2}——可以分解但还在石灰石中结合的 CO_2 的密度，其值为 $1.19g/cm^3$；

　　　　K——分解速度常数，一般可取 $190kg/(m^2 \cdot h \cdot MPa)$；

　　　p_{CO_2}——分解炉中 CO_2 的分压力，MPa；

　　　p_{CT}——分解温度 T 时的 CO_2 平衡分解压力，MPa。

平衡分压 p_{CT} 可根据希尔斯最新测定数值进行计算，其结果为：

$$\lg p_{CT} = -\frac{8550}{T} + 6.26 \tag{5-13}$$

（1）分解炉中石灰石颗粒的分解时间　根据式（5-13）可计算出石灰石颗粒的分解时间。例如当分解温度为 820℃、炉气中 CO_2 为 0 时，对于粒径 $D=30\mu m$ 的石灰石颗粒，其分解时间 τ 的计算如下。

$$\lg p_{CT} = -\frac{8550}{T} + 6.26$$

$T=273+820$，代入得：

$$\lg p_{CT} = -\frac{8550}{T} + 6.26 = -1.56$$

$p_{CT} = 0.0275MPa$，代入式（5-7）：

$$\bar{w} = \frac{颗粒半径}{分解时间} = \frac{15 \times 10^{-3}}{\dfrac{\tau}{3600}} = \frac{190}{1.19}(0.0275 - 0 \times 0.1)$$

求解后得到，$\tau = 12.3s$。当炉气中 CO_2 含量为 10% 及 20% 时，分解时间 τ_{10} 和 τ_{20} 分别为 19.3s 和 45.1s。这样，对于不同的分解温度 T_k，不同的 CO_2 分压 p_{CT}，可分别计算出 $30\mu m$ 碳酸钙颗粒的分解时间 t'_z，结果如图 5-61 所示。

由图 5-61 可知，影响石灰石颗粒分解速度的主要因素有：①分解温度，温度越高，分

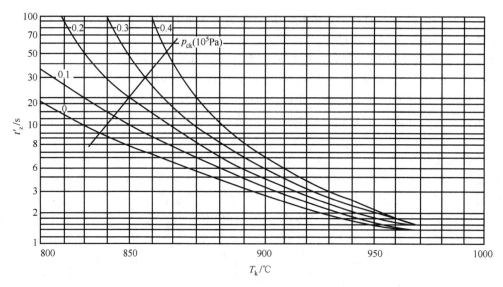

图 5-61　石灰石颗粒分解时间与分解温度、CO_2 分压间的关系

解越快；②炉气中 CO_2 浓度，浓度越低，分解越快，而且温度越高，其影响越不明显；③料粉的物理、化学性质，结构致密，结晶粗大的石灰石分解速度较慢；④影响分解所需时间的因素还有料粉粒径，粒径越大，时间越长；⑤生料的悬浮分散程度。悬浮分散性差，相当于加大了颗粒尺寸，改变了分解过程性质，降低了分解速度。

（2）粉料颗粒群的分解时间　粉磨生料的颗粒分布常用 Rosin-Rammler-Bennet 方程表示：

$$R = 100e^{-\left(\frac{D}{D'}\right)^n} \tag{5-14}$$

式中　R——生料中某一粒径 D（μm）的筛余，%；

D'——特征粒径，对于一种粉磨产品来说 D' 为常数；

n——均匀性系数，对于一种粉磨产品来说 n 为常数。

生料的颗粒分布情况可用 n 和 D' 来说明。n 值越大，颗粒分布范围越窄，颗粒越均匀；D' 值越大，则生料越粗。

三种水泥生料各粒级的数量 Δm 与石灰石含量 x 见表 5-6。

表 5-6　三种水泥生料各粒级的数量 Δm 与石灰石含量 x

$D/\mu m$	$\Delta m/\%$	$x/\%$	$D/\mu m$	$\Delta m/\%$	$x/\%$	$D/\mu m$	$\Delta m/\%$	$x/\%$
＞200	1.0	75.0	45～63	9.4	77.3	7～9	4.6	77.5
160～200	2.4	71.7	25～45	11.8	77.2	6～7	4.4	77.5
125～160	3.0	73.7	19～25	6.8	75.5	4～6	4.7	78.0
100～125	6.8	75.3	15～19	4.8	74.0	3～4	5.6	77.5
90～100	2.6	76.2	13～15	2.6	74.2	2～3	3.1	77.5
71～90	5.3	77.5	11～13	4.5	76.7	＜2	8.3	77.0
63～71	5.8	77.3	9～11	3.0	77.5			

为了简化，对试验、计算条件作了下列假定：生料由 80% 的石灰石和 20% 的辅助原料组成；料粉为球形颗粒，预热器和分解炉绝热，不考虑其中的粉尘循环，依据纯石灰石的气

压曲线计算停留分解时间。

根据 B. 福斯滕的研究结果，生料粉的平均分解率与分解温度、CO_2 浓度及分解时间的关系见表 5-7。

表 5-7　生料粉的平均分解率与分解温度、CO_2 浓度及分解时间的关系

分解温度/℃	炉气 CO_2 浓度/%	特征粒径 $30\mu m$ 完全分解需时/s	平均分解率达 85% 的分解时间/s	平均分解率达 95% 的分解时间/s
820	0	12.3	6.3	14.0
	10	19.3	11.2	22.6
	20	45.1	25.1	55.2
850	0	7.9	3.9	8.7
	10	10.3	5.2	11.3
	20	15.0	7.5	16.5
870	0	5.6	2.8	6.1
	10	6.9	3.5	7.6
	20	8.7	3.9	9.6
900	0	3.7	1.2	3.9
	10	4.1	2.2	4.6
	20	4.7	2.5	5.0

表 5-7 中的分解率是指物料实际分解率，而生产中常采用表观分解率（对于四级预热器系统来说，包括 C_3 筒内及窑内料粉循环的分解部分），由于 C_3 中及循环分解的多为细颗粒，它们对颗粒群平均分解率影响不大。由表 5-8 可知，在一般分解炉中，当分解温度为 820~900℃时，料粉分解率为 85%~95%，需要分解时间平均为 4~10s。此外，随着分解温度的提高和 CO_2 分压的降低，料粉平均分解率达到 85% 或 95% 所需时间缩短。

当分解温度和 CO_2 的分压一定时，料粉的平均分解率 $\overline{E}$ 是分解时间 τ、特征粒径 D' 及粉料的均匀性系数 n 的函数。料粉平均分解率 $\overline{E}$ 与分解时间系数 τ 的关系如图 5-62 所示。（τ 等于几倍于特征粒径分解时间，而特征粒径 $D'=30\mu m$）。

图 5-62 中共有四条曲线，一条为给定值 $n=0.84$ 的曲线；其他两条是 $n=0.7$ 和 $n=1$ 的曲线；另一条为极限值 $n=\infty$ 时的曲线，即特征粒径 D' 的单颗粒曲线。图中曲线说明如下。

①颗粒群的平均分解率，在分解时间系数 $\tau=0.4$ 以前，均高于单颗粒料粉的分解率。说明料粉颗粒群中含有许多细颗粒料粉，它们的分解速度快。在开始阶段（$\tau<0.4$，$\overline{E}<0.8$ 时），总的平均分解速度比单颗粒料粉快。

②在 $\tau=0.4$ 以后，整个颗粒群料粉的平均分解率，远低于单颗粒料粉的分解率，这是因为大于特征粒径颗粒的分解速度较慢。然而，颗粒群的均匀性系数 n 越大（即颗粒越均匀），分解率越高。所以，磨制出颗粒较均匀的生料有利于达到

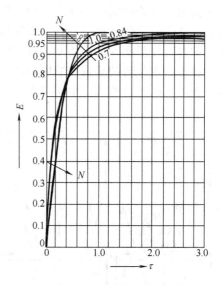

图 5-62　料粉平均分解率 $\overline{E}$ 与分解时间系数 τ 的关系

较高的分解率。

③对于 $n=0.84$ 的料粉，当 $\bar{E}=90\%$ 时，$\tau=0.72$；当 $\bar{E}=95\%$ 时，$\tau=1$；当 $\bar{E}=99\%$ 时，$\tau=2$；当 $\bar{E}=100\%$ 时，$\tau>3$。这是因为整个颗粒群中，一些粗颗粒量虽不多，但要它们全部分解，则需要 $2\sim3$ 倍于 $\bar{E}=90\%\sim95\%$ 时所需的时间。因此，一般生产中对出炉料粉分解率的要求以 $85\%\sim95\%$ 为宜，要求过高，在炉内停留时间就要延长很多，炉的容积就大；分解率越高时，分解速率越慢，吸热越少，容易使物料过热，炉气超温，从而引起结皮、堵塞等故障。而少量粗粒中心未分解的料粉，到回转窑中进一步加热时，它有足够的分解时间，且分解热量不多。如果对分解率要求过低，例如 80% 以下，也是不合适的。因较低的分解率（80%）在分解炉内只需特征粒径分解时间的 0.4 倍左右，是比较容易获得的。而如果分解率低的生料入窑，窑外分解的优越性就得不到充分发挥。

5.4.4　分解炉的热工特性

分解炉生产工艺对热工条件的要求是：①炉内气流温度不宜超过 950℃，以防系统产生结皮、堵塞；②燃烧速度要快，以保证供给碳酸盐分解所需的大量的热量；③保持窑炉系统较高的热效率和生产效率。

5.4.4.1　分解炉内燃料的燃烧

（1）无焰燃烧与辉焰燃烧　当煤粉进入分解炉后，悬游于气流中，经预热、分解、燃烧发出光和热，形成一个个小火星，无数的煤粉颗粒便形成无数的迅速燃烧的小火焰。这些小火焰浮游布满炉内，从整体看，看不见一定轮廓的有形火焰。所以分解炉中煤粉的燃烧并非一般意义的无焰燃烧，而是充满全炉的无数小火焰组成的燃烧反应。有人把分解炉内的燃烧称为辉焰燃烧，这主要指分解炉内将料粉或煤粉均匀分散于高温气流中，使粉料颗粒受热达一定温度后，固体颗粒发出光、热辐射而呈辉焰。但并不能看到有形的火焰，而只见满炉发光。分解炉内无焰燃烧的优点是燃料均匀分散，能充分利用燃烧空间，不易形成局部高温。燃烧速度较快，发热能力较强。

（2）分解炉内的温度分布　分解炉内气流温度之所以能保持在 $800\sim900℃$ 之间，主要是因为燃料与物料混合悬浮在一起，燃料燃烧放出的热量，立即被料粉分解所吸收，当燃烧快，放热快时，分解也快；相反燃烧慢，分解也慢。所以分解反应抑制了燃烧温度的提高，而将炉内温度限制在略高于 $CaCO_3$ 平衡分解温度 $20\sim50℃$ 的范围。

由于炉内气流的旋流或喷腾运动，炉内的温度分布是比较均匀的。如图 5-63 所示为 SF 型分解炉内的等温曲线。由图可见：①分解炉的轴向及平面温度都比较均匀。②炉内纵向温度由下而上逐渐升高，但变化幅度不大。③炉的中心温度较高，边缘温度较低。主要是炉壁散热、中心料粉稀、边缘浓所致。

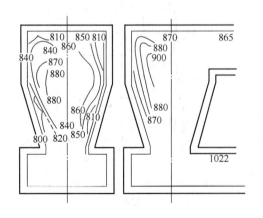

图 5-63　SF 型分解炉内的等温曲线（单位：℃）

5.4.4.2　分解炉内煤粉的燃烧速度

在分解炉内，煤粉燃烧速度一般都低于碳酸盐的分解速度，即煤粉完全燃烧所需时间较碳酸盐分解所需时间长。因此，如何加快煤粉燃烧，缩短煤粉燃尽时间，成为分解炉设计的关键。煤粉的燃烧经历挥发物的挥发燃烧以及固定碳的燃烧两个连续过程。由于前者速度很快，所以决定煤粉燃烧速度及燃尽时间的主要因素是固定碳的燃烧速度及燃尽时间。

（1）炭的异相反应速率　可燃物质和氧化

剂处于不同物态的燃烧过程称为异相燃烧，炭的燃烧便属于异相燃烧。在燃烧过程中，炭的反应包括初次反应（碳与氧的反应）和二次反应（炭与 CO_2 的反应及 CO 与氧的反应）。C 与 O_2 的反应及 C 与 CO_2 的反应属于在相界上进行的异相反应。炭的异相反应可以在炭的外表面进行，也可以在炭的内部孔隙或裂缝的所谓内表面上进行。异相反应进行得越强烈，则反应越容易集中在外表面上；反之，则容易向内部发展。

异相反应一般包括以下几个阶段：①气相反应介质向反应表面的传递；②气体被反应表面吸附；③表面化学反应；④反应物质的脱附；⑤气相反应产物从反应表面的排离。整个异相反应的总速率取决于其中最慢阶段的速率。

①异相反应的动力区和扩散区　在一般情况下，炭的燃烧和气化反应可认为是一级反应，因此，反应速率 W 可写成：

$$W = kc_b \tag{5-15}$$

式中　k——反应速率常数；

c_b——反应表面的反应气体浓度。

另一方面，在稳态过程中，反应速率与反应气体向反应表面的扩散速度是相等的，即：

$$W = \beta(c_0 - c_b) \tag{5-16}$$

式中　β——传质系数；

c_0——介质中反应气体的初始浓度。

由式（5-15）和式（5-16）可得：

$$W = \frac{1}{\dfrac{1}{\beta} + \dfrac{1}{k}} c_0 \tag{5-17}$$

式（5-17）即为同时估计到化学反应速率和扩散速度的异相反应速率的表达式。将该式写成：

$$W = K_z c_0 \tag{5-18}$$

式中，$K_z = \dfrac{\beta k}{\beta + k}$，称为"综合速率常数"，亦即估计到反应速率常数和传质系数在内的折算速率常数。

当 $k \ll \beta$ 时，例如当温度很低时，化学反应速率常数可能比气相反应介质的传质系数小得多，此时 $K_z \approx k$，则：

$$W = K_z c_0 = k c_0 \tag{5-19}$$

在这种情况下，反应速率取决于化学动力学因素，称异相反应处于"动力区"。图 5-64 表示异相反应速率与温度的关系。在动力区时，根据阿累尼乌斯定律，反应速率与温度的关系为指数关系，如图 5-64 中的曲线 1。

当 $k \gg \beta$ 时，例如在高温区，且气体扩散速度较小时，反应速率常数可能远大于传质系数，此时 $K_z \approx \beta$，则：

$$W = K_z c_0 = \beta c_0 \tag{5-20}$$

在这种情况下，异相反应进度取决于气相反应介质向反应表面的扩散速度，称反应处于"扩散区"。传质系数基本上与温度无关。故在扩散区内，异相反应的速率随温度的变化是不大明显的，如图 5-64 中的曲线 2。图 5-64 中 $\beta_1 > \beta_2$，即传质系数越大，这时的反应速率便越快。

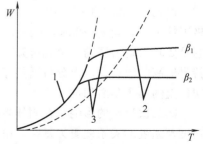

图 5-64　异相反应速率与温度的关系
1—动力区；2—扩散区；3—中间区

当 $k=\beta$ 时，则称反应位于"中间区"，此时，反应速率既与化学动力学因素有关，也与扩散因素有关。

由图 5-64 还可看出，传质系数 β 越小，则过程在越低的温度下即转为扩散区。

如果反应位于动力区，则强化燃烧过程的主要手段是提高温度。如果反应位于扩散区，则为了强化燃烧过程，应该增大传质系数 β。根据扩散原理，传质系数表示为：

$$\beta=\frac{NuD}{d} \tag{5-21}$$

式中　Nu——扩散过程中的努谢准数，对于气体而言，$Nu=ARe^n$，式中，A、n 为实验常数；

　　　D——扩散系数；

　　　d——特性尺寸。

由此可以看出，影响传质系数的因素主要是气流速度和固体的特性尺寸（如炭粒的直径）。因此，在扩散区内强化燃烧过程的主要措施是：提高气相反应介质的初始浓度；提高气流速度；减小炭粒直径。

②内部反应　燃烧反应不仅能在固定炭的外表面上进行，而且也能在炭的内部进行。并且当温度较低时，反应介质向固定炭孔隙内部的扩散速度可能远远大于化学反应速率，这时的反应便处于内动力区。随着温度的升高，化学反应的速率会大于内部扩散速度，这时，外表面上的气相反应介质的浓度仍等于周围介质中的初始浓度，但在固体的内部，随着距表面深度的增大，气相反应介质的浓度则逐渐减小，一直到零。这时的反应便处于内扩散区。当温度进一步提高时，内部反应速率已经远远大于内部扩散速度，但在外表面上，气相反应介质向反应表面的扩散速度仍大于化学反应速率，这时称反应处于外动力区。当温度非常高时，化学反应速率可能大到这种程度，即整个异相反应速率开始取决于反应介质向外表面的扩散速度，这时反应便转入外扩散区。经过推导，内部反应存在时的异相反应速率可表示为：

$$\overline{K}_z=\frac{1}{\dfrac{1}{k(1+\varepsilon S_i)}+\dfrac{r_s}{D}} \tag{5-22}$$

式中　$\overline{K}_z$——综合有效反应速率常数；

　　　k——反应速率常数；

　　　D——扩散系数；

　　　r_s——炭粒的半径；

　　　S_i——炭粒内部单位体积所具有的内表面面积；

　　　ε——反应有效渗入深度，量纲与 r_s 相同。

由式（5-22）可以看出，减小炭粒直径，能使扩散阻力减小，从而使反应速率加大。在极限情况下，当 $r_s \rightarrow 0$ 时，$\overline{K}_z=k$。这就是说，当温度不变时，随着炭粒的烧尽，燃烧过程总是要转入动力区的。由此可知，在实际中为了保证火焰尾部的炭粒得到完全燃烧，必须保持足够高的温度。以上分析适用于分子扩散的情况。当炭粒直径不大于 $200\mu m$ 时，实验表明以上的结果是适用的。

③二次反应的影响　在固体炭的燃烧过程中，二次反应是不可避免的，因此，炭的燃烧速度与温度的关系便更为复杂。由于二次反应的存在，随着温度的提高，炭的燃烧将会改变它的反应机理。通常，煤燃烧在低温下受化学反应控制，在高温下受扩散控制，大约在 $1000℃$ 时发生转变。

（2）炭粒的燃烧　炭的燃烧反应速率，按表面上反应气体的消耗计算，即：

$$W = \frac{c}{\frac{1}{\beta} + \frac{1}{k}} \tag{5-23}$$

设 m 为燃烧的炭量与消耗的氧量之比，则炭的燃烧速度为 K_s^c

$$K_s^c = m \frac{c}{\frac{1}{\beta} + \frac{1}{k}} \tag{5-24}$$

设在 $\mathrm{d}\tau$ 时间内颗粒燃烧使直径减小了 $\mathrm{d}r$，则在此时间内烧掉的炭量为：

$$\mathrm{d}G = -4\pi r^2 \rho_r \mathrm{d}r \tag{5-25}$$

式中　ρ_r——炭的密度，$\mathrm{g/cm^3}$。

因为 K_s^c 正是单位时间单位表面积上烧掉的炭量，即：

$$K_s^c = -\frac{4\pi r^2 \rho_r \mathrm{d}r}{4\pi r^2 \mathrm{d}\tau} = -\rho_r \frac{\mathrm{d}r}{\mathrm{d}\tau} \tag{5-26}$$

颗粒直径由初始直径 r_0 烧到某一直径 r 所需要的时间为

$$\tau = -\rho_r \int_{r_0}^{r} \frac{\mathrm{d}r}{K_s^c} = \rho_r \int_{r}^{r_0} \frac{\mathrm{d}r}{K_s^c} \tag{5-27}$$

颗粒完全烧掉的时间为：

$$\tau_0 = \rho_r \int_{0}^{r_0} \frac{\mathrm{d}r}{K_s^c} \tag{5-28}$$

假如反应过程中氧的浓度不变，则当炭粒的燃烧处于动力区时，由于 $K_s^c = mkc$，所以 $\tau_0 = \frac{\rho_r}{mkc} r_0$；当炭粒的燃烧处于扩散区时，由于 $K_s^c = m\beta C = m\frac{NuD}{d}c$，所以 $\tau_0 = \frac{\rho_r}{2mNuDC} r_0^2$。

综合上述计算结果可知，对于化学反应控制的机制，其燃烧特点是：①煤种及其活性对燃烧的影响很大；②提高温度可大大提高反应速率，燃烧速度与温度成指数关系；③炭粒燃尽时间与其初始直径成正比。对于表面扩散控制的机制，特点是：①煤种及其活性对燃烧的影响甚微；②燃烧受温度的影响较小；③炭粒燃尽时间与其初始直径的平方成正比；④燃烧与气流流速和湍流度密切相关。

5.4.4.3　提高分解炉内煤粉燃烧速度的方法

分解炉的温度在 $800\sim900℃$ 之间，煤粉的燃烧性质处于由低温化学反应控制范围向高温扩散控制范围的交界。因此，影响这两种过程的因素对分解炉内煤粉的燃烧速度均有重要影响。这样，分解炉内煤粉的燃烧状况，除受煤粉自身的燃烧性能影响外，还受炉内操作温度、氧气浓度、空气和煤粉混合状况、生料与煤粉比例及煤粉在炉内的停留时间等因素的影响。为适当加快分解炉内煤粉燃烧速度，控制好炉温，一般应注意下列几个方面。

①选择适当的煤种　例如煤粉含有适当挥发物，使挥发物与焦炭先后配合燃烧，以达到较好的热效应。不过，当需要使用低挥发分燃料时，需要采取适当措施。

②煤粉细度　不管煤粉燃烧是处于化学反应控制范围，还是处于扩散控制范围，增加煤粉细度都有利于其着火燃烧，特别是在使用低挥发分燃料时。当然，这必须同时考虑煤磨的经济性。

③分解炉操作温度　固定炭的燃烧速度 r 与温度 T 的关系遵循阿累尼乌斯公式 $r = Ke^{-E/RT}$，即当温度升高时，固定炭燃烧的速度将大幅度提高。因此，在保证分解炉不发生结皮堵塞的前提下，应尽量提高炉内煤粉着火区的温度。

④分解炉中氧气浓度　煤粉燃烧是可逆反应，反应产物及其中间产物均为 CO 及 CO_2。根据化学反应浓度积规则，要加快炉内煤粉的燃烧反应速率，必须增加氧浓度。分解炉采用

离线式布置或设置预燃室，使煤粉在氧含量较高的情况下先期燃烧。

　　⑤空气和煤粉的均匀混合　在设计分解炉时应尽量考虑使气体和煤粉间保持较高的相对运动速度，或采用高效煤粉燃烧器，促进气体扩散，加速空气和煤粉的均匀混合。

　　⑥调整下料点和下料量　煤和生料下料点在位置和时间上应错开，避免煤粉过早与大量生料接触。一般情况下，下煤点在前，下料点在后；或采取分步多点下料。

　　⑦煤粉在炉内的停留时间　燃料必须在分解炉内充分燃尽才能产生足够的热量，满足生料分解的要求，保证预热器系统的正常运行。煤粉颗粒的燃尽需要一定时间，因此必须考虑适当延长煤粉在炉内停留时间的技术措施。如增大炉容、延长炉-筒连接管道的长度以增加停留时间，还可采用增加喷腾和漩涡效应的结构形式，以增大固、气停留时间比。

5.4.5　分解炉内的传热

　　在分解炉内，由于料粉分散在气流中，燃烧放出的热量在很短的时间内被物料吸收，既达到高的分解率，又防止了过热。

5.4.5.1　分解炉内传热的特点

　　分解炉的传热方式主要为对流传热，其次是辐射传热。炉内燃料与料粉悬浮于气流中，燃料燃烧将燃料中的潜热把气体加热至高温，高温气流同时以对流方式将热量传热给物料。由于气、固相充分接触，传热速度快。分解炉中燃烧气体的温度在900℃左右，其辐射放热性能没有回转窑中燃烧带的辐射能力大。然而由于炉气中含有很多固体颗粒，CO_2含量也较多，增大了分解炉中气流的辐射传热能力，这种辐射传热对促进全炉温度的均匀极为有利。

　　分解炉内传热公式可用下式表示：

$$\Delta Q = \alpha F \Delta t \qquad\qquad (5\text{-}29)$$

式中　ΔQ——单位时间气流向物料传递的热量；

　　　　F——气流与物料的传热面积；

　　　　Δt——气流温度t_g与物料表面温度t_s的温度差；

　　　　α——对流及辐射综合传热系数。

　　传热系数α与颗粒直径d_p、流体的热导率λ_g、流体的运动速度ω_0有关，并与流体的黏度、密度等因素有关。有人提出分解炉中的热交换系数与气流速度的1.3次方成正比（流速在3.5～6.5m/s之间）。有人提出一般悬浮层中的传热系数在0.8～1.4W/(m²·℃)之间。

5.4.5.2　悬浮态传热高效率的关键

　　分解炉内传热最主要的因素是传热面积大大增加，料粉与气流充分接触，其传热面积即为料粉的比表面积。因此，气流与料粉的温度差很小，使料粉的升温（例如750～900℃）瞬间即可完成。也是由于这个原因，燃料放出的大量热量，能迅速地被碳酸盐分解吸收而限制了气体温度的提高。传热（及传质）速度的提高，使生料的碳酸盐分解过程由传热传质的扩散控制过程转化为分解的化学动力学控制过程。这种极高的悬浮态传热传质速率与边燃烧放热、边分解吸热共同形成了分解炉的热工特点。

5.4.6　分解炉内的气体运动

5.4.6.1　分解炉对气体运动的要求

　　分解炉内的气流具有供氧燃烧、浮送物料及作传热介质的多重作用。为了获得良好的燃烧条件及传热效果，要求分解炉各部位保持一定的风速，以使燃烧稳定；物料悬浮均匀；为使在一定炉体容积内物料滞留时间长些，则要求气流在炉内呈旋流或喷腾状，以延长燃料燃烧及物料分解的时间；为提高传热效率及生产效率，又要求气流有适当高的料粉浮送能力，在加热分解同样的物料量时，以减少气体流量，缩小分解炉的容积，并提高热的有效利用率。在满足上述工艺热工要求的条件下，要求分解炉有较小的流体阻力，以降低系统的动力消耗。概括来说，对分解炉气体的运动有如下要求：①适当的速度分布；②适当的回流及紊流；③较大的物料浮送能力；④较小的流体阻力。

5.4.6.2　分解炉内气体运动速度的分布

分解炉内要求一定的气体流速，以旋风型分解炉为例，一般要求进口流速在 20m/s 以上；出口风速相应减小，圆筒部分流速最小。一般用气体流量除以其断面积计算其断面风速，通常取 4.5～6.0m/s。但这种断面风速是虚拟风速，用于相互比较负荷程度。实际风速要比断面风速大，因为实际风速的方向不是垂直于筒体断面，而是回旋上升或下降的。分解炉要求一定风速的目的是：①保持炉内有适当的气体流量，以供燃料燃烧所需的氧气，保持分解炉的发热能力；②使喷入炉内的燃料与气流良好混合，使燃烧稳定、完全；③使加入炉中的物料能很快地分散，均匀悬浮于气流中，并使气流有较大的浮送物料的能力；④使气流产生回旋运动，使其中的料粉及燃料在炉内滞留一定时间，使燃烧、传热及分解反应达到一定要求。

5.4.6.3　气流在分解炉内的运动阻力

为了将料粉悬浮加速以及使含尘气流通过分解炉，必须克服加速物料的压头损失 Δp_a 及气体流动的阻力损失 Δp_m。

（1）加速物料的压头损失　物料从初速度为零加速到气流速度时所造成的压头损失 Δp_a 可按下式计算。

$$\Delta p_a = (C + \mu_s)\frac{\rho_a}{2}\omega_a^2 \tag{5-30}$$

式中　ω_a——气流速度，m/s；

ρ_a——气流密度；kg/m^3；

μ_s——物料流量与气体质量流量之比；

C——供料方式系数，其值在 1～10 之间。

（2）气流流动过程的压头损失　可按流体动力学的基本定律求得。

$$\Delta p_m = \lambda\frac{\rho_a}{2}\omega_a^2 \tag{5-31}$$

式中　λ——分解炉的阻力系数。

其余同上。

（3）分解炉内各处阻力的分布　旋风型分解炉中流体阻力分布可分三个区段：从模型试验以及实测都表明旋风型分解炉压力降主要（约80%）产生在蜗壳进口段。这是因为蜗壳进口迫使气流改变方向，而旋转需要能量。另外，缩口截面积小，风速大，需悬浮料粉或煤粉，局部阻力大。可以通过改进分解炉的结构来降低蜗壳及缩口处的流体阻力。但是应该保证入分解炉后的气流有一定回转及悬浮能力。分解炉中气流阻力的第二部分是分解炉筒体及锥体部分，这部分阻力最小。气流阻力的第三部分是分解炉的出口，此处阻力约占总阻力的20%，应改进结构，减少这部分的阻力。

一般旋风型分解炉的压力降为 500～1300Pa；RSP 型分解炉的压力降为 1000～1600Pa；史密斯（喷腾型）分解炉的压力降约为 500Pa。

5.4.7　分解炉中的旋风效应与喷腾效应

在保持相同断面风速的条件下，气流直接流过分解炉与呈旋转或喷腾状态通过分解炉所需的时间是相同的。不过以旋转状态通过的线速度较高，所走的路程曲折而长。但是气流中的物料在做旋转或喷腾运动时，与气流所走的路程却大不相同，在炉内的停留时间会大幅度延长。为此提出旋风效应及喷腾效应的概念。

5.4.7.1　旋风效应

旋风效应是旋风型分解炉及预热器内气流做旋回运动，使物料滞后于气流的效应。如图5-65所示为旋风效应示意，气流经下部涡流室造成旋回运动，再以切线方向入炉，在炉内旋回前进。

悬浮于气流中的物料，由于旋转运动，受离心力的作用，逐步被甩向炉壁。其中颗粒较大的料粉，因其单位质量所具有表面积较小，在其离心向壁运动中，所受阻力较小，离心向壁的倾向较大，因而比颗粒较小的料粉及气流容易达到炉的边缘。当料粉颗粒到达炉壁的滞流层时，或与炉壁摩擦碰撞后，动能大大降低，运动速度锐减，有的大颗粒甚至失速坠落，降至缩口时再被气流带起。

运动速度锐减的料粉，如果是在旋风预热器内，便沿筒壁逐渐下降至锥体而被从气流中分离出来。而在旋风分解炉中的料粉却不会沉降下来，这是因为炉内气流"后浪推前浪"的推动作用，前面的气流将料粉滞留下，而后面的气流又将料粉继续推向前进。所以物料总的运动趋势还是顺着气流，旋回前进而出炉。但料粉的运动速度却远远落后于气流的速度，造成料粉在炉内的滞留现象。颗粒越细，滞留越短；颗粒越粗，滞留越长。

5.4.7.2　喷腾效应

喷腾效应是分解炉内气流做喷腾运动，使物料滞后于气流的效应。图5-66所示为喷腾效应示意，这种炉的结构是炉筒直径较大，上、下部为锥体，底部为喉管，入炉气流以20～40m/s的流速通过喉管，在炉筒一定高度内形成一条上升流股，将炉下部锥体四周的气体及料粉、煤粉不断裹挟进来，喷射上去，造成许多由中心向边缘的漩涡，从而形成喷腾运动。

气流的喷腾运动，造成了由炉中心向边缘的旋回运动。在喷腾口，进入气流的料粉及煤粉被气流吹起、悬浮，有的被直接抛向炉的周壁，有些随气流做旋回运动，因所受离心力及所受阻力不同而被甩向炉壁。较大颗粒碰壁后沿壁下坠，降到喉口再被吹起而进行大循环；较小颗粒在向炉壁运动过程中，有的被下面气流带走，有的到达炉壁后进入滞流层，处于炉筒上部的能直接被气流沿炉壁推走，处于炉筒下部的则再进入喷腾层而入气流。这种喷腾效应与旋风效应类似，也使炉内气流的平均含尘浓度大大增加，使料粉及煤粉在炉内的停留时间大幅度延长。

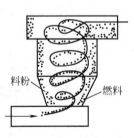

图5-65　旋风效应示意

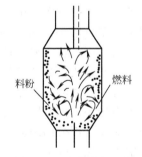

图5-66　喷腾效应示意

5.4.7.3　旋风或喷腾效应的作用

在分解炉内，为了使碳酸盐充分分解，煤粉充分燃烧，必须延长它们在炉内的停留时间。而延长物料的停留时间，单靠降低风速或增大炉容是难以解决的，还应使炉内气流做适当的旋回运动或喷腾运动，或是两者的结合，以造成旋风效应或喷腾效应，使气流与料粉之间产生相对运动而使料粉滞留，从而达到延长物料停留时间的效果。

5.4.8　生料和煤粉的悬浮及含尘浓度

（1）生料和煤粉均匀悬浮的意义　料粉及煤粉的均匀悬浮，对于分解炉内的传热、传质速度以及生料的充分分解有着巨大的影响。如果燃料分散悬浮不好，会使燃料与氧气的燃烧扩散面积减小，燃烧速度减慢，发热能力降低，以致造成分解炉温度的降低和生产强度的下降。

如果料粉分散悬浮不好，不能迅速吸收燃料燃烧放出的热量，将造成炉温局部过高，容易引起结皮堵塞。同时，物料因分解速度减慢而使其分解率降低。

如果燃料与物料局部分散悬浮不好，有的地方浓，有的地方稀，或时好时坏，则造成炉内有的地方温度高，有的地方温度低；或有时温度高，有时温度低，使炉的热工制度不稳，生产强度下降。

（2）影响生料和煤粉悬浮的因素及改进措施　分解炉中料粉的悬浮受到多种因素的影响，现以旋风筒进料情况加以分析。当物料由旋风筒进入分解炉时，由于卸料阀门距进料口有一个相当大的高差，物料以相当大的速度向下冲击，如果向上风速不能将其向下冲击速度抵消，物料会下沉到分解炉缩口下，造成料粉的沉积。对于进入分解炉的料股，如果物料颗粒互相干扰，不能充分分散，虽然其四周的物料可以被悬浮带走，但中间的物料受气流冲击力小，也可能沉入炉底而短路入窑。

影响分解炉中生料和煤粉悬浮的因素及改进方法与旋风预热器的相似，此处不再赘述。

（3）适宜含尘浓度的确定　气流的含尘浓度对设计或生产都是一个重要的参数。对输送或预热物料来说，希望在不落料的情况下，气流中的含尘浓度越高越好。因为在其他条件相同时，含尘浓度高，气体流量可小些，设备规格尺寸可较小，废气带走的热损失也较少。但是在分解炉中，含尘浓度的确定，一方面需要考虑气流对物料的浮送能力，以免造成生料沉积；另一方面需要考虑气流供燃料燃烧放出的热量能否满足生料分解的需要。例如 $1m^3$ 气体能浮送 0.6kg 的料粉，而这 $1m^3$ 气体供燃料燃烧所放出的热量，不足以供给料粉中 $CaCO_3$ 分解所需的热量，因此浮送料粉的浓度再高也没有用处，只会引起分解率的降低。

（4）气流对物料的浮送能力　单位时间内，通过分解炉的气流所能携带料粉的质量称气流的浮送能力。它与气流处于紊流状时所含料粉的浓度成正比，并与气体流量有关。当通过分解炉的气体流量及流速一定时，气流对料粉的浮送量有一定限度，超过极限浓度时，将产生料粉的沉积。南京工业大学以旋风型分解炉为模型，得出的旋风型分解炉缩口风速与料粉进、出口极限浓度之间的关系见表 5-8。

表 5-8　旋风型分解炉缩口风速与料粉进、出口极限浓度之间的关系

分解炉缩口风速 /(m/s)	8～10	10～13	13～16	17～18.5
料粉进、出口极限浓度/(g/m³)	300	600	900	1000

5.5　预分解系统的结皮堵塞

5.5.1　碱、硫、氯等有害成分富集及危害

水泥中的碱与集料中的活性成分反应对混凝土有很大的破坏作用，因此构筑物施工时除对混凝土集料需要加以选择外，水泥生产中对碱含量也必须加以限制。美国是首先认识到水泥中的碱所具有的破坏作用的国家。故水泥生产中对于碱含量应特别加以限制，要求普通水

泥中的碱含量［以氧化钠（Na_2O）的分子当量表示，即 $0.659K_2O + N_2O$］最高为 0.6%，一般认为水泥中的碱含量超过 1% 时，混凝土将被毁坏；而小于 0.45% 时，对混凝土无害。

在预分解窑的生产中，由于碱在预热器系统的重新凝聚，熟料中的碱含量往往高于其他类型的回转窑。同时当生料及燃料中的碱、硫、氯等有害成分含量较高时，还容易造成预热器系统的黏结及堵塞，影响窑系统的稳定生产，所以更应特别重视。

在预分解窑系统中，碱、硫、氯等循环、富集，是伴随着两个过程而发生的，一个叫做"内循环"，另一个叫做"外循环"。所谓内循环，是指碱、硫、氯在窑内高温带从生料及燃料中挥发，到达窑系统最低两级预热器（例如四级预热器的 C_4 及 C_3）等较低温度区域时，随即冷凝在温度较低的生料上，它们随生料一起进入窑内，形成一个在预热器和窑之间的循环和富集过程。而外循环则是指凝聚生料中的碱、硫、氯等成分，随废气排出预热器系统，当这部分粉尘在收尘器、增湿塔及生料磨系统中（当预热器废气作为烘干介质）被收尘器收集重新入窑时，在预热器与这些设备之间存在循环过程。由于这个循环过程是在窑外单独进行，故称为外循环。如果将收尘设备中收集的窑灰丢弃，外循环则基本消除。但是，由于在预热器系统中 K_2O 的冷凝率高达 $79\% \sim 81\%$，而 Na_2O 的冷凝率较低，因而预热器废气中带出的含碱、硫、氯等有害成分相当低，因此窑灰重新回窑产生的外循环，对生产影响不大。

5.5.2　预热器系统的结皮堵塞及预防

对预热器系统来说，最容易发生结皮、堵塞的部位是窑尾烟室、下料斜坡、缩口及最下一级旋风筒锥体、最下两级旋风筒等部位。但是，结皮在整个预热器系统以及预热器主排风机的叶片上都能发生。结皮增厚时，不但会使通风通道有效面积减小，阻力增大，影响系统通风，结皮严重或塌落时，还容易发生堵塞事故，影响正常生产。主排风机叶片结皮，会使风机发生振动，影响风机的安全运转。

造成固体颗粒黏结在煅烧装置的内壁而形成预热器内结皮的原因，伦普认为是湿液薄膜在表面张力作用下的熔融黏结，作用于表面上的吸力造成的表面黏结及纤维状或网状物质的交织作用造成的黏结，由于在窑尾及预热器内的结皮中硫酸碱和氯化碱含量很高，而在硫酸钾、硫酸钙和氯化钾多组分系统中，最低熔点温度为 $650 \sim 700℃$，因此窑气中的硫酸碱和氯化碱凝聚时，会以熔融态形式沉降下来，并与入窑物料和窑内粉尘一起构成黏聚性物质，而这种在生料颗粒上形成的液相物质薄膜会阻碍生料颗粒的流动，在预热器内造成黏结堵塞。此外，生料成分波动、喂料不均、火焰不当、预热器过热、燃料不完全燃烧、窑尾及预热器系统漏风、预热器内衬料剥落、翻板阀不灵等种种原因，也都会导致结皮、堵塞。

拉法基水泥公司研究认为，结皮的形式主要与下列三个因素有关。

① 与物料中钾、钠、氯、硫的挥发系数大小有关，特别是在还原气氛中，挥发系数增大时，对结皮影响很大。

② 与物料易烧性的有关。若物料易烧性较好，则熟料的烧成温度将会相应偏低，结皮就不易发生。

③ 与物料中所含的三氧化硫与氧化钾的摩尔比大小有关。物料中的可挥发物含量越大，窑系统的凝聚系数越大，则结皮形成的可能性就越大。

关于结皮的主要矿物成分，一般认为是由于大量的粉尘循环及硫酸盐、氯化物的富集而生成一种灰硅钙石。我国建筑材料科学研究院曾对 8 个结皮试样进行了 X 射线分析，发现 8 个试样中都含有硫酸盐和以复盐形式存在的硫酸盐化合物，而大部分试样中都有灰硅钙石（$2C_2S \cdot CaCO_3$）和硫硅钙石（$2C_2S \cdot CaSO_4$）。

国内研究认为：窑尾系统出现的结皮料可分为三种基本类型，即粉料块结皮、酥松结皮、硬块结皮。

①粉料块结皮的化学成分与生料接近，其结构密实，黏结力主要为表面力，形成温度为 $650\sim850℃$。酥松结皮中硫、碱含量稍高，结构酥松、多孔，黏结力主要由过渡液相产生，形成温度为 $850\sim1000℃$。硬块结皮中硫、碱的含量最高，物料的黏结除由过渡液相造成外，主要由烧结所致，其含有硅酸盐熔体，并伴有大量的新生矿物出现。硬块结皮的形成温度为 $1000\sim1200℃$。生产过程中当温度 $>1000℃$ 时就有可能产生对生产有害的硬块结皮。

②粉料块结皮的物料颗粒之间主要由紧密接触而连接，导致这种连接的力为表面力；酥松结皮主要由硫、碱、氯形成的过渡液相黏结所致；硬块结皮则由大量液相连接而成。

③因为粉料块结皮的黏结力较弱，对生产的影响大不；酥松结皮的黏结力稍强，通常采用机械除皮的方法，如捅料、空气炮等可将其除掉；硬块结皮会对生产造成极大的影响，因此在生产中应尽量避免。

美国波特兰水泥协会也认为灰硅钙石是结皮的主要成分。据其鉴定灰硅钙石的分子式是 $Ca_5(SiO_4)_2CO_3$，结构式是 $2C_2S\cdot CaO\cdot CaCO_3$，并且认为 RCl 是灰硅钙石形成的矿化剂。他们曾用四种不同的窑灰加入生料中进行试验，其掺和比为窑灰 15%，生料 85%，在同样的条件下进行加热，发现只有含氯高（6.24%）的窑灰掺入后，经 $800℃$ 处理后的样品中，有灰硅钙石形成。他们提出的防止结皮的措施如下。

①减少和避免使用高氯和高硫的原料。

②使用低氯、低硫或中硫的煤。

③如过量的氯和硫难以避免，建议采取以下措施：

a. 丢弃一部分窑灰，以减少氯的循环；

b. 采用旁路放风系统。

④避免使用高灰分和灰分熔点较低的煤。

⑤对窑及预热器要精心操作，使各部的温度、压力稳定及喂料量稳定。

5.5.3　旁路放风系统

为了解决碱、硫、氯等有害成分的循环富集所造成的结皮堵塞及熟料质量下降，首先必须注重原燃料的选用，当原、燃料资源受到配制，有害成分含量超过允许限度时，必须在设计及生产中采取相应的防止黏结堵塞措施。国外部分公司对料中碱、氯、硫含量的规定列于表 5-10，超过规定采取旁路放风措施。旁路放风量可根据原、燃料情况，通过计算确定。由于旁路放风装置要增大基建投资，并且每 1% 旁路放风量增大熟料热耗 $17\sim21kJ/kg$ 熟料，故一般放风量不超过 25%，超过 25% 时其作用相对降低。一般放风量为 $3\%\sim10\%$。国外部分公司对生料中有害成分含量的限值见表 5-9。

表 5-9　国外部分公司对生料中有害成分含量的限值　　　　　　单位：%

公司	R_2O	Cl^-	S	硫碱比
丹麦史密斯	<1.0	<0.015		<1
德国洪堡	<1.0	<0.015	<3	
德国伯力休斯	<1.2	<0.01	<1.3	
日本川崎	<1.5	<0.02		
日本三菱	<1.5	<0.015		
英国兰圈	<1.0	<0.02	2	
罗马尼亚	<1.0	<0.015		0.8
法国拉法基		<0.015		<1

5.5.4 防止黏结堵塞的其他措施

原、燃料中的碱、氯、硫等挥发性有害成分在悬浮预热窑系统的循环，一度成为生产中的难题。近年来，由于旁路放风技术的发展及其他防止黏结堵塞措施的采用，这个问题已经基本上得到解决。为了及时掌握预热器的工作状况，一般在各种悬浮预热窑及预分解窑的预热器上都装有压力计或 γ 射线发射器来监测旋风筒工作情况，当旋风筒发现黏结堵塞迹象时，压力或 γ 射线监测装置以灯光或音响发出警报信号，使操作人员及时进行清扫工作。

一般在悬浮预热器系统，特别是在最下两级旋风筒的锥体卸料部位，沿切线方向装有高压空气清扫喷嘴或空气喷枪，定时清扫，清除结皮，效果良好。当结皮严重危害生产时，则需要采用机械方法加以清除。

日本有的专利还提出了在窑尾废气管道上安装多个耐热钢无端链条，以吸附废气中挥发性有害成分的方法。链条吸附的碱和有害成分，在管道外部清洗去除。

预分解窑系统抽取篦冷机热风作为分解炉的燃烧空气，由于这种热风与窑尾烟气混合可以降低出窑废气温度，因此对防止黏结也有作用。日本也有将冷却剩余风吹入窑尾，降低窑尾烟道中出窑气体平均温度，缓和结皮的专利。

总之，防止黏结堵塞的最重要办法，除重视原、燃料的选择外，还要保持窑系统的均衡稳定生产，同时力求降低窑烟气中粉尘。

第6章 水泥熟料的烧成

6.1 水泥熟料的形成过程

水泥熟料的形成过程，是对合格的水泥生料进行连续加热、煅烧，使其经过一系列物理化学反应，变成熟料，再进行冷却的过程，其主要的物理化学反应如下。

6.1.1 干燥过程

生料温度升高到 $100\sim150℃$ 时，生料中的自由水分全部被排除，这一过程称为干燥过程。新型干法水泥生料水分小于 1%，此过程在预热器内瞬间即可完成。

6.1.2 黏土质原料脱水

当温度继续升高到 $450℃$ 时，黏土中的主要组成高岭土（$Al_2O_3 \cdot 2SiO_2 \cdot 2H_2O$）发生脱水反应，脱去其中的化学结合水，其化学反应式为：

$$Al_2O_3 \cdot 2SiO_2 \cdot 2H_2O \longrightarrow Al_2O_3 + 2SiO_2 + 2H_2O \uparrow$$
$$（无定形）（无定形）$$

高岭土在失去化学结合水的同时，分子结构也产生变化，变成游离的无定形的 Al_2O_3 和 SiO_2。

6.1.3 碳酸盐分解

温度继续升至 $600℃$ 以上时，生料中的碳酸盐开始分解，主要是石灰石中的碳酸钙和原料中夹杂的碳酸镁进行分解，其化学反应式为

$$MgCO_3 \longrightarrow MgO + CO_2 \uparrow$$
$$CaCO_3 \longrightarrow CaO + CO_2 \uparrow$$

碳酸盐的分解速度随着温度的升高而加快，在 $600℃$ 时碳酸镁开始分解，到 $750℃$ 时，分解剧烈进行。碳酸钙的分解温度较高，在 $900℃$ 时才快速分解。另外，碳酸盐的分解温度与物料周围气体中 CO_2 的分压有关，物料周围气体中 CO_2 的分压越高（即 CO_2 的浓度越大）其分解温度越高；反之，CO_2 的分压越低其分解温度越低。以上所说的温度是 CO_2 分压在 1atm（1atm=101325Pa）时的分解温度。碳酸盐分解时，需要吸收大量的热量，是熟料形成过程中消耗热量最多的一个过程。

6.1.4 固相反应

在水泥熟料的形成过程中，从碳酸盐开始分解起，物料中便出现了性质活泼的游离氧化钙，它与生料中的二氧化硅、三氧化二铁和三氧化二铝等氧化物进行固相反应，其反应速率随着温度的升高而加快。水泥熟料中的各种矿物是经过多次固相反应形成的，反应过程大致如下。

$800\sim900℃$ 时：

$$CaO + Al_2O_3 \longrightarrow CaO \cdot Al_2O_3 （CA）$$
$$CaO + Fe_2O_3 \longrightarrow CaO \cdot Fe_2O_3 （CF）$$

$900\sim1100℃$ 时：

$$2CaO + SiO_2 \longrightarrow 2CaO \cdot SiO_2 (C_2S)$$
$$7CaO \cdot Al_2O_3 + 5CaO \longrightarrow 12CaO \cdot 7Al_2O_3 (C_{12}A_7)$$
$$CaO \cdot Fe_2O_3 + CaO \longrightarrow 2CaO \cdot Fe_2O_3 (C_2F)$$

$1100 \sim 1300℃$时：

$$12CaO \cdot 7Al_2O_3 + 9CaO \longrightarrow 7(3CaO \cdot Al_2O_3)(C_3A)$$
$$7(2CaO \cdot Fe_2O_3) + 2CaO + 12CaO \cdot 7Al_2O_3 \longrightarrow 7(4CaO \cdot Al_2O_3 \cdot Fe_2O_3)(C_4AF)$$

以上反应在进行时放出一定的热量，因此，又称为放热反应。

预分解窑窑尾烟气温度达 1000℃ 以上，且固相反应集中。固相反应为放热反应，放热量为 $480 \sim 500kJ/kg$，足以使物料温度升高 300℃ 以上，达到烧结温度，使进入烧成带的物料得到充分预烧，保证了窑内热工制度稳定。生料在分解炉内迅速分解，新生 CaO 晶体平均尺寸为其他窑型缓慢分解的晶体颗粒的 1/5，细小的 CaO 颗粒不仅有助于固相反应，也使 C_2S 的形成反应为多质点进行，生成的 C_2S 晶体尺寸细小，易熔于熔剂矿物，且扩散、迁移速度快，反应能力强。

6.1.5 硅酸三钙（C_3S）的形成和烧结反应

固相反应，生成了水泥熟料中的 C_4AF、C_3A、C_2S 等矿物。但是，水泥熟料中的主要矿物 C_3S 要在液相中才能大量形成。当物料温度升高到近 1300℃ 时，C_3A、C_4AF、R_2O 等熔剂矿物会变成液相，大部分 C_2S 和 CaO 很快被高温熔融的液相所溶解，这种溶解于液相中的 C_2S 和 CaO 进行反应而生成 C_3S。

$$2CaO \cdot SiO_2 + CaO \longrightarrow 3CaO \cdot SiO_2 (C_3S)$$

实践证明，在配料适当、生料成分稳定的条件下，C_3S 的生成与烧成温度和反应时间有关，C_3S 生成温度范围一般为 1300℃→1450℃→1300℃，它是决定水泥熟料质量的关键。若温度有保证，则生成的液相量较多且黏度较小，有利于 C_3S 的形成，熟料质量较好；反之，生成 C_3S 较少，熟料质量则差。一般情况下，1450℃ 以上 C_3S 形成非常迅速，此温度称为熟料的烧成温度，因此水泥熟料的燃烧设备必须能使物料达到这一温度。此外，C_3S 的形成还要有一定的反应时间（一般需要 $15 \sim 25min$），煅烧设备应保证物料在此高温下保持这一时间。C_3S 形成需要的反应热甚微，因此主要热量消耗应使物料达到烧成温度。温度过高会使液相量过多、黏度过小，给煅烧操作带来困难，如结大块、结圈、烧流等，同时也使燃烧设备容易损坏，在正常温度下液相量一般控制在 $22\% \sim 26\%$。

当熟料烧成后，温度开始下降，C_3S 的生成速度也不断减慢，温度降到 1300℃ 以下时，液相开始凝固，C_3S 的生成反应结束，若此时凝固体中含有少量未化合的 CaO 则称为游离氧化钙，习惯上以 "f-CaO" 符号表示，温度继续下降，熟料进入冷却阶段。

6.1.6 熟料的冷却过程

在熟料冷却过程中，将有一部分熔剂矿物（C_3A 和 C_4AF）形成晶体析出，另一部分因冷却速度较快来不及析晶而呈玻璃态存在。C_3S 在高温下是一种不稳定的化合物，在 1250℃ 时，容易分解，所以要求熟料自 1300℃ 以下要急冷，使 C_3S 来不及分解，越过 1250℃ 以后，C_3S 则比较稳定。对于 1000℃ 以下的熟料，也是以急冷为好，因为熟料中的 C_2S 有 α、α′、β、γ 四种结晶型态，温度及冷却速度对 C_2S 的晶型转化有很大影响。高温下的 α-C_2S 缓慢冷却时，会发生下列晶型转化。

$$\alpha\text{-}C_2S \xrightarrow{(1420\pm5)℃} \alpha'\text{-}C_2S \xrightarrow{630\sim680℃} \beta\text{-}C_2S \xrightarrow{<500℃} \gamma\text{-}C_2S$$

密度 $3.04g/cm^3$　　密度 $3.04g/cm^3$　　密度 $3.28g/cm^3$　　密度 $2.97g/cm^3$

由以上看出，在高温熟料中只存在 α-C_2S，若冷却速度缓慢，则发生一系列的晶型转变，最后变为 γ-C_2S，在由 β-C_2S 转化为 γ-C_2S 时，由于密度减小使体积增大 10% 左右，从而导致熟料块的体积膨胀，变成粉末状，在生产中叫做"粉化"现象。粉化后的产物 γ-C_2S 几乎没有水硬性，会使水泥熟料的强度降低。为了防止这种有害的晶型转化，要求熟料快速冷却，使其来不及转化，除此之外，熟料快冷还有下列优点。

①使水泥熟料矿物内部产生应力，改善熟料的易磨性；防止 C_3S 晶体长大，强度降低。晶体粗大的 C_3S 晶体难粉磨。

②急冷使 MgO 以玻璃体存在于熟料矿物中或以细小的晶体析出，减轻水泥凝结硬化后，由于方镁石晶体不易水化，而后缓慢水化出现体积膨胀，造成水泥的安定性不良。

③急冷可减少 C_3A 晶体析出，防止水泥出现快凝，提高抗硫酸盐侵蚀性能。

④急冷可回收熟料出窑带出的部分热量，降低熟料热耗，提高热利用率。

预分解窑冷却带短，出窑熟料温度在 $1300℃$ 以上，新型箅冷机使熟料得到骤冷，有助于保持硅酸盐矿物的高温相，防止晶型转变，提高其水化活性，可避免在铝率高的情况下发生转熔反应，即：

$$L(液相)+C_3S \longrightarrow C_3A+C_2S$$

6.2　水泥熟料的形成热

熟料形成热（熟料形成热效应），是指在一定生产条件下，用某一基准温度（一般是 $0℃$ 或 $20℃$）的干燥物料在没有任何物料损失和热量损失的条件下，制成 $1kg$ 同温度的熟料所需要的热量。也就是用一定成分的干物料生产一定成分的熟料进行物理化学变化所需要的热量。因此，它是熟料形成在理论上消耗的热量，它仅与原、燃料的品种、性质及熟料的化学成分与矿物组成、生产条件等因素有关。

根据熟料在加热过程中的各项物理化学变化，可以计算出熟料形成热的多少。熟料理论热耗计算实例见表 6-1。

表 6-1　熟料理论热耗计算实例

吸热	热耗/(kJ/kg 熟料)	放热	热耗/(kJ/kg 熟料)
原料由 $20℃$ 加热到 $450℃$	712	脱水黏土产物结晶放热	42
$450℃$ 黏土脱水	167	水泥化合物形成放热	418
物料自 $450℃$ 加热到 $900℃$	816	熟料自 $1400℃$ 冷却到 $20℃$	1507
碳酸盐 $900℃$ 分解	1988	CO_2 自 $900℃$ 冷却到 $20℃$	502
分解的碳酸盐自 $900℃$ 加热到 $1400℃$	523	水蒸气自 $450℃$ 冷却到 $20℃$	84
熔融净热	105		
合计	4312	合计	2554

上述计算是假定生产 $1.0kg$ 熟料所需生料量为 $1.55kg$，石灰石和黏土的比例为 $78:22$。据此，按物料在加热过程中的化学反应热和物理热，计算得到 $1kg$ 熟料的理论热耗为 $4312-2554=1758$（kJ/kg 熟料）。采用普通原料配料时，熟料形成热一般在 $1630\sim1800kJ/kg$ 熟料之间。

由表 6-1 可以看出，水泥熟料形成过程中的吸热部分，碳酸盐分解吸收的热量最多，占总吸热量的一半左右；而在放热反应中，熟料冷却放出的热量最多，占放热量的 50% 以上。因此，降低碳酸盐分解吸收的热量和提高熟料冷却余热的利用率是提高热效率的有效途径。

6.3　回转窑的结构

　　回转窑是水泥熟料煅烧的关键设备，它的功能主要表现在四个方面：一是作为燃料燃烧装置（预分解窑中加入 40％的燃料），具有广阔的燃烧空间和热力场，保证燃料充分燃烧；二是作为热交换装置，具有均匀的温度场，可满足熟料煅烧的要求；三是作为化学反应器，满足熟料矿物形成对热量、温度及时间的不同要求；四是作为输送设备，具有更大的潜力。

　　回转窑的主要结构由筒体、支撑装置、传动装置和密封装置等部分组成。

6.3.1　筒体

　　筒体是回转窑的主要组成部分，它是一个钢质的圆筒，由不同厚度钢板事先卷成一节一节的圆筒，安装时再焊接起来。筒体外有活套轮带，放在相对应的托轮上，为使物料能由窑尾逐渐向窑前运动，筒体一般有 3.5％～5％的斜度。为了保护筒体，其内部镶砌有 180～230mm 厚的耐火材料。

　　回转窑的规格用筒体直径"D"和长度"L"的乘积来表示，如直径为 4.8m、长度为72m 的回转窑，其规格以 ϕ4.8m×72m 表示。

　　随着回转窑直径的增加，筒体自重增加，加上耐火材料和窑内物料的重量，在两道托轮之间的筒体会产生轴向弯曲，在轮带处产生横截面的径向变形，如图 6-1所示。过去一直把筒体的轴向弯曲看成是影响回转窑长期安全运转的重要原因之一，随着窑直径的不断增加，筒体的径向变形也是影响窑衬寿命的重要原因。因此，要求筒体在运转中能保持"直而圆"的几何形状是非常必要的，为此筒体必须具有一定的强度和刚度，为达到这一目的，在筒体结构上可以采取以下措施。

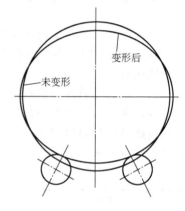

图 6-1　回转窑筒体变形情况

　　①增加回转窑筒体钢板的厚度，可以增加筒体的刚度。随着回转窑的大型化，筒体所用钢板越来越厚，大型回转窑要用 30～60mm 厚的钢板，轮带所在的一节筒体，其厚度有的超过 90mm，轮带附近的筒体也应选用较厚的钢板。高温区筒体选用耐高温和防腐蚀性能较好的锅炉钢板，使筒体有较好的横向刚度和纵向柔度，降低支承装置对筒体直线度的敏感性，保护筒体、衬砖和支承装置。

　　回转窑筒体径向变形位置发生在回转窑支撑处，与筒体支撑处的钢板厚度成反比，并随着与支撑位置距离的加大而减小，即在支撑轮带下筒体变形最大，而离开轮带中心距离越大，筒体径向变形越小，在设计时应充分考虑设备大型化所造成的筒体横向刚度降低的问题，加大轮带下钢板厚度，使回转窑的横断面在支撑处的径向变形尽量小，以延长窑内耐火砖的寿命，提高窑运转率。

　　②加强轮带本身的刚性，选择适当的轮带与筒体垫板之间的间隙，以求筒体在热态下与轮带呈无间隙的紧密配合。

　　提高筒体横向刚度，降低筒体径向变形的另一个措施就是增加轮带本身的刚度，同时控制轮带与筒体之间的间隙在合适的范围内，尽量发挥轮带对回转窑筒体的支承作用，但又要防止由于轮带与筒体间隙过小而使筒体产生缩颈。

　　预分解窑通常依靠三对托轮将回转窑支撑起来（俗称三挡窑）。关于回转窑筒体跨距的分布，主要考虑了筒体表面温度和附加弯曲应力。根据预分解窑入窑物料分解率大的情况，一般烧成带长度占回转窑长度的 50％左右，出窑熟料温度一般在 1370～1400℃，窑筒体高温区域长。从实际生产情况看，窑皮的长度为（5.5～6）D，窑皮之后的筒体因失去了窑皮的保护作用而表面温度增高，因增产而强化窑内煅烧造成窑皮后的筒体表面温度经常在350℃以上。若按照等支撑反力原则分配跨距，则第 I、II 挡轮带和支撑装置都将处于高温区域，容易因为轮带与垫板两者的间隙不当或即使有合适的间隙但因操作不当，窑升温速度太快产生筒体"缩颈"。一旦产生"缩颈"，耐火砖很难砌牢，影响窑的运转率。

回转窑因安装误差、各窑墩基础下沉不均、各挡轮带、托轮、轴承磨损不同、运转中托轮调整误差等原因会破坏窑中心线的直线度，造成各挡支反力发生很大变化，并在窑内产生附加应力。回转窑筒体的附加弯曲应力的大小与回转窑筒体纵向刚度及支承装置间的跨度有关。

为了保证横截面的刚性，改善支承装置的受力状态，在筒体进、出料端分别装有耐高温、耐磨损的窑口护板。其中，窑头护板与冷风套组成环形分隔的套筒空间，冷风从冷风套的喇叭形端口吹入，冷却窑头护板的非工作面，保证该部件长期安全工作。为保证靠近窑头温度较高的两挡支承装置运行可靠，在窑头的两挡轮带下装有特设的风冷装置。

6.3.2　支承装置

支承装置是回转窑的重要组成部分，它承受着窑的全部重量，对窑体还起定位作用，使回转窑能安全平稳地运转。支承装置由轮带、托轮、托轮轴承和挡轮等组成，如图 6-2 所示。

6.3.2.1　轮带

轮带是一个坚固的大圆钢圈，套装在窑筒体上，整个回转窑（包括窑砖和物料）的全部重量通过轮带传给托轮，由托轮支承，轮带随筒体在托轮上滚动，其本身还起着增加筒体刚性的作用。由于轮带附近筒体变形最大，因此轮带不应安装在筒体的接缝处。轮带在运转中受到接触应力和弯曲应力

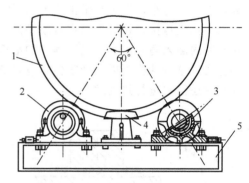

图 6-2　回转窑的支承装置
1—轮带；2—托轮；3—托轮轴承；
4—挡轮；5—底座

的作用，使表面呈片状剥落、龟裂，有时径向断面上还出现断裂，所以要求轮带要有足够的抵抗接触应力和弯曲应力的能力，要有较长的使用寿命。

（1）轮带的型式

①矩形轮带　如图 6-3 所示，其断面是实心矩形，形状简单，由于断面是整体，铸造缺陷相对来说不显突出，裂缝少。矩形轮带加固筒体的作用较好，既可以铸造，也可以锻造，是目前国内外大型窑应用较多的一种。

②箱形轮带　如图 6-4 所示，其特点是刚性大，有利于增强筒体的刚度，散热较好。与矩形轮带相比可节约钢材，但由于截面形状复杂，铸造时，在冷缩过程中易产生裂缝等缺陷，这些缺陷有时会导致横截面断裂。

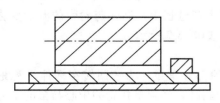

图 6-3　矩形轮带

 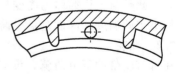

图 6-4　箱形轮带

（2）轮带在筒体上的安装

①活套式　轮带在筒体上的安装有固定式和活套式两种方式。固定式是将轮带直接铆在筒体上，这种安装方式限制了筒体的自由膨胀，轮带与筒体的热应力较大，特别是窑点火升温时，该方法目前很少使用。采用活套式时，首先在筒体上铆接或焊上垫板，然后轮带活套在垫板上，两者之间留有适当间隙。合适的间隙是指窑在正常生产中，轮带正好箍住筒体垫板，既无过盈又无缝隙，这样使轮带下的筒体变形与轮带变形一样，既起到加强筒体径向刚度的作用，又不致产生大的热应力，因此是目前应用较多的安装方法。

如图 6-5 所示，垫板一端自由，一端与筒体焊接，轮带与垫板间留有 3~6mm 的间隙，它既可以控制热应力，又可以充分利用轮带的刚性，使其对筒体起到加固作用，因此，是目前应用较多的安装方式。

②轮带与筒体一体化结构　一体化结构的特点是，轮带既作为支承部件，又是筒体的一部分。同时采用焊接方式与筒体作固定连接，代替了现有套装方式，以提高筒体的刚性。如图 6-6(a) 所示为实心铸钢结构，它是实心矩形轮带的两侧靠内圆处向外伸展，按过渡斜度逐渐减薄到与相邻筒体钢板同等的厚度，并与筒体焊接在一起。这种结构制造简单，散热较好，温度应力小，但是轮带的重量较大，消耗钢材较多。如图 6-6 (b) 所示为箱形轮带，全部用钢板焊接，轮带内缘本身就是筒体的一部分，设计中考虑到内外轮缘温差较大，为此在空腔内灌入高沸点的有机液体（如氟里昂）作为载热体，使热量迅速从内圈传到外围减少热应力。这种结构可以减轻窑体重量，节约钢材。但是制造比较困难，卷板焊接工作量大，焊接后还需要进行热处理。

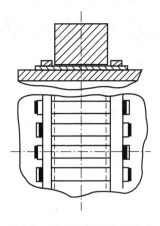

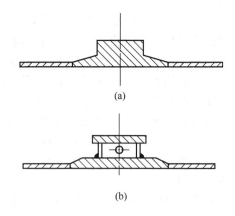

(a)

(b)

图 6-5　活套安装及垫板形式　　　　　图 6-6　筒体轮带一体化结构

③槽齿轮带　槽齿轮带是在轮带内面均等地设置齿台，两齿台之间有凹槽，对称的桥形板放在齿台内，两端有 X 形定位板。桥形板与齿台之间设置楔形块，使桥形板稳定。窑在运转时，作用力通过桥形板、楔形块传至轮带内的齿台，呈切线方向受力，这比常规使用的浮动式轮带直接受力要小得多。槽齿轮带与窑筒体是切线受力，轮带和筒体间隙值可增大至 0.40%，此数值允许筒体温度变化范围为 360℃。在生产过程中，筒体与轮带的温度变化值一般均小于此温度，因而避免了筒体发生永久变形，如图 6-7 所示。

6.3.2.2　托轮

在每道轮带的下方两侧，设有一对托轮支承窑的部分重量。为使回转窑筒体平稳地回转，各组托轮中心线必须与筒体中心线平行。安装托轮时，必须将托轮的中心与窑的中心的连线构成等边三角形，以便两个托轮受力均匀，保证筒体"直而圆"地稳定运转。

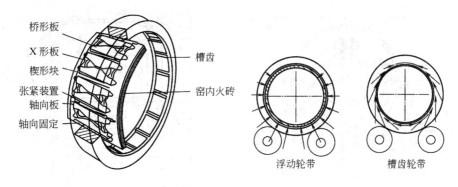

图 6-7　槽齿轮带及受力状况

　　托轮是一个坚固的钢质鼓轮，通过轴承支承在窑的基础上，为了节省材料和减轻重量，托轮中设有带孔的辐板，托轮的中心贯穿一轴，两轴颈安装于两轴承之中（图 6-8）。托轮的直径一般为轮带直径的 1/4，其宽度一般比轮带宽 50～100mm。至于轮带与托轮的材料，目前尚有两种看法，一种认为轮带大而重不易更换，为延长其使用寿命，所用材料比托轮要好，硬度要高一些；另一种看法认为托轮转速比轮带快 4 倍左右，表面磨损快，而托轮表面磨损后，又会影响轮带的寿命，因此轮带的材料应比托轮差一些。

　　我国目前一般用 ZG45 制造轮带，用 ZG55 制造托轮，并使托轮的硬度高于轮带硬度 30～40HB。托轮轴承是在不良的条件下工作，负荷大，温度高，周围灰尘大，因此一般采用滑动轴承，其结构如图 6-9 所示。瓦衬 1 镶在球面瓦 2 上，球面瓦与轴承座 3 是球面接触，运转中能够自动调整。油勺 4 能带油润滑。球面瓦用水冷却，轴端设有止推盘 5，轴肩设有止推环 6，用以承受轴向推力。轴承固定在底座上，设有调整托轮中心线的顶丝 8，用以调整每对托轮间的距离或中心线与窑体中心线偏斜的角度。

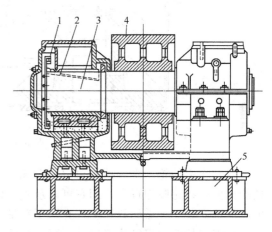

图 6-8　回转窑的托轮与轴承
1—油勺；2—分配器；3—托轮轴颈；
4—托轮；5—机架

6.3.2.3　挡轮

　　回转窑筒体是以 3%～5% 的斜度支承在托轮支承装置上，当窑回转时，回转窑筒体是要上、下窜动的，但这个窜动必须限制在一定范围之内。为了及时观察或控制窑的窜动，在某道（一般靠近大齿轮的一道）轮带两侧设有挡轮。挡轮为人们指出筒体在托轮上的运转位置是否正确，并起到限制或控制筒体轴向窜动的作用。挡轮按其工作原理，可分为不吃力挡轮、吃力挡轮及液压挡轮三种。

　　（1）不吃力挡轮　如图 6-10 所示，这种挡轮成对地安装在与大齿轮邻近的轮带两侧，当窑体窜动比较大时，轮带的侧面就与挡轮接触，使其转动。但它不能承受窑体窜动的力量，只是发出窑体窜动已超过了允许范围的信号，这时就要及时采取措施，控制窑的窜动。这种挡轮仅能承受很小力量，窑筒体轮带仅在上、下挡轮之间游动，故这种挡轮仅起信号作用，也叫信号挡轮。窑体的窜动超出允许范围时，必须通过调整托轮中心线的倾斜控制窑体窜动。但是这种方法最大的缺点就是使轮带与托轮表面接触不均匀，造成局部应力过大，加快了磨损，功率消耗增加，所以并不是一种很好的方法。

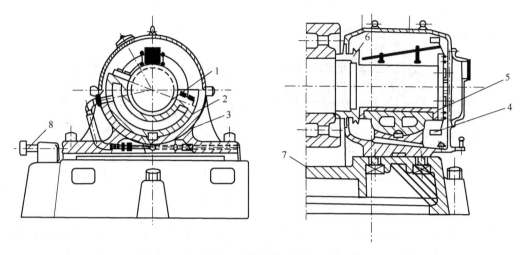

图 6-9　托轮轴承结构

1—瓦衬；2—球面瓦；3—轴承座；4—油勺；5—止推盘；6—止推环；7—底座；8—顶丝

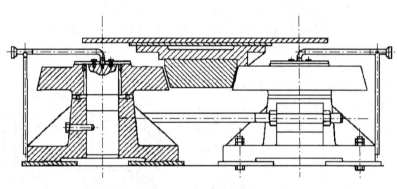

图 6-10　不吃力挡轮

（2）吃力挡轮　吃力挡轮可以承受窑筒体向下蹿动的力，其结构如图 6-11 所示。吃力挡轮比信号挡轮坚固得多，用它可以承受筒体上、下窜动的力。因此，筒体与托轮的中心线可以平行安装，不需调斜托轮，克服了轮带与托轮表面接触不良的现象。但是由于这种挡轮会使轮带与托轮的接触位置保持不变，往往在其接触表面由于长期磨损而形成台肩，影响窑体的正常运转。

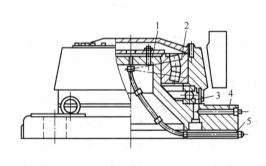

图 6-11　吃力挡轮

1—空心立柱；2—滚动轴承；3—止推排油管；

4—排油管；5—轴承

（3）液压挡轮　大型回转窑一般采用液压挡轮装置，如图 6-12 所示。挡轮通过空心轴支承在两根平行的支承轴上，支承轴则由底座固定在基础上。空心轴可以在活塞、活塞杆的推动下，沿支承轴平行滑移。设有这种挡轮的窑，托轮与轮带完全可以平行安装，窑体在弹性滑动作用下向下滑动，到达一定位置后，经限位开关启动液压油泵，油液再推动挡轮和窑体向上窜动。上窜到一定位置后，触动限位开关，油泵停止工作，筒体又靠弹性向下滑动。如此往返，使轮带以每8～12h 移动 1～2 个周期的速度游动在托轮上。如果移动速度过快，会使托轮与轮带以及大小齿轮表面产生轴向刻痕。

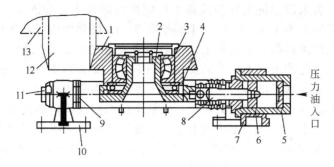

图 6-12　液压挡轮

1—挡轮；2—空心轴；3—径向轴承；4—止推轴承；5—油缸；6—活塞；7—右底座；
8—活塞杆；9—折叠式密封；10—左底座；11—导向轴；12—轮带；13—回转窑

6.3.3　传动装置

6.3.3.1　传动装置的作用

回转窑的转速一般在 0.4～4.0r/min 之间，有的窑速可达 4.0r/min 以上。慢速转动的目的是使物料翻滚、混合、换热和移动，控制煅烧时间，保证物料在窑内充分进行物理和化学反应。

传动装置的作用就是把原动力传递给筒体并减小到所要求的转速。回转窑的传动装置由电动机、减速机及大、小齿轮所组成，如图 6-13 所示。

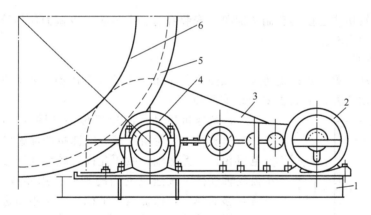

图 6-13　回转窑传动装置

1—底座；2—电动机；3—减速机；4—小齿轮；5—大齿轮；6—窑体

6.3.3.2　大齿轮

大齿轮由于尺寸较大，通常制成两半或数块，用螺栓将其连接在一起。大齿轮一般安装在靠近窑筒体尾部，在运转中远离热端，灰尘较少。要保证回转窑的正常运转，大齿轮必须正确地安装在筒体上，大齿轮的中心线必须与筒体中心线重合。目前有两种固定方式。

（1）切线连接　大齿轮固定在筒体切线方向的弹簧板上，如图 6-14 所示。弹簧板一般用 20～30mm 厚的钢板，板宽与大齿轮相等，一端成切线与垫板及窑固定在一起，另一端用螺栓与大齿轮接合在一起，接合处可以插入垫板，这样可以调节大齿轮中心与窑体中心位置，使其对准。

这种连接方式具有较大的弹性，能减少因筒体弯曲或开、停车时冲击对大、小齿轮的影响，缺点是安装较困难，中心不易找准，齿轮制造困难。

（2）轴向连接　将大齿轮固定在与筒体平行的弹性钢板上，如图 6-15 所示。在窑体上放有垫板座两圈，其间距为 1.4～1.8m，中间架有 8～15 块弹性钢板，与垫板一起用铆钉固定在筒体上，大齿轮用螺钉固定在钢板上。传动设备安装时大、小齿轮中心线应保持平行。有的小齿轮安装在大齿轮的正下方，有的安装在斜下方。安装在正下方，两齿轮的作用力使小齿轮轴承地脚螺栓承受水平推力较大，而在斜下方，两齿轮的作用力可分解为水平与垂直的两个分力，使地脚螺栓承受水平推力较小，也便于检修和改善传动装置的工作条件，所以一般是装在大齿轮的斜下方。大、小齿轮的速比一般为 5～7，小齿轮工作次数比大齿轮多 6 次左右，故一般大齿轮用 45# 铸钢制造，小齿轮用 50# 锻钢制成，以便两者磨损均衡。在大、小齿轮上加一个金属罩可以保持它们的清洁。

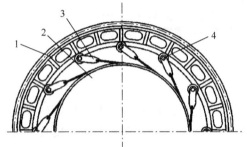　　　　　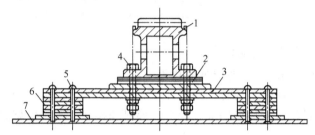

图 6-14　大齿轮与筒体切向连接　　　　　　图 6-15　大齿轮与筒体的轴向连接
1—螺栓；2—窑体；3—加固垫板；　　　　　1—大齿轮；2—垫板；3—弹簧板；
4—钢板　　　　　　　　　　　　　　4—螺栓；5—铆钉；6—高垫；7—筒体

这种连接法较切线连接具有制造简单、安装容易、大齿轮可以调面使用等优点，但在传递动力时，弹性程度较差。

6.3.3.3　传动方式

回转窑的传动装置有减速机传动、减速机与半敞式齿轮组合传动、减速机与三角皮带组合传动及液压传动四种，下面主要介绍前两种。

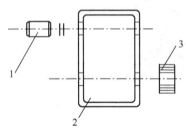

图 6-16　减速机传动
1—电动机；2—减速机；3—小齿轮

（1）减速机传动　减速机传动如图 6-16 所示，由电动机、减速机及小齿轮所组成。减速机的高速轴用弹性联轴器与电机相连，低速轴一般用允许有较大径向位移的联轴器与小齿轮轴连接。减速机密闭的外壳是用铸铁或钢板制造的，具有足够的强度，保证运转平稳，灰尘不易进入，减少了零件的磨损，并给润滑冷却创造了条件。这种传动布局紧凑，占地面积小，传动效率高，减速机传动效率可达 98.5%，而且结构比较简单，部件少，安装时调整方便，生产时故障少，部件使用寿命长，并且安全可靠。

（2）减速机与半敞式齿轮组合传动　减速机与半敞式齿轮组合传动如图 6-17 所示，减速机的低速轴与半敞式的齿轮组连接，减速机的速比可减小，外形尺寸也可减小，减速机远离窑体，减少了辐射热的影响，改善了减速机的工作条件，便于检修。但占地面积大，效率低，耗油多，安装、修理、维护都比较麻烦。

（3）双传动　现代大型回转窑上，广泛地采用了双传动系统（图 6-18）。双传动的优点是：大齿轮同时与两个小齿轮啮合，传力点增多，运转平稳，齿的受力减少一半，其模数和宽度大为减小，可防止因齿宽过大、受力不均匀而造成齿轮的过早损坏，同时便于制造；缺点是零部件数量增加，安装与维修工作量增加。

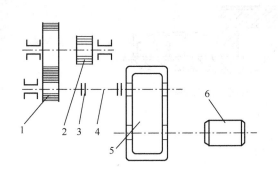

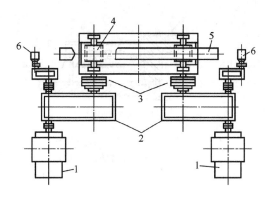

图 6-17　减速机与半敞式齿轮传动
1—半敞式齿轮；2—小齿轮；3—联轴器；
4—减速机电动机；5—轴；6—电动机

图 6-18　回转窑的双传动
1—主电动机；2—主减速机；3—联轴器；
4—小齿轮；5—大齿轮；6—辅助传动装置

回转窑载荷的特点是：恒力矩、启动力矩大、要求能均匀地进行无级调速。目前常用的电动机及调速方法有直流电动机，可控硅调速；绕线型转子异步电动机，电阻调速及可控硅串激调速；电磁调速异步电动机（滑差电机），整流子变速异步电动机等。

除了主传动系统外，有的回转窑还设有辅助传动系统。它是以辅助电动机为动力，在主减速机与辅助电机之间设有辅助减速机与辅助电动机相连，由于速比的增大，可以使窑以非常缓慢的速度旋转。它与主传动系统分别用不同的电源或其他能源。它的主要作用是，当主电源或主电机发生故障时，定时转窑，以免筒体在高温下停转时间过长而造成弯曲；在砌砖或检修时能使筒体停留在某个指定位置；回转窑启动时采用辅助电机，可减少启动时的能量消耗。

6.3.4　密封装置

回转窑是在负压操作的热工设备，在进、出料端与静止装置（烟室或窑头罩）连接处，难免要吸入冷空气，为此必须装设密封装置，以减少漏风。如果密封效果不佳，在热端将降低燃烧温度，增加热耗；在冷端将影响窑内正常通风，加大主排风机负荷。因此，密封性能的好坏，对窑系统的运转和生产指标如产、质量和能耗等，具有重要意义。

6.3.4.1　回转窑对密封装置的要求

①密封性要好；

②能适应窑体上下窜动、摆动（长的伸缩以及直径变化，悬臂端轻微弯曲变形等）要求；

③耐高温、耐磨，结构简单，便于维修等。

6.3.4.2　密封装置形式及特点

窑的密封可分为静密封和动密封两种，动密封又分为非接触和接触式。目前国内用于回转窑上的密封装置主要有以下几种。

（1）迷宫式密封装置　迷宫式密封装置根据气流通道方向不同，分为轴向迷宫式密封和径向迷宫式密封。其原理是让空气流经曲折的通道，产生流体阻力，使漏风量减少。迷宫式密封结构简单，没有接触面，不存在磨损问题，同时不受筒体窜动的影响。为了避免动、静密封圈在运动中发生接触，考虑到筒体与迷宫密封圈本身存在的制造误差及筒体的热膨冷缩、窜动、弯曲、径向跳动等因素，相邻的迷宫圈间的间隙不能太小，一般不小于20～40mm。间隙越大，迷宫数量越少，密封效果也就越差。迷宫式密封适用于气体压力小的地方或与其他密封结合使用，其结构如图6-19所示。

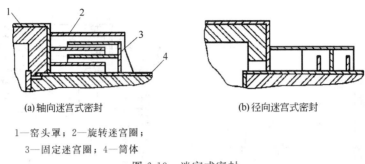

(a)轴向迷宫式密封　　　　　　(b)径向迷宫式密封

1—窑头罩；2—旋转迷宫圈；
3—固定迷宫圈；4—筒体

图 6-19　迷宫式密封

（2）气封式密封装置　本密封的特点是运动件与静止件完全脱离接触，全靠气体密封，即在密封处形成正压或负压。负压密封，因抽出的气体含有尘粒，需经净化后排入大气，增加投资，系统复杂，故没有得到推广。

如图 6-20 所示为两种典型的正压式窑头密封，在风罩两侧紧靠窑筒体和风冷套处，装有扇形密封板，外面设专用鼓风机，通过若干个空气喷嘴，对着风冷套吹向窑口护板，进行冷却，延长其使用寿命。同时，空气被护板和筒体预热后，在风罩内正压作用下，通过两侧密封板缝隙，部分进入窑头罩，部分排入大气。由于窑头罩内正常处于 $0\sim50Pa$ 的微负压，窑头筒体悬臂较短（一般约为窑尾的 1/3），扇形密封板预留的偏摆间隙较小，所以漏入窑内的气体量不多，且预热后有一定温度，对窑内燃烧状态影响不大。正压气封适用于窑头，不适用于负压较大的窑尾。风罩下设灰斗和锁风阀，以便卸出可能出现的漏料，有助于保证密封。

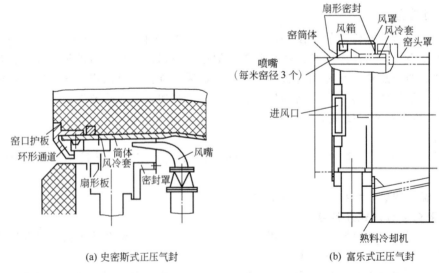

(a) 史密斯式正压气封　　　　　(b) 富乐式正压气封

图 6-20　两种典型的正压式窑头密封

这种密封的优点是没有磨损件，维修量小，结构简单。不足之处是漏入部分较低温度的二次空气，对窑系统热效率有一定的影响。

（3）汽缸式密封装置　这种密封主要靠两个大直径的摩擦环（一动一静）端面保持接触实现。为了使静止密封环能进行微小的浮动，以适应筒体轴向位移，还用缠绕一周的石棉绳进行填料式密封。如图 6-21 和图 6-22 所示是汽缸式密封的局部示意。

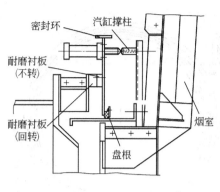

图 6-21　汽缸式窑尾密封

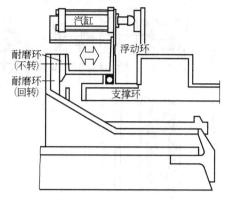

图 6-22　汽缸式窑头密封

这种密封技术成熟，效果良好。缺点是气动装置系统复杂，而且需要安装专用的小型空压机，单独供气，造价较高，维护工作量大。

（4）弹簧杠杆式密封装置　如图 6-23 所示，端面摩擦密封主要由烟室上的固定环和窑体上若干块随窑回转的活动扇形板来实现。后者由铰链支承于窑筒体末端延伸的部分，借助于拉力弹簧和杠杆机构，把扇形板压向烟室的固定环上，保持紧密接触。扇形板外圆与环形内表面之间的间隙可通过调整机构控制。由于扇形板是随窑转动的，不受筒体偏摆的影响，所以间隙可以调到小至 0.5mm，既允许扇形板轴向浮动，又能实现较好的密封。这种密封的优点是运动件比较轻巧灵活，便于调整，密封效果不错。但零件必须加工准确，安装调整仔细。

（5）带有石棉绳端面摩擦密封装置　带有石棉绳端面摩擦密封装置如图 6-24 所示。由一系列的金属圈组成，在烟室壁上有一个固定圈 6，在固定圈上又有一个压圈 4，在固定圈和压圈之中套有一个滑圈 3。它们是通过一个支架和两个滚轮支承在烟室上，可以做轴向移动。滑圈与压圈之间的间隙填充有石棉绳，在滑圈的一端固定有一个摩擦圈 2，在窑筒体上设有转动圈 1，在重锤作用下，摩擦圈与转动圈紧密接触，使空气不能漏入烟室内。当窑体向上移动时，转动圈将滑圈推进烟室；当窑体向下移动时，滑圈在重锤压力下，随之往下移动，始终与转动圈紧密接触，因此它能适应窑体的上、下窜动或窑温变化时长度的伸缩。

这种密封装置密封效果好，构造简单，制造容易，安装方便，所以使用较为普遍。它的不足之处

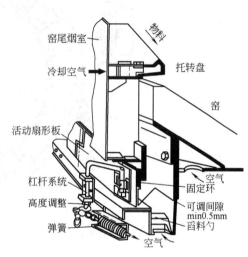

图 6-23　弹簧杠杆式窑尾密封

是转动圈与摩擦圈之间磨损比较严重，石棉绳要经常检查，及时更换。

（6）石墨块密封装置　石墨块密封装置如图 6-25 所示，石墨块在钢丝绳及钢带的压力下可以沿固定槽自由活动并紧贴筒体周围。紧贴筒外壁的石墨块相互配合可以阻止空气从缝隙处漏入窑内。石墨块之外套有一圈钢丝绳，此钢丝绳绕过滑轮后，两端各悬挂重锤，使石墨块始终受径向压力，由于筒体与石墨块之间的紧密接触，冷空气几乎完全被阻止漏入窑内，密封效果好。实践表明，石墨有自润滑性，摩擦功率消耗少，筒体不易磨损；石墨能耐高温、抗氧化、不变形，使用寿命长。使用中出现的缺点是下部石墨块有时会被小颗粒卡

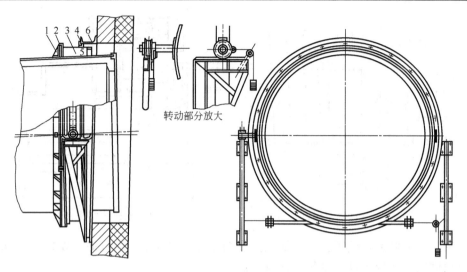

图 6-24 带有石棉绳端面摩擦式密封装置
1—转动圈；2—摩擦圈；3—滑圈；4—压圈；5—石棉绳；6—固定圈

住，不能复位。用于窑头的密封弹簧易受热失效，石墨块磨损较快。

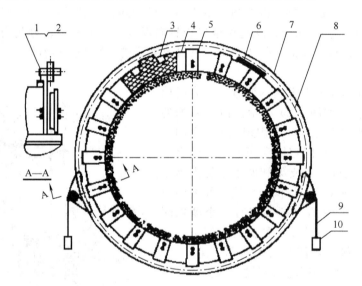

图 6-25 石墨块密封装置
1—滑轮；2—滑轮架；3—楔块；4—石墨块；5—压板；6—弹簧；
7—钢带；8—固定圈；9—钢丝绳；10—重锤

（7）移动滑环式密封装置 移动滑环式密封装置如图 6-26 所示。它由三道密封环节组成，主要一道是由密封槽 5 和与它配合的密封环 6 所组成，后者固定不动，前者通过导向键槽 4 随窑一起转动，活套在窑体上，当窑体窜动时，无阻碍。环向压圈 2 主要防止漏风，为密封垫板，它们组成第二道密封。第三道由四块弧形不锈钢板 8 构成，主要防止粉料流向其他两道密封。

这种密封装置用于带窑外分解炉窑的窑尾，效果较好。序号 8 为 12 个相互衔接的耐热钢回料勺，随窑一起回转，能及时将窑口溢流出的物料舀起，撒在烟室斜坡上再流入窑内。

（8）薄片式密封装置 一周均布许多窄长的耐热薄弹簧钢板，一端固定在支架上，自由端则利用弯曲变形所产生的反弹力，压在筒体上。薄片之间像鳞片式交叠于一侧，以消除间隙。

如图 6-27 所示是薄片式窑头密封的全貌。薄片安装在沉降室上一个截锥形的法兰上，与窑头风冷套外圆贴合。沉降室则固定在窑头罩端面。除了利用薄片本身的弹性外，还在薄片的自由端用一圈钢丝绳缠绕其上，绳端用重锤拉紧。为了加强薄片之间的密封，还可以采用双层结构，使交叠缝相互错开。由于窑头温度很高，设计了一圈折流隔热板，以防弹簧片过热。同时当窑头偶然出现正压时，把吹出的尘粒挡住，使它们进入沉降室的灰斗内。这种密封只要具有足够大的摩擦表面，密封性是很好的，同时对窑的弯曲偏摆等具有很大的适应性。此外零件加工、更换和找正都较方便。如图 6-28 所示是薄片式窑尾密封局部示意。

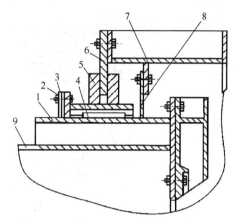

图 6-26　窑尾移动滑环式密封装置
1—小冷套；2—压圈；3—密封垫板；4—导向键；
5—密封槽；6—密封环；7—固定板；
8—弧形不锈钢板回料勺；9—窑体

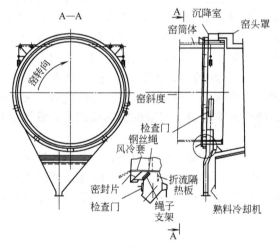

图 6-27　薄片式窑头密封的全貌

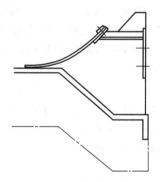

图 6-28　薄片式窑尾密封局部示意

（9）除尘风箱式密封装置　除尘风箱式密封结构如图 6-29 所示，这种密封装置一般用于窑头。在热端，窑内熟料温度高达 $1000\sim1300℃$，窑口必须用耐热扇形保护板，使窑口钢板免受高温的直接辐射。操作时间较长时，窑口筒体端部仍会被烧成喇叭口，通常窑口护板使用寿命都较短。窑头呈微负压，常有高温气体携带粉尘飞扬到窑外，为此在窑头采用除尘风箱式密封。风箱式密封件与筒体之间留有较大间隙，有利于冷空气冷却筒体，延长其寿命，风箱式密封还可防止携带粉尘外溢，污染环境。

除尘风箱是一种可在其内产生一定气压的压力室，它是由紧密相接的分段密封板、空气罩和窑筒体组成，压力区处于两个密封板之间，风箱内等距排布的喷嘴将空气高速引入环形空气罩的前端，喷嘴数目可以根据窑筒体直径确定，一般原则为每米窑直径 9~10 个喷嘴。加压高速空气一部分进入大气，一部分进入窑内，因为这部分空气压力高于窑头内压力，形成了气幕密封，有效地防止了含尘气体的外溢，冷却了窑口护板及筒端部。另外，在窑头底部设置一个灰斗，收集未从窑头罩漏出的粉尘。

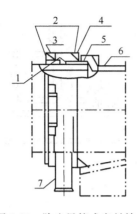

图 6-29 除尘风箱式密封结构

1—喷嘴；2—分断密封板；3—风室；

4—除尘室；5—空气罩；6—窑头罩；7—灰斗

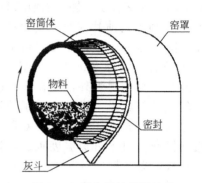

图 6-30 复合柔性密封示意

这种结构没有摩擦件，可延长窑口护板寿命。缺点是漏入少量冷风，对工艺操作有一定不利影响。

（10）新型复合柔性密封装置 复合柔性密封装置（图 6-30）是由一种特殊的新型耐高温、耐磨损的半柔性材料，做成密闭的整体形锥体，能很好地适应回转窑端部的复杂运动，使用时其一端密闭地固定在窑尾烟室及窑头罩上，另一端用张紧装置柔性地张紧在回转窑的筒体上，有效地消除了回转窑轴向、径向和环向间隙，实现了无间隙密封，且内部辅助设置了自动回灰和反射板装置，因而其结构科学，密封效果好。该密封装置实现了柔性合围方法，集迷宫式、摩擦式和鱼鳞式密封为一体，博采所长，充分发挥材料特性优势，突出刚性密封挡料、柔性密封隔风的特点，使得动、静密封体在设备有限的活动区域内，发挥出良好的稳定效果。

该装置主要优点是：刚性体安装准确牢固，柔性体结构紧凑耐用；法兰制作安装强度和精度要求高、贴合严；密封采用固-液混合方式，效果好；柔性密封体材料抗高温老化和力学性能高，隔热效果好，弹性强；摩擦片具有自润滑特点，耐磨性强；张紧装置结构简便可靠，方便调整与维修。

6.4 回转窑工作原理

研究回转窑的工作原理，主要是研究物料在窑内的变化、物料在窑内的运动、窑内气体的流动、燃料的燃烧和物料与气体间传热的基本规律。

6.4.1 回转窑内的反应

6.4.1.1 工艺带的划分

预分解窑入窑物料分解率已达 $90\%\sim95\%$，窑内只进行部分分解反应，主要是固相反应、烧结反应和熟料冷却。因此，一般将预分解窑分为四个工艺带：分解带、固相反应带、烧成带及冷却带（也有的划分为四个带：分解带、过渡带、烧成带和冷却带）。

6.4.1.2 窑内各带的工艺反应

（1）固相反应带 预分解窑入窑物料温度在 860℃ 左右。入窑后由于重力作用，随即沉积在窑的底部，形成堆积层，并随窑的转动料粉开始运动，这时料层内部的分解反应将暂时停止。这是因为料层内部颗粒周围被 CO_2 气膜所包裹，气膜又受上部料层的压力，使颗粒

同周围 CO_2 的压力达到 1atm（1atm＝101325Pa）左右，料温在其平衡分解温度 900℃ 以下是难以进行分解的。当然，处于料层表面的料粉仍能继续分解。

随着料粉的移动，颗粒受气流及窑壁的加热，温度很快上升到 900℃ 以上，料层内部再进行分解反应。当粉料中分解反应完成以后，料温逐渐提高，开始发生固相反应。一般初级固相反应于 800℃ 在分解炉内就已开始，但由于在分解炉内呈悬浮态，各组分间接触不紧密，所以主要的固相反应在进入回转窑后才能大量进行，最后生成 C_2S、C_3A 和 C_4AF。上述反应过程是放热反应，它放出的热量，直接用来提高物料温度，使窑内料温较快地升高到烧结温度。

（2）烧成带　在此带内，液相大量生成，它一方面使物料结粒；另一方面促进 C_3S 的形成。

在生料化学成分稳定的条件下，C_3S 的生成速度随温度的升高而激增，因此烧成带首先必须保证一定的温度。C_3S 的生成温度范围从出现液相开始到液相凝固为止，一般在 1300～1500℃，此温度范围又叫烧成温度。烧成带还需具有一定长度，使物料在烧成温度下持续一段时间，使化学反应尽量完全。

（3）冷却带　温度降至 1300℃ 以下，熟料开始凝固，C_3S 的生成反应结束，熟料中部分熔剂矿物 C_3A 和 C_4AF 形成晶体析出；另一部分熔剂矿物因冷却速度较快，来不及析晶而形成玻璃体。

以上各带是根据熟料的大致形成过程对回转窑进行人为划分的，各带在窑内的位置和长度也不是固定的，各带之间有互相交叉。

6.4.1.3　熟料煅烧进程

如图 6-31 所示是 KHD 公司提供的 ϕ4.0m×56m 至 ϕ4.4m×64m（L/D＝14）的预分解窑（窑速 3.0r/min）熟料煅烧进程。该图中的分解带指的是回转窑窑尾进行剩余 $CaCO_3$ 分解的一段长度，在我国则属于过渡带的一部分。

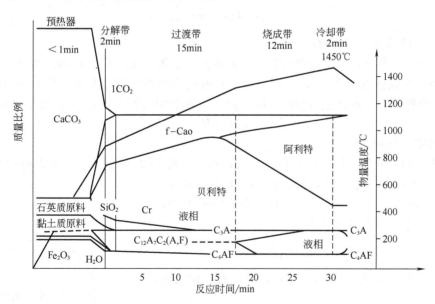

图 6-31　预分解窑（L/D＝14）熟料煅烧进程

6.4.2　窑内物料的运动

物料由窑尾进入回转窑后，由于筒体具有一定的斜度，并以一定的速度回转，物料就会逐渐由窑尾向窑头运动。这一运动影响到物料在窑内的停留时间、物料的填充系数和物料受热面积等。

回转窑内物料运动情况十分复杂，影响物料运动的因素很多，想通过理论分析和严密的数学推导得出运动方程是极为困难的，在此也只能做一些基本概念的介绍。

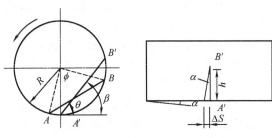

图 6-32　回转窑内物料运动示意

当运转中的回转窑停窑后，物料停留在窑截面的斜下方，如图 6-32 所示。物料上表面与水平面的夹角 θ，称为物料的静休止角（即一般物料休止角）。当回转窑再转动时，由于内摩擦力的作用，物料随窑体转动到一定位置后（由 B 点到 B' 处）才滚动下来，形成一个新的物料表面，此表面与水平面的夹角大于原来的休止角，称为动休止角 β。A' 点处的物料随着窑转到 B' 处，由于重力作用而沿着 $A'B'$ 平面滑落或滚动下来，但是由于窑筒体具有一定斜度。它不会再落到原来的位置 A' 处，而是向低端移动了一段距离 ΔS。

由图 6-32 看出：

$$\Delta S = h\tan\alpha \tag{6-1}$$

式中　h——物料平面弦长；

　　　α——回转窑筒体的斜度。

根据几何学知道：

$$h = 2R\sin\frac{\phi}{2} \tag{6-2}$$

式中符号如图 6-32 所示。

$$\Delta S = D_i\sin\frac{\phi}{2}\tan\alpha \tag{6-3}$$

式中　D_i——回转窑筒体有效内径。

物料前进 ΔS 距离后，又被埋在物料中，重复以上的运动过程，在不断的翻动过程中前进，每翻滚一次就前进一个 ΔS。筒体回转一周该处的物料能翻滚几次，要看一周中有几个 $\overset{\frown}{BB'}$。若将物料的动、静休止角投影于同一点上，并令 $\overset{\frown}{BB'}$ 的圆心角为 ϕ，如图 6-33 所示，

$$\overset{\frown}{BB'} = R\phi \tag{6-4}$$

式中符号如图 6-33 所示。

根据弧的圆心角等于同弧圆周角的 2 倍，若以 δ 表示 $\overset{\frown}{BB'}$ 的圆周角，即：$\phi = 2\delta$。

由图 6-33 看出，$\delta = \beta - \theta$，所以式（6-4）也可写为：

$$\overset{\frown}{BB'} = 2R\delta = 2R(\beta - \theta)$$

则每转一周，物料翻滚的次数为：

$$\frac{2\pi R}{2R(\beta - \theta)} = \frac{\pi}{\beta - \theta} \tag{6-5}$$

当回转窑的转速为 n（r/min）时，则物料沿轴线方向运动速度为：

$$W_m^0 = n\frac{\pi}{\beta - \theta}D_i\sin\frac{\phi}{2}\tan\alpha \tag{6-6}$$

式中　W_m^0——物料在回转窑内沿轴线方向理论速度，m/min。

物料的实际运动速度很复杂，有人利用相似理论通过模型试验，得出如下近似计算式。

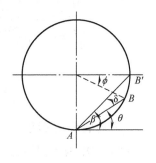

图 6-33　回转窑内物料的动、静休止角及 $\overset{\frown}{BB'}$ 圆心角

$$W_m = 0.19\left(n\frac{\pi}{\beta-\theta}D_i\sin\frac{\varphi}{2}\tan\alpha\right) \qquad (6\text{-}7)$$

式中　W_m——物料在回转窑内的实际运动速度，m/s。

其他符号同前。

由式（6-7）可以看出，影响物料运动速度的因素很多，首先与窑的直径和斜度有关，当窑一定后，主要影响物料运动速度的因素是窑的转速，其次是物料的填充率、物料性质、窑壁的光滑程度。它们是通过物料弦所对的中心角 ϕ 和动、静休止角差（$\beta-\theta$）在公式中反映出来，物料填充率增大，ϕ 角增大，物料运动速度加快，在同一窑内各带的物料性质不同，动、静休止角不同，物料运动速度也不同。

回转窑内物料运动速度的计算公式较多，除此之外，还有郝道劳夫提出的计算公式。

$$W_m = \frac{8V_m}{D_i(\phi-\sin\phi)} \qquad (6\text{-}8)$$

式中　V_m——以物料体积表示的窑的生产率，m^3/h；

$\quad\ D_i$——窑的内径，m；

$\quad\ \phi$——物料弦对窑而言的中心夹角，rad。

美国矿业局提出了更为简便而常用的计算公式。

$$W_m = \frac{\alpha D_i n}{60\times1.77\sqrt{\beta}} \qquad (6\text{-}9)$$

式中　β——物料的自然休止角，一般取 $35°\sim60°$，随各带物料性质不同而异，烧成带 $\beta=50°\sim60°$，冷却带 $\beta=45°\sim50°$。

目前窑内物料运动速度多采用实测法。一种是在生料中掺加在燃烧过程中不起反应的标记性物质如银、铜等，然后在不同地点断续取样分析，从物料中标记物质达到最大浓度的时间，可推算物料移动速度；另一种是采用放射性同位素，如 Na^{24}、Fe^{50}、Cu^{140} 等。将放射同位素掺入生料中，然后沿窑长排列若干个计数管，来监视带有放射性元素的物料所在的位置，从而计算出物料移动的速度。

物料在各带的运动速度决定着物料在各带内停留的时间。实际生产中，经常用调整窑的转速来控制物料的运动速度。当喂料量不变时，窑速越慢，料层越厚，物料被带起的高度也越高，贴在窑壁上的时间越长，在单位时间内的翻滚次数越少，物料前进速度也越慢。窑速越快，料层越薄，物料被带起的高度越低，单位时间内翻滚次数越多，物料前进速度越快。

根据国内外的测定数据表明，物料在窑内停留时间为 $32\sim42min$。当回转窑的喂料量一定时，物料运动速度还影响着物料在回转窑内的填充系数（又叫物料的负荷率），即窑内物料的体积占筒体容积的比例。各带物料填充系数可用下式表示。

$$\varphi = \frac{m}{3600w_m\frac{\pi}{4}D_i^2\rho_m} \qquad (6\text{-}10)$$

式中　φ——窑内物料填充系数，%；

$\quad\ m$——单位时间通过某带的物料量，t/s；

$\quad w_m$——物料在某带运动速度，m/s；

$\quad\ D_i$——某带有效内径，m；

$\quad\ \rho_m$——通过某带物料的容积密度，t/m^3。

由式（6-10）看出，当喂料量 m 保持不变时，物料运动速度加快，窑内物料负荷率就减小；反之，就要加大。但在生产过程中，要求窑内的负荷率最好保持不变，以稳定窑内的热工制度，φ 值一般为 $5\%\sim17\%$。要使物料的负荷率保持不变，物料的运动速度（主要取决于窑的转速）与喂料量必须有一定比例，所以要求回转窑的电动机与喂料机的电动机能同步运转，即窑速打快，下料量也多；反之，下料量也减少。

6.4.3　回转窑内的燃料燃烧

回转窑煅烧熟料需要的热量来自燃料的燃烧，因此可将回转窑看做是燃烧设备，燃料燃烧的一段空间，一般称为"燃烧带"。以下主要讨论煤粉在回转窑内的燃烧。

6.4.3.1　煤粉在回转窑内的燃烧过程

煤粉入窑后首先被干燥，排除水分，随着温度的升高，挥发分开始逸出，并在颗粒周围形成一层气体薄膜，这一过程称为干燥预热阶段，这段流股在生产上称为"黑火头"（或称火焰根部）。当温度继续升高，达到挥发分的燃点后，挥发分开始燃烧，并形成明亮可见的火焰，在挥发分没有燃烧完以前，焦炭颗粒被挥发分和燃烧产物的气体膜所包围，无法与氧气接触，因而无法燃烧，只能进行焦化，待挥发分燃尽后，空气中的氧才能扩散到焦炭颗粒表面，进行焦粒的燃烧，首先在炭粒表面生成 CO，并以气相的形式围绕在颗粒周围，再遇到空气中氧时燃烧生成 CO_2，形成一薄层反应区，放出热量。

生成的 CO_2 气体又向着颗粒表面和离开表面扩散，离开表面的成为燃烧产物，被排走；而由颗粒内部向着表面扩散的 CO_2，又通过反应还原成 CO，因此实际上在炭粒表面的氧气是很少的，特别是处在流股中心部位的炭粒，很难与氧气接触，影响其他燃烧速度。因此，若要加快燃烧速度，应当设法增加碳粒表面氧的浓度，因为在较高温度下，燃烧速度主要决定于扩散速度的大小。

炭粒的燃烧过程可以利用化学反应式表示

$$C+O_2 \longrightarrow CO_2$$
$$C+O_2 \longrightarrow 2CO \qquad \text{一级反应}$$
$$2CO+O_2 \longrightarrow 2\,CO_2$$
$$CO_2+C \longrightarrow 2CO \qquad \text{二级反应}$$

$\left.\begin{array}{l} C_xO_y+O_2 \rightarrow 2CO \\ C_xO_y \end{array}\right\}\, mCO_2+nCO$，式中，$m$、$n$ 取决于燃烧过程和条件，即碳氧结合比

$\beta=\dfrac{m+n}{m+0.5n}$。炭粒的燃烧过程也是燃烧物的消耗过程，可以利用单位时间内氧的消耗量（q_{O_2}）或炭的消耗量（q_C）来表示。从化学反应的角度考虑，反应速率方程为 $q_{O_2}=K\,[CO_2]$，式中，化学反应速率系数 $K=K_0\exp\left(-\dfrac{E}{RT}\right)$；从氧扩散的角度考虑，反应的速率方程：

$q_{O_2}=\alpha\,[c_{O_2\infty}-c_{O_2}]$，其中氧的扩散系数为 $\alpha=\dfrac{24\varphi D}{\mathrm{d}pR'\,T_m}$；两式合并经整理后得：

$$q_{O_2}=\frac{[c_{O_2\infty}]}{\dfrac{1}{K}+\dfrac{1}{\alpha}} \qquad\qquad (6\text{-}11)$$

式中　　　q_{O_2}——氧消耗量，$kg/(m^2 \cdot s)$；

c_{O_2}，$c_{O_2\infty}$——反应物炭表面和远处的氧浓度（或用氧分压代替）；

α——扩散反应速率系数，$kg/(m^2 \cdot s \cdot Pa)$；

K——化学反应速率系数，$kg/(m^2 \cdot s \cdot Pa)$；

K_0——频率因子，$kg/(m^2 \cdot s \cdot Pa)$；

p——远处气流中的氧分压；

φ——反应机理因子（当 $\varphi=2$ 时，表面产物为 CO_2；当 $\varphi=1$ 时，表面产物为 CO）；

D，D_0——温度 T_0 和任意温度下的氧在气流中的扩散系数，m^2/s。

$$D=D_0\left(\frac{T_m}{T_0}\right)^{1.75} \tag{6-12}$$

式中　T_m——气流温度和炭粒温度的平均值，K；

T_s——颗粒表面温度，K；

T_0——参考温度，K。

E——炭粒燃烧的活化能，J/mol；

R，R'——通用气体常数，$R'=0.2868kJ/(kg \cdot K)$，$R=8.314kJ/(kmol \cdot K)$。

因此，得出炭的消耗量为：

$$q_C=\beta q_{O_2}=\frac{\beta \cdot [c_{O_2\infty}]}{\frac{1}{K}+\frac{1}{\alpha}}=\frac{\beta p_{O_2\infty}}{\frac{1}{K}+\frac{1}{\alpha}} \tag{6-13}$$

式中　q_C——比表面燃烧速率，$kg/(m^2 \cdot s)$；

$1/K$——燃烧反应阻力；

$1/\alpha$——扩散控制阻力。

当 $K \ll \alpha$ 时，则 $q_C \approx \beta K q_{O_2}=\beta K_0 \exp\left(-\frac{E}{RT_s}\right)p_{O_2\infty}$，为燃烧反应控制过程（也称动力控制过程）；当 $K \gg \alpha$ 时，则 $q_C \approx \beta \alpha p_{O_2\infty}$，为扩散反应控制过程；当 $K \approx \alpha$ 时，为中间控制过程，或者过渡控制过程。

由上述分析可参考图 6-34 可得出如下结论。

①当 $\alpha/K>10$ 时，为动力燃烧区。在动力燃烧控制区内，强化燃烧最有效的措施是提高燃烧温度。可根据 $K=K_0\exp(-E/R)$ 确定 T 值。

②当 $\alpha/K<0.1$ 时，为扩散燃烧控制过程。在扩散控制的燃烧区内，强化燃烧最有效的措施是增加空气流与炭粒间的相对速度，以提高氧与炭粒的接触概率或氧的含量。

③当 $\alpha/K=0.1\sim10$ 时，为中间状态。采用上述两种方式均可提高炭粒的燃烧速率。

国内大部分无烟煤中的炭粒燃烧均为动力控制燃烧。因此，提高初始燃烧的环境温度，是加快无烟煤煤粉燃烧最为有效的途径。

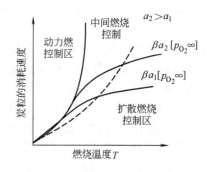

图 6-34　燃烧控制过程示意

炭粒的燃烧及燃尽时间　炭粒的比表面燃烧速率可由下式计算得出

$$q_C=\frac{-\frac{d}{d\tau}\left(\frac{\pi d_p^3}{6}\rho_C\right)}{\pi d_p^2}=-\frac{\rho_C}{2}\times\frac{d_{dp}}{d\tau} \tag{6-14}$$

从前面的分析中可知，炭粒的比表面积燃烧速率的另一种表达式为：

$$q_C=\frac{\beta p_{O_2\infty}}{\frac{1}{\alpha}+\frac{1}{K}} \tag{6-15}$$

由以上两式整理写成积分的形式，并将相应的 α 和 K 的表达式代入，并令炭粒的燃尽

率为 $B=1-\left(\dfrac{\mathrm{d}p}{\mathrm{d}p_0}\right)^3$ ，经整理后则炭粒的燃尽时间为：

$$\tau=\frac{\rho_C}{2\beta p_{O_2\infty}}\left\{\frac{[1-(1-B)^{\frac{2}{3}}]R'T_m\mathrm{d}p_0^2}{48\varphi D}+\frac{[1-(1-B)^{\frac{1}{3}}]\mathrm{d}p_0}{K_0\exp\left(-\dfrac{E}{RT_s}\right)}\right\}$$

相应炭粒的燃尽率 $B=100\%$ 时，炭粒的燃尽时间见下式。

$$\tau_0=\frac{\rho_C}{2\beta p_{O_2\infty}}\left\{\frac{R'T_m\mathrm{d}p_0^2}{48\varphi D}+\frac{\mathrm{d}p_0}{K_0\exp\left(-\dfrac{E}{RT_s}\right)}\right\} \tag{6-16}$$

式中　$\mathrm{d}p_0$，$\mathrm{d}p$——炭粒起始径和中间状态粒径，m；

　　　ρ_C——炭粒子密度，kg/m^3。

回转窑用煤的热值越大，灰分含量越低，越有利于达到要求的火焰温度和需要的热量，在相同条件下，使用高热值煤，单位熟料热耗较低。这是因为高热值煤，单位质量产生的废气量多，比使用低热值煤，煤耗量大，生成的废气量要小得多，使废气带走的热损失小。

挥发分过低，着火缓慢，形成的黑火头过长，且焦炭粒子较致密，燃烧缓慢，使火焰拉长，降低了火焰温度，对熟料质量不利；挥发分过高（＞30％）的煤喷入窑内后，挥发分很快分解燃烧，形成黑火头短，且分离出来的焦炭粒子多孔，因此焦炭燃烧较快，使火焰过短、热力过分集中，损坏窑衬，物料在高温带停留时间过短，对煅烧不利。若煤的挥发分过高，在进行烘干和粉磨时，会有一部分挥发分逸出，造成热量损失，易发生爆炸。

如果用一种煤不满足上述要求，可考虑几种煤搭配使用。在选择煤种时，应尽量选用含硫、氮量低的煤。煤粉的细度对燃烧过程有很大影响，应该根据煤的质量确定煤粉的细度。煤粉越细，表面积越大，越容易着火，燃烧迅速，形成的火焰短；反之，煤粉过粗，燃烧所需时间长，形成火焰过长，对燃烧不利，不易燃烧完全。因此，挥发分高、灰分低的煤可以粗些；反之，应该细一些。

煤粉中的水分，燃烧时生成水蒸气，水蒸气在燃烧中的作用目前存在争议，有人认为完全干燥的煤难以着火，他们认为燃料燃烧时，碳与氧不能直接进行反应，而首先是与活泼的 OH^- 反应，生成 CO 与 CO_2，持这种观点者认为，煤粉中含有少量水分（1％～1.5％）对燃烧有利，分解后能增加碳的氧化反应速率。也有人认为，水蒸气燃烧时进入火焰，会降低窑的燃烧效率，增加燃料消耗量。这是因为水蒸气进入火焰，必然消耗一部分热量使水蒸气升至火焰的温度，所以煤粉中水分含量越少越好。

按我国煤炭分类法，挥发分含量小于10％的煤称为无烟煤。由于无烟煤挥发分含量低，燃烧着火温度高，且燃烧过程中其焦炭粒子较致密，不利于氧气和燃烧产物 CO、CO_2 的扩散及热量的传导，故其燃烧速度慢，燃尽时间长。

影响煤的燃尽时间的因素主要有炭粒的空隙率（取决于煤的种类）、炭粒粒径、燃烧环境的氧含量和环境温度等。烟煤和无烟煤挥发分含量不同，其燃点及煤粉正常燃烧所需的细度也不同。煤粉越粗，其着火温度与燃尽温度就越高，而且无烟煤细度的变化对其着火温度、燃尽温度、燃尽时间的影响比烟煤更敏感。

6.4.3.2　回转窑的发热能力及热负荷

①回转窑的发热能力是指窑单位时间内发出的热量，计算公式为：

$$Q=MQ_{net.ar} \tag{6-17}$$

式中　Q——回转窑的发热能力，kJ/h；

　　　M——窑小时用燃料量，kg/h；

　$Q_{net.ar}$——燃料收到基发热量，kJ/kg。

②窑的热负荷，又称热力强度，它反映窑燃烧发热的强化程度。窑的热负荷越高，其发热能力越大，对衬料寿命的影响也越大。表示窑热负荷的方法有燃烧带容积热负荷、燃烧带衬料表面热负荷及窑的断面热负荷。

a. 燃烧带容积热负荷 q_V　是指燃烧带单位容积、单位时间所发出的热量。计算公式为：

$$q_V = \frac{Q}{\frac{\pi}{4} D_b^2 L_b (1-\varphi)} \tag{6-18}$$

式中　q_V——燃烧带容积热负荷，$kJ/(m^3 \cdot h)$；

　　　Q——回转窑的发热能力，kJ/h；

　　　D_b——燃烧带有效内径，m；

　　　L_b——燃烧带长度，m；

　　　φ——窑内物料填充系数，一般为 $0.1 \sim 0.15$。

b. 燃烧带衬料表面热负荷 q_F　是指燃烧带单位表面积、单位时间内所承受的热量。计算公式为：

$$q_F = \frac{Q}{\pi D_b L_b} \tag{6-19}$$

式中　q_F——燃烧带衬料表面热负荷，$kJ/(m^2 \cdot h)$。

其他符号同前。

c. 窑的断面热负荷 q_A　是指燃烧带单位截面积、单位时间内所承受的热量。计算公式为：

$$q_A = \frac{Q}{\frac{\pi}{4} D_b^2} \tag{6-20}$$

式中　q_A——窑的断面热负荷，$kJ/(m^2 \cdot h)$。

其他符号同前。

6.4.4　回转窑内的气体流动

为了使窑内燃料完全燃烧，必须不断地向窑内供给大量的助燃空气；燃烧后的烟气和生料分解出来的大量气体，在将热量传给物料以后，必须及时从窑内排出，因此就产生了气体在窑内的流动问题。气体流动是回转窑内燃料燃烧和传热的重要条件。

气体在回转窑内流动时，伴随有燃料的燃烧、物料的煅烧，气体的温度、组成随时都在变化。因此气体的流动是相当复杂的，特别是燃烧带内的气体流动更为复杂。

回转窑燃烧带内的气体流动，可以近似地视为射流流动。根据流体力学得知，该射流是指流体由喷煤嘴喷射到较大空间并带动周围介质（二次风）流动形成流股（火焰）的流动，流体喷入有限空间（燃烧带空间），显然回转窑内火焰的射流应属于限制射流。绝大多数的射流都属紊流流动，在射流内气体质点有不规则的脉动，气体由喷嘴喷出后，由于紊流质点的脉动扩散和分子的黏性扩散作用，使得喷出的一次空气质点和周围的二次空气质点发生碰撞，进行动量交换，把自己的一部分动量传递给相邻的气体，并带其他质点向前流动。又由于回转窑是一个直径有限的圆筒，当前面的气体被推向前进时，后面的气体变得稀薄而压力下降，即在喷煤嘴处造成一定的负压（抽力），使二次空气连续不断地吸收进流股内，与一次空气混合，并逐渐向中心扩散，射流断面逐渐扩大，气体量逐渐增多。

燃烧带火焰长度，主要取决于燃烧带内气体流速，为了保持适当的火焰长度。燃烧带气体流速可按下式进行计算。

$$W_0 = \frac{100Amq}{0.785 \times 3600 D_b^2 Q_{net,ar}}$$ (6-21)

式中 W_0——燃烧带内气体流速（标准状况），$m^3/(m^2 \cdot s)$；

　　　A——1kg 燃料燃烧生成的气体量，m^3/kg；

　　　q——熟料的单位热耗，kg/kg；

　　　D_b——燃烧带内径，m；

$Q_{net,ar}$——燃料的应用基低位热值，kJ/kg；

　　　m——回转窑的小时产量，t/h。

　　除燃烧带以外，气体在窑内的流动近似于气体在管道内的流动，一般流动状态属于湍流范围。沿窑截面气流速度分布比较均匀，但在窑头及窑尾处，气流速度分布受窑头、窑尾及烟室形状和密闭情况的影响。这些地方往往由于通风截面的变化和方向的改变而形成涡流，导致流体局部阻力增大。如果结构型式不当，则会影响窑内通风，使高温火焰不顺畅，影响窑的正常操作及热工性能。

　　气体在窑内流动，流速是一个重要的参数。它一方面影响对流换热系数的大小；另一方面影响着高温气体与物料的接触时间。如果气体流速增大，传热系数增大，但气体与物料的接触时间缩短，总的传热量反而减少，使废气温度升高，熟料热耗增加，窑内扬尘增大；相反，流速过低，传热速率降低，影响窑的产量。窑内的气体流速主要取决于窑内产生的废气量和窑筒体的有效截面积，废气量又取决于窑的发热能力，因此窑内气体流速与窑内径的关系为：

$$W \propto \frac{Q}{\frac{\pi}{4} D^2} \propto \frac{D^3}{D^2} \propto D$$ (6-22)

式中 W——回转窑内气体流速；

　　　Q——回转窑的发热能力。

　　由此可以看出，窑内需要的气体流速与窑的直径成正比，即随窑径的增加，窑内风速也要求增加，当然窑尾风速也必然提高。但是，许多学者认为窑尾风速不宜过高，否则飞灰将会从窑内大量逸出。一般窑尾实际风速≤10m/s（标态风速为 1～1.5m/s）。窑径大于 4m 的回转窑，其燃烧带的标态风速≤2m/s。

　　气流通过整个窑体，其压头主要消耗在克服窑内的流体阻力上。正常操作时，窑尾负压波动不大，如果结圈，负压就会显著上升；窑尾负压显著降低，说明窑头或窑尾漏风过大。回转窑的漏风，对系统影响很大。窑头漏风，热端吸入大量冷空气，会使来自熟料冷却机的二次空气被排挤，吸入的冷空气要加热到回转窑内的气体温度，造成大量热损失。窑尾漏风，吸入大量环境空气，废气量增加，降低预热效果，使熟料单位热耗增大，收尘设备负荷增加，风机耗能增加。

6.4.5　回转窑内的传热

　　回转窑内燃料燃烧、气体流动、物料运动，归根结底是要把热量传递给物料。回转窑内热量传递的条件是物料与气体之间存在温差。由于窑内各带气体温度不同，传热情况也各不相同。

6.4.5.1　燃烧带的传热

　　这一带火焰温度最高（1600～1800℃），燃料的燃烧产物中含有大量的 CO_2，同时含有大量的煤灰、细小熟料等固体颗粒及正在燃烧的灼热的焦炭粒子，且火焰具有一定的厚度，因此火焰具有较强辐射能力。在燃烧带内，主要是高温气体向物料和窑壁进行辐射传热，其次也有对流和传导传热。其中，辐射传热约占整个烧成带传热的 90%，后两者约占 10%。

首先分析高温火焰以辐射和对流方式将热量传给窑壁衬料。窑壁衬料随着窑的转动，有时被埋在物料之下，有时又暴露在火焰的周围。当被埋在物料之下时，由于温度高于物料温度，并与物料接触，因此又以传导的方式将热量传给物料层的下表面。当暴露时再次受热、升温，随着窑的转动，这样周而复始地将热量传给物料。因此窑衬在传热过程中实际上起了一个蓄热器的作用。

至于燃烧带内物料的受热情况是，在上表面接受火焰和对流传的热量，使其温度升高；下表面接受窑壁衬料传导的热量，使其温度升高。看起来物料层的中心温度似乎较低，但是由于窑的转动，物料不断地上下翻动，物料层的温度基本趋于一致。

由以上分析看出，物料直接和间接地接受火焰传给热量。因此若要提高该带的传热速率，必须设法提高火焰对窑衬和物料的净辐射热量。假设把窑衬和物料视为一个封闭的圆筒形固体，其平均温度为 T_m；火焰的平均温度为 T_f，则火焰向固体壁面的传热速率可用下式表示。

$$Q_{fm}^R = 5.67\varepsilon_{fm}\left[\left(\frac{T_f}{100}\right)^4 - \left(\frac{T_m}{100}\right)^4\right] \tag{6-23}$$

式中　Q_{fm}^R——在假设条件下，火焰向窑衬和物料辐射传热的速率，W/m^2；

　　　ε_{fm}——火焰与固体壁面的导出黑度。

$$\varepsilon_{fm} = \cfrac{1}{\cfrac{1}{\varepsilon_f} + \cfrac{1}{\varepsilon_m} - 1} \tag{6-24}$$

式中　ε_f——火焰的黑度；

　　　ε_m——窑内窑衬与物料的平均黑度。

用式（6-23）计算传热速率的数值是困难的，不过通过该式可以大致分析影响该带传热速率的主要因素。

（1）火焰的黑度　在煤粉燃烧的火焰中，具有辐射能力的物质有三原子气体（CO_2、H_2O 等）和固体颗粒（焦炭粒子、煤灰粒子及其悬浮状态的飞灰、熟料细粒等）。处于悬浮状态下固体颗粒的总体黑度，与其颗粒的大小在气体中的浓度和射线的平均行程有关，可用下式表示。

$$\varepsilon_m' = 1 - e^{-nfe} \tag{6-25}$$

式中　n——单位体积气体中粒子的数目，个/m^3；

　　　f——每个粒子的截面积，m^2；

　　　e——射线的平均行程，m。

火焰的黑度可视为净气体黑度与固体粒子黑度的叠加，又因两部分的辐射相互干扰，应进行校正，因此火焰的黑度可用下式表示。

$$\varepsilon_f = \varepsilon_m' + \varepsilon_g - \varepsilon_m'\varepsilon_g \tag{6-26}$$

式中　ε_g——火焰中高温气体的黑度。

由于固体粒子的黑度远大于气体，所以火焰的黑度主要取决于固体粒子的黑度。对于煤粉火焰来说，它与煤的种类、燃烧过程及是否向火焰中补充固体颗粒有关。火焰中固体粒子的来源，主要是挥发分分解生成的炭粒子和挥发分逸出后剩下的炭粒子。这些粒子随着燃烧过程的进行，其浓度在不断减少，致使沿火焰长度上火焰黑度有所不同。黑度的最大值一般在燃尽率 $\varphi = 0.4 \sim 0.5$ 处。如图 6-35 所示，在该处灼热的粒子浓度最大，是辐射传热速率最高点，也是烧成带的最高温度点，称为火焰的"热点"，是看火操作中要特别注意的地方。

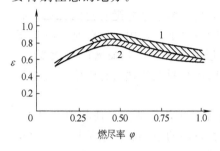

图 6-35　煤粉火焰的黑度
1—低值煤；2—烟煤

火焰中粒子浓度与煤的性质有关。例如挥发分高的烟煤和挥发分低的贫煤相比较，前者焦炭化学反应能力较强，燃烧较快，火焰中焦炭粒子浓度减少较快；后者则相反，焦炭粒子减少较慢。因而在火焰的同一位置上两者焦炭粒子的浓度不同。

火焰的黑度除与固体颗粒的浓度有关外，还与火焰厚度有关，也即与燃烧带直径有关，直径越大，火焰的黑度越大，辐射传热能力越强。当燃烧含挥发分较高的煤粉时，火焰黑度可达 0.5～0.6。有人认为，对于直径在 4m 以上的回转窑，火焰黑度可近似等于 1。火焰的黑度还与固体颗粒的大小有关，颗粒越大（即面积越大），火焰黑度越大，因此回转窑用煤粉也不宜磨得过细。

（2）火焰的温度　辐射传热速率随温度的四次方而变化，因此提高火焰温度可以很有效地提高辐射传热能力。但是火焰温度的提高，受到窑衬损坏温度的限制，不可能过高，新型干法窑内火焰温度一般在 1800℃左右。

（3）窑衬与物料的平均温度　窑衬的温度随着窑的转动，从脱离物料开始，接受火焰传给的热量，温度逐渐升高，直至与物料再接触时，达到最高；埋入物料后，把热量以传导的方式传给物料，温度逐渐降低，到离开物料前降到最低，如此周而复始的循环，如图 6-36 所示。在一般正常情况下，其平均温度是不变的。此时衬料与物料的平均温度主要取决于物料上表面的温度。

物料上表面温度取决于物料截面上的温度均匀性。由于物料上表面接受火焰辐射、对流传热，温度较高，物料下表面接受衬料传导传热，温度也较高，而截面中心温度较低。如果物料的均匀性好，则物料上表面温度越低，接受的传热量越多。在一定程度上提高窑的转速，使窑内物料翻滚次数增加，可提高整个物料层温度的均匀性，有利于热量的传递。但窑速进一步增加，不仅传热量变化不大，反而会使窑内物料运动速度过快，在烧成带停留时间过短，以致影响熟料质量。

6.4.5.2　中空部分的传热

对预分解窑来说，中空部分充满了温度为 1000～1600℃ 的气体，气体中也含有大量 CO_2 和粉尘粒子，因此高温气体也具有较强的辐射能力。预分解窑中空部分也以辐射传热为主，相应的还有对流和传导传热，回转窑中空部分传热分析如图 6-37 所示。

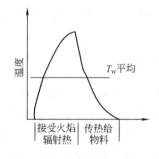

图 6-36　窑衬温度的变化

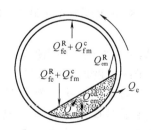

图 6-37　回转窑中空部分传热分析

由图 6-37 可以看出，首先是高温气体以辐射和对流的方式传热给衬料和物料表面（图 6-37 中的 $Q_{fm}^R + Q_{fm}^c$ 和 $Q_{fe}^R + Q_{fe}^c$）使温度升高。由于窑衬的温度高于物料温度，因此暴露在气体中的窑衬会以辐射的方式穿透气体传给物料上表面（图 6-37 中的 Q_{em}^R，这一点与燃烧带不同），被埋在物料中的窑衬，则以传导的方式传热给物料（图 6-37 中的 Q_{em}^{cd}），同时整个窑衬还向外表面周围散失热量（图 6-37 中的 Q_e）。

假设气体以对流方式传给窑衬的热量和向周围散失的热量近似相等（$Q_{fe}^c = Q_e$），根据窑衬的热平衡则有 $Q_{fe}^R = Q_{em}^R + Q_{em}^{cd}$，即窑衬吸收热量等于其传出的热量。因此窑衬在传热过程中实际起了一个蓄热器的作用，间接地把气体热量传给物料，因此若设法提高衬料的蓄热能力对传热是有利的。

由图 6-37 也看出，窑内物料获得的热量来自四个方面，即：

$$Q_m = Q_{fm}^R + Q_{fm}^c + Q_{em}^R + Q_{em}^{cd} \tag{6-27}$$

这些热量的大小，除了与它们温度差、传热系数大小有关外，传热面积是一个主要的因素。由于物料在窑内的填充系数很小（只有 10% 左右），气体及窑衬与物料接触面积很小，因此回转窑中空部分的传热能力较差。不过对于预分解回转窑来说，该问题不是主要矛盾，原因如下：①吸热量很大的碳酸盐分解反应仅有不到 10% 在窑内进行；②回转窑中空部分的气流温度均在 1000℃ 以上，辐射传热较明显；③在过渡带中进行的固相反应为放热反应。

6.4.6 预分解窑的特点

①固相反应集中，反应速率快，且为多质点进行。由于预分解窑入窑生料 $CaCO_3$ 分解率已达 90%～95%，故在窑内首先进行固相反应。固相反应起始于 800℃，而预分解窑窑尾烟气温度达 1000℃ 以上，使得入窑物料固相反应较为集中。固相反应为放热反应，其放热量为 480～500kJ/kg 熟料，使物料温度升高 300℃ 以上，使进入烧成带的物料得到充分预烧，保证了窑内煅烧制度的稳定。此外，在分解炉内仅有数秒就使碳酸盐分解基本完毕。研究表明在该条件下游离 CaO 晶体平均尺寸仅为缓慢煅烧分解的晶体颗粒尺寸的 1/5，细小 CaO 颗粒的存在不仅有助于固相反应的进行，同时也使 C_2S 的形成反应为多质点进行，生成的 C_2S 晶体尺寸也较小，易熔于熔剂矿物，且扩散、迁移速度较快，因而反应能力强。

②煅烧温度高，烧成带长，物料受热均匀。预分解窑窑头用煤量一般只占全窑系统的 40%，但煅烧温度比较高。理论分析认为，由于煅烧产生热量和煅烧烟气生成量成正比，多烧燃料会多产生烟气，而单位烟气的热熔基本不变 但风温提高，尤其是二次风温的提高并不增加多少烟气量，因此，它可作为提高燃烧温度的有效方法；二次风温高，火焰温度也高，相应煅烧温度就高，可缩短熟料烧成时间，对于易烧性较差的生料也可煅烧出较高质量的熟料；窑尾烟气温度高，固相反应又放出大量的热量，因此窑中温度梯度下降较平缓，物料经过一个较长的高温带，使熟料的烧成得以充分进行。

③窑速快，使物料的翻转次数增多，与热气和窑壁的接触次数增加，提高了传热效率，弥补了物料在堆积态下传热不足的缺陷，使物料受热均匀。

④出窑熟料温度高，冷却快，窑内冷却带短，出窑熟料温度为 1400℃。新型篦冷机使熟料冷却速度很快，不仅有助于保持硅酸盐矿物的高温相，防止晶型转变，提高其水化活性，还可避免在铝率高的条件下发生的 L（液相）$+ C_3S \longrightarrow C_3A + C_2S$ 的转熔反应，从而提高 C_3S 的含量。

国外预分解窑的技术指标和部分预分解窑烧成带截面热负荷、窑尾截面风速见表 6-2。

表 6-2　国外预分解窑的技术指标和部分预分解窑烧成带截面热负荷、窑尾截面风速

窑型	规格/m	产量/(t/d)	热耗/(kJ/kg 熟料)	截面热负荷/(4.18×10⁶kJ/kg)	窑尾截面风速/(m/s)
NSF	$\phi3.5\times66$	2600	3178	4.4	11.27
RSP	$\phi4.5\times90$	5000	3262	4.9	12.72
NSF	$\phi4.7\times82$	5000	3145	4.3	11.15
NSF	$\phi5.5\times100$	8000	3145	4.9	12.68
CSF	$\phi5.5\times100$	7800	3266	5	12.84
RSP	$\phi4.2\times75$	3500	3075	3.9	9.77
NMFC	$\phi4.35\times67$	3000	3135	3.1	7.9
DD	$\phi4.55\times76.7$	3960	3077	4.9	9.27
SCS	$\phi4.7\times82$	5520	2974	4.5	11.63
UNSP	$\phi4.3\times70$	3300	3140	3.5	8.93

6.5　煤粉制备系统

目前，水泥工业煤粉制备系统主要采用风扫式钢球磨系统和辊式煤磨系统两种。

6.5.1　风扫式钢球磨系统

风扫式钢球磨属于烘干兼粉磨设备，具有操作可靠、对煤质的适应性强、操作维护方便、投资费用低等优点，同时对煤粉细度容易控制，但电耗较高，噪声较大。

6.5.1.1　系统工艺流程

风扫式钢球磨系统通常由钢球磨、选粉机和收尘器等组成，磨内物料的输送均由气力完成。风扫式钢球磨系统的工艺流程如图 6-38 所示。

来自预均化堆场的原煤，经输送设备进入煤磨系统的原煤仓，由喂料设备送入风扫磨；从窑系统抽取并经过初步净化、350℃以下的热风由磨头风管进入磨内，原煤在风扫磨内边烘干边粉磨。在收尘器尾部系统风机的抽吸作用下，磨细的煤粉被气流带走，含煤粉的气流经过选粉机时，不合格的粗颗粒被分离下来，通过输送设备送入磨内再次粉磨；细颗粒则随气流进入袋式收尘器。含尘气流经过净化后排入大气，被收集下来的煤粉作为成品送至煤粉仓。煤粉仓中的煤粉经过计量之后，由气力输送设备分别送到分解炉和窑头喷煤管。

煤粉仓与袋式收尘器设有 CO 检测器装置，并备有低压 CO_2 灭火装置。煤粉仓及收尘器等处均设有防爆阀。

6.5.1.2　系统主要设备

（1）钢球磨　风扫式钢球煤磨与一般球磨机的工作原理相同，结构也相似。主要由进料装置、移动端滑履轴承、回转部分、出料端主轴承、出料装置和传动装置等组成。

①进料装置　由进料进风管、支架组成，进料风管内部设有用螺栓固定的衬板。进风管壁内敷有耐热混凝土起隔热作用。

②移动端滑履轴承　滑履轴承由两个与垂直方向成 30°的托瓦磨机组成。每个托瓦下部有凹凸球体结构，凸球体安装在凹球体内，两者为球面接触，以便自动调节。

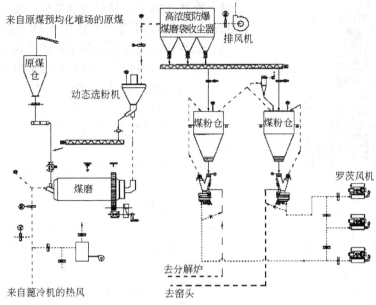

图 6-38　风扫式钢球磨系统的工艺流程

　　托瓦为铸件，内衬轴承合金，承受比压不大于 $200kg/cm^2$（$1kg/cm^2 = 0.098MPa$），托瓦内径比滑环外径略大，以便形成油楔。表面粗糙度≤0.8，因此原则上不要求刮瓦，托瓦中心有油囊，高压油由此进入托瓦与滑环之间。

　　③回转部分　回转部分是磨机的主体，由中空轴、筒体衬板、扬料板、隔仓板、衬板等组成，包括烘干仓和粉磨仓。在烘干仓装设扬料板，在粉磨仓装设分级衬板，两仓之间有提升式双层隔仓板。

　　a. 隔仓板　隔仓板由箅板、箅板架、扬料板和导料锥组成。

　　b. 筒体衬板　烘干仓的衬板由钢板或铸钢件制成，粉磨仓的衬板由耐磨合金铸钢制成。

　　与一般球磨机相比，风扫式钢球磨的进出料中空轴轴颈大、磨体短粗、不设出料箅板，因而通风阻力较小。

　　（2）选粉机　选粉机是风扫式钢球磨系统的重要设备，目前国内使用较多的是动态笼式选粉机，其结构如图 6-39 所示。从功能上兼具粗粉分离器和选粉机的功能，其工作原理如下。

　　从磨机来的高浓度含尘空气由下部风管进入选粉机，经内锥体整流后沿外锥体与内锥体之间的环形通道减速上升，其中的粗粉经重力沉降后沿外锥体边壁滑入粗粉收料筒实现重力分选。重力分选后的含尘空气在导向叶片的导流和转子的旋转作用下，在两者之间形成稳定的水平涡流选粉区，并随选粉区所形成的空气涡流在选粉区中运动。在涡流中运动的粉尘颗粒同时受重力、风力和旋转离心力的作用。理论上，重力与粒径的三次方成正比，风力与粒径平方成正比，而离心力与粒径三次方乘以轨迹曲率半径再乘以角速度平方的积成正比，所以不同初速度和不同粒径的粉尘颗粒在运动中会有不同的运动轨迹。改变转子转速可改变粉尘颗粒的初速度和选粉区涡流的流线曲率，从而也就改变了颗粒所受风力的方向和离心力的大小，可有效地调节成品细度。成品细粉被分离出来后经收尘器予以回收，粗重颗粒则下落经内锥体汇集到粗粉收料筒，返回磨机再次粉磨。

6.5.1.3　操作与控制

　　（1）正常操作

　　①喂煤量　磨机在正常操作中，在保证出磨煤粉质量的前提下，尽可能提高磨机的产

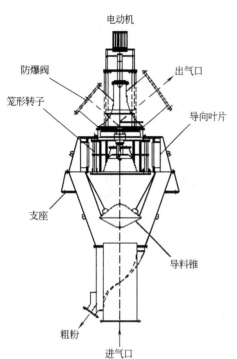

图 6-39　MD 型和 SDMFX 型选粉机的结构

量，喂料量的多少是通过皮带秤速度来调节的，喂料量的调整幅度可根据磨机的电流、进出口温度及差压、选粉机电流及转速等参数来决定，在增减喂料量的同时，调节各挡板开度，保证磨机出口温度。

a. 原煤水分增大，喂煤量要减少；反之则增加，也可用调节热风量的办法来平衡原煤水分的变化。

b. 原煤易磨性变好，喂煤量要增加；反之则减少。

c. 磨出口负压增加，差压增大，磨机电流下降，说明喂煤量过多，应适当减少喂煤量。

d. 磨尾负压降低、差压变小，磨尾温度升高，说明喂煤量减少，应适当增加喂煤量，同时应注意原煤仓、给料机、下煤溜管等处是否堵塞导致断煤。

②磨机差压　风扫磨差压的稳定对磨机的正常运转至关重要。差压的变化主要取决于磨机的喂煤量、通风量、磨机出口温度、磨内各隔仓板的堵塞情况。在差压发生变化时，先看原煤仓下煤是否稳定。如有波动，查出原因通知现场人员处理，并在中控室做适当调整，稳定磨机喂料量。如原煤仓下煤正常，查看磨出口温度变化，若有波动，可通过改变各挡板来稳定差压。如因隔仓板堵塞导致差压变化，则等停磨后进磨内检修处理。

③磨机出、入口温度　磨机出口温度对保证煤粉水分合格和磨机稳定运转具有重要作用，尤其是风扫煤磨更为敏感。出口温度主要通过调整喂煤量、热风挡板和冷风挡板来控制（出口温度控制在 65～75℃）；磨机入口风温主要通过调整热风挡板和冷风挡板来控制（入口温度控制在 260～300℃）。

④煤粉水分　为达标，根据喂煤量、差压、出入口温度等因素的变化情况，通过调整各风机挡板及其他挡板开度，保证磨机出口温度在合适范围内，以保证出磨煤粉水分≤1.5%。

⑤煤粉细度　煤粉细度是通过调整选粉机转速、喂料量和系统通风量来控制的。若出现煤粉过粗，可通过增大选粉机转速、降低系统的通风量、减少喂煤量等方法来控制；若出现煤粉过细，可用与上述相反的方法进行调节。

⑥袋收尘进口风温　袋收尘进口风温一般控制在 65～75℃，袋收尘进口风温太高，要适当降低磨机出口风温，当进口风温＜65℃时，有可能导致结露和糊袋，应适当提高磨出口风温。

⑦袋收尘出口风温　正常情况下出口风温略低于进口风温，若高于进口风温且持续上升，可能是袋收尘内着火，应迅速停止主排风机，关死袋收尘进出口阀门，将外排平板阀打开，细粉铰刀反转，同时通知现场人员对袋收尘采取充氮灭火措施；若出口风温与进口风温温差较正常值大很多，且差压上升，可能是袋收尘漏风，应立即通知现场人员检查处理。保持袋收尘出口风温不要太低（大于 60℃），以防结露、糊袋。

⑧煤粉仓锥部温度　若出现异常持续升温，应通知现场人员检查。根据温升和现场检查情况可采取一次性用空仓内煤粉后重新进煤粉，防止锥部温度继续升高的措施，若温度上升幅度较快，需立即停机处理。

（2）停机操作

①正常停机

a. 与窑操作人员、现场巡检人员联系，做好停磨准备，确认原煤仓料位，如长时间停磨（预计 8h 以上），应将原煤仓放空，以防结块自燃和原煤仓架空。

b. 开大冷风挡板开度，关热风挡板开度，调节给料机喂煤量至最小，降低磨出口温度 50～55℃。

c. 停磨机的喂料组，5～8min 后停磨机主电机，如果较长时间停磨机，应尽量将磨机内拉空，并通知现场巡检人员合上磨机慢速驱动装置，对磨机按下述要求进行慢转：停磨后 10min 第一次慢转 180°，以后每次转度相同，时间间隔见表 6-3。

表 6-3　磨机慢转时间间隔

时间间隔/min	10	10	20	20	30	60	60	60
转动次数/次	0	1	2	3	4	5	6	7

d. 停磨机 20min 后，通知现场人员检查袋收尘灰斗及煤粉输送设备内有无煤粉，拉完后可停风机设备组、袋收尘和煤粉输送设备组，经常密切关注系统温度，防止系统着火。

e. 磨机低压油泵在停机后运转 8h。

②紧急停机　当系统发生如下情况时，采取紧急停机措施：

a. 系统发生重大人身、设备事故；

b. 袋收尘灰斗发生严重堵料；

c. 煤磨、袋收尘、煤粉仓着火；

d. 其他意外情况必须停机。

6.5.1.4　运行中的注意事项

①正常运行中，操作人员应重点监视喂煤量、回粉量、主电机电流、磨机进出口温度、差压、选粉机电流和转数、热风挡板、冷风挡板、主排风机挡板开度等参数，若发现问题要及时分析和果断处理，使这些参数控制在合适的范围内，确保系统完全、稳定、优质、高效运行。

②操作过程中，要密切关注袋收尘灰斗锥部温度变化，温度大于 65℃ 或过低时，通知现场人员检查灰斗下料情况，并采取必要的处理措施（如敲打等）直至正常。

③当系统出现燃爆、急冷或其他紧急事故时，立即关闭入磨热风挡板，进行系统紧急停机。

④尽量将两煤粉仓控制在高料后（85% 左右），勤观察煤粉仓顶部、锥部温度。锥部温度超过 85℃ 且有上升趋势时，表明煤粉已经自燃，要采取紧急措施处理。

⑤在整个系统稳定运转的情况下，一般应避免调整选粉机各风门的开度，细度的调整主要是调整选粉机的转速，循环负荷必须控制在一定的范围内。

⑥无论在何种情况下，磨机必须在完全静止状态下启动，严禁在筒体摆动的情况下启动。

⑦严禁频繁启动磨机，连续两次以上启动磨机，必须取得电气人员同意方可操作。

⑧在磨机开机前（预热过程中）和停机后最初一段时间内，一定要严格监视系统温升的变化，杜绝爆燃、起火现象的发生。

6.5.1.5　常见故障及处理

风扫式钢球磨系统常见故障及处理方法见表 6-4。

表 6-4 风扫式钢球磨系统常见故障及处理方法

序号	原因	故障分析	处理方法
1	磨机喂煤量过多	①磨音低沉、电耳信号变低；②磨机电流由大突然变小；③磨头、磨尾压差升高	①降低喂料量，并在低喂料量下运转一段时间，以消除磨内积料；②逐渐增加喂煤，使磨恢复正常；③稳定喂煤量，使其正常工作
2	磨机喂料量过少	①磨音高，声脆；②磨机电流变小；③磨头、磨尾压差变小	①逐渐增加喂煤量，使磨机恢复正常；②确认仓是否架空
3	磨烘干仓堵	①电耳信号变高，磨音高，声脆；②磨机压差升高	①检查原煤水分是否较大，若较大可适当减少喂煤量；②适当提高磨头风温；③如以上措施无明显效果，停磨检修
4	主轴瓦温度高	①温度指示高；②调出温度趋势，确认温度上升速率	①检查供油系统，查看供油压力，温度是否正常，如不正常则进行调整；②检查润滑油中是否有水或其他杂物；③检查入磨风温是否过高，如过高需调整；④检查冷却水系统；⑤最后判断是否为电器仪表故障
5	磨出口气体温度太高	①热风量太多；②磨头冷风阀开度太小；③喂煤量过少	按正常操作调整，使风、料平衡
6	磨出口气体温度太低	①热风量太少；②磨头冷风阀开度太大；③喂煤量大；④原煤水分大	按正常操作调整，使风、煤平衡
7	袋收尘出口气体温度太高	①袋收尘灰斗积灰；②热风量大；③磨头冷风阀开度小	①通知现场排灰；②调小热风挡板；③加大冷风挡板开度
8	煤磨出口气体负压太高	①煤磨排风机进口阀门开度太大；②饱磨	①关小磨排风机进口阀；②减少喂煤量，必要时可停止喂煤
9	煤磨出口气体负压太低	①煤磨排风机进口阀门开度太小；②喂煤量太小，空磨；③喂煤机不下料；④下料溜子堵塞	①加大排风机阀门；②加大喂煤量；③现场处理；④调大主排风机入口挡板开度，关冷风阀，并现场拥堵
10	粗粉分离器负压太高	①粗粉分离器灰斗积料；②管道积灰	通知现场人员处理
11	袋收尘进、出口差压大	①出磨挡板关闭；②各袋收尘各室反吹不正常；③收尘袋糊上煤粉；④分格轮锁风不良	①打开出磨挡板；②通知现场处理；③出磨温度偏上限控制；④通知相关处理
12	袋收尘灰斗温度太高	①灰斗积灰；②灰斗着火	①通知现场处理；②停机 N_2 灭火
13	定量给料机电机跳闸	①系统中喂煤设备以外的设备继续运行；②逐渐减少进磨热风量，慢慢打开磨头冷风阀，使磨机出口气体温度保持在 70℃ 以下；③正常停车时，按喂煤系统设备停车后的操作顺序使系统停车	
14	煤磨电机跳闸	①因设备间的联锁，喂料系统设备立即停车；②迅速打开磨头冷风阀，关闭热风阀，使煤磨出口气体温度保持在 70℃ 以下；③煤磨慢转装置能工作时，按煤磨正常停车后的操作顺序使系统停车；④煤磨慢转系统不能工作时，按下面方法操作：全关进磨热风管道阀门，全开磨头冷风阀，逐渐降低磨机出口气体温度在 50℃ 以下。排风机系统及煤粉输送系统设备停车	
15	煤磨排风机电机跳闸	①煤磨及喂煤系统设备因联锁而立即停车；②立即关闭进磨热风阀门，打开冷风阀，降低磨头气温；③按煤磨排风机正常停车后的操作顺序使其余设备停车	

序号	原因	故障分析	处理方法
16	煤粉输送设备电机跳闸	①全关煤磨排风机入口挡板，停风机；②因设备间的联锁关系，煤磨及喂煤设备立即停车，切换至辅传动，并按正常停机进行操作	
17	煤磨突然断煤	①磨头仓堵塞；②入磨溜子堵塞；③电动翻板阀堵塞；④原煤输送线故障	①打开煤磨磨头冷风阀，使磨出口气体温度在70℃以下；②如溜子堵塞，则立即进行溜子的清理工作；③如处理时间超过10min需停磨
18	磨机堵塞	①磨音降低；②烘干仓堵塞，原煤水分过高；③粉磨仓堵塞，喂料过多	①迅速停止喂料；②风量维护正常；③当磨尾气体温度有超过80℃的趋势时，使磨头气温降低
19	磨机内部着火	①磨机出口气温突然高于80℃；②磨筒体上油漆剥落	①迅速查明着火点；②立即停磨，关闭磨机进风口阀门；③立即向磨内喷入氮气或水
20	袋收尘出口气体温度上升报警	堆积的煤粉自燃：①根据报警，增大磨头冷风阀的开度，使温度降低；②确认有着火现象时，系统紧急停车，关闭袋收尘进出口气阀，向袋收尘内喷入氮气	
21	灰斗内煤粉温度上升报警	①系统紧急停车，停反吹风系统，关闭袋收尘进出口气阀；②喷入氮气进行灭火	
22	煤粉仓内温度迅速上升	堆积煤粉自燃：①系统紧急停车；②关闭仓下闸门；③确认着火时，喷入氮气灭火	
23	仓内煤粉外溢	①煤粉仓在正压下进料；②局部煤粉爆炸使法兰等变形	①检查上部收尘管道是否堵塞，可用锤打听音等方法进行鉴别；②检查仓上防爆阀片是否损坏
24	煤粉仓爆炸	有限空间内剧烈的燃烧，使空气内压力增大	①立即系统停车，通知领导，圈定安全区域，清理外溢的煤粉；②修复系统设备，组织验收，验收合格后投入运行
25	防爆阀片破损、漏气和煤粉外溢、爆炸声	①系统负压急剧下降；②入磨气体温度太高；③设备摩擦撞击产生高温或火花	①煤磨系统紧急停车；②进行外溢煤粉的清扫工作；③在现场确认设备内部着火情况，如内部着火，则将着火煤粉排出之后再处理；④修理损坏的防爆阀，更换阀片，如法兰有损坏则对法兰进行更换

6.5.2　辊式煤磨系统

辊式煤磨系统具有粉磨效率高、噪声小、工艺流程简单、占地面积较小、土建费用低、电耗低、烘干能力强等优点。

6.5.2.1　系统工艺流程

如图6-40所示，原煤由胶带输送机送入原煤仓，经仓下棒阀、皮带秤计量后，再经回转下料器、喂料溜管落到磨盘上，匀速旋转的磨盘借助于离心力将物料向外均匀分散，由于挡料圈的阻挡作用，在辊下形成一定厚度的料层，料床在高压下形成，压力导致颗粒间相互挤压，每一个颗粒内部都产生强大的应力，当应力达到该颗粒的破坏应力时，这些颗粒就相继被粉碎。被粉碎的物料随热气流上升，迅速被烘干后，由动静结合的分离器进行分离，合格的细粉被带入防爆型袋式收尘器收集，粗粉则返回磨内再次粉磨，难磨的大颗粒在风环处落入磨机下部的热气室中，经刮板至废料箱中排除。清除排渣的过程在磨机运行期间也能进行。出收尘器的成品通过螺旋输送机送至窑头、窑尾煤粉仓。煤粉仓下设有煤粉计量输送装置，计量后的煤粉由罗茨风机分别送入窑头和窑尾分解炉中燃烧。

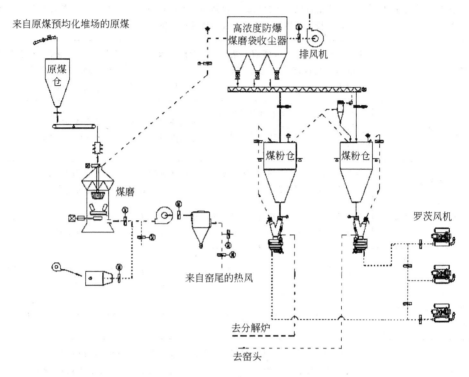

图 6-40　辊式煤磨系统工艺流程

6.5.2.2　辊式煤磨主要结构部件

辊式煤磨主要由磨盘、磨辊、张紧装置、分离器、回转下料器、密封风机和传动装置等组成。

（1）中架体、废料箱　磨机中架体带有一次热风入口及热风导向装置（喷嘴环）；它焊在下架体上。圆筒形的中架体将内部碾磨部件密封，其内壁焊有耐磨钢板，四壁开有检修用的密封门，移辊用的翻辊门，观察磨辊和喷嘴环磨损情况的观察门。中架体上还有拉杆密封装置，为使拉杆通过磨机中架体，拉杆需装上密封空气装置，中架体内部还有喷嘴环固定装置及加压架的限位装置。

（2）磨盘支座、刮板　磨盘支座与减速机输出法兰采用螺栓连接，用来传递扭拒。磨盘支座与下架体密封环一起形成一个环形密封空气通道，防止含尘热气影响减速机，两个废料刮板固定在磨盘支座上。

（3）喷嘴环　喷嘴环绕磨盘四周，包括上、下两个部分，上部零件可以进行更换。

（4）磨盘　磨盘上，嵌有耐磨性较高的硬镍合金瓦，磨瓦由楔形夹紧螺栓固定，磨盘上的中心盖板用来分配物料，并防止水和粉尘进入磨盘下部空间，磨盘上装有防止各件相对运动的定位销，磨盘落放在相应的磨盘支座上。

（5）磨辊　磨辊的自重、碾磨压力、磨辊导向作用产生的反作用力均由磨辊轴承负担。因此磨辊轴承是按照特殊要求设计的，由于磨辊轴承的寿命主要取决于润滑条件，故对润滑问题应给予足够的重视，磨辊润滑油的最大注入量可参考说明书中的数据，最小注油量应保证轴承的密封圈浸入油中，为了避免漏油及脏物进入轴承，应保持良好的密封效果，用耐高温材料制成的两个旋转轴密封圈封入经回火的无螺纹的衬套内，轴密封圈间的空隙应注满长效润滑脂，与密封风系统连接的活动管路接至辊支架，密封风由辊支架内空腔流入磨辊内部的环形空间，为消除不同的温度和不同压力下产生的不利的影响，磨辊轴端部装有通风过滤器。

磨辊轴上设有测量油位的探测孔，探测孔用后拧上螺栓，磨辊配备高强度、耐磨损的硬镍铸铁，辊胎加工成对称型，以便它能在一定的磨损条件下达到最佳利用，辊胎按一定配合装入轮毂再用环固定，在辊套的三个槽形缺口中装有防止其自转的止动块。

(6) 导向装置、加压架　导向装置安装在磨机中架体上的三个凸出部位中，它能使加压架和磨辊沿垂向在很大范围内活动，它装有铸造的可换的耐磨合金板，并用螺栓分别固定于中架体和加压上。每个磨辊通过两个滚动铰链在加压架上进行位置调整。每个安装在辊支架上的滚柱都可沿径向转动。因此磨辊可自动地沿水平方向调整在磨盘辊道上的位置，如果必要，磨辊斜度可由此机构进行调整。

(7) 拉杆机构　拉杆采用球形活接头与加压架连接，拉杆的另一端用螺母和液压缸的活塞杆连接，液压缸底部装有关节轴承，利用它将液压缸固定在基础的拉紧装置锚板上，拉杆与中架体连接处有一个密封风气室，下部装有一个特殊设计的密封装置，能适应拉杆的上、下运动和水平摆动。

煤层厚度和耐磨件、磨损率都可借助于原有的标记在磨机运转期间从刻度尺上读出来。

邻近的指针支架固定在磨机的三个液压缸各个端部的大螺母上，指针由拉杆螺母带动而移动，当此指针移动时磨机机组处于工作状态。

作为对这一指针由于研磨件磨损而引起的位置变化的补偿，此指针被安置在磨损件的从动滑架上（有负载的）。当拉杆螺母由于碾磨件磨损而降低时，它可使指针从滑架上的滞后点移到新的工作位置，当新的研磨件到位时，可用于将指针送到滑架的最高位置。

(8) 下架体密封环　磨煤机负压运行，为防止磨外空气和防止磨内热气外流，在下架体上装有迷宫型密封环，焊于下架体上。

(9) 旋转分离器，内部密封空气管路　分离器为 SLS 型旋转式，安装在磨内上部，旋转叶片由变频电机调节其转速。

分离器上的传动装置有温度测量器。为了防止脏物进入轴承和传动装置中，分离器与空气密封系统相连接，在分离器中有两个密封点：

①分离器上部与旋转部件之间的密封；

②旋转部件与下部通道之间的密封。

6.5.2.3　操作与控制

(1) 运转前准备工作　为了确保本系统设备的安全运行，避免人身和设备事故的发生，在每次开机前，都应对系统的全部设备与管道进行认真、全面的检查。要对原煤取料系统、压缩空气、冷却水供应、燃料贮存、原煤仓料位、煤粉仓、定量给料机、喂煤秤、袋收尘等情况逐一检查，并确认灭火系统随时可以投入使用，现场与中控操作人员应密切配合，共同完成开机前的协调准备工作。

①对照设备试车 OK 表，现场检查各主、辅机设备是否具备开机条件。

②检查各液压站、润滑站的油过滤器是否堵塞，压力是否达到规定值，各冷却器是否畅通。

③磨辊、减速机、液压系统油箱都应有足够的油量。

④磨机出口温度、润滑油及液压系统的油温控制装置是否正常。

⑤检查袋收尘及风机是否正常。

⑥确认主电机，电气确认完后，并通知总降。

⑦检查原煤仓料位，若不足则启动原煤输送线。

⑧中控人员进行联锁检查，确认各单机都已备妥。

⑨检查各挡板、闸阀是否在中控位置，动作是否灵活。

（2）开机操作

①启动设备前要确认磨内料层状况，首次开磨前要向磨内布入一定量的原煤，形成料层，料层控制在50～70mm为宜。

②启动煤磨综合控制柜组。

③启动煤粉输送组，启动煤磨袋收尘组，在该组启动前及运行中均要保证足够的压缩空气压力（＞0.5MPa）。

④启动煤磨主排风机组，通过对各挡板开度调节来控制磨机预热升温过程。

⑤启动原煤输送组（根据原煤仓料位及生产情况随时开机），检修结束或长时间停机后开机之前必须确认好各下料溜及分料挡板位置是否正常确，同时必须对煤粉仓上的隔网进行清理。

⑥当磨机充分预热后可开启煤磨主电机和原煤喂料组，磨机启动后，要注意磨机主电机电流、振动等参数，根据磨机电流、差压和振动等情况调整定量给料机喂料量，同时调整各挡板开度，确保磨机稳定运行。

⑦调整各参数时应小幅度进行，切忌大起大落，在加料、减料的同时，要相应地改变磨通风量，以使系统达到平衡。

⑧根据化验室要求及时调整系统风量及选粉机转速，保证煤粉细度、水分合格。

（3）开磨前的升温

①首次开磨前的升温（利用热风炉）。

②磨机首次开机升温控制时间为240min（首次开磨磨系统内无煤粉），升温时温度要平稳、缓慢上升，避免温度有大起大落现象，保证磨系统内各部件能均匀受热。

③借助煤磨主排风机挡板来控制磨入口负压，磨机入口负压控制在－400～－300Pa，对磨机进行240min升温预热；当磨机出口温度达到78℃时，开启磨主电机组和原煤喂料组，启动磨机主电机后注意其电流、振动等参数变化。

（4）正常运行中的操作 煤磨系统正常操作主要从以下几个方面来加以控制。

①磨机的喂料量 磨机在正常操作中，在保证出磨煤粉质量的前提下，尽可能提高磨机的产量，调整幅度可根据磨机的振动、出口温度、磨机差压等因素来决定，在增加喂料量的同时，调节各挡板开度，保证磨机出口温度。

②磨机振动 振动在立磨操作中是一个重要因素，是影响磨机台时产量和运转率主要原因，操作中力求振动最小，磨机的振动与许多因素有关，单从中控操作角度来讲应注意以下几点：

a. 磨机喂料要平稳，每次加减料幅度要小；

b. 磨机通风要平稳，每次风机各挡板动作幅度要小；

c. 防止磨机断料或来料不均，断料主要原因有料仓堵料、给煤机故障；

d. 磨机出口温度变化，出口温度太高或太低都会使磨机振动加大。

③磨机差压 立磨在操作中，差压的稳定对磨机的正常工作至关重要，差压的变化主要取决于磨机的喂料量、通风量、磨机出口温度、选粉机转速，在差压发生变化时，先看原煤仓的下料是否稳定，如有波动，查出原因，通知相关人员处理，并在中控室进行适当调整，以稳定磨机振动，若原煤仓下料正常，查看磨机出口温度变化，若有波动，可通过改变各挡

板来稳定差压，差压高时可适当降低选粉机转速，差压低时要提高选粉机转速。

④磨机出、入口温度 磨机的出口温度对保证煤粉水分合格和磨机稳定具有重要作用，出口温度主要通过调整喂料量、热风挡板和冷风挡板来控制（出口温度控制在 65～75℃ 范围内）。磨机入口温度主要通过调整热风挡板和冷风挡板来控制（入口温度控制在 150～300℃ 范围内，烟煤的着火点温度在 350℃ 以上）。

⑤出磨煤粉水分和细度

a. 为保证出磨水分达标（根据煤质以质控要求为准），根据喂料量、差压、出入口温度和磨机振动等因素的变化情况，通过调整各风机挡板及其他挡板开度，保证磨机出口温度在合适范围内。

b. 煤粉成品细度控制在 0.08mm 方孔筛余≤12%，为保证细度达标，在磨机操作中，可通过调整选粉机转速、喂料量和系统通风量来加以控制，若出现物料过粗，可通过增大选粉机转速、降低系统的通风量、减少喂料量等方法来控制；若出现物料过细，可用与上述相反的方法进行调节。若细度或水分有一个点超标，要在交接班记录本上分析造成细度、水分超标的原因及纠正措施；若连续两个点超标要上报值班长和工段，并采取措施；若连续三个点超标，要督促值班班长报告分厂，进行分析处理。

⑥袋收尘进口风温 袋收尘进口风温太高时，要适量降低磨出口风温（进口风温控制在 65～70℃ 范围内）；袋收尘进口风温太低时，有结露和糊袋危险，适当提高磨出口风温。

⑦袋收尘出口风温 正常情况下出口风温略低于进口风温，袋收尘出口温度控制在 60～65℃，袋收尘出口风温不要太低，以防袋收尘结露和糊袋，如出口温度过低可通过调节磨出口温度以提高袋收尘出口温度；若袋收尘出口温度高于进口温度且持续上升，判断为袋收尘内袋子可能着火，应迅速停止主排风机，关闭袋收尘进出口阀门，采取灭火措施。

⑧煤粉仓锥部温度 若出现异常持续升温，立即停止向仓内进煤粉，并判断煤粉仓是否已着火，关闭仓锥部充压缩空气和仓顶各挡板、阀门，如温度上升过快应向仓内充入 N_2，喂料秤继续运行，等温度下降后再恢复向仓内进煤粉。

⑨袋收尘灰斗温度 正常情况下袋收尘灰斗温度略低于袋收尘出口温度 1～2℃，各灰斗温度基本相同，若出现某一灰斗温度低于其他灰斗 5℃ 以上，且呈直线下降趋势，通知现场人员检查灰斗下煤情况，确认是否堵料。

（5）正常运行参数控制 正常运行参数控制见表 6-5。

表 6-5 正常运行参数控制

序号	参数	控制范围
1	磨机喂料量/(t/h)	38～45
2	主电机功率/kW	630
3	磨入口温度/℃	150～300
4	磨出口温度/℃	65～75
5	磨机差压/Pa	6500～7000
6	选粉机转速/(r/min)	40～130
7	对应细度/%	2～20
8	袋收尘差压/kPa	1.5～2.0

（6）磨机操作注意事项

①启动磨机前通知总降、窑操。

②操作过程中，要密切关注袋收尘煤粉温度变化，温度>65℃或<40℃时，通知现场检查灰斗下料情况，并采取必要处理措施。

③现场发现设备出现故障，及时通知相关人员检查；发现异常情况，进行系统紧急停车。

④当系统出现燃爆、着火或其他紧急事故时，进行系统紧急停机，之前必须关闭入磨热风挡板。

⑤观察煤粉仓顶部、中部、锥部温度，若锥部温度超过85℃且有上升趋势，观察CO含量，采取充氮、放仓等处理措施。

⑥磨机运行中要密切关注磨机系统温度变化，磨入口温度控制在150～300℃之间；磨出口温度控制在65～75℃之间；当磨机研磨的是高挥发分的原煤时，磨机的出磨温度要控制在60～65℃之间；入袋收尘的温度与磨出口温度控制相近，而出袋收尘的温度一般控制在60～65℃。

(7) 正常停机操作

①停止原煤输送组，若停磨检修，应将原煤仓放空，防止原煤结块。

②逐渐关闭磨机热风挡板和冷风挡板，待出磨温度低于60℃时停止磨喂料组、煤磨主电机组。

③逐渐关闭排风机入口挡板，待磨出口温度低于50℃、磨入口温度低于100℃时，停止主排风机，待磨机系统温度下降后要及时关闭磨机系统出入口挡板。

④磨主排风机停机后，袋收尘组和煤粉输送组继续运行30min后停机；

⑤主排风机停1h后方可停密封风机；磨机主电机停机15min后方可停主减速机油站和选粉机。

⑥短时间停磨，喂料量减至60%，适当降低选粉机转速，保持磨盘留有一定的料床停机，以便下次顺利开磨。

⑦长时间停磨，将喂料量设定为零，研磨压力降低（比正常值低20%～30%）。当磨机电流降低时，振动增大，意味着磨盘上的料床很薄，停磨机主电机组，便于现场清理磨盘上的煤粉。

⑧停磨注意事项

a. 停磨前要与窑操作人员联系好，磨机在停机时要防止磨盘无料层，根据检修情况控制合适料层厚度；磨机在停磨前要先降低磨机系统温度，再停磨机喂料组。

b. 停机后确认磨机冷、热风挡板，袋收尘进口阀门、主排风机入口挡板关闭，煤粉仓顶各闸门和孔洞要及时关闭。

c. 系统停机时间较长，应排空煤粉仓，若窑系统故障不能排除时应及时对煤粉仓进行隔氧处理，如加生料粉或向仓内充入N_2，同时仓底阻流及伴热带也要及时停止使用，防止仓内煤粉自燃。

d. 停机后，中控室应密切监视袋收尘的温度、灰斗温度和煤粉仓CO含量，防止小部分煤粉自燃。

(8) 煤磨紧急停机　当系统发生下列情况之一时，应采取紧急停机：

①当系统内发生重大人身、设备事故时；

②当磨机吐渣料出口发生严重堵料时；

③当袋收尘灰斗发生严重堵料时；

④当出磨温度出现急剧上升，明显表现出磨内着火时；

⑤当袋收尘着火时，或系统设备内部着火时。

6.5.2.4　常见故障及处理

常见故障及处理见表 6-6。

表 6-6　常见故障及处理

故障	原因	处理方法
震动跳停	喂料量过大 系统风量不足 研磨压力过高或过低 出磨温度骤然变化 磨内有异物或大块 选粉机转速过高 磨内料层波动大 液压站 N_2 囊预加载压 测震元件失灵 研磨件损坏或紧固螺栓松动	根据差压调整喂料量 调整挡板开度，增加系统风量 重新设定张紧压力 根据磨机电流、料层厚度变化及时调整喂料量 观察吐渣，加强入磨物料除铁、金属杂质分离 调整选粉机转速 调整好喂料量、系统通风 调整两个 N_2 囊预加载压力 重新校正或更换 停磨检查处理
差压高	喂料量过大 入磨物料易磨性差或粒度大 研磨压力过低 系统通风不畅 选粉机转速过高 磨系统漏风量大	根据差压调整喂料量 根据物料特性调整喂料量 重新设定研磨压力 调整各挡板开度，增强系统风量 根据煤粉细度调整转速 加强系统密封，减少漏风量
吐渣多	喂料量过大 入磨物料粒度过大 研磨压力过低 系统风量不足 喷口环盖板损坏或磨损	减少喂料量 根据物料特性调整喂料量 增加研磨压力 增加风量 停机处理
细度过粗	风、料、选粉机转速不匹配 研磨能力低 系统通风量大 物料易磨性差 磨机研磨能力下降 选粉机间隙磨损或过大 选粉机叶片损坏或磨损严重	调整比例使其匹配 加大研磨压力或更换磨盘、辊皮 调整用风量 提高研磨压力、减少喂料量、提高选粉机转速 对磨机的研磨件及磨损部位进行修复或更换 间隙调整 停机修复
主排风机跳停	煤磨热风系统、磨机喂料和磨机系统因联锁跳停，立即开冷风挡板至 100%，关热风阀，降低磨机进、出口风温，关闭主排风机入口挡板，通知相关人员排除故障，中控室人员检查有无异常报警	
煤粉输送设备跳停	上游设备联锁跳停，通知相关人员排除故障，开冷风挡板至 100%，关热风阀，降低系统温度，关闭袋收尘及排风机入口阀门	
喂煤溜子、原煤仓堵塞	紧急清料，若不行，停磨处理	
磨内着火	当磨机出口温度持续上升时，判断为磨内着火，立即停排风机和磨机，迅速关闭入磨机各挡板，排风机挡板归零，立即通知现场人员向磨内充入 N_2，关注磨机内温度变化，待磨机内温度降低后，通知现场人员打开磨门进行冷却，待磨机内冷却后打开出磨挡板进行磨内通风，通风 1h，确认磨机内无 CO 气体后再通知现场人员进磨检查，并进行相应的处理	

续表

故障	原因	处理方法
袋收尘内着火	当袋收尘出口气温迅速上升时，判断袋收尘内着火，应立即停止主排风机，磨机联锁跳停，迅速关闭出入磨机挡板和袋收尘入口挡板，通知现场人员向袋收尘内充入 N_2，同时铰刀要及时打向外排，将燃烧的煤粉及时送出袋收尘内。同时现场要确认好着火部位，待袋收尘内温度降低，确认袋收尘内的煤粉已全部排出后，现场立即对着火部位的袋室进行抽袋处理，待着火的袋室及相邻的袋室内的滤袋全部抽出后，打开袋收尘出口挡板及袋收尘灰斗门，进行通风，通风 1h 后确认袋收尘内 CO 已排出，通知现场人员进行袋室内部检查和处理
煤粉仓着火	煤磨系统紧急停机，关闭仓底压缩空气和仓顶各人孔门及收尘蝶阀，立即向仓内喷入 N_2 或生料粉，直到控制火情，仓底喂煤系统继续运行直至将仓内煤粉送空。严禁在未采取任何措施情况下轻易将燃烧的煤粉排出仓外

6.5.3　煤粉制备系统巡检及安全

①每班按时巡检，在设备停机时，也必须坚持巡检：检查煤及煤粉是否外溢；磨机系统内有无明火；磨机系统内的整洁情况，有无煤粉堆积现象。

②检查系统内设备是否因为轴承摩擦，螺旋输送机叶片与壳体摩擦等原因引起设备发热。

③检查润滑部位润滑油量和润滑是否正常。

④检查各防爆阀、防爆门是否冲开或冲裂。

⑤观察现场各温度仪表显示是否正常。

⑥检查各下料溜子是否有堵塞和发热现象。

⑦检查煤粉仓锥部是否发热，氮气装置及管道是否完好。

⑧磨机系统内严禁烟火，不准在磨机系统内吸烟，不准在未采取任何防范措施的前提下在磨机系统内进行气割、气焊、点焊等动火作业。

⑨长期停车后开车时的安全检查：检查煤粉仓、袋收尘易堵塞部位及输送设备内部有无煤粉及杂物；检查车间内是否有煤或煤粉堆积。

⑩短期停车后开车时安全检查：确认输送设备内部有无煤粉堵塞及自燃。

⑪排气：为防止开车时发生爆炸，应先启动排风机，将袋收尘及各管道中可能产生的易燃易爆气体全部排出。

6.5.4　煤粉计量装置

在水泥熟料的煅烧过程中，保证回转窑和分解炉喂煤的准确性，对于稳定窑的热工制度、提高熟料的产量和质量、节约能源和减少有害气体的排放起到积极的作用。因此，煤粉的计量与控制应选用精度高、计量准确、喂煤量稳定可调、响应速度快以及对煤粉适应能力强的设备。目前，应用较为广泛的是申克秤和菲斯特秤。

6.5.4.1　申克秤

申克秤（德国）是利用科里奥利原理制成的一种计量设备。

科里奥利原理：质量为 m 的微粒在以角速度 ω 转动的系统中，除受到离心力 F_z 和摩擦力 F_r 外，还受到垂直于其运动方向的惯性力 F_c 的作用（图 6-41），通过测量惯性力，即可测得质量 m。随着传感检测技术和电子技术的发展，使得测力和速度处理等变得简单容易，因此科里奥利原理在测量散状物料中得到了广泛应用。

测量原理的实现需要一个以恒定速度转动的旋转测量圆盘（测轮），其基本结构如图 6-42 所示。由电机拖动的测轮被叶片分成数个导流槽，散状物料由测轮中心上方进入测轮，经过锥形的转向装置后，形成散料流，进入导向叶片之间的导流槽中，并被以恒定角速度 ω 旋转着的导向叶片虏获，物料因离心力 F_z 的作用而向测轮外边缘运动，直至离开测轮被抛出。通过对物料所受科里奥利力 F_c 的测量可得到物料的流量，工程中是通过测量 F_c 对测轮的反作用力矩而测得物料流量的，这个力矩由测轮的驱动电机来补偿（离心力 F_z 和摩擦力 F_r 都不能在测轮径向上产生力矩），其计算式为：

$$M = m\omega R^2 \tag{6-28}$$

式中　M——测轮所受力矩，N·m；

　　　m——物料流量，t/h；

　　　ω——测轮角速度，s^{-1}；

　　　R——测轮半径，m。

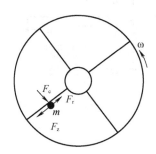

图 6-41　科里奥利原理示意

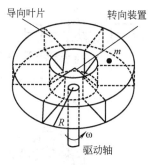

图 6-42　测轮的基本结构示意

如图 6-43 所示为申克公司秤喂料计量系统。煤粉由煤粉仓进入叶轮给料机时，首先经过内置搅拌器，被充分流态化，使其畅通，由叶轮给料机实现稳定喂料，进入科里奥利质量流量计被计量后进入煤粉输送管道，输送至窑头或分解炉。测得的流量信号（实际值）输入 MULTICONT 测控系统，实际值与设定值在系统中进行比较，及时输出反馈信号，调节叶轮给料机转速，实现稳定喂料。

煤粉由流量计流出后，经过一段弯管进入输煤管道，由于喷嘴两边的正负压差（喷嘴位置需在安装调试时确定），使煤粉可以较容易地被输送。同时，从喷嘴靠风机的一端引出一条正压管线，对叶轮给料机内施加一个小的气压（叶轮给料机与流量计出料管间压差约 5kPa），使下料更为顺畅，净风的风压仅需 50kPa 即可将煤粉送出，不需设螺旋泵。叶轮与外壳间隙仅为 0.2mm，被煤粉填充，可以保持叶轮给料机

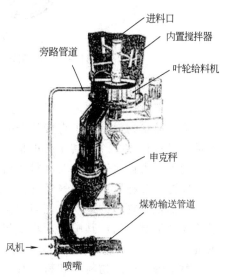

图 6-43　申克秤喂料计量系统

上、下的压差，保证下料流畅及稳定。该喂煤系统的叶轮给料机与煤粉仓出料管之间用法兰连接，流量计与叶轮给料机出料管之间、流量计出料管与煤粉输送管线之间也用法兰连接，无需其他安装支架，安装高度低，安装和拆卸维修方便；密封性能好，保持煤粉仓下的环境。

该系统有以下特点：①由于物料与测轮间的摩擦或不同速度的物料层间的摩擦对测量结果几乎没有影响，故该方法与其他力学方法（如冲板流量计、溜槽流量计）测物料流量相

比，抗外界干扰能力强，计量精度高；②长期及短期精度高，尤其是短期精度高（10s内精度可达0.5％），对窑内热工制度的稳定有利；③设备间只用法兰螺栓连接，结构简单，安装维护方便；④喷嘴的应用，可使流量计出口处无需使用螺旋泵等锁风松紧装置，并可降低风机功率。

6.5.4.2　菲斯特秤

菲斯特秤由转子腔、进料管、进风管、送料管、称重装置和驱动装置等组成，其结构如图6-44所示。菲斯特秤适用于煤粉的连续重量测量，煤粉自煤粉仓卸出进入水平叶轮扇区，经过称量区的称重，并被直接输送到气力输送管路，其整个过程均在一个封闭式喂料机内完成。

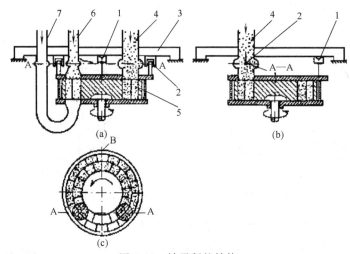

图6-44　转子秤的结构

1—荷重传感器；2—活络接头；3—支架；4—进料管；5—转子；6—出料管；

7—气力输送管路；A—A—称量轴；B—称重装置

转子平放在转子腔内，上、下用密封板密封，将转子沿圆周方向均匀分割成若干行及列小格子，散状物料由转子直接从仓内卸出，带入称重区，在电机的驱动下，转子靠这些格子携带物料转过260°（从转子秤的加料点至物料送出点），其间通过称重点。被称重后的物料直接进入气力输送管路，在物料送出点下方由罗茨鼓风机提供的压缩空气被引入输送用风并进入风管，被称重后的物料经气力输送管路送至窑头喷煤管及分解炉。

为了限制物料的运动，壳体内设置了上、下密封板，保证加入的物料都被计量和被计量过的物料都能送出，其中确定转子与密封板的间隙并及时调整间隙大小是转子秤稳定操作的关键。

称量轴线通过物料的卸料点及气力管道和转子之间的弹性连接点，可补偿压力波动造成的二次受力反应，并使物料的计量结果不受影响。凡通过转子秤称重区的物料重量均由称重装置计量下来，用荷重传感器测转子转过的单位角度时物料的重量，物料的流量和测得的转子速度及重量成正比。物料重量及所在位置都储存在喂料秤的电子系统内，即在物料卸出之前已知道转子各部位的荷重情况，将测量流量和设定流量不断比较，通过调节转速达到控制流量的目的。

为使预先确定的设定值和存储在存储器内的物料量相适应，在卸料点处要求的转子角速度已预先计算出来，并由转子驱动装置完成。采用这种先期控制原理，转子喂料秤可对任何波动给予校正，并可达到短期高精确度。

采用转子秤时，对其上游煤粉仓下部锥体也有要求，如采用不锈钢材料，锥体角度应大于 70°，仓外锥体设置环状风管，定时吹入压缩空气，可起活化作用，增加煤粉的流动性，避免仓内煤粉粘挂内壁、形成结皮、长期滞留、自燃结焦及仓内着火，也可避免喂煤不稳定。

煤粉经煤粉仓和下料管进入转子秤腔体中，被旋转的分成若干扇区的转子带入称重区，完成计量后进入气力输送管路，送至窑头或分解炉。称量轴线 A—A 通过物料卸出点、气力管道和转子之间的活络接头，使得压力波动基本不会对计量结果产生影响。它的控制特点是采用了 ProsCon 前馈控制技术，通过转子称重区的物料量由称重装置 B 计量下来并和其所在的位置都储存在该秤的 CSC 系统中，在物料卸出之前即已知道转子各部位的荷重情况，这样由系统通过设定的流量值和该负荷值计算出在卸料点处要求的转子角速度，在这些物料到出料口前 0.4s 时由系统控制变频调速电动机来调整转子的速度，从而使实际卸料流量和设定流量相符，达到很高的短期喂料。

该系统的特点是密封性能好、机械故障率低、计量精度高、运行稳定可靠。

6.6　水泥熟料冷却机

熟料冷却机的作用是将回转窑卸出的高温熟料冷却到下游输送机、贮存库和水泥磨所能承受的温度，同时回收高温熟料的显热，提高系统的热效率和熟料质量。

6.6.1　冷却机性能评价

（1）热效率（η_c）高　即从出窑熟料中回收并用于熟料煅烧过程的热量（$Q_收$）与出窑熟料带入冷却机的热量（$Q_出$）之比大。热效率通常用下式表示。

$$\eta_c = \frac{Q_收}{Q_出} \times 100\% = \frac{Q_出 - Q_损}{Q_出} \times 100\% \qquad (6\text{-}29)$$

或
$$\eta_c = \frac{Q_出 - (q_气 + q_料 + q_散)}{Q_出} \times 100\% \qquad (6\text{-}30)$$

或
$$\eta_c = \frac{Q_Y - Q_F}{Q_出} \times 100\% \qquad (6\text{-}31)$$

式中　η_c——冷却机热效率，%；
　　　$Q_损$——冷却机总热损失，kJ/kg 熟料；
　　　$q_气$——冷却机排出气体带走热，kJ/kg 熟料；
　　　$q_料$——出冷却机热料带走热，kJ/kg 熟料；
　　　$q_散$——冷却机散热损失，kJ/kg 熟料；
　　　Q_Y——入窑一次风显热，kJ/kg 熟料；
　　　Q_F——入窑三次风显热，kJ/kg 熟料。
各种冷却机热效率一般在 40%～80% 之间。

（2）冷却效率（η_L）高　即出窑熟料被回收的总热量与出窑熟料带入冷却机的热量之比值大。冷却效率通常用式（6-32）表示。

$$\eta_L = \frac{Q_出 - q_料}{Q_出} \times 100\% = 1 - \frac{q_料}{Q_出} \times 100\% \qquad (6\text{-}32)$$

式中　η_L——冷却机冷却效率，%。

（3）空气升温效率（φ_i）高　即鼓入各室的冷却空气与离开熟料料层空气温度的升高值同该室区熟料平均温度之比值大。空气升温效率通常用式（6-33）表示。

$$\varphi_i = \frac{t_{a_{2i}} - t_{a_{1i}}}{\bar{t}_{c_{1i}}} \tag{6-33}$$

式中　φ_i——空气升温系数；

　　　$t_{a_{1i}}$——鼓入某区冷却空气的温度（即环境温度），℃；

　　　$t_{a_{2i}}$——离开该区熟料层空气的温度，℃；

　　　$\bar{t}_{c_{1i}}$——该区冷却机箅床上熟料的平均温度，℃。

当 $\dfrac{t_{c_{12}}}{t_{c_{11}}} > 2$ 时，$\bar{t}_{c_{1i}} = \dfrac{t_{c_{12}} - t_{c_{11}}}{2.3\lg\dfrac{t_{c_{12}}}{t_{c_{11}}}}$；当 $\dfrac{t_{c_{12}}}{t_{c_{11}}} < 2$ 时，$\bar{t}_{c_{1i}} = \dfrac{t_{c_{12}} - t_{c_{11}}}{2}$。一般情况下，$\varphi_i < 0.9$。

6.6.2　推动箅式冷却机的发展

（1）第一代箅式冷却机（斜箅床、统一供风、薄料层操作）　1937 年由美国 Fuller 公司参照锅炉箅式燃煤机的结构原理而开发制造，箅床呈 15°倾斜，目的是为了提高熟料向前移动的效率，使用后发现斜度太大，熟料前进速度超过了活动箅子往复运动的速度，料床厚度无法稳定。后来把箅床斜度改为 5°～10°，料层厚度只有 180～250mm，箅下空气室只有 2～3 个，共有 1～2 台鼓入风机供风。

第一代箅式冷却机容易"堆雪人"，箅床斜度太大，料床厚度难以稳定，熟料沿箅床宽度上布料不均，经常出现料层被"吹穿"，冷却空气"短路"现象；经常烧坏箅板和侧板。

（2）第二代箅式冷却机（平箅床、多室分别供风、厚料层操作）　采用 3°或水平箅床（或斜平复合型），以稳定料床厚度；缩小入口箅床宽度，采用部分盲板取代箅板，把入口箅床宽度缩小；根据料层分布与温度状况分成小而多个空气室；进料搁板或台阶改成活动箅板，从第一排开始就不积料，防止形成"雪人"。

（3）第三代箅式冷却机（阻力箅板、单独脉冲供风、厚料层操作）　第三代箅式冷却机在其进口区和热回收区采用阻力箅板（或称控制流箅板）及充气梁结构箅床和窄宽度布置方式，采用脉冲高速气流对熟料料层骤冷，以少量冷却风量，回收炽热熟料的热焓，提高二、三次风温；脉冲供风使细粒熟料不被高速气流携带，同时由于细粒熟料扰动，增加气料之间换热速度；高压空气通过空气梁特别是箅冷机热端前数排空气梁向箅板下部供风，增强对熟料均布、冷却和对箅板的冷却保护作用。

设有对一段箅床一、二室各行箅板风量、风压及脉冲供气的自控调节系统，或各块箅板的人工调节阀门，可根据需要进行调节。

6.6.3　阻力箅板

如图 6-45 所示为箅床阻力与空气分配示意，其中，R_R 为箅床阻力；R_g 和 R_f 分别为粗料和细料的阻力；V_g 和 V_f 分别为通过粗料和细料的风量。

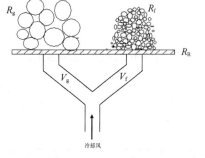

图 6-45　箅床阻力与空气分配示意

箅板阻力对空气分配作用关系如下。

$$\frac{V_g}{V_f} = \frac{R_f + R_R}{R_g + R_R} \tag{6-34}$$

由式（6-34）可知，若 $R_R \gg R_g$、R_f，则 $V_g/V_f \approx 1$。这表明：如果箅床阻力比料层阻力大得多时，则粗料和细料侧的风量基本相等，即风量能在全箅床上均匀分布。阻力箅板就是基于上述原理发明的，它可在一定程度上消除因布料不均而引起的气流短路、吹穿等现象。

（1）IKN 阻力箅板　基于上述原理，IKN 公司开发出适宜的阻力篦板、空气梁及其脉冲充气装置，如图6-46所示。

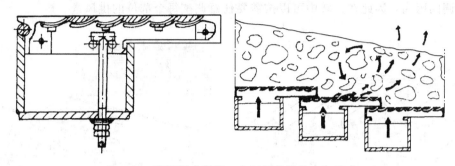

图 6-46　IKN阻力篦板、空气梁及脉冲充气示意

①篦板上的篦缝狭窄且数量多，开设的方向不同于传统的篦板垂直向上，而是朝着熟料前进方向，接近于水平并呈弧形，无漏料现象。

②篦板与其下的支承横梁用螺栓固定，形成一个密闭的小空气梁。一般每排篦板分成两个空气梁，分别与带有可调蝶阀的单独供风管道直接相连，取代了过去包含多排篦板的大空气室，消除了篦板相互之间的纵横间隙对配风的不利影响。

③篦缝总面积只占篦床面积的 4%，如果篦床表面平均充气速度为 1m/s 时，则通过线缝的风速即为 25m/s，具有空气喷嘴的作用。

④通过轮流向、相邻两排空气梁充气来实现脉冲式的高速喷射，即当篦床上方空间平均风速为 1m/s 时，空气梁内实际充气量交替脉动于 0~2m/s 之间。

⑤篦板采用脉冲供风，细粒熟料只受瞬间搅动，使其在被气流带走之前就重新沉降下来。脉冲供风是通过气流从一个充气梁转换通入另一个充气梁来实现的，从而交替地使移动着的细粒熟料处于流态化状态，并使其返回粗粒料层内，有利于热交换、篦板冷却以及二、三次风温的提高。为了控制每个供风单元的空气量，每根风管还都装设有手动调节的阀门及显示风压大小的压力表。如图 6-47 所示为篦冷机入口处使用脉冲充气的倾斜料床上熟料分布。

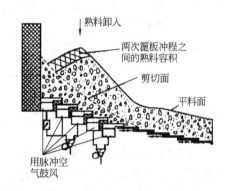

图 6-47　篦冷机入口处使用脉冲充气的倾斜料床上熟料分布

（2）阶梯篦板和 Ω 篦板　如图 6-48 所示为固定式阶梯篦板，它具有水平出风槽，冷却空气通过箱形结构梁引入，保证冷却空气以最佳状态进入熟料床层并防止热熟料穿过篦板下落。由于篦板上总有一层冷却熟料，阶梯篦板的热应力和机械应力减少到最低程度。

如图 6-49 所示为 Ω 篦板，冷却空气通过箱形结构梁从篦板出口槽引出。该篦板具有堆积熟料的小槽，气流弥散地通过熟料层，防止熟料由篦板缝隙下落。篦板上有积存熟料的小槽，保证了通过熟料层的气流分布均匀；篦板的唇部用空气冷却以延长使用寿命。

（3）凹槽阻力篦板　如图 6-50 所示是 CP 公司开发的凹槽阻力篦板。该篦板有三种型式：低漏料 Mulden 篦板、分室供风 Mulden 篦板和抗漏料侧篦板。

低漏料 Mulden 篦板的特点是空气通过接近水平的篦缝进入充满熟料的凹槽，然后通过滞留槽内的熟料间隙吹向篦板上移动的熟料层。这样既不会漏料，又保护了篦孔不受磨损。

篦板用螺栓固定在支承梁上，形成密闭的风箱。每两块并列篦板由一根管道供风，每根管道都装有手调的碟阀，因此在运转中可以按需要任意调整每个部位的供风量。

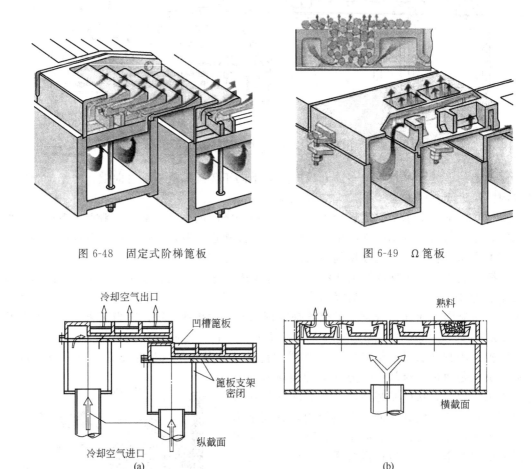

图 6-48　固定式阶梯篦板　　　　　　图 6-49　Ω篦板

图 6-50　CP公司开发的凹槽阻力篦板

分室供气的 Mulden 篦板设计特征，主要在于减少两个篦板之间搭接部分的横向间隙。该篦板可代替老式带孔篦板用于篦床冷却区段。

抗漏料侧篦板设计的目的在于减少侧向间隙，减少漏料及磨损。这是因为侧篦板是篦冷机受磨损最严重的部分，磨损后首先导致细粒料沿着篦板和铸件侧面的缝隙漏料。

如图 6-51 所示为 TC 型阻力篦板，为整体铸造，气流出口为缝隙式、纵向迷宫式密封。如图 6-52 所示为 TC 型低漏料阻力篦板，整体铸造，设有减磨损料槽，横向迷宫式密封，高温变形小，气流流速及气流阻力高，低漏料。

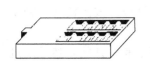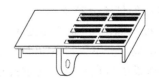

图 6-51　TC型阻力篦板　　　　　　图 6-52　TC型低漏料阻力篦板

6.6.4　第四代篦式冷却机

6.6.4.1　SF 型交叉棒式篦冷机

　　SF 型交叉棒式篦冷机的篦床是固定的，其功能是均匀合理地分配冷却空气。固定的篦板便于密封，磨损少，消除了漏料，不需密封风机和篦下漏料输送装置，降低了篦冷机的高度。输送熟料的功能由篦床上部往复运动的交叉棒来承担。在篦床的宽度方向，每一排篦板上部都有一根横棒，棒与棒之间，一根是活动的，可以做往复运动；另一根是固定的，相互间隔布置在整个篦床的长度方向。活动棒采用液压传动，往复行程为一块篦板的长度（300mm）。横棒的运动使其上 500～600mm 厚的熟料混合、翻动并向前输送。在该过程中，料层中的所有熟料颗粒都能较好地接触到冷却空气，促进热交换，提高冷却效率。此外，横棒与篦床之间有一层大约 50mm 厚相对静止的低温熟料，如图 6-53 所示，可起到保护篦板、防止其烧坏和磨蚀的功能，避免了整个篦床在长度或宽度方向的不均匀热胀冷缩问题。固定棒紧固在篦板框架的两侧，活动棒则用紧固块卡在液压传动的推拉杆上。所有的棒及其紧固件均用耐磨蚀的材质制成，使用寿命可达 2 年以上。当这些棒磨损到相当程度时，只要无碍于其输送功能，它对整台篦冷机的正常操作及其冷却效率均不会引起负面影响。此外，这些磨损件的更换都可以在篦床上面进行，具有充足的工作空间，无需钻进布满空气梁的篦板下面的狭小空间去进行维修、安装。

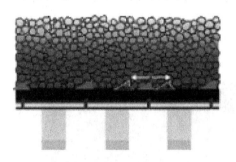

图 6-53　篦板上面的熟料层

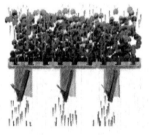

(a) 料层阻力均匀时　　　　　(b) 料层阻力不均匀时

图 6-54　冷却风通过 SF 型篦冷机篦板的示意

　　SF 型交叉棒式篦冷机的关键部件是装设在每一块篦板下面的机械式自动风量调节器，其结构简单，调节准确。它能够根据每一块篦板上熟料层阻力的大小，自动地实时调节通过该篦板的冷却风量（图 6-54）。当篦板上熟料颗粒偏粗，料层空隙偏大，阻力偏小，冷却风量趋于"短路"时，由于风力作用，装于篦板下面特制的通风阀门就会自动关小，相应地减少其冷却风量；反之，当熟料层阻力偏大，冷却风量受到遏制时，则由于该阀门的重力作用，它就会自动开大，增加冷却风量。当料层阻力与冷却风量均适中时，则风力与阀门的重力相平衡，阀门将会自动地浮动在一定的角度内（开度），保持其冷却风量均匀稳定。

　　SF 型交叉棒式篦冷机的下部是一个通畅的通风室，无需分隔，用几台鼓风机由通风室两侧的前、中、后部鼓入冷却风。全部冷却空气都是经由每一块篦板下面的机械式自动风量调节阀分配到整个料床的各个部位的，其调节控制范围可以准确到每一块篦板面积内。比控流型篦冷机分成若干小区来调节的方法更准确及时，所以消除了气流"短路"、"穿孔"、"红河"等现象。

　　F. L. Smidth 公司在 SF 型交叉棒式篦冷机的基础上，经过进一步改进后，又推出了多级移动棒式篦冷机（简称 MMC 篦冷机）。

6.6.4.2　Polytrack 篦冷机

　　伯力休斯公司的第四代冷却机的 QRC 区为固定式倾斜篦床，RC 区和 C 区也是固定式水平篦床，输送熟料的任务由输送道（Track）来完成，每条输送道分别在"输送模式"和"回车模式"下工作，如图 6-55 所示。在输送模式下，输送道将其上面的热料推向前进；而在回车模式下，输送道却是一个一个地交替进行，这时每一条回车输送道上面的热料由于受到冷却机进口端的阻碍以及相邻输送道上面热料的摩擦力作用而不会后退，也就是说，回车模式期间输送道上的熟料层不动。每条输送道都由安装在充气梁下方且位于纵向两端的两个汽缸驱动，所有输送道两端的汽缸都由设置在前、后两端的两个共用液压泵驱动。汽缸的冲程和频率都是可调的，从而可方便灵活地调整熟料在篦床上的分布和厚度，以及调整和处理生产中出现的各种问题，例如在处理"红河"事故时可以将相关位置的料层变薄。

Polytrack 篦冷机的篦板可按模数在制造厂预制成模块，到生产现场组装。该篦冷机的充气梁由若干个标准充气单元组成（图 6-56），每个充气单元有一个单独充气袋，沿长度方向上有六个迷宫式密封的开口，个别掉落的细颗粒被收集在充气袋内以保护免受磨损，这样既可保证料层良好通风，又能防止细颗粒掉到篦床下方，于是篦床下的拉链机等可省掉，整机高度降低。

RC 区内的气、固换热对篦冷机的热效率最为重要，为防止 RC 区料层内的气流短路，Polytrack 篦冷机在该区充气单元底部安装有分布空气开关（ADS 装置）。ADS 装置金属壳体内设置不同自重的单摆锤，当壳体内压强与料层顶部压强之差突然减小时，例如发生穿风时，单摆锤将迅速摆向关闭位置，于是冷却风量将迅速减小；问题解决后，单摆锤又回复到开启位置。

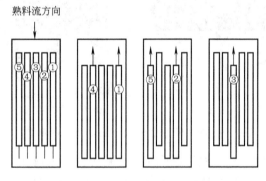

图 6-55 Polytrack 篦冷机输送熟料原理

图 6-56 充气单元

6.6.4.3 η-篦冷机

Claudius Peters 公司生产的 η 冷却机整个下部是模块式结构。仅需组合两种不同长度的标准模块便可提供 1000～12000t/d 各种规格的冷却机。所需冷却机宽度由若干（纵向）输送通道的模块结构来实现。每个模块可在预组装后发运，因而现场安装非常方便且节省时间。

①进料区是固定式倾斜篦床，被称为 HE 型固定式进口模块。HE 模块向后逐渐变宽以优化篦床上熟料分布。篦床两侧的耐火保护层可将两侧外边缘拼成斜面变宽，而不是阶梯状变宽，这样既可避免结皮，也降低了压损。HE 模块通过若干小区供风，用手动阀调节风量，从而在原燃料及卸料状态变化时灵活调节风量。HE 模块既能避免"雪人"现象，也能在篦床上覆盖一层静止低温熟料来保护篦板。

②HE 模块后面的篦床为固定式水平篦床，篦床上的熟料由移动床（walking floor）来输送，该移动床由若干条输送道构成。在其"前行"冲程内，所有输送道同时向前移动，在其带动下熟料向前移动；而在"返回"冲程内，各个输送道则隔道成组交替后退或逐一交替

后退（即相邻输送道不能同时后退）。输送道返回时，其上的熟料层因受进料区熟料的阻碍以及相邻输送道上熟料的摩擦力作用而不能后退。输送道数目与生产规模有关，每个输送道都由若干个托辊支撑，而且均独立驱动。驱动液压缸能保证较长的冲程，用集成化监测系统控制，通过改变冲程长度可调整篦床两侧熟料的输送速度，因此细料侧不再需要高阻力的"抑流篦板"。该公司后来推出的一种能使熟料交叉移动的篦床（安装三段），可优化篦床上熟料横向分布，它对特大型篦冷机尤为重要，因为产量高时对熟料流和气流的均匀度要求更高。

③每个输送通道都采用迷宫式密封，省去了冷却机下方的料斗、料斗阀门或其他输送系统，使冷却机的结构高度非常低。系统的独特优势是冷却机内无需安装其他输送熟料的装置，此外，由于输送效率高，使得底部可进行水平布置。

④使用改进型的 Mulden 篦板，篦床上面的一层静止低温熟料可以保护篦板免受磨损与高温。由于这种保护，除了在输送通道顶部与熟料有相对运动的一此区域外，无需安装昂贵的耐磨铸件，只需专用"钢甲"保护。

⑤各输送道均采用独立供风，在细料侧尽管仍有供风，但却是为了热回收并使熟料横向冷却更均匀，而不是为了保护篦床侧部。

⑥辊式熟料破碎机可设置在篦床卸料端，也可设置在其中部。

6.6.4.4　Pyrofloor 篦冷机

德国洪堡公司推出的第四代篦冷机是 Pyrofloor 篦冷机，其特点如下。

①篦床固定，进料端为倾斜篦床，其他区为水平篦床。水平篦床上输送熟料的任务由移动床承担，其机理和作用同 η 篦冷机。输送道配有专门监控装置：每个输送道配一个雷达测速仪，某些特殊部位安装一些压力传感器，另外配一个红外热扫描仪。控制模式有两个：一是正常熟料分布模式；二是防止"红河"模式。在后一种模式下，会将细料侧输送道的速度减慢，延长细颗粒熟料的冷却时间来防止"红河"现象。

②采用分成许多小充气室的方式均匀供风，如图 6-57 所示。篦板上的静止低温熟料层实际上也均化了冷却风，另外还用一个调节阀自动均化风量，如图 6-58 所示。该阀门能让恒定的气流通过所控制的熟料层，而不管料层状态有何变化。该调节阀门是一个空心圆柱体，其中心处有一个套有弹簧的轴，弹簧力由一个挡板来承受，弹簧可在一定范围内上、下移动，根据气流压力来找到挡板的平衡点。

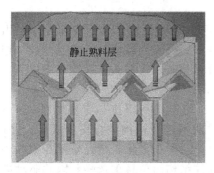

图 6-57　小充气室的工作原理

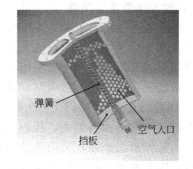

图 6-58　自动调节阀门

③采用独特的接触式密封装置，以保证不会有细颗粒料从小充气室之间的间隙中漏到篦床下，因而拉链机等可省掉，降低了篦冷机的高度。

④熟料破碎可用锤式破碎机或辊式破碎机，可置于篦冷机中部或出口。

⑤该篦冷机经过改进也适合冷却用可燃废弃物煅烧的熟料。

⑥篦冷机篦床可按模数预制成模块，到生产现场安装。

6.6.4.5　TCFC行进式稳流冷却机

TCFC行进式稳流冷却机由上壳体、下壳体、篦床、篦床液压传动装置、熟料破碎机、自动润滑装置及冷却风机组等组成。由于无漏料，所以篦床下不再设灰斗和拉链机。

(1) 标准化模块设计　TCFC冷却机采用标准化模块设计，通过增加篦床篦板的数量，可以适应不同规模水泥生产线，模块的优化组合可节省设计和工程设备的安装时间，提高维护效率，降低维护成本，同时也大大方便备品备件的供给。

(2) 篦床　篦床由固定篦床和水平篦床组成，水平篦床由若干列纵向排开的篦板组成，纵向篦床均由液压推动，运行速度可以调节，进料端仍然采用第三代固定倾斜篦板，但是在底部增加了可控气流调节阀，此结构可以消除堆"雪人"现象；熟料堆积在位于水平输送段的槽型活动充气篦床上，随活动篦床输送向前运行，冷风透过料层达到冷却熟料的目的。

熟料冷却输送篦床由若干条平行的熟料槽形输送单元组合而成，其运行方式如下：首先由熟料篦床同时统一向熟料输送方向移动，然后各单元单独地或交替地进行反向移动。每条通道单元的移动速度可以调节，且单独通冷风，保证了熟料得以充分冷却。在篦板上存留一层熟料，以减缓篦板受高温红热熟料的磨蚀。相邻两列模块单元连接处采用迷宫式密封装置密封，贯穿整个篦冷机的长度方向，确保相邻两列篦板往复运动过程中免受熟料和篦板间的磨损，且由于篦板的迷宫式设计，熟料不会从输送通道面上漏下，不再需要第三代篦冷机中的灰斗和拉链机等设备，设备高度得到了大幅度的下降，土建成本也随之减少。

(3) 四连杆传动机构　传动部分采用四连杆机构，使上部篦床保持水平往复运动。在四连杆传动机构的滑动轴承上完成循环往复运动，密封性能好。同时由于为各个篦板提供动力的四连杆机构都是相同规格，维护简单且维护费用低。

(4) 流量自动控制调节系统　流量自动控制调节系统具有高热交换率、低电耗等优点。流量自动控制调节阀为全机械结构，可以实现根据篦床上料层的厚度自动调节阀门的开闭和调大调小，达到自动调节供风的功能，提高单位风量冷却效率，降低了能耗。

(5) 液压传动系统　采用液压传动，纵向每一列篦床由一套液压系统供油，每一个模块控制几个液油缸，液压缸带动驱动板运动。采用多模块控制驱动系统，避免了因个别液压系统故障引起的事故停车，在生产中可以关停个别液压系统，其他组液压系统继续工作，可保证设备长期连续生产，液压系统还可实现在线检修和更换，使整机的运转率大幅提高。

6.6.4.6　新型S形篦式冷却机

S形篦冷机主要由篦床主体、破碎机和壳体三大部分组成，其中篦床主体是由一个进口模块和若干个尺寸标准模块组合而成，可根据需要变更标准模块的行数或列数，组合出不同规格的篦冷机。进口模块由固定篦板组成，呈阶梯状布置，篦床采用空气梁供风，主要作用是急冷和分散物料，该模块不需要驱动装置。

(1) SCD摆扫式输送装置　SCD摆扫式输送装置是利用按一定规则排列的若干挂板，通过往复摆扫运动推动物料前进，挂板之间通过曲柄连杆机构进行往复摆动，并确保同步，挂板与轴间为棱锥形面连接，可快速装拆且能自行对中和消除矿量，暴露在物料中的仅有刮板及密封罩，因此易损件小且易于更换，运动部件结构简单且重量轻，因此驱动能耗低且可靠性高。

(2) S形低阻力篦板　该篦板采用了与第三代篦冷机完全不同的设计，利用风翅独特的S形截面承受料层重量，且形成料封不漏料，风翅完全处于冷却风包围下，可得到充分冷却，冷却风沿斜向吹出，防止吹穿料层，有助于物料输送，且结构简单，单人即可从篦床上方完成快速装拆。

(3) FAR流量自动调节器　采用FAR流量自动调节器可将风量控制单元由风室或空气

梁缩小到了每一块篦板的精确控制，调节器可以自动调节熟料层的粒度及厚度的变化，控制冷却空气的流量稳定。机械结构无需电控，对料层变化实时反映，保证冷却用风要求。控制阀阻力随料层阻力变化反向补偿，免除了高阻力篦板带来的动力消耗，减少风量浪费，降低供风压力，节省能耗，简化了供风系统配置。

6.6.5　故障与处理

故障与处理见表 6-7。

表 6-7　故障与处理

故障	原因	处理
大量漏料	列间密封、侧密封偏磨损；头部、尾部密封磨损严重	①按停窑程序停窑 ②继续通风冷却熟料，开大冷却机排风机入口阀门，使风改变通路，减少入窑二次风量 ③继续开动篦床送走大部分熟料，找出漏料位置，清空其上的熟料后检修 ④有人在冷却机内作业时禁止窑头喷煤保温
固定篦床堆积熟料"堆雪人"	①烧成带温度过高 ②冷却风量不足 ③熟料化学成分率值是否偏差过大	①减少窑头喂煤 ②增加冷却风量 ③调整生料配比 ④应用空气炮处理 ⑤停窑，从冷却机侧孔及时进行清理
熟料出现"红河"	①冷却效果不好 ②粗细料不均 ③篦速过快等	①适当降低篦床速度，调整风机阀门 ②如果是沿着料流方向狭长的"红河"，可适当缩短某列或者某几列行程开关的距离，增加该区域熟料热交换的时间
篦板温度高	①熟料粒度过细 ②检查熟料化学成分是否 SM 值过大	提高窑头温度，关小一室风机阀门
	③一室冷却风量过大，熟料被吹穿	适当减慢篦速
	④固定篦板及一室风量过小，不足以冷却熟料	开大固定篦板一室风机阀门，适当加快篦速
	⑤篦床上有大块，此时风压大，风量小	适当加快篦速
	⑥篦床速度过快，料层过薄	适当减慢篦速

6.7　回转窑煤粉燃烧器

回转窑煤粉燃烧器是将燃料与燃烧空气输送到回转窑内，通过涡流、回流等方式和喷射效能，使煤粉与燃烧空气充分混合、迅速点燃并充分燃烧的设备。因此回转窑煤粉燃烧器的性能对烧成系统的可靠性和经济性起着主要作用。

6.7.1　回转窑对煤粉燃烧器的要求

①对燃料具有较强的适应性，尤其是在燃烧无烟煤或劣质煤时，能保证在较低过剩空气系数下完全燃烧，CO 和 NO_x 排放量最低。

②火焰形状能使整个烧成带具有强而均匀的热辐射，有利于熟料结粒、矿物晶相正常发

育，防止烧成带扬尘，形成稳定的窑皮，延长耐火砖使用寿命。

③外风采用环形间断喷射，保证热态不变形，射流均匀稳定，形成良好的火焰形状，最好采用多个小喷嘴喷射。

④采用拢焰罩技术，避免产生峰值温度，降低有害气体 NO_x 的排放，使窑内温度分布合理，提高预烧能力。

⑤采用火焰稳定器，受喂煤量、煤质和窑情变化波动的影响小，火焰更加稳定。

⑥结构简单，调节灵敏、方便，适应不同窑情的变化，满足烧不同煤质和形成不同火焰的要求。

6.7.2　回转窑煤粉燃烧器的设计

6.7.2.1　受限射流

从燃烧器喷出的风煤混合物，由于受到回转窑的限制，形成所谓的"受限射流"，如图6-59所示。这种射流的特点，一是静压随着远离喷口而逐渐增加；二是形成一种回流漩涡（外回流）。后者提供了一种传热和传质的机制，它可以将热量从燃烧室内温度较高的区域传输到温度较低的预热区，并把火焰尾部的燃烧产物反向传送到前面喷口附近的入口区域内。对于回转窑来说，这就是通常所说的热烟气返混。

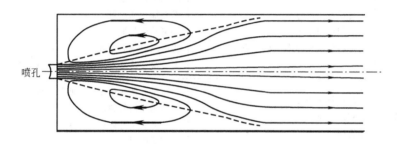

图 6-59　受限射流一般流线的形态

射流出口段的基本特点是：依靠射流的卷吸作用，反应物与二次空气混合，同时与回流的燃烧产物混合；在射流内部，依靠湍流扩散使被卷吸的流体与射流流体混合。受限射流对周围气流的卷吸作用与燃烧器的动量通量有关，而动量通量可用下式计算。

$$M = mv \qquad\qquad (6-35)$$

式中　　M——射流的动量通量，N；

　　　　m——射流的质量流量，kg/s；

　　　　v——气流喷出速度，m/s。

对于回转窑燃烧器来说，当受限射流的动量冲量超过完全卷吸二次风量的需要时，过剩的冲量将把燃烧产生的废气卷吸回来，产生外部回流。燃烧器的冲量越大，卷吸的气流越多。此外，研究表明，当一次风量较小时，外回流量增大。

下游炽热烟气的回流，一方面增加了上游火焰活性基团和温度，从而加快煤粉后期燃烧速度；一方面冲淡了可燃混合物中氧含量和挤占燃烧空间，从而引起燃烧速度降低，增加火焰长度，所以外回流的大小应有一个最佳范围。值得指出的另一个重要方面是，适度的外回流可以防止"扫窑皮现象"。经验表明，在射流扩展的理论碰撞点附近常常发生耐火砖磨损过快现象，导致窑运转周期缩短。

6.7.2.2　旋转射流

当射流从喷口喷出时不仅有轴向和径向速度，而且还伴随有绕纵轴旋转的速度，这种射流称为"旋转射流"。旋转射流分为圆形和圆环形，回转窑多风道煤粉燃烧器基本上都有圆环形旋转射流。

如图 6-60 所示，轴对称旋转射流的速度可用三个分速度来表示：一是轴向速度 $\bar{u}$，平行于射流轴线，称为"轴向分速"；二是径向分速 $\bar{v}$，它是单元气体与射流轴线间距离的变化速度；三是切向分速度 $\bar{\omega}$，它是沿着以射流轴线上一点为圆心并通过周围上某一点 A 的切线方向的分速度。

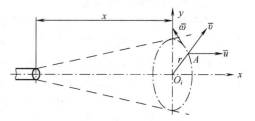

图 6-60　轴对称旋转射流的三个速度分量

因旋转射流的离心作用而产生轴向回流漩涡，燃烧器附近轴线上的压力降低，沿轴线向前即向喷口方向的压力逐渐增大，直到较远的下游处便趋近于大气压力。旋流射流会使卷吸量增加，同时当旋流强度足够大时，还会造成轴线上的反向流动。

当空气以旋转状态从燃烧器喷出时，呈螺旋式运动。旋转流中心区的低压在射流从燃烧器喷口喷出时不断恢复，导致轴向反压力梯度的产生。当旋流度足够高的时，气体将反向流动，形成中心环形漩涡。当旋流度为 1.57 时，该漩涡区内流动的流线如图 6-61 所示。这个回流区在射流的中心，故称"内部回流区"。环形漩涡核心的长度，即从燃烧器出口到流动反向反转点之间的距离，随旋流度的增加而增大。

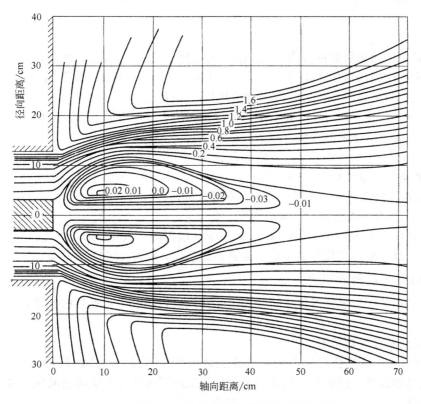

图 6-61　旋转射流内部回流漩涡的流线

回转窑用三风道或四风道煤粉燃烧器一般都有一个螺旋体，并借此产生具有内部回流区的环形旋转射流。内部回流区的存在可以增加火焰的稳定性和燃烧强度，形成一种短而阔的火焰。在燃烧器出口处，这个回流涡流越大，火焰就越稳定，燃烧强度越高。内部回流区还可以使下游炽热的燃烧产物回流到火焰根部以提高该处一次风和煤粉的温度，这对于促进低挥发分燃料的燃烧非常重要。

对于旋转射流，一个非常重要的参数就是旋流数（喷口处角动量与线动量之比）。旋流数越大，旋流强度越高，射流角越大，最大速度的衰减速度也随之增大。旋流数主要控制着火焰形状，因此被称为火焰形状系数。随着旋流强度的增加，火焰变粗、变短，可强化火焰对熟料的热辐射。但过强的旋流会引起发散火焰，易使局部窑皮过热、剥落；另外，也易引起"黑火头"消失，喷嘴直接接触火焰根部而被烧坏。虽然大多数多风道燃烧器的旋流强度可在操作中调节，但极限参数的限定是很重要的。旋流数可通过调节旋流风量、风速及燃烧器旋流叶片的角度来实现。

回转窑煤粉燃烧器所需能量的表示方法如下。

（1）能量表示法　能量表示法也称"动能表示法"，即所需要的动能 E 等于一次风量中的净风风量与其所具有的有效压力之乘积，即以式（6-36）进行计算。

$$E = L_{1j} p_u \tag{6-36}$$

式中　E——多风道煤粉燃烧器所需动能，$m^3 \cdot bar/h$（$1bar = 10^5 Pa$，下同）；

L_{1j}——燃烧器所供一次风量中的净风风量，m^3/h；

p_u——在燃烧器风道喷出时空气所达到的有效压力，bar。

（2）单位热量推力表示法　单位热量推力表示法，就是用每小时煤粉燃烧所产生的热量除以燃烧器一次风中的净风所产生的推力，即以式（6-37）进行计算。

$$F = \frac{P}{Q} \tag{6-37}$$

式中　F——单位时间热量所需的推力，$N/(Gcal/h)$或者 $N \cdot h/Gcal$（$1cal = 4.18J$）；

P——一次风中净风所能产生的推力，N，可用式（6-35）进行计算得到；

Q——烧成合格熟料时单位时间内所需的热量，$Gcal/h$。

（3）相对推力表示法　相对推力表示法，即燃烧器的相对推力等于以百分数表示的一次风中的净风风量与其喷出速度的乘积，用式（6-38）进行计算。

$$F_0 = L_1 v_1 \tag{6-38}$$

式中　F_0——燃烧器的相对推力，$\% \cdot m/s$；

L_1——以百分数表示的一次风中净风的风量，$\%$；

v_1——一次风中净风的喷出速度，m/s。

燃烧器的相对推力应满足在 $1250 \sim 1850\% \cdot m/s$ 范围内，根据煤质的不同，对其进行取值。煤质差时，取大值，优质煤取小值。如果烧无烟煤，应取 $1850\% \cdot m/s$。

6.7.3　回转窑煤粉燃烧器的型式

目前，回转窑用的煤粉燃烧器主要有三风道和四风道，用于工业废弃物燃烧的多风道燃烧器。

6.7.3.1　皮拉德公司煤粉燃烧器

如图 6-62 所示为皮拉德公司生产的旋流式三风道煤粉燃烧器。该燃烧器煤风在中间，外部的一次净风是轴流风，内部的一次净风是利用头部的螺旋叶片产生的旋流风，利用进风管上的两个阀门调节。

内风旋转流动有助于风煤的混合。外风风道为直流的环状风道以保持直流和较高的风速，从而保证火焰有一定的长度、形状和刚度。

煤风处于内净风、外净风之间，有利于风煤混合，对煤粉的燃烧有利。该燃烧器外风道、内风道和煤风道均向外扩散，且各风道出口截面均可调。

　　燃油点火器通常设在燃烧器的最中间，供点火时使用。

　　如图 6-63 所示是皮拉德公司生产的 Rotaflam 型旋流式四风道煤粉燃烧器，其主要特点是内净风通过稳定器上的许多小孔喷出，所以又把内净风称为中心风。将外净风分成两股：外层外净风稍有发散轴向喷射，内层外净风靠螺旋叶片产生旋流喷射，将煤风夹在两股外净风与中心风之间。将燃烧器最外层套管伸出一部分，称为拢焰罩。外层的环形间隙改为间断间隙，可保证受热时不变形。

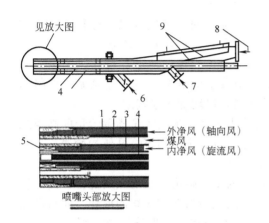

図 6-62　皮拉德公司生产的旋流式
三风道煤粉燃烧器

1—外净轴流风道；2—煤风道；
3—内净旋流风道；4—燃油点火装置；
5—螺旋叶片；6—外净风调节阀；7—内净风
调节阀；8—煤风进口；9—耐磨层

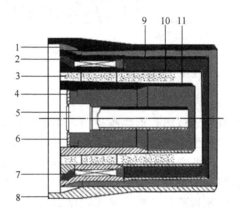

図 6-63　皮拉德公司生产的 Rotaflam 型四
风道煤粉燃烧器

1—轴向外净风；2—旋流外净风；3—煤风；
4—内净风（中心风）；5—点火油枪；6—火焰稳定器；
7—螺旋叶片；8—拢焰罩及第一层套管；9—第二层套管；
10—第三层套管；11—第四层套管

　　Rotaflam 型旋流式四风道燃烧器的特点如下。

　　(1) 火焰稳定器　稳定器内净风道的直径比一般燃烧器要大得多，前部设置一块圆形板，上面钻有许多小孔，其主要作用如下。

　　a. 在火焰根部产生一个较大的回流区，可减弱一次风的旋转，使火焰更加稳定，温度容易提高，形状更适合回转窑的要求。

　　b. 火焰稳定器的直径较大，煤风环形层的厚度减薄，煤风混合均匀，一次风容易穿过较薄的火焰层进入其中缩短了黑火头。煤风在两层外净风之间降低火焰根部的局部高温，抑制 NO_x 的生成。

　　外净风分成两股之后，轴流外净风的风速可以大大提高，在火焰根部中心区形成较大的一次回流区和在窑皮附近形成第二回流区，对保护窑皮有利。

　　(2) 拢焰罩　拢焰罩产生碗状效应，可避免空气的过早扩散，在火焰根部形成一股缩颈，降低窑口温度，使窑体温度分布合理，火焰的峰值温度降低。这样，一方面能延长窑口护板的使用寿命；另一方面还可避免窑口筒体出现喇叭形。

　　(3) 轴向外净风的分孔式喷射　轴向外净风采用均匀间断式的小孔喷射。小孔为均匀排列的小矩形，由第一层套管内壁加工出的矩形沟槽和第二层套管组装后形成。

6.7.3.2　KHD 公司的 PYRO-JET 燃烧器

　　PYRO-JET 燃烧器的轴流空气是由喷嘴环上的围成圆形状的圆形小孔射出，喷口的数目、尺寸和位置取决于生产能力和燃料的种类。

燃烧器结构由外向内依次为直流风、煤风、旋流风、中心风和燃油点火装置,如图6-64所示。

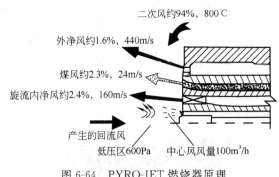

二次风约94%,800℃

外净风约1.6%,440m/s

煤风约2.3%,24m/s

旋流内净风约2.4%,160m/s

产生的回流风

低压区600Pa 中心风风量100m³/h

图 6-64　PYRO-JET 燃烧器原理

①中心风为圆孔形喷射口的平行射流,所通过的流量少且喷射速度低,圆孔形喷射口喷射的气流形成一个火焰内部回流区,该回流区阻止含炭粒的热烟气进入中心区内燃烧,阻止了该部位因燃烧产生的结焦。

②适宜的内部旋流风,有利于燃料与空气的混合及挥发分的燃烧。

③尽可能降低输送煤粉的风速以减少煤粉对管道的磨损,同时煤风喷出口略向外倾斜,以增加火焰宽度。

④轴流风通过圆孔形喷嘴喷出,由于风速高,所产生的喷射流吸入了周围大量的高温二次风,使燃料快速燃烧。同时,圆孔形喷嘴喷出的高速射流可出现回流,易使初始着火点接近其出口,因此在火焰中避免形成峰值温度,降低 NO_x 的形成。

⑤燃烧器的旋流风设在煤风管道的里层,增加煤风的旋流强度,加强风煤混合,同时轴流空气的喷速较高,在外层又可控制煤风的旋流强度,因此更易调节火焰的形状。同时圆孔形平行喷射的轴流空气所形成的火焰外部回流有利于挥发分在靠近燃烧器喷口附近着火燃烧,再加上中心空气的火焰内部回流区,使火焰出现平稳的较高的温度。

6.7.3.3　F. L. Smidth 公司生产的 Duoflex 燃烧器

(1) Duoflex 型燃烧器的结构特点

①从外向内依次为直流风管、旋流风管、输煤风管及中心保护管。旋流风和直流风在燃烧器外管内的锥形喷嘴内混合后,一同喷射出燃烧器,如图6-65所示。

②中心管的出口处设有喷嘴盘,喷嘴盘分布上 60 个小孔,主要提供冷却风作用。

③煤粉管通过筋板与中心管相接触,用膨胀节与径向风管相连,煤粉管出口截面积约为 $0.0572m^2$,按送煤罗茨风机风量计算出口风速约为 27m/s。

④径向风管相连于焊接外管上旋流斜叶片,叶片角度约为30°,能使直线气流变成旋转流。

⑤燃烧器外管主要通过直流风,通过锥形喷嘴与旋转流混合喷射出燃烧器端面,锥形喷嘴内表面是一个斜面,最小环隙约为 6mm,也就是说最小一次风出口截面积为 $7781mm^2$,窑正常生产中,外管受热后应自动外伸,一次风喷嘴面积自动扩大。外管与煤粉管可相对轴向调整移动,也就是说一次风喷嘴面积可进行调节,外管与煤粉管上设有标尺,通过标尺上的读数能计算出喷嘴面积。

(2) Duoflex 型燃烧器的性能

①一次风喷口风速调整方便,调整幅度可通过标尺直接读出,便于火焰形状与风速对应。出口风速可由 80～290m/s 自由调整。一次风量掺入比较小,一般为 6%～7%。

②旋流风与直流风在锥形喷嘴内先混合后,一同喷射出端面,属于旋转混合射流,但扩展角较小,可受控制。

③旋流风与直流风均设有阀门节流调节,调节简单有效。

④外管设计便于更换,锥形喷嘴材质为耐热、耐磨材料,且磨损后可更换。

(3) 调节与控制

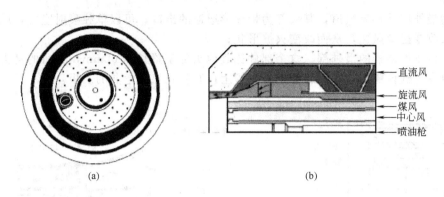

图 6-65　Duoflex 旋风燃烧器

①火焰形状及调整

a. 一次风冲量（风量和风速）：一次风冲量（％·m/s）的定义是一次风百分率乘以一次风风速。一次风百分率即表示一次风流量占理论燃烧空气量的比例（％）。一次风量由一次风机转速控制，一次风风速由锥形喷嘴出口截面积来控制。

b. 一次风旋流状况：在一次风离开锥形喷嘴之前，通过引导一部分空气经由径向风管穿过旋流装置的斜叶片形成旋流。旋流强度由调节阀门的开度控制。

c. 烧中等挥发分及灰分的煤时，燃烧器可按以下参数设定控制：轴流风阀门全开；旋流风阀门开 20％；一次风压 23～25kPa；一次风冲量 1400％·m/s。

烧挥发分较高的煤时，可将冲量降低。烧挥发分低的无烟煤时，可加大冲量。轴流风阀门一般全开，特殊情况下不准低于 50％。

②点火升温过程

a. 将锥形喷嘴的截面积调至最小。

b. 启动送煤罗茨鼓风机，插入油枪，点燃柴油升温。

c. 当尾温升至约 200℃，全开燃烧器旋流风、直流风挡板，启动一次风机，转速设定为 200r/min，进行油煤混烧。

d. 观察火焰，如果火焰向上飘，必须增加一次风机转速，但不能过分增加一次风流量，过大会影响火焰的稳定性。

e. 一次风量随着窑温上升应逐步加大，为防止火焰冲窑皮，保持足够的一次风冲量，旋流风阀门同时减少至 50％。

f. 当煤火焰逐步稳定，窑皮温度超过 800℃时，关掉油燃烧装置，拨出油枪（烧全无烟煤时，停油应在投料稳定后方可进行）。

6.7.3.4　TC 型旋流式四风道煤粉燃烧器

（1）TC 型旋流式四风道煤粉燃烧器的结构　如图 6-66 和图 6-67 所示，从内向外依次为中心风道、煤粉风道、旋流风道及轴流风道。

①中心风道头部装有火焰稳定器，在耐热钢板面板上均匀分布着四环圆孔，每环 12 个。圆孔射流风速约为 60m/s。

②煤粉风道位于中心风道的外层，煤风携带着煤粉以很小的分散度将煤粉喷入，与一次风混合后进行燃烧，此处的风速为 23～25m/s。

③旋流风道的头部装有旋流器，旋流器设有 24 个叶片，角度约为 20°，使旋流风在出口时产生旋转，同时向四周喷射，旋流器的旋转风向与回转窑的旋转方向一致，通过出口截面，改变出口风速，从而改变火焰形状。

④燃烧器的最外层是直流风道，其头部为带槽形通道的出口，可以单独喷射空气，通过改变出口截面来改变出口风速，从而改变火焰形状；

⑤外部套管位于燃烧器的最外部，这个部件比其他头部装置长出 62mm，其目的是为了产生碗状效应时发生气体膨胀，在喷煤管的外风管上设有防止煤管弯曲的筋板。

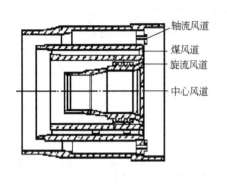

图 6-66　TC 型四风道喷嘴结构

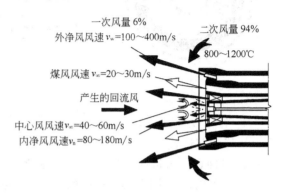

图 6-67　TC 型燃烧器原理图

（2）TC 型旋流式四风道煤粉燃烧器性能

①与普通三通煤粉燃烧器相比，其旋流风与轴流风速均提高 30%～50%，在一次风量不改变时，燃烧器的推力得到了较大提高。

②旋流风与直流风的出口截面可调节比大，达到 6 倍以上，即对外风出口风速调节比大，所以对火焰的调节非常灵活，对煤质的波动适应性强。

③喷头外环设置拢火焰圈，以减少火焰扩散，能较好地保护窑皮，也能起到稳燃保焰的作用。

④喷头部分采用耐高温、抗高温氧化的特殊耐热钢铸件机加工制成，提高了头部的抗高温变形能力。

⑤在三通道燃烧器的基础上增加中心风，增加火焰中心的空气供应量，启到稳定火焰的作用。

（3）调节与控制

①柴油点火　插入油枪，开启送煤风机，启动柴油装置，适当加大喷油量，点燃柴油，保持窑头微负压。

②油煤混烧　待窑尾温度升到 200℃时可以加煤，进行油煤混烧，直流风挡板、旋流风挡板全开，中心风挡板开 20%，开启一次风机，转速为 200～300r/min，保持火焰顺畅，在燃烧过程中逐渐减少用油量，增加煤粉量，待窑尾温度达到 400℃时撤油，将一次风量加大，完全点燃煤粉气流（无烟煤及高灰分煤，应在投料后撤油）。投料前应控制好窑头罩温度与窑尾温度的平衡，一次风的冲量应达到正常生产时 60% 以上。

③投料后火焰的形状调节　在回转窑正常的生产过程中，火焰必须保持稳定，避免出现陡峭的峰值温度，才能形成稳定的窑皮，延长烧成带耐火砖的使用周期。

此燃烧器主要有两种火焰形状调节方式，一种是冲量调节，通过改变外流直流风的风量和风速，加强直流风的吸卷能力，提高煤粉与空气混合强度，相应提高了火焰的刚度，使火焰不至于发飘发散，同时随着外回流的产生，降低了火焰峰值温度，拉长了火焰；另一种是通过旋流风挡板的控制，改变旋流风与直流风的比例，控制火焰的粗细。

6.7.3.5　NC 型三风道燃烧器

（1）结构　NC 型三风道煤粉燃烧装置由煤粉燃烧器、点火油枪、行走小车、轨道四部分组成，如图 6-68 所示。NC 型三风道煤粉燃烧器从外向内依次为外风、煤风和内风通道。第一层为外风，其出口处采用周向均布的小喷嘴；第二层为煤风，其出口处采用环形喷嘴；第三层为内风，其出口处加有一个特殊设计的旋流器。

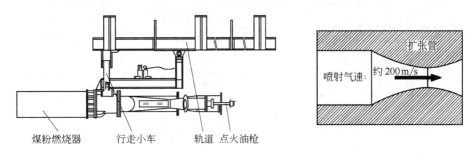

图 6-68　NC 型三通道煤粉燃烧器

（2）机理　NC 型三通道煤粉燃烧器利用高速直流风和高速旋流风与低速的送煤风之间形成大速差射流，使得其初期的气流交换和混合性能得到大幅度改善，从而促进煤粉燃烧和火焰稳定。

燃烧器外风为直流风，通过周向分布的 28 个圆喷嘴形成高速直流风射流柱，风速为160～210m/s，可提高喷射速度和动量。高速直流风流柱具有很强的穿透力和吸卷二次风能力，同时被吸卷的二次风通过直流柱之间的间隙与煤粉进行混合燃烧。

煤风采用低速直流风，风速为 22～30m/s，煤粉高压输送，风量较小，浓度高，具有良好的着火性能。

内风为旋流风，风速达 140～200m/s，特殊设计的旋流器能产生高速旋流风，强度大，混合强烈，动量和热量传递迅速，保证煤粉能在极短时间及距离内与空气接触，并在燃烧器喷嘴前形成一个回流区，回流区中心为负压，能将高温烟气回流到火焰起始处，从而使煤粉快速着火，并形成稳定火焰。

（3）NC 型煤粉燃烧器的特点

①一次风用量少，约占总风量的 7.5%，可以较好地控制火焰。

②火焰形状调节控制简单，通过调节内外风挡板的开度，调节直流、旋流强度，从而改变火焰形状。

③煤粉输送接口处采用了耐磨处理，燃烧器头部结构简单，便于维修更换。

④外风道采用小圆孔结构，外套筒不易产生变形。

⑤NO_x 气体生成量少。

（4）调节与控制

①根据回转窑理论燃烧空气量，选定一次风掺入比，确定一次风量，从而设定一次风风机转速。正常生产时，选定 7%～8% 的一次风掺入比，对于无烟煤或高灰分烟煤则加大一次风量，改变一次风冲量，加强一次风吸卷能力，强化燃烧速度。

②当一次风量不变时，内风挡板的开度决定了火焰的粗细和扩散角。一般通过增加内风挡板的开度，火焰变粗；反之亦然。

③正常生产时，外风挡板一般全开，特殊工况下方可进行外风调节。如果外风减少，内风相应增加，火焰发散缩短，强化煤粉初期混合燃烧，但不利于保护窑皮和耐火材料。

6.7.4　常见故障及处理

常见故障及处理见表 6-8。

表 6-8 常见故障及处理

常见故障	可能的原因或现象	主要操作处理
黑火头长不着火	煤粉太粗	降低煤粉细度
	煤粉水分大	降低煤粉水分
	二次风温低或窑头温度低	调整火焰,提高窑头温度,或调整冷却机操作
	内风太小或外风太大	调整内风和外风比例
火焰分叉	喷煤管头部有杂物	清除
	煤管口变形	更换
	管道内有杂物造成送煤粉空气量不足	清除或加风量
火焰形状不佳	径、轴风向比例不佳	调节相应手动阀
	一次风过小或过大	适当调节一次风机进口阀门开度
	喷煤管出口风速低	减少管道及阀门的压力损失
窑尾温度偏低	窑炉用风配合不当	调总排风或适当关小三次风阀
	窑尾负压过大	清理系统结皮堵料
	系统排风量不够,窑内燃烧不充分	调窑尾主排风机转速或阀门开度
	二次风温偏低	适当关小冷却风机阀门开度
一次风机停车	润滑不良	①启动事故风机并打开出口阀;②现场全开喷煤管外流风阀,酌情考虑是否拉出喷煤管;③窑尾主排风机慢转,系统保温冷却;④窑连续或间隔慢转
	轴承温度超限	
	电气故障	
窑头喷煤系统停车	旋转喂料机卡死	①停窑、停料、停分解炉喂煤,停篦床,否则会出现生料,还会使窑温降低快,重新启动困难,调整系统风量、慢转窑;②查明故障,尽快处理
	预喂料螺旋机积料卡死	
	F-K泵磨损严重堵料	
	风机故障	
	电气故障	

6.8 耐火材料

6.8.1 预分解窑的工艺特性及对耐火材料的要求

6.8.1.1 预分解窑的工艺特性

①窑温高,对耐火材料的损坏加剧,水泥熟料熔体中的 C_3A 、C_4AF 等侵蚀程度加大,窑内过热导致热应力破坏加剧。

②窑速快,单位产量加大,机械应力和疲劳破坏加大。

③碱、氯、硫等组分侵蚀严重,硫酸盐和氯化物等挥发、凝聚反复循环富集,加剧结构剥落损坏。

④窑径大,窑皮的稳定性差。

⑤窑系统结构复杂,机械电气设备故障增加,频繁开停窑导致热震破坏加剧。

6.8.1.2 预分解窑对耐火材料的要求

(1) 具有足够的抗化学侵蚀能力 当进入预热器的物料中的碳酸钙开始分解形成氧化钙

时，物料就呈现出很强的碱性。因而，除了镁砖和白云石砖，大致从第四级预热器开始一直到回转窑冷却带前端的几乎所有耐火衬料都会受到碱性物料的化学侵蚀。回转窑烧成带的物料中含有 20%～25% 的液相，而且不断有低熔点的熔融灰渣沉落，因而该带耐火材料更容易遭受侵蚀。

燃烧的气体，特别是一氧化碳以及物料内挥发出来的硫、碱、氯等对各种耐火材料都有很强的化学侵蚀能力。因而几乎整个窑系统中的耐火衬料都会受到它们的侵蚀，而在硫、碱、氯浓度较高的窑尾烟室、上升管道、分解炉及下级预热器等部位尤为强烈。因而，选择具有足够的抗化学侵蚀能力的耐火衬料是非常必要的。

（2）具有良好的抗热震性能　对于回转窑系统来说，其烧成带、过渡带、冷却带及窑口的温度变化较为强烈，因而要求此处的耐火衬料应具有良好的抗热震性能，在使用过程中不能发生龟裂或者热剥落。

（3）具有足够的力学强度　主要是提高耐火材料的耐磨和耐压性能，以及承受高温时的膨胀应力及窑筒体变形所造成应力的性能。在窑尾上升烟道、三次风、窑冷却带、卸料口、燃烧器以及箅冷机的侧墙等部位的耐火衬料，受到含尘气流或者熟料的磨蚀较为严重。处于回转窑过渡带后端、烧成带和冷却带的耐火衬料，要承受窑筒体变形产生的机械应力；挡砖圈前端的耐火砖还要承受很高的挤压应力。对于上述这些部位的耐火衬料必须具有较好的力学性能。

（4）具有足够的耐火度　窑内的高温区温度都在 1000℃ 以上，要求耐火砖在高温下不能熔化，在熔点之下还要保持一定的强度，同时还要有长时间暴露在高温下不变形的特性。即要求耐火材料的高温荷重变形温度要高，这一点对于使用在烧成带及其附近的耐火衬料尤为重要。

（5）具有较低的膨胀系数　窑筒体的热膨胀系数虽大于窑衬的热膨胀系数，但由于筒体温度一般都在 280～450℃，而窑衬砖的平均温度大致为 800～900℃。因而，窑衬的热膨胀比窑筒体要大，容易受压应力造成剥落。使用膨胀系数较低的耐火砖则可缓和上述压应力。

（6）易于挂好并保护好窑皮　这主要是对用于烧成带耐火砖的要求。回转窑内火焰温度高达 1800℃，如无窑皮保护，碱性砖会由于砖内外温差应力太大而发生炸裂剥落。窑皮的热导率约为 1.2 W/（m² · ℃），而碱性砖为 2.7～2.8W/（m² · ℃）。如能经常维持厚达 150mm 左右的窑皮，碱性砖热面温度就能维持在 600～700℃，这时耐火砖就比较稳定。

要特别指出，大型窑过渡带内温度变化频繁，窑皮不宜挂牢，碱性砖经常处于局部裸露状态，其使用寿命甚至比烧成带更短。

（7）气孔率要低　气孔率高会造成腐蚀性的窑气渗透入衬砖中凝结，毁坏衬砖，特别是碱性气体，这一点在窑的过渡带最为严重。

（8）抗水化性能要好　白云石砖和含方镁石的砖容易在空气中吸收水分而发生膨胀开裂，因而必须采取适当措施。

（9）绿色环保　低铬或无铬，减小铬公害。

6.8.2 回转窑内耐火材料损坏的原因

水泥生产过程中，回转窑窑砖主要承受热应力、机械应力、窑料和窑气中的一些化合物的化学侵蚀。

（1）热应力　衬料表面温度随窑的回转而发生周期性波动，其温差可达 200℃ 以上，在窑皮脱落或停窑时冷却急剧等情况下，会使衬料表面温度发生变化，内部产生热应力；另外衬料本身热面和冷面也存在温差，其温差大小视材质的热导率等因素而定，由于温度梯度的存在，便产生温差应力。这些是造成衬料损坏的原因之一。

①窑产量和窑径的增大　窑内衬砖所承受的单位热负荷随产量增加而增大，窑内衬砖所受的压应力随窑径增大而下降，但窑径增大，易造成筒体变形，增大了椭圆度，造成衬砖压应力增加。

②窑速影响　窑内衬砖所受的热震应力随窑速增加而增多，受窑料和熟料的磨蚀也随窑速增加而增大，衬砖所受的向下推力增加，砖块之间在相对运动过程中产生的应力也增加。

（2）机械应力　窑内衬料受到煅烧物料的摩擦及气流中尘粒的冲刷、剥蚀，窑的金属筒体，特别是烧成带筒体，由于温度较高，失去刚性，发生变形，从而在衬料内产生压应力、拉应力和剪切应力，致使衬砖间发生相对运动，出现应力高峰，造成衬料裂缝剥落和脱开掉下。

回转窑的椭圆度对衬砖造成机械应力，在生产过程中，尽量减少筒体的椭圆度变化和筒体的径向变形，相应减少衬砖所承受的机械应力。近年来，窑筒体上的槽齿轮带逐步取代浮动轮带。浮动轮带和筒体直接受力，其间隙值一般为 $0.20‰D$，此数据允许筒体和轮带温差不超过 $180℃$，在窑升温过程中，由于镁砖热导率高，筒体温升过快而膨胀，被轮带挤压造成永久性形变。而槽齿轮带与筒体是切线受力，轮带和筒体的间隙值可增大至 $0.40‰D$，此数值允许筒体和轮带温度不超过 $360℃$，而窑在升温过程中，筒体和轮带温差一般小于此温度，因而避免了筒体发生永久性变形。从实际情况看，浮动轮带内筒体变形后椭圆度一般为 $(0.3～0.5)‰D$，而槽齿轮带仅为 $0.1‰D$，此数值对该段筒体内衬砖所产生的机械应力较低。

我国现有回转窑的轮带几乎全是浮动轮带，回转窑在长时间运转后，轮带下筒体都呈现不同程度的椭圆度，部分窑在该部位的衬砖所受的机械应力较大，经常出现掉砖红窑事故。解决此类事故的根本措施是保持较为稳定的衬砖升温制度，尽量减少筒体与轮带的温差，减少筒体变形。

（3）化学侵蚀　窑衬受到化学腐蚀，主要来自煅烧物料和燃烧气流两个方面。煅烧物料的组分以熔融状态扩散或渗入衬料内部，从而引起化学和矿物的变化；另外，热气流中的碱、氯、硫等挥发物在窑尾或预热器等低温部分富集，形成硫化碱、氯化碱等熔体，渗入耐火材料内部，引起"碱裂"破坏。

①入窑生料的影响　生料的成分和喂料量经常发生变化时，窑内热工制度不易稳定，窑皮也不稳定，衬砖受热化学侵蚀加重，随着原料均化技术的发展，这些现象逐步减轻。

入窑生料的 KH、SM 值增加，煅烧温度增高，易出现衬砖过热损坏、熔融凹坑损坏等事故，生料中的 IM 值增加，熟料的液相量增加，IM 值过高易出现液相对衬砖的渗透损坏。若生料中含有不易磨细和煅烧的 SiO_2 和石灰石时，煅烧时为了降低 f-CaO 含量，相应提高煅烧温度，则衬砖易受过热的熟料液相渗透侵蚀，当生料内 MgO 含量过高时，也易出现液相对衬砖的渗透侵蚀。入窑生料中碱、氯、硫等有害物成分较高时，易出现碱盐和硫酸盐对衬砖的化学渗透侵蚀及衬砖内铬矿石的侵蚀，严重时衬砖极易损坏。

②燃料的影响　煤灰中所含有的碱、铝、铁等低融熔物较多时，易产生不稳定的窑皮，在上过渡带造成窑皮时塌时胀，该带衬料易受高温气流和物料中盐的侵蚀，若燃煤中含硫量高，上、下过渡带衬砖易受 SO_3 气体的侵蚀，烧成带易受熟料内 $CaSO_4$ 等硫酸盐的侵蚀。煅烧低挥发性煤时火焰较集中，衬砖易受热、熟料熔融物侵蚀，以及煤灰成分造成的化学侵蚀。

6.8.3　预分解窑用耐火材料的种类及性能

（1）耐碱砖　耐碱砖是一种新型耐碱的黏土砖，其 Al_2O_3 含量在 $25\%～28\%$。耐碱砖可使窑气中的碱在砖面上凝集后迅速与砖面发生化学反应，形成一层高黏度的釉面层，封闭了碱向砖体内部继续侵蚀的孔道，从而防止了"碱裂"。适当提高砖中 SiO_2 含量，增大砖面与氯碱的结合粘挂能力，可制成耐氯碱侵蚀的耐碱转。为适应三次风管中带熟料粉尘的高速气流对衬里的冲刷，也可制成高强耐碱转；为满足窑体隔热要求，还可制成轻质耐碱转。

（2）高铝砖　高铝砖为氧化铝含量在 48% 以上的硅酸铝耐火制品。矿物组成为刚玉（α-Al_2O_3）、莫来石和玻璃相，其含量取决于 Al_2O_3/SiO_2 比值和杂质的种类及数量。按 Al_2O_3 含量划分等级，我国高铝砖分为三级：LZ-65，含 Al_2O_3 65%～70%，耐火度 1790℃；LZ-55，含 Al_2O_3 55%～65%，耐火度 1770℃；LZ-48，含 Al_2O_3 48%～55%，耐火度 1750℃。近年来，许多国家研制了刚玉砖、耐热震高铝砖、高强高铝砖、浸渍 SiC 高铝砖和浸渍 SiO_2 高铝砖等新品种，以适应新型干法水泥生产发展的需要。

（3）磷酸盐结合高铝质衬砖　磷酸盐结合高铝质衬砖包括两种产品，一种是磷酸盐结合高铝质砖（简称磷酸盐砖）；另一种是磷酸结合高铝质耐磨砖（简称耐磨砖）。

磷酸盐砖是以浓度 42.5%～50% 的磷酸溶液作为结合剂，集料是采用经回转窑 1600℃ 以上煅烧的矾土熟料。在砖的使用过程中，磷酸与砖面烧矾土细粉和耐火黏土相反应，最终形成以方石英型正磷酸铝为主的结合剂。耐磨砖是以工业磷酸、工业氢氧化铝配成磷酸铝溶液作结合剂，其摩尔比为 Al_2O_3：P_2O_5＝1：3.2。采用的集料与磷酸盐砖相同。在砖的使用过程中，与磷酸盐砖一样形成方石英型正磷酸铝为主的结合剂。

（4）镁砖　镁砖是氧化镁含量不少于 91%、氧化钙含量不大于 3.0%，以方镁石（MgO）为主要矿物的碱性耐火制品。镁砖的特性，可从砖体是由钙、镁、铁的硅酸盐作为方镁石晶体的胶结剂来考虑，其热导率好；热膨胀率大；抵抗碱性熔渣性能好；抵抗酸性熔渣性能差；荷重变形温度因方镁石晶粒四周为低熔点的硅酸盐胶结物，表现为开始点不高，而坍塌温度与开始点相差不大；耐火度高于 2000℃，但对实际使用没有意义，热震稳定性差是一般使用中毁坏的主要原因。以镁橄榄石结合的镁砖和以镁铝尖晶石（MgO·Al_2O_3）结合的镁铝砖的发展方向。镁砖在贮存和运输过程中必须防潮。

（5）白云石砖　白云石砖的新产品含有 1%～3% 的 ZrO_2 颗粒，气孔率低。具有较好的挂窑皮及抗硫、氯等有害物质的侵蚀能力。但砖体内的游离氧化钙易于吸水，使砖体受潮，因此在贮存和运输过程中必须采取保护措施。

（6）镁锆砖　耐火度较高，在 1660℃ 以上方可被熟料侵蚀；同时氧化锆颗粒四周形成微裂纹，可吸收外力，具有较大的抗断裂强度；抗 SO_3、CO_2、R_2O、Cl^- 蒸气侵蚀和熟料的侵蚀；具有较高的抗压强度和抗氧化还原作用；但热导率较尖晶石砖高，成本也较高。

（7）直接结合镁铬砖　直接结合镁铬砖就是为了适应水泥生产大型化而发展起来的一优质镁铬质耐火材料。直接结合镁铬砖是以优质菱镁矿石和铬铁矿石为原料，先烧制成轻烧镁砂，按一定级配后经高压成球，在 1900℃ 的高温下烧制成重烧镁砂，再配入一定比例的铬铁矿石，加压成型，经 1750～1850℃ 隧道窑煅烧而成。称为高温直接结合镁铬砖，经 1800～1850℃ 烧成者为超高温直接结合镁铬砖。

（8）镁铝尖晶石砖　为消除铬公害，从 20 世纪 80 年代起，镁铝尖晶石砖开始在预分解窑上使用，它是在配料中加入氧化铝而生成的以镁铝尖晶石为主要矿物的镁质砖。但与镁铬砖相比，它存在着挂窑皮性能差，抗硫碱窑气渗透和熟料熔体渗透性能差，以及抗筒体变形所产生机械应力差的缺点。新型镁铝尖晶石砖采用晶格尺寸大的镁砂和氧化铁含量低的镁铝尖晶石来提高它的抗化学侵蚀性能及抗氧化还原能力；采用特殊弹性技术提高它的抗筒体变形能力；采用特殊弹性技术及尖晶石封闭结构和低氧化铁含量等技术提高它的挂窑皮性能；在氧化镁颗粒内加入氧化铝和氧化锆提高它的抗剥落及抗高温熟料侵蚀性能。通过上述方法，使镁铝尖晶石砖的性能得到改善，以适应于在回转窑中的应用。

（9）镁铁尖晶石砖　镁铁尖晶石砖是 20 世纪 90 年代末期开发的新产品，它是采用特殊弹性技术和二价铁尖晶石制成的。由于砖的表面生成一层黏性很高的铁钙和铁铝钙化合物，所以易于窑皮的粘挂，而且耐火度高，抗氧化还原能力强。

（10）隔热材料　隔热材料是以轻质耐火物料制成的隔热制品，其品种以高温硅钙板为主，还有轻质煅烧砖、耐火隔热混凝土、隔热板及陶瓷耐火纤维制品等。它们都具有多孔结构、质轻、热导率小、保温性能好等特性。

（11）耐火浇注料　预分解窑系统各处不动设备的异形部位、顶盖、直墙和下料管等处，预热器系统使用量达 50% 以上。同时，浇注料施工技术，除振捣方法外，近年来也研发了自流浇注料及喷射、热补等技术。

用于预分解窑的耐火浇注料的种类很多。耐碱浇注料是预分解窑系统使用最多的一种耐火浇注料，它的功能与耐碱砖相同，分为有硅铝质耐碱浇注料和含有一定 SiC 的碱浇注料。主要用于分解炉、上升烟道、进料室、窑尾锥体、窑门、篦冷机前端和三次风管等处。高性能耐火浇注料大都是为某一专用部位开发的，如窑口用浇注料、燃烧器用浇注料和余热发电设备用浇注料等。对于某一具体部位来说，又可根据实际情况，制成不同性能的浇注料。最近国外还开发出工作层为 SiC 的浇注料，隔热层为轻质耐碱浇注料的复合衬体，用于预热器下料斜坡和上升烟道等遭受碱、氯、硫侵蚀严重的部位。此外，部分容重相对较大的轻质耐碱浇注料可作为工作层，与硅钙板配合可使筒体表面温度下降至 100℃ 以下。

6.8.4　预分解窑系统耐火材料的配置

6.8.4.1　回转窑用耐火材料

（1）前窑口　前窑口是指窑头出熟料的部位，此部位环境温度高，温度变化大，熟料磨损与含尘气流的冲刷严重，要求耐火材料具有较高的强度、良好的抗热震性、耐侵蚀性和高温耐磨性。前窑口的范围是指从窑口至距离窑口 0.6～1.0m 的区间，常选用高纯铝镁尖晶石浇注料、莫来石质浇注料、刚玉质浇注料，较常用的有 G-17K、AS-A、NH-70、RT-70MC、LB 54S、GB SiC 30 SRE。

（2）下过渡带　下过渡带就是冷却带，指液相减少形成熟料颗粒的地方。此部位环境温度高，温度变化频繁，窑皮不稳定，耐火材料受到的侵蚀与磨损严重，要求耐火材料具有良好的抗热震性、耐侵蚀性、高温耐磨性和较好的机械强度。此带的范围是指窑口浇注料后至 1.4～4.0m 的区间（即无稳定窑皮区域），使用烟煤或无烟煤会有所区别，因无烟煤燃烧存在滞后性、火焰较长，所以烧无烟煤时窑口冷却带会较长。常选用的耐火砖有电熔镁铝尖晶砖 TG-Al、高耐磨砖 HMS、硅莫红砖Ⅰ型、硅莫砖 1680、镁铝尖晶砖。

（3）烧成带　烧成带热负荷高，可以形成稳定窑皮，窑皮能够缓解水泥熟料对耐火材料的侵蚀。一般来讲，2500～3000t/d 生产线的烧成带区域是下过渡带后到 19～21m 的区间，5000t/d 生产线的烧成带区域是距离下过渡带后到 26～28m 的区间。此部位耐火砖要求具有良好的抗热震性、耐侵蚀性和粘挂窑皮能力，如镁铁尖晶石砖、镁钙锆砖、镁铝尖晶石砖、白云石、镁铬砖。镁铬砖含 Cr^{3+}，对环境污染较大，对人身伤害大，所以大部分生产线都不选用镁铬砖。

（4）上过渡带　上过渡带是指主窑皮（烧成带）后，开始出现液相但是又不能形成窑皮的地方，大概只有几米的距离，在二挡轮带附近。此部位环境温度高，温度变化频繁，窑皮不稳定，要求耐火砖具有良好的抗热震性、耐侵蚀性、高温耐磨性和较好的机械强度。此部位工况恶劣，常选用的耐火砖有电熔镁铝尖晶砖 TG-Al、硅莫红砖Ⅰ型、硅莫砖 1680、镁铝尖晶砖、镁铬砖。

（5）分解带　在分解带，生料中碳酸钙进一步分解，生料与高温碱性气体对耐火材料磨损与侵蚀严重，要求耐火材料具有良好的抗侵蚀能力、耐碱性和高温耐磨性。常选用的耐火砖有硅莫红砖（Ⅰ型、Ⅱ型）、硅莫砖（1680、1650）、抗剥落砖。分解带所使用的耐火材料是具有热震稳定性高，使用周期长的抗剥落砖，但近年来受原材料价格的影响，逐渐被硅莫红砖、硅莫砖所代替。此部位的工况相对比较好，所以硅莫红砖、硅莫砖的使用周期较长，一般超过 2 年。

（6）后窑口　后窑口连接预热器系统（含分解炉），所受机械应力较大，气流中碱含量高，要求耐火材料具有良好的机械强度和耐碱性。此部位使用浇注料，常选用的浇注料有高铝低水泥浇注料（G-16K、RT-16T）、高铝质浇注料、莫来石浇注料，新建 5000t/d 生产线选用高铝低水泥浇注料（G-16K、RT-16T），使用效果良好。

6.8.4.2　预分解系统用耐火材料

耐碱和隔热性能对于预热器系统的衬料同样十分重要。一般在预热器及分解炉的直筒、锥体部分以及连接管道内，采用耐碱黏土砖及硅铝质耐磨砖，并加隔热复合层，以耐火泥砌筑。顶盖部分可采用耐火砖挂顶，背衬矿棉，也可采用耐火浇注料。各处弯头多使用浇注料。窑尾上升管道等处采用结构致密的半硅质黏土砖，以防止碱的侵蚀。预分解系统不动设备耐火材料的配置见表 6-9。

表 6-9　预分解系统不动设备耐火材料的配置

部位名称	隔热层	工作层
预热器、分解炉、上升管道	硅酸钙板、陶瓷纤维板、隔热板	拱顶形耐碱砖、高铝耐碱砖、抗剥落高铝砖、高强耐碱浇注料、高铝质浇注料、碳化硅质抗结皮浇注料
三次风管	硅酸钙板	硅莫砖、高铝耐碱砖、高强耐碱浇注料、高铝低水泥浇注料
窑罩门	硅酸钙板、陶瓷纤维板、隔热板	抗剥落高铝砖、高铝质浇注料
箅冷机	硅酸钙板、陶瓷纤维板、隔热板	抗剥落高铝砖、碳化硅复合砖、高铝耐碱浇注料、高铝质浇注料、钢纤维增强浇注料、高铝低水泥浇注料
喷煤管		高性能喷煤管专用浇注料、莫来石浇注料、刚玉质浇注料

6.8.5　耐火材料的施工

6.8.5.1　耐火砖的砌筑

（1）耐火砖砌筑方法

①按是否使用胶泥，分为干砌法和湿砌法。

a. 干砌法　干砌法要求使用尺寸精确的耐火砖，并留有耐火砖膨胀缝，从而保证耐火砖在膨胀时不被挤裂。干砌法是将耐火砖在窑内铺好，砖与砖之间用纸板或空心钢板（钢板为板面空心度 60%，厚 1～1.5mm 的钢片或铁片）挤紧。加钢片的作用，第一为膨胀时提供余地，减少挤碎；第二，窑衬的烧结首先在钢片或铁片附近温度达 1000℃时，发生钢片或铁片氧化并部分熔融，而与耐火材料熔合，使砖与砖之间紧密结合。该砌法主要用于白云石砖与镁铬砖，由于水分对两种砖的质量影响较大，在砌筑前，要严格检查砖的含水量。

b. 湿砌法　湿砌法是将窑内壁铺上胶泥，耐火砖的周围也抹上胶泥，将火砖逐块砌起来。窑砖与耐火泥的耐火度一定要相匹配，在砌筑施工时，要求耐火泥涂抹要均匀。

②按砖的排布可以分为横向环形砌法和纵向交错砌法。

a. 横向环形砌法　　横向环形砌法是将耐火砖沿窑体圆周方向成单环镶砌，此方法简单，容易掌握，砌筑速度快。但当砖缝超过一定范围时，易从环内掉砖，严重时，整砖都有脱落的危险。

b. 纵向交错砌法　　纵向交错砌法是将耐火砖沿窑体纵向排列，使砖缝交错镶砌。此种方法不易掉砖，整体强度比较好，互相之间比较紧密，但发生问题时，一个较小的点破坏可能会造成较大的面破坏。

③根据砌砖的方法不同，可以分为顶杠法、固定法及胶粘法。

a. 顶杠法　　顶杠法也称丝杠法，主要适合于小型和中型窑（窑径＜4m）。对于大窑来讲，由于顶杠较长而过于沉重，而且容易压弯造成危险，任何时候采用这种砌筑技术都需要在顶杠脚与砖之间嵌入木板或垫板。钢脚不能直接接触在砖上，反之可能造成顶杠滑动或耐火砖遭到破坏。砌筑时从窑圆周的下半部分开始砌砖，砌砖方向与窑回转方向相反。顶杠之间的距离取决于窑径的大小，如对于 ϕ4.0m 的窑，可沿轴向 0.8～1.0m 间距设置。

b. 胶结法　　将耐火砖用黏结剂在窑筒体环向黏贴在事先划好的粘贴区段上，与干砌砖（也可用胶泥砌筑）交替砌筑。它适用于任何直径的窑，砌筑时与顶杠法一样，从窑筒体下半部位开始砌筑，砌筑方向与筒体回转方向相反。黏结区域的数量取决于窑径的大小，直径小于 4m 的窑可设 5 个黏结区，窑径增大时，可增设 6 个或更多个黏结区。目前广泛使用的黏结剂是由环氧树脂或聚丙烯酸酯树脂组成的双组分黏结剂，也就是树脂与硬化剂。平时两者分开存放，使用时按固定比例调配，严格按说明混合，特别是要剧烈混合和不超过保存期，在规定的时间内将调配好的黏结剂用完。

在砌筑前，必须严格清洁筒体，去除尘土、油污和水分，以保证黏结剂与筒体以及耐火砖良好的黏结，为便于清洁，可采用钢刷或砂轮。清理完毕后，可用粉笔在窑筒体上标出"黏结条带"——与黏结剂相黏结的一排耐火砖。每一黏结条带每圈大约有 6 排砖，为确保"黏结条带"区内砖与筒体之间有足够的强度，必须让接触黏结剂的砖面保持干燥。若窑衬采用火泥砌筑时，建议在有黏结剂的砖与有火泥缝的砖之间干砌一排砖（即缝中没有火泥），以避免泥浆流入黏结区影响黏结强度。另外，由于在所有的砌筑方法中，径向膨胀均不得大于 2mm，为此，在黏结剂未产生强度以前，应确保黏结剂的砖不受任何机械负荷。

c. 固定法　　窑筒体下半圈利用人工砌，上半圈利用砌砖机进行固定，砌砖过程中不需要转窑，在窑截面的任何一个地方都可以砌砖，砌砖机在窑内移动非常方便。固定法砌砖速度快，效率高，操作安全。

④预留膨胀缝。

因为耐火砖的热膨胀和回转窑的横向椭圆变形均会引起应力，所以在窑衬设计时必须留设膨胀缝，膨胀缝的大小可视耐火砖的性能和砌体所承受的温度来决定，通常取砖热面最高温度时理论膨胀量的 50%～100%。回转窑的膨胀缝有三种：径向缝、环向缝和纵向缝。

径向缝一般是在砌砖前先铺一层底泥（火泥），对于碱性砖一般留 1mm 左右的径向缝，但不可大于 2mm，以免窑衬松动。对于非碱性砖可以不设，直接干砌。纵向缝只留细小缝即可，若湿砌则留火泥缝 2～3mm，干砌时，夹 1mm 厚钢板。从砖的大、小头考虑，设计时，砖的大头缝要小些，小头缝应大些。因为小头为砖的工作热面，膨胀量较冷面大些。环向缝留设时，在碱性砖作窑衬的带中，若湿砌时可留 3～4mm 的火泥缝，干砌时留 2mm 左右的纸板缝，在非碱性砖作窑衬的带中，环形缝可不设置，采用零缝的砌筑方案。

（2）回转窑筒体衬砖的砌筑　　做好现场清理检查，做好放线工作。窑纵向基准线要沿圆周长每 1.5m 放一条；环向基准线每 10m 放一条；施工线每隔 1m 放一条，环向线均应互相平行且垂直于窑的轴线。

砌砖采用环砌法，砖缝应横平竖直，环缝偏差每米长不超过 2mm，但全环长度偏差不超过 8mm。干砌用的接缝钢板，其厚度一般为 1~1.2mm，宽度应小于砖宽 10mm。砌筑时钢板不得超出边砖，每条缝中只允许使用一块钢板，调整钢板尽量少用。作膨胀缝的纸板要按设计放置。

（3）预热器系统、窑罩门及冷却机耐火衬料的砌筑　预热器、分解炉及上升烟道等处有大量的工艺空洞，要逐个查清，精心施工，不得遗漏。锥体部分要分段施工，斜面表面斜度要准确，衬里表面要光滑。旋风筒的旋风部位要严格按照设计尺寸施工，用加工砖或浇注料找齐填平，避免出现台阶或缺口。窑罩门上的隔热砖和耐火砖应错缝砌筑，最后锁砖可以设在罩顶的专用孔处。

（4）墙体的砌筑　做好现场清理检查和放线工作后，就可以砌筑墙体。砌筑时，在砌体的所有砖缝中，都必须使用火泥，每块砖安放后都要用木槌敲打，挤出多于火泥，使砖体结合牢固。在火泥完全硬化前应刮去多余火泥，并及时用火泥浆勾缝。工作面的砖缝应控制在 2mm 之内，内层砖缝一般不宜大于 5mm，砖缝间要填满火泥。拱顶和圆形墙体应采用环缝砌筑，直墙和斜面应采用错缝砌筑。

砌体内的各种工艺空洞、通道、膨胀缝及隔热层的构造等，应在施工过程中及时检查、补全，不得遗漏。膨胀缝应均匀平直，按设计规定填充耐火纤维或烧失垫片。为了免受高温气流烘烤，砌墙时在凹进的砖缝内应塞嵌硅酸铝纤维毡，顶盖浇注料与砌体之间设膨胀缝，内缝用砂浆塞实，外缝塞嵌硅酸铝纤维毡。

6.8.5.2　浇注料的施工

先做好各种准备工作，并将模板安装好，涂上脱模剂。将浇注料加入强制式搅拌机，先干混，再加入用水量 80% 的水搅拌，然后视其干湿程度，徐徐加入剩余的水继续搅拌，直到获得适宜的工作度。搅拌时间应不少于 5min。

将搅拌好的浇注料倒入模具并立即用振动棒分层振实，看到浇注料表面返浆后将振动棒缓慢抽出，避免产生离析和空洞。浇筑完成后的浇筑体，在凝固前不能受压和受振。浇注料必须整桶、整袋使用，搅拌好以后一般在 30min 内用完。已经初凝的浇注料不得倒入模具中，也不得加水搅拌再用。

大面积浇筑时，要分成 1.5m² 左右的区块进行。膨胀缝要按设计留设。浇注料初凝后用塑料薄膜包严并定期洒水养护。终凝后可拆除边模洒水养护，待浇注料强度达到 70% 以后方可拆模。问题严重时，需将有缺陷部位凿去。露出锚固件，再用同质量的捣固料填满捣实，禁止用抹平的方法掩盖问题。

6.8.5.3　火泥的施工

现场配置火泥时，必须按确定的原料配比配料、搅拌均匀。不应在调制好的火泥内任意加水或黏结剂，用水必须清洁。不同品种的火泥不得混用，已初凝的火泥不得使用。

6.8.5.4　隔热材料的施工

（1）硅酸铝纤维毡的粘贴　硅酸铝纤维毡的粘贴可与耐火砖的砌筑同步进行。耐火纤维应防止雨淋或受潮，切割时切口应整齐。粘贴可用工作温度为 800℃ 的高温黏结剂，也可采用水玻璃火泥浆。清除粘贴面浮土与脏物，在粘贴面两侧涂刷黏结剂并立即贴在预订位置，用木镘压牢即可。

（2）硅钙板的铺砌　硅钙板主要用于预分解系统和窑罩门等处，其施工可与耐火砖的砌筑同步进行。将硅钙板切割后，用配套的高温黏结剂黏结，较大缝隙处要用火泥填满。粘贴于设备顶盖部位的硅钙板，应用细铁丝在扒钉上以网状形式加固，以防止在捣筑浇注料时脱落。为防止硅钙板吸水，在其与砖体或浇注料的接合面应加刷防水剂。

6.8.6 窑衬的烘烤

回转窑系统衬里烘烤的目的是驱逐衬体内部的水分，使衬体结构稳定，延长使用寿命。衬里烘烤同样是窑衬设计环节中的重要一环，若烘烤不当，前面各环节的工作会功亏一篑。如升温过快，衬料内蒸气多，不能及时排出，使砖干裂；由于耐火砖的弹性模量大，导热性能不好，若升温过快，会导致砖的热崩裂和剥落等现象发生；还会因砖的受热面急剧膨胀，产生挤压应力而引起机械损坏，对碱性耐火衬料尤其如此。所以，应根据各耐火衬料的升温烘烤制度，采用"慢升温，不回头"的原则进行烘烤。

目前，水泥厂广泛采用窑、预热器、分解炉耐火衬料的烘干一次完成，紧接着进行投料的方案。因此，回转窑升温制度应兼顾预热器和分解炉。对于不同形式的分解炉，其烘干、点火控制曲线是不同的。烘窑时应注意以下问题：①烘干过程的转窑操作，应严格按照设计部门或试车技术部门提出的烘干曲线进行；②升温速率不能超过各阶段要求值（<30℃/h），一般为20～25℃/h；③烘干过程中要密切监测窑筒体温度，不宜超过370℃；④定期对测压管道进行排水。

监测烘干是否结束的标志有以下三点：①用玻璃片放在各级预热器顶部浇筑孔的排气孔部位，看是否有水汽凝结；②预分解系统烘干检查的重点是 C_4、C_5 和分解炉顶部，可以分别在这些部位从筒体外壳钻 $\phi6\sim8mm$ 的孔，其深度应能达到耐火砖外表面，在烘干后期插入玻璃温度计，若温度达到120℃以上，说明该处烘干符合要求；③确认整个系统已完全烘干时，可以继续升温，准备投料，或烘干结束等待下次投料，否则应继续烘窑。

表 6-10 是某水泥厂的烘窑操作制度，而每个企业应根据各自的调节工艺操作说明为准。

表 6-10 某水泥厂的烘窑操作制度

烘窑升温制度			转窑操作制度		
烟室温度/℃	升温时间/h		烟室温度/℃	转窑间隔/min	转窑量/圈
	全新窑衬	正常升温（常温至800℃）			
常温至200	8		<100	不慢转	0
200	16		100～250	50	1/4
200～600	16	10	250～450	30	1/4
600	24		450～650	10～15	1/4
600～800	8		>650	连续低窑速转	1
800	8	2	降雨时时间减半		

第7章 水泥制成

7.1 概述

水泥生产过程中，粉磨所消耗的电力占水泥生产总耗电的70%以上。而水泥粉磨电耗约占水泥生产总耗电的40%左右。因此，选择合理的粉磨系统对水泥工厂的节能降耗起着关键作用。

水泥粉磨系统由早先的单纯的球磨机系统，逐步发展到球磨机＋辊压机系统和辊式磨系统。其中以球磨机和辊压机组成的联合粉磨系统、球磨机和立磨机组成的粉磨系统以及立磨终粉磨系统使用最为广泛。

7.2 水泥预粉磨系统

预粉磨就是将入球磨机前的物料用其他粉磨设备预先粉磨，将磨机粗磨仓移到磨前，用工作效率高的粉磨设备代替效率低的球磨机的一部分工作，以降低入球磨机物料的粒度，提高粉磨系统的产量和降低电耗。

7.2.1 辊压机预粉磨系统

为充分利用辊压机料床粉磨的特性，在水泥粉磨工艺中多将其配置于管磨机前作为预粉磨设备，降低入磨物料粒度，改善易磨性，辊压机投入的吸收功越多，系统增产、节电的幅度越大。

(1) 通过式预粉磨和循环预粉磨 通过式预粉磨物料一次通过辊压机，因辊压机后无动态或静态分级设备配置，入磨物料不经分级，粗颗粒比例偏多，增产、节电的幅度受限。

循环预粉磨流程简单，一部分料饼返回辊压机循环挤压；另一部分料饼进入后续球磨机，循环量一般小于1倍，因此辊压机在整个粉磨系统中吸收的功率较低，所以增产、节电的幅度相对较低。

(2) 联合粉磨系统 水泥联合粉磨系统，即利用辊压机和V形选粉机（或者打散分级机）组成循环系统，将物料粉磨到比表面积为$150\sim200m^2/kg$，严格控制入磨物料的最大粒度，尽可能让辊压机多发挥作用，达到系统节能的目的。

由辊压机与动态或静态分级设备和后续管磨机组成的联合粉磨系统，辊压机挤压后的料饼经过分级打散后，粗料回辊压机循环挤压，细料入球磨机，所有水泥成品均由球磨机产生，各粉磨设备之间分工明确，可成倍增产和大幅度节能。

①工艺特点

a. 系统工艺相对复杂，辊压机与球磨机同步运行，对辊压机的运转率要求高。

b. 产品颗粒分布宽、微粉含量高。

c. 采用大辊压机配小磨机，低压大循环操作方式，辊压机通过量与成品量比值一般在3～5.5之间。

②工艺流程

a. 辊压机＋V形选粉机＋球磨机系统 如图7-1所示是辊压机＋V形选粉机＋开流磨的工艺流程。辊压机系统与球磨机共用一套收尘系统。流程简单，设备及土建投资较少，水泥

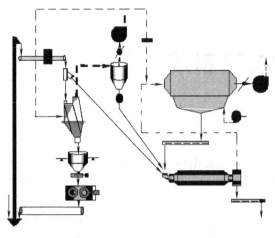

图 7-1　辊压机＋V 形选粉机＋开流磨的工艺流程

中细粉较多，单位产品装机功耗较高，特别是水泥温度高，部分石膏有脱水现象。

如图 7-2 所示是辊压机＋V 形选粉机＋圈流磨的工艺流程。新物料与经辊压机挤压后的物料一起经提升机、皮带机喂入 V 形选粉机进行分选，粗料落入称重仓，再入辊压机挤压，细料被气体带入旋风收尘器，收集下来的半成品入球磨机再粉磨，出球磨机的物料经高效选粉机分选，合格产品由袋收尘器收集，粗粉回球磨机再粉磨。缺点是：循环风机、旋风收尘器和管道磨损严重，维护工作量大。

b. 辊压机＋打散机＋球磨机系统　如图 7-3 所示是辊压机＋打散机＋开流磨的工

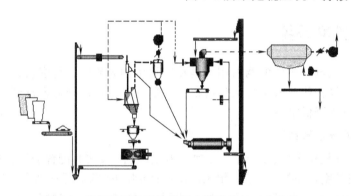

图 7-2　辊压机＋V 形选粉机＋圈流磨的工艺流程

艺流程。熟料、石膏及混合材等按一定比例配料后，由皮带机送入稳流称重仓内，经辊压机挤压后的料饼由提升机送入打散分级机，打散分级后的粗粉返回稳流称重仓，入辊压机再挤压，分级后的细粉（半成品）进入球磨机。

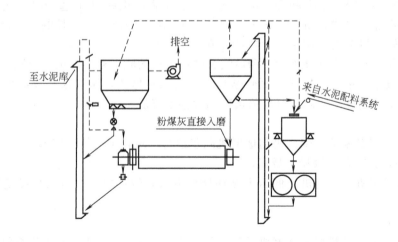

图 7-3　辊压机＋打散机＋开流磨的工艺流程

如图 7-4 所示是辊压机＋打散机＋圈流磨粉磨的工艺流程。熟料、石膏及混合材等按一定比例配料后，由皮带机、提升机送入稳流称重仓内，经辊压机挤压后，由提升机送入打散机，打散分级后的粗粉返回稳流称重仓再入辊压机进行二次挤压，分级出的细粉入磨，出磨物料由提升斜槽等送至高效选粉机，分选出的粗粉通过斜槽回到磨内再粉磨，细粉随气流进入高浓度袋式收尘器收集为成品，由输送设备送入水泥库。磨内通风单独设一套收尘系统。

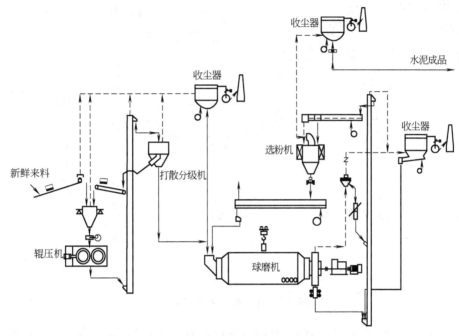

图 7-4　辊压机＋打散机＋圈流磨的工艺流程

（3）辊压机半终粉磨系统　联合粉磨和半终粉磨的区别在于联合粉磨系统中的半成品直接进入球磨机再粉磨，而半终粉磨系统中的半成品先经过分选，细粉入成品，粗粉进球磨机。联合粉磨和半终粉磨的优点是辊压机负担的粉磨任务多，单位吸收功率多，半成品比较细，故增产节能幅度较大；出辊压机的物料粒度得到控制，球磨机配球容易，粉磨效率高。

如图 7-5 所示，出辊压机的半成品首选经过高效选粉机分选，细粉为成品，粗粉入球磨机再粉磨，减少了磨内过粉磨现象，提高了粉磨效率；从 V 形选粉机排出的含有半成品的气体经高效选粉机、袋收尘器入系统风机，消除了辅机设备的磨损问题，提高了系统运转率。球磨机单独通风，系统通风电耗降低；球磨机通风量小，通风电耗低，调节方便；循环风管可有效控制温度；夏天或水分高时减少循环风量以降低成品温度，避免结皮，冬季时增加循环风量以提高系统温度，避免结露等。

7.2.2　立磨预粉磨系统

（1）CKP 立磨预粉磨系统　由日本秩父小野田与川崎重工推出的 CKP 立磨预粉磨系统配套管磨机，对入磨物料进行连续碾压预粉磨，有效降低入磨物料粒度，可提高系统产量 $50\%\sim100\%$、节电 $10\%\sim25\%$。CKP 立磨磨辊对物料的啮入角为 $12°$（辊压机 $6°$），主机配置功率比联合粉磨系统辊压机小，能效转换指数比辊压机高；磨辊与料床接触面积是辊压机的 $3\sim4$ 倍，而磨辊与磨盘之间承受的压力仅为辊压机的 $1/10\sim1/3$，磨辊、磨盘耐磨材料的磨损量小，使用寿命达 30000h 以上。经 CKP 立磨碾压后出磨物料比表面积可达 180～

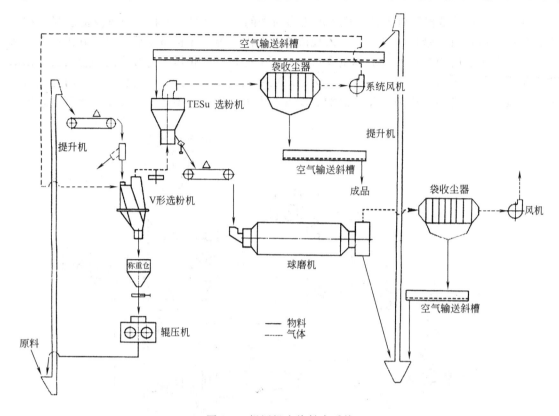

图 7-5　辊压机半终粉磨系统

250m²/kg，并可控制 20%～60% 的出磨物料进行循环，以密实与稳定料床，提高碾压效果，粉磨电耗大幅度降低。

CKP 立磨上部取消了笼式选粉机，将全风扫上部出料改为下部排料，避免了笼式选粉机高风速、高浓度物料对耐磨材料的冲刷和磨损。

（2）APS 预粉磨系统　APS 系统有两种不同的配置形式：如图 7-6 所示为 APS-DD 系统，出 APM 的含尘气体直接入除尘器，收下来的粉尘颗粒入球磨机系统。如图 7-7 所示为 APS-PD 系统，出 APM 的含尘气体首先进入高效旋风筒进行预除尘，出旋风筒气体一部分再循环进入 APM，另一部分则入球磨机系统的高效选粉机。

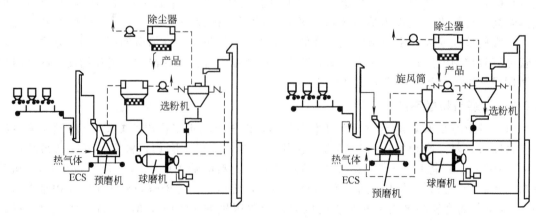

图 7-6　APS-DD 系统　　　　　　　　图 7-7　APS-PD 系统

7.3　水泥终粉磨系统

7.3.1　立磨水泥终粉磨系统

立磨水泥终粉磨具有工艺流程简单、产品电耗低、允许入磨物料水分高、运转率高、粉磨效率高、操作维护简单、运行费用低、单机规模大等诸多优点而成为水泥粉磨系统的首选。

7.3.1.1　OK 型和 FGM 型立磨水泥终粉磨系统

日本神户制钢与小野田合作研制的粉磨水泥的 OK 型立磨结构如图 7-8 所示，特点如下。

①磨辊呈轮胎形，中间有环形沟槽，有利于缓冲减振。磨盘上有与磨辊对应的环形槽，用于对物料进行碾压和粉磨。磨辊形状对称，即使辊套一侧磨损，调换位置后也可继续使用，寿命长。

②磨辊和磨盘的研磨部位均用高硬度耐磨材料制造，粉磨普通水泥时净磨耗为 5.0g/t，辊套和磨盘衬板使用寿命长，且易于更换。

③磨辊借助油缸能翻出机外检修，检修维护方便。

④磨盘周围的风环设计合理，能将压力损失控制在最低程度。

⑤采用 O-Sepa 选粉机，易于控制产品细度，改变产品粒度分布，使水泥的粒度分布曲线与球磨机产品非常接近，特别是在 $10\sim25\mu m$ 范围内，粒度分布曲线几乎重合，水泥质量及性能与球磨机相同或更好，且选粉效率高，占用空间小，维护费用低。

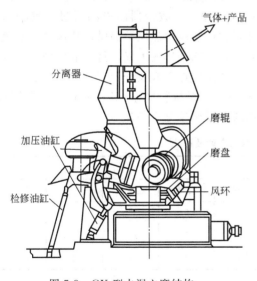

图 7-8　OK 型水泥立磨结构

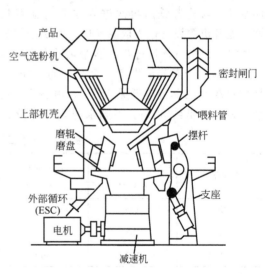

图 7-9　FGM 水泥立磨结构

日本宇部公司开发的用于水泥终粉磨的 FGM 水泥立磨结构如图 7-9 所示，其内部配置了一台专门设计的选粉机，以满足水泥粒径分布的要求。它能模拟球磨机系统中选粉机的工作。FGM 水泥立磨也可用于冷却或烘干粉磨热或湿物料，为保持最佳的操作条件，加压机构采用了宇部公司为保持磨盘上物料尽可能均匀而开发研制的"两路系统"。在两路系统中，设有两组对角磨辊，其中一组磨辊被施以压力，另一组磨辊空载运行，当被施压的一组磨辊受磨损后，压力就可转换到另一组磨辊上，延长了磨辊的使用寿命。

7.3.1.2　TRMK 型立磨水泥终粉磨系统

TRMK 型立磨是天津水泥设计研究院自主研发的大型水泥立磨。

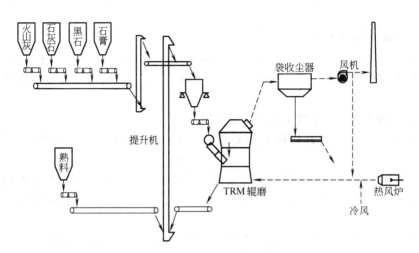

图 7-10　TRMK4541 立磨水泥终粉磨系统流程图

如图 7-10 所示，熟料、石膏和混合材按比例配料后，由喂料皮带经锁风阀喂入立磨，物料在立磨中随着磨盘的旋转从其中心向边缘运动，同时受到磨辊的挤压而被粉碎。粉碎后的物料在磨盘边缘处被从风环进入的热气体带起，粗颗粒落回到磨盘再粉磨，较细颗粒被带到选粉机进行分选，分选后的粗粉由内部锥斗返回到磨盘再粉磨，合格的细粉被带入袋式收尘器收集作为成品。部分难磨的大颗粒物料在风环处不能被热风带起，通过排渣口进入外循环系统，经过除铁后再次进入立磨与新喂物料一起粉磨。出收尘器的成品通过空气输送斜槽、提升机等设备送入成品库中。磨机通风和烘干需要的热风由热风炉提供，热风通过管道进入磨机，出磨气体通过收尘器净化后由系统风机送出，一部分排入大气，另一部分循环入磨。

根据生产需要可生产三个品种的水泥，不同品种水泥的产量及配比见表 7-1，生产不同品种水泥时的单位电耗见表 7-2。由表 7-2 可以看出，该系统粉磨水泥时的电耗与圈流球磨系统相比降低约 30%。不同水泥立磨终粉磨系统的电耗比较见表 7-3。

表 7-1　不同品种水泥的产量及配比

水泥品种	产量/(t/h)	比表面积/(m²/kg)	水泥配比/%				
			熟料	石膏	石灰石	黑石	火山灰
OPC	150	330	95	5	—	—	—
PCB50	155	340	93.5	5	1.5	—	—
PCB40	160	360	84	4	4	3	5

表 7-2　生产不同品种水泥时的单位电耗

水泥品种	电耗/(kW·h/t)			
	主电机	系统风机	选粉机	系统
OPC	21.7	9.3	0.3	31.3
PCB50	21.0	9.0	0.3	30.3
PCB40	18.1	8.8	0.3	27.2

表 7-3　不同水泥立磨终粉磨系统的电耗比较

磨机规格	熟料(含矿渣)比例/%	比表面积/(m²/kg)	主机电耗/(kW·h/t)	系统电耗/(kW·h/t)
LM46.2+2	82.5	348	17	26
LM56.3+3	91.6	356	20	28
OK33-4	89	318	21	34
LM56.2+2	90	382	20	31
TRMK4541	93.5	340	21	30
TRMK4541	84	360	18	27

中国水泥发展中心物化检测所对 TRMK4541 水泥立磨成品的检测结果表明：TRMK4541水泥立磨终粉磨系统生产的水泥成品性能优良。水泥的标准稠度需水量较低，与圈流球磨系统产品相当。TRMK4541 立磨粉磨的水泥成品的颗粒分布见表 7-4。TRMK4541 水泥立磨的成品颗粒分布很宽（图 7-11），n 值<1。

表 7-4　TRMK4541 立磨粉磨的水泥成品的颗粒分布

水泥品种	颗粒含量/%						n 值	筛余/%		比表面积/(m²/kg)
	≤5μm	5~10μm	10~30μm	30~45μm	45~60μm	≥60μm		30μm	45μm	
OPC	24.11	13.64	34.44	16.49	8.28	3.04	0.98	25.1	13.6	320
PCB40	26.19	13.74	31.86	13.80	9.38	5.03	0.90	29.8	16.3	330

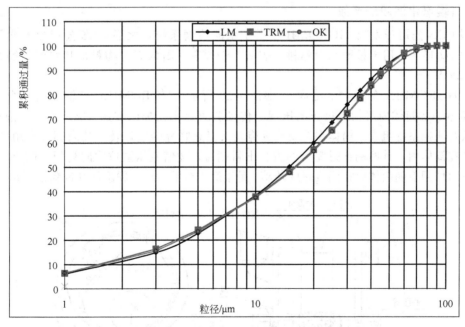

图 7-11　不同水泥立磨的成品颗粒分布

7.3.2　辊压机水泥终粉磨系统

辊压机水泥终粉磨系统工艺流程简单、操作维护方便、能量利用高，粉磨水泥时单位电耗在 21~24kW·h，耐磨材料的磨耗率在 4g/t 以下。

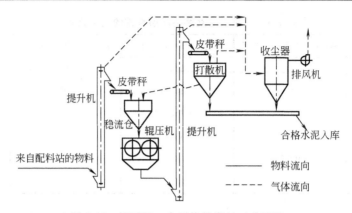

图 7-12　辊压机、水泥终粉磨的工艺流程

如图 7-12 所示是辊压机、水泥终粉磨的工艺流程，该系统的特点是辊压机自成系统，取消了球磨机，物料经打散机或 V 形选粉机打散分选、辊压机挤压后，料饼返回辊压机多次挤压，细粉经选粉机、收尘器收集为成品。由于辊压机终粉磨选粉机的粗粉粒度较粗，可以直接大量返回辊压机，且循环量较大，循环负荷率在 700%～800% 时才能达到与球磨机粉磨水泥相同的比表面积，因此要求辊压机能力很大。

辊压机粉磨水泥时，颗粒粒径分布较窄，和易性不好，水泥标准稠度的需水量大，这可通过调整选粉机、拓宽水泥的粒径分布来解决。用辊压机作水泥终粉磨，存在粉磨温度比球磨机低的问题。辊压机终粉磨适合于矿渣粉磨，但辊压机本身不能起烘干作用，因此必须解决好矿渣的烘干问题。

7.3.3　筒辊磨水泥粉磨系统

法国 FCB 公司开发出 HOROMILL 用于水泥粉磨系统，之后 FLS 公司也推出了 CE-MAX 型的筒辊磨，用于粉磨水泥熟料、矿渣、粉煤灰、石灰石等物料，其水泥粉磨系统电耗约为 25kW·h/t。

（1）HOROMILL 筒辊磨的结构　如图 7-13 所示，HOROMILL 筒辊磨由一个被支撑的回转筒体、在筒体内对物料挤压的压辊、传动装置、平衡加压装置、支承装置、液压与润滑系统以及测控系统组成。筒体在传动装置拖动下以超临界转速运转，其内侧装有耐磨衬板；压辊横卧在筒体内，其两端穿过筒体的进、出料端盖，凭借液压缸拉力向衬板上的物料施压，并在摩擦力作用下随筒体以相同线速度转动。卧辊磨内分喂料区、粉磨区和卸料区三部分。

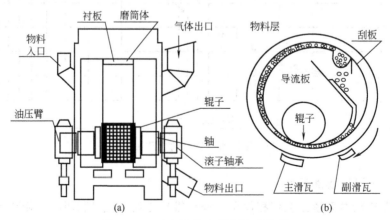

图 7-13　HOROMILL 筒辊磨的结构

（2）工作原理 物料通过进料端盖板上的进料口进入磨机筒体内的喂料区，在离心力的作用下迅速贴附于筒体内壁与筒体一起转动，到特定位置时，被设置在筒体内的刮料板刮下，落到下方的导料板表面，经导料板（导料板与筒体轴向成一定的角度且可调）的作用进入筒体的粉磨区，在辊子与筒体间形成的咬入带内被咬入而形成料床；由于摩擦力的作用，加压的辊子被料床带动旋转；在咬入带内的物料开始被压实，少量破碎，最终通过辊子与筒体内壁间的最小间隙处而被大量粉碎，完成了第一次挤压。经挤压的物料仍然紧贴内壁随筒体一起旋转，再次转到特定位置时，又被刮料板刮下。由于导料板的轴向推进作用，物料沿筒体轴线前进一段距离后，再次进入辊子轴向的粉磨区被咬入、压实、粉碎。上述挤压过程重复进行。当物料离开粉磨区时，已受压多次，其受压的次数可通过调整导料板的导料角度来实现。物料在筒体内始终按一定的轴向速度前进，离开粉磨区的物料进入卸料区经出料装置排出磨外。

筒辊磨和立磨、辊压机的比较见表 7-5，不同水泥粉磨系统电耗比较见表 7-6。

表 7-5 筒辊磨和立磨、辊压机的比较

项目	立磨	辊压机	筒辊磨
原理	非密闭空间内一次性料层间挤压粉碎	密闭空间内一次性料层间挤压粉碎	非密闭空间内多次料层间挤压粉碎
磨床几何形状	柱面＋平面	柱面＋柱面	柱面＋内环面
挤压角/(°)	9	9	18
名义挤压应力/MPa	0.5～0.7	5～10	1.5～3
辊面运动速度/(m/s)	2～6 受离心力控制	1.5～2 受喂料特性控制	4～6 受离心力控制
适用场合	(1)与选粉机合成一体组成全风扫或半风扫闭路粉磨系统，用于生料磨（最大水分 20%） (2)与球磨机组成混合粉磨系统用于水泥粉磨	(1)与球磨机组成预粉磨、混合粉磨或半终粉磨系统，用于水泥粉磨 (2)与选粉机组成终粉磨系统用于生料磨（适用于原料水分较小时）	(1)与选粉机组成非风扫终粉磨系统，用于生料磨和水泥粉磨（FCB 技术） (2)与选粉机组成全风扫终粉磨系统用于水泥粉磨（FLS 技术）

表 7-6 不同水泥粉磨系统电耗比较 单位：kW·h/t

项目	球磨	辊压机粉磨系统				立磨	筒辊磨	
		预粉磨	混合粉磨	半终粉磨	终粉磨		HOROMILL	CEMAX
Fuller 评价	36.4	37.7	31.7	28.4	27.1	27.4	25.3	24.7
Lafarge 评价	40.0	35.4	35.4	—	26.9	27.4	27.4	
川崎重工评价	36.6	32.1	32.1	29.4	26.2	28.9	—	—
综合评价	40.0	34.6	32.0	30.0	27.8	29.6	27.7	27.1
比较/%	100	87	80	75	70	74	69	68

7.3.4 分别粉磨工艺

分别粉磨是将不同硬度、不同大小、不同性状的物料，分别送入不同的粉磨系统粉磨。使各种物料的活性最大限度地发挥出来，混合材掺量大幅增加，减少水泥熟料配比，充分利用资源，降低水泥成本。目前国内采用的分别粉磨工艺主要是把矿渣、粉煤灰、石膏等混合材和熟料进行分别粉磨。

分别粉磨工艺制备的水泥颗粒级配更合理，强度增进率高，制造成本低，粉磨电耗一般在 30～40kW·h/t，是粉磨工艺发展和改造的方向之一。如图 7-14 所示，熟料与混合材分别粉磨至合格细度，经混合机混合均匀后即为成品；如图 7-15 所示，先将混合材磨到一定细度后，送入储存库与熟料配料后共同入磨再粉磨，即为水泥成品。

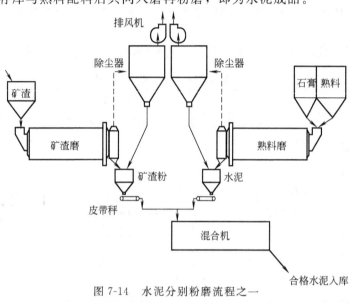

图 7-14　水泥分别粉磨流程之一

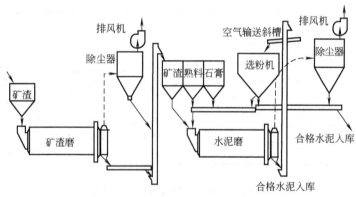

图 7-15　水泥分别粉磨流程之二

7.4　粉磨设备

7.4.1　球磨机

7.4.1.1　球磨机的特点

球磨机作为一种传统的粉磨设备，因操作简便、适应性强等特点一直在水泥粉磨生产中占据着主要地位。但这种基于概率破碎原理的粉磨设备，能量利用率很低，大部分能量被碰撞发热、噪声所消耗，真正用于粉磨做功的能量很少。优点：①对物料的适应性强，能连续生产，且生产能力较大；②粉碎比大，达 300 甚至可达 1000 以上，产品细度、颗粒级配易于调节，颗粒形貌近似球形，有利于水泥的水化、硬化；③可干法作业，也可湿法作业，还可烘干和粉磨同时进行。粉磨的同时对物料有混合、搅拌、均化作用；④结构简单，运转率高，可负压操作，密封性良好，维护管理简单，操作可靠。缺点：①粉磨效率低，电能有效利用率低，电耗高；②设备重，一次性投资大，噪声大。

7.4.1.2 球磨机的工作原理

球磨机的主体是由钢板卷制而成的回转筒体。筒体两端装有带空心轴的端盖，筒体内壁装有衬板。磨内装有不同规格的研磨体。

当磨机回转时，研磨体由于离心力的作用贴附在筒体衬板表面，随筒体一起回转；被带到一定高度时，由于其本身的重力作用，像抛射体一样落下，冲击筒体内的物料。磨机在回转过程中，研磨体有滑动和滚动现象，对物料起到研磨作用。为了有效利用研磨体的能量，一般将磨机分成几个仓，用隔仓板隔开，磨机的前仓装钢球或钢棒，主要对物料起破碎作用，后仓一般装小钢球或钢段，主要对物料起研磨作用，如图7-16所示。

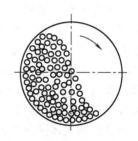

在磨机回转过程中，由于磨头不断地强制喂料，而物料又随着筒体一起回转运动，形成物料向前挤压；再通过进料端和出料端之间物料本身的料面高度差，加上磨尾不断抽风，尽管磨体水平放置，物料也能不断地向出料端移动，完成粉磨作业，直至排出磨外。

图 7-16 球磨机的工作原理

当磨机以不同转速回转时，筒体内的研磨体可能出现三种基本情况，如图 7-17 所示。图 7-17（a）表示转速太快，研磨体与物料贴附在筒体上一道回转，称为"周转状态"，研磨体对物料起不到冲击和研磨作用；图 7-17（b）表示转速太慢，不足以将研磨体带到一定高度，研磨体下落的能量不大，称为"倾泻状态"，研磨体对物料的冲击和研磨作用不大；图 7-17（c）表示转速比较适中，研磨体提升到一定高度后抛落下来，称为"抛落状态"，研磨体对物料有较大的冲击和研磨作用，粉磨效果较好。

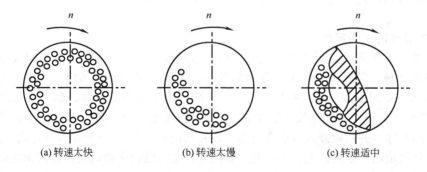

(a) 转速太快   (b) 转速太慢   (c) 转速适中

图 7-17 磨机转速不同时研磨体的运动状态

实际上，研磨体的运动状态是很复杂的，有贴附在磨机筒壁上的运动；有沿筒壁和研磨体层向下的滑动，有类似抛射体的抛落运动及波动等。

7.4.1.3　球磨机分类

$$
\text{球磨机分类}
\begin{cases}
\text{按长径比（}L/D\text{）}
\begin{cases}
\text{短磨（}L/D=1\sim2\text{）} \\
\text{中长磨（}L/D=2\sim3\text{）} \\
\text{管磨（}L/D=3.5\sim6\text{）}
\end{cases} \\[2mm]
\text{按卸料方式}
\begin{cases}
\text{中卸磨（中间卸料）} \\
\text{尾卸磨（端部卸料）}
\end{cases} \\[2mm]
\text{按粉磨方式}
\begin{cases}
\text{烘干磨（烘干、粉磨一体，只用于生料粉磨）} \\
\text{干法磨（用于干法）} \\
\text{湿法磨（只用于湿法生产的生料粉磨）}
\end{cases}
\end{cases}
$$

7.4.1.4　粉磨流程及其特点

按一定粉磨流程配置的主机及辅机组成的系统称作粉磨系统。根据物料在磨机内通过的次数，可将粉磨系统分为开路流程和闭路流程。

①开路流程　在粉磨过程中，物料仅通过磨机一次，卸出来即为成品的流程为开路流程。其优点是：流程简单，设备少，投资少，操作简便。其缺点是：由于物料全部达到细度要求后才能出磨，已被磨细的物料在磨内会出现过粉磨现象，并形成缓冲垫层，妨碍粗料进一步磨细，从而降低了粉磨效率，增加电耗。

②闭路流程　物料出磨后经分级设备分选，合格的细料为成品，偏粗的物料返回磨内重磨的流程为闭路流程。其优点是：合格细粉及时选出，减少了过粉磨现象，产量比同规格的开路磨提高 15%～25%。产品粒度较均齐，颗粒组成较理想，产品细度易于调节。适用于生产各种不同细度要求的水泥。由于散热面积大，磨内温度较低。其缺点是：流程复杂、设备多、投资大、厂房高、操作麻烦、维修工作量大。

7.4.1.5　球磨机的结构

球磨机的主体是一个回转的筒体，两端用环形端盖半封闭，端盖圆心开孔，并用螺栓与中空轴连接。两端的中空轴既是进料、出料的通道，也是磨机及物料重量的支撑点。中心传动的磨机，一端中空轴还要传递动力承受扭矩。为了减小中空轴支撑的弯矩，减小筒体应力，大型球磨机支撑点选在筒体上，由滑履轴承支撑。为了保护磨机内壁免受研磨体及物料的直接磨损和撞击，筒体、端盖内壁装有衬板。磨机筒体内用隔仓板分成若干仓，不同仓装入适量不同规格和种类的钢球、钢段等作为研磨体。借助传动装置，整个磨机以 16.5～27 r/min 的转速运转。通过磨机的旋转，研磨体被提升、抛落，与物料相互冲击、研磨，把物料磨成细粉。球磨机的卸料点设在磨尾或磨的中间。图 7-18 所示为 ϕ4.2m×13.5m 双滑履水泥磨的主要构造。

7.4.1.6　球磨机的主要部件

（1）筒体　筒体是由钢板卷制焊接而成的空心圆筒，两端与带空心轴的端盖连接。筒体要承受自身和衬板、隔仓板、研磨体及物料等的重量及筒体的转动扭矩，故需有足够的强度和刚度。筒体一般用 Q235 钢板制作，大型磨机则用 15Mn 钢板卷制。钢板厚度为磨机直径的 1%～1.5%（直径大或长度长者取大值）。筒内隔成数个仓，各仓均有一个人孔门，以便向仓内装入研磨体，并供检修人员进仓检修。各人孔门的位置应处于筒体一边的一条直线上，或分别在筒体两边的两条直线上交错排列。磨机进料端的结构应能适应筒体的轴向热变形。

（2）衬板

①衬板的作用　衬板的作用是保护筒体使其免受研磨体和物料的直接冲击及研磨；同时也可调整研磨体的运动状态；一仓装有提升能力强的衬板，以增加冲击能量，细磨仓装有波纹或平衬板，以增强研磨作用。

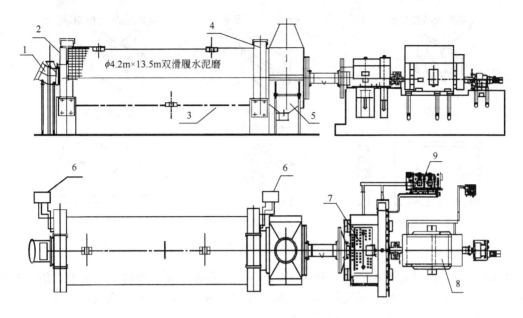

图 7-18　φ4.2m×13.5m 双滑履水泥磨的主要结构
1—进料装置；2—磨头端滑履轴承；3—筒体；4—磨尾端滑履轴承；5—出料装置；
6—轴承润滑装置及管路；7—减速机；8—主电动机；9—减速机润滑装置

②衬板的种类

a. 平衬板　工作表面平整或具有花纹的衬板均称平衬板，如图 7-19(a) 所示。它对研磨体的摩擦力小，研磨体在它上面产生的滑动现象较大，对物料的研磨作用强，通常多与波纹衬板配合用于细磨仓。

b. 压条衬板　由平衬板和压条组成，如图 7-19(b) 所示。压条上有螺栓孔，螺栓穿过螺孔将压条和衬板（衬板上无孔）固定在筒体内壁上。压条高出衬板，可增大对研磨体的提升作用，使研磨体具有较大的冲击研磨力。适用于一仓，特别是一仓入磨物料粒度较大和硬度较高时。

c. 阶梯衬板　如图 7-19(c) 所示，工作表面呈一个倾角，安装后成为许多阶梯，可以加大对研磨体的推力。对同一层钢球的提升高度均匀一致，衬板表面磨损后形状不会明显改变。适用于磨机的粗磨仓。

d. 波形衬板　若使凸棱衬板的凸棱变得平缓些，就成为波形衬板，如图 7-19 (d)。在一个波节中，其上升部分对研磨体的提升很有效，而下降部分则有不利作用。

e. 小波纹衬板　如图 7-19 (e) 所示，其波峰和节距都较小，适用于细磨仓和煤磨。

f. 端盖衬板　如图 7-19 (f) 所示，装在磨头端盖或筒体端盖内壁上以保护端盖不被磨损。

g. 沟槽衬板　单块衬板的工作表面呈若干沟槽的衬板，安装后形成环向沟槽，如图 7-20 所示。沟槽的设计是使钢球在衬板上以密排六方结构堆积。该结构配位数大，致密度高，球与球间的有效碰撞机会多。沟槽与球径的关系如图 7-21 所示。钢球与衬板的接触由原来的点接触变为 120°的弧线接触，如图 7-22 所示，增大了研磨面积，提高了粉磨效率，并节省电能。

h. 锥面分级衬板　衬板断面形状和在磨仓内的铺设如图 7-23 所示。锥面分级衬板形状的主要特点是沿轴向具有斜度。在磨内安装的方向是大端向着磨尾，也就是靠进料端直径

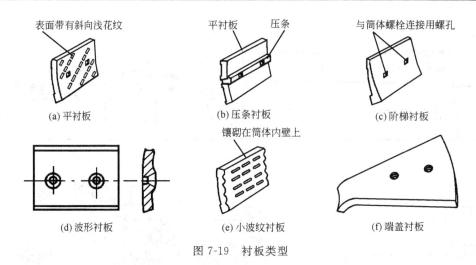

图 7-19　衬板类型

大，出料端直径小。其排列形式有三种（图 7-24）。因分级衬板沿轴向具有斜度，能自动地使磨内钢球在粉磨过程中按物料粉磨规律发挥其作用。因而可减少磨机仓数，增加磨机有效容积，减少通风阻力，提高产量，降低电耗。

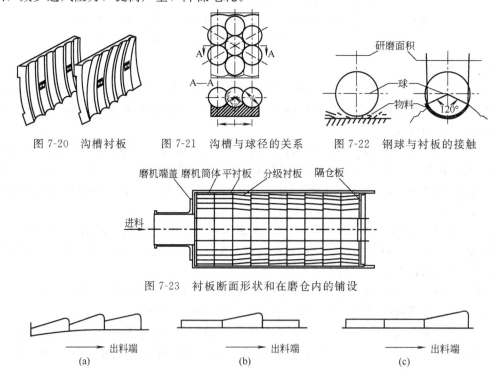

图 7-20　沟槽衬板　　图 7-21　沟槽与球径的关系　　图 7-22　钢球与衬板的接触

图 7-23　衬板断面形状和在磨仓内的铺设

图 7-24　锥形分组衬板的不同排列形式

除锥面分级衬板外，还有双曲面分级衬板、组合分级衬板、螺旋沟槽分级衬板、双螺旋形分级衬板等。

③衬板的规格和排列　整块衬板长 500mm，半块衬板长 250mm，宽度为 314mm，平均厚度 50mm 左右。衬板排列时环向缝隙应互相交错，不能贯通，如图 7-25 所示，以防止碎铁渣和物料对筒体内壁的冲刷作用。考虑到衬板的整形误差，衬板四周都预留 5～10mm 间隙。

④衬板的安装　衬板的安装方法有两种。

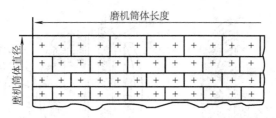

图 7-25　衬板排列示意

a. 螺栓固定法　如图 7-26 所示,在固定衬板时,螺栓应加双螺母或防松垫圈,以防磨机在运转中因研磨体冲击使螺栓松动。在筒体与垫圈之间配有带锥形面的垫圈,锥形面内填塞麻丝,以防物料从螺栓孔流出。这种固定方法抗冲击、耐振动。大型磨机和中小型磨机一、二仓的衬板一般都用螺栓固定。

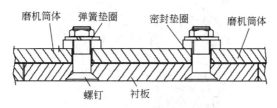

图 7-26　衬板的螺栓固定法

b. 镶砌法　镶砌时衬板与筒体之间加一层 1∶2 的水泥砂浆或石棉水泥,在衬板的环向缝隙中用铁板楔紧,再灌以 1∶2 的水泥砂浆。将衬板相互交错地镶砌在筒体内。一般用于细粉仓的衬板固定。

(3) 隔仓板

①隔仓板的作用　分隔研磨体,使各仓研磨体的平均尺寸保持由粗磨仓向细磨仓逐步缩小,以适应物料粉磨过程中粗粒级用大球、细粒级用小球的合理原则;筛析物料,隔仓板的箅缝可把较大颗粒的物料阻留于粗磨仓内,使其继续受到冲击粉碎;控制物料和气流在磨内的流速,隔仓板的箅缝宽度、长度、面积、开缝最低位置及箅缝排列方式,对磨内物料填充程度、物料和气流在磨内的流速及球料比有较大影响。隔仓板应尽量消除对通风的不利影响。

②隔仓板的类型

a. 单层隔仓板　一般由若干块扇形箅板组成。如图 7-27(a) 所示,大端用螺栓固定在磨机筒体上,小端用中心圆板与其他箅板连接在一起。已磨至小于箅孔的物料,在新喂入物料的推动下,穿过箅缝进入下一仓。单层隔仓板的另一种形式是弓形隔仓板,如图 7-27(b)所示。单层隔仓板的通风阻力小,占磨机容积小。

b. 双层隔仓板　一般由前箅板和后盲板组成,中间设有提升扬料装置。如图 7-28 所示,物料通过箅板进入两板中间,由提升扬料装置将物料提到中心圆锥体上,进入下一仓,是强制排料,流速较快,不受隔仓板前、后填充率的影响,便于调整填充率和配球,适于一仓特别是闭路磨。但通风阻力大,占磨机容积大。

③隔仓板的箅孔

a. 排列　箅孔的排列主要可分为同心圆状和放射状,当然也有介于两者之间的,如图 7-29 所示。同心圆状排列的箅孔是平行于研磨体物料的运动路线的。物料容易通过,但也易返回,不易堵塞,放射状与其相反。

b. 形状　隔仓板的箅孔形状如图 7-30 所示,其宽度有 8mm、10mm、12mm、14mm 和 16mm 等几种,间距有 40mm 和 50mm 两种。隔仓板上所有箅孔总面积(指小孔面积)与隔

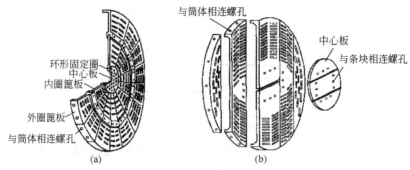

图 7-27　单层隔仓板

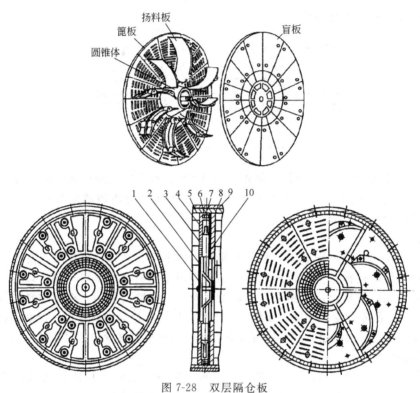

图 7-28　双层隔仓板

1—中心圆板；2—圆锥体；3—箅板；4—扬料板；5—衬板；
6—隔仓板座；7—木块；8—盲板；9—筒体；10—隔仓板架

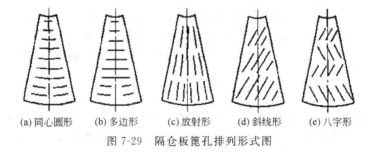

(a) 同心圆形　　(b) 多边形　　(c) 放射形　　(d) 斜线形　　(e) 八字形

图 7-29　隔仓板箅孔排列形式图

仓板总面积之比称为通孔率，干法磨机通孔率不小于 7％～9％。若要调小通孔率可以先堵外圈箅孔。安装箅板时，应使箅孔的大端朝向出料端，不可装反。

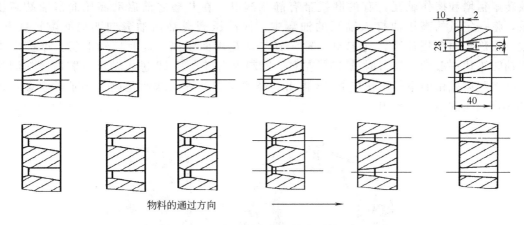

物料的通过方向

图 7-30　隔仓板的箅孔形状

（4）挡球圈与挡料圈　挡球圈的作用主要有三个。①分级作用。挡球圈具有一系列长孔（图 7-31），对研磨体产生了牵制作用。靠近挡球圈的研磨体，由于挡球圈的牵制作用，被提升较高，致使最内层研磨体直径较大，在挡球圈附近形成凹窝。大钢球容易向凹窝处运动，同时将小钢球挤走，于是产生了分级所用。②阻滞物料的流动。沿磨机轴向等距离装设几道挡球圈，便形成一道道隔墙，产生了阻滞物料流动的作用，延长了物料停留时间，使其得以充分粉磨。③起扬球和扬料作用。这三种作用提高了磨机的粉磨效率和产量。

挡料圈用在长细磨仓中，它能够使料面沿整个仓长保持恒定，延长物料在细磨仓中的停留时间。它与挡球圈的区别主要是没有孔（附加隔板），形状与挡球圈类似。挡球圈和挡料圈一般通过支撑环用螺栓固定在磨机筒体上。

（5）支撑装置　支撑装置的作用是支承磨体整个回转部分。它除了承受磨体本身、研磨体和物料的全部重量外，还要承受研磨体和物料抛落而产生的冲击负荷。磨机的支撑方式主要有主轴承支撑、双滑履支撑和混合支撑。后者是指球磨机的一端采用滑履支撑，一端采用主轴承支撑。

①主轴承支撑　中、小型磨机分别在磨体两端中空轴处设有主轴承以支撑磨机，其结构如图 7-32 所示。凹面有轴承合金 1 的球面瓦 2 支承在有凹球面的轴承座 3 上。轴承座经螺栓固定在轴承底座 4 上；有的磨机主轴承座置于轴承底座 4 的几根钢辊上，可使轴瓦和轴承座一起随磨机筒体热胀冷缩而相应往复移动，避免中空轴颈擦伤轴瓦。为了使轴瓦不被旋转的中空轴从轴承座内托出，在排气管 13 附近的出水口

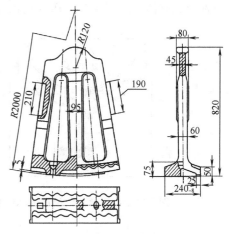

图 7-31　挡球圈的构造

处用两根螺栓和一块压板顶住。轴承上盖 5 用螺栓固定在轴承座上。在轴承端面有用螺栓固定的密封圈、毛毡圈 10 与中空轴紧贴，防止漏油和进灰。固定在中空轴颈、下部浸于油中的油圈 14 在随中空轴一起回转时将油带起，然后由副刮板 9 将油刮下，使其经油槽流到轴颈上起润滑作用。通过轴承盖上的检查孔 6 可查看到轴承的工作情况。为防止长期停止运转的磨机在启动时空心轴颈和轴承合金之间因油膜过薄引起边界摩擦甚至摩擦，

导致转矩猛增和擦伤轴瓦,有的磨机带有静压润滑。在开磨之前启动高压润滑油站高压油泵,将一定量的高压油打入轴瓦的油囊中。该高压润滑油从油囊向四周间隙扩散开,形成一层稳定的静压油膜,托起空心轴使其与轴瓦表面脱离。此时启动磨机,摩擦产生的启动转矩比一般动压润滑时低 40% 左右。冷却水由进水管 12 进入轴承空腔内冷却润滑油,并将腔内残留的空气由排气管 13 排出,经橡胶管 8 进入球面瓦内冷却轴承合金,再经排气管一侧的出水口排出。

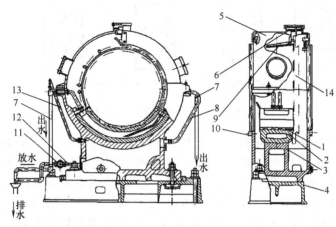

图 7-32　磨机的主轴承

1—轴承合金;2—球面瓦;3—轴承座;4—轴承底座;5—轴承上盖;6—检查孔;7—出水孔;
8—橡胶管;9—刮油板;10—毛毡圈;11—三通旋塞;12—进水管;13—排气管;14—油圈

　　②滑履支撑　磨机的大型化使其轴承负荷也越来越大,另外烘干兼粉磨的磨机其进料口要大,且热气流温度又高,主轴承则不适应,这样采用滑履支承较为合适。滑履轴承的磨机是通过固装在磨机筒体上的支承滚圈(轮带)支承在滑履上运转。如图 7-33 和图 7-34 所示分别为具有两个履瓦和三个履瓦的滑履支承装置示意。

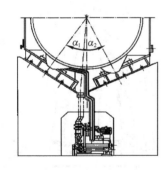

图 7-33　两个履瓦的滑履支承装置

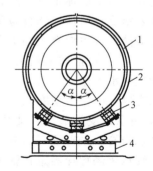

图 7-34　三个履瓦的滑履支承装置

1—滚圈;2—滚圈罩;3—履瓦;4—滚圈罩支座

　　滑履支撑装置的结构如图 7-35 所示,表面浇铸轴承合金的钢制履瓦 2 坐在凸球面支块 3 上,两者之间用圆柱销定位,凸球面支块又置于凹球面支块 4 之中,而凹球面支块又放在滑履支座的底座 5 上,两者之间也是通过圆柱销定位。滑履支座的底座 5 的下边放置两个能沿磨机轴向自由滚动的托轮 6,托轮安装在轮带罩的底座上。轮带罩除了起到防灰尘进到其中将润滑油弄脏外,轮带罩的下座还起油箱的作用。整个保护罩放在焊接结构的底座上,而底座通过地脚螺栓固定在混凝土基础上。
　　目前滑履轴承普遍采用的是动静压润滑。这种滑履上只有一个油囊,当磨机启动、停止和慢速运转时，高压油泵 8 将具有一定压力的压力油通过高压输油管 7 送到每个滑瓦的静压油囊中，浮升抬起轮带，使轴承处于静压润滑状态；而磨机在正常运转的过程中，高压油泵停止供油。滑瓦供油润滑一种是通过低压油泵向滑瓦进口处喷油；另一种是将滑瓦浸在油中轮带上的润滑油带入瓦内，实现动压润滑。由于轮带的圆周速度较大，其"间隙泵"的作用也大，且滑履能在球座上自由摆动，自动调整间隙，故润滑效果较好。

滑履轴承的优点如下：①支承磨机轮带的滑履可以是两个、三个或四个，因此，其结构适用于各种规格的磨机，尤其是特大型磨机；②采用滑履支承结构，可取消大型磨机上易于损坏的磨头（包括中空轴）和主轴承，运转较安全，并可以缩短磨机尤其是

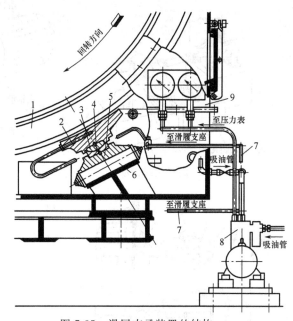

图 7-35　滑履支承装置的结构
1—轮带；2—履瓦；3—凸球面支块；4—凹球面支块；
5—底座；6—托轮；7—高压输油管；8—高压油泵；9—轮带罩

进料端的长度，减少占地面积；③对于烘干兼粉磨的磨机，由于取消了中空轴，进料口的断面积不受中空轴的约束，因此，可以更合理地设计进料口，有利于粉磨物料和热气流通过，减少通风阻力；④因为磨机两端支承间距缩短，所以筒体的弯矩和应力相应地减小，因此，磨筒体钢板厚度可以减薄，尤其是烘干兼粉磨的磨机，烘干仓的筒体可以选用更薄的钢板，减轻磨机自身的重量；⑤轮带的线速度比中空轴颈高得多，对于润滑油膜的形成比较有利。

滑履轴承对轮带和履瓦的加工精度要求较严，因而，比用主轴承支承磨机的成本高。滑履轴承的结构和维护比较复杂，一旦系统中某个环节出现故障，要求及时发现和修复，否则将影响整个磨机的正常运转，因此，要求装设相应监测和自控仪表并加强巡检。

（6）磨机的传动

①边缘传动　边缘传动是由小齿轮通过固定在筒体尾部的大齿轮带动磨机转动，如图 7-36 所示。它可分为低速电机传动、高速电机（带减速机）传动，还可以分为边缘单传动和边缘双传动。这种传动的传动效率低，大齿轮大且笨重，但设备制造比中心传动容易，多用于小型磨机。

②中心传动　它是以电动机通过减速机直接驱动磨机运转，减速机输出轴和磨机中心线在同一条直线上（图 7-37），它也有单传动和双传动之分。中心传动的效率高，但设备制造复杂，多用于大型磨机。

为了满足磨机启动、检修和加、倒球操作的需要，增设有辅助传动装置。

（7）进料装置

①溜管进料　如图 7-38 所示，物料经溜管进入磨机中空轴颈内的锥形套筒内，再沿旋转着的套筒内壁滑入磨中。

②螺旋进料　如图 7-39 所示，物料由进料口进入装料接管，并由隔板带起溜入套筒中，被螺旋叶片推入磨内。

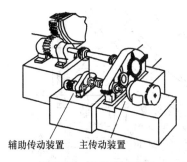

图 7-36　磨机边缘传动

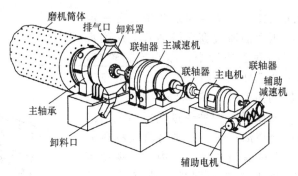

图 7-37　磨机中心传动

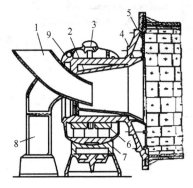

图 7-38　溜管进料

1—加料溜子；2—锥形套筒；3—刮油板；4—肋板；
5—钢环；6—轴瓦；7—油圈；8—支座；9—密封垫

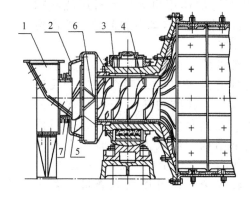

图 7-39　螺旋进料

1—进料口；2—装料接管；3—套筒；4—螺旋叶片；
5—螺旋叶片；6—隔板；7—密封圈

（8）出料装置

①中心传动磨机的卸料装置　如图 7-40 所示，通过篦板后的物料被叶板带起，当其被带到上部时便由叶板滑下，经卸料锥滑到轴颈内的截头漏斗内，最后从中间接管上的椭圆孔落到控制筛上，最后溜入卸料漏斗中。磨内排出的含尘气体经排风管进入收尘系统。

②边缘传动磨机的卸料装置　如图 7-41 所示，物料由卸料篦板排出后，经叶板提升后撒在螺旋叶片上，然后物料通过螺旋叶片顺畅地从轴颈中卸出，再经椭圆形孔进入控制筛，过筛物料从罩子底部的卸料口卸出。罩子顶部装有和收尘系统相通的管道。

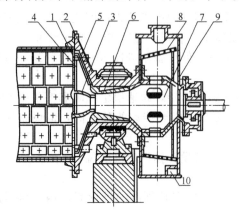

图 7-40　中心传动磨机的卸料装置

1—卸料篦子；2—磨头；3—卸料锥；4—叶板；5—螺栓；
6—漏斗；7—中间接管；8—控制筛；9—机罩；10—卸料孔

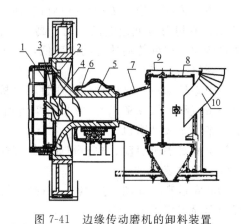

图 7-41　边缘传动磨机的卸料装置

1—卸料篦子；2—磨头；3—叶板；4—螺旋叶片；5—套筒；
6—螺旋叶片；7—漏斗；8—控制筛；9—机罩；10—通风管道

③中卸磨机的卸料装置　如图 7-42 所示，中卸磨的中部有两个仓，两个仓的出口均装隔仓板，在仓出口处的筒体上有椭圆形卸料孔。筒体外设密封罩，罩底部为卸料斗，顶部与收尘系统相通。

7.4.1.7　研磨体运动分析

球磨机的助磨作用，主要靠研磨体对物料的冲击和研磨。为了进一步了解球磨机操作时研磨体对物料作用的实质，以便计算球磨机的一些主要参数，如转速、能量消耗和研磨体的最大装载量，掌握影响磨机粉磨效率的各项因素，以及筒体受力情况与强度计算等，都必须对研磨体的运动情况加以分析。

研磨体在磨体内的运动是很复杂的，为了便于分析，特作如下的假设。

①研磨体在筒体内的运动轨迹只有两种，如图7-43 所示。一种是以筒体横断面几何中心为圆心，按同心圆弧的轨迹贴附在筒壁上做上升运动；另一种是贴附筒壁上升至一定高度后以抛物线轨迹降落下来，如此往复循环一层一层地运动。

②研磨体与筒壁间及研磨体层与层间的滑动略去不计；筒体内物料对于研磨体的运动影响略去不计。

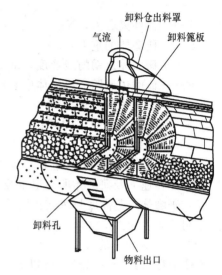

图 7-42　中卸磨机的卸料装置

研磨体开始离开圆弧轨迹而沿抛物线轨迹下落，此瞬时的研磨体中心（A 点）称为脱离点，而通过 A 点的回转半径 R 及与磨机中心的垂线之间的夹角 α 称作脱离角。各层研磨体脱离点的连线 AB 称为脱离点轨迹，如图 7-44 所示。

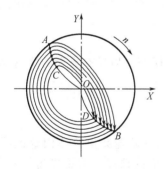

图 7-43　研磨体层示意

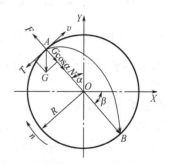

图 7-44　磨机筒体内研磨体所受作用力

（1）研磨体运动基本方程式　取紧贴筒体衬板内壁的最外层研磨体（质点 A）作为研究对象，研磨体所受的力为惯性离心力 F 以及重力 G 在直径方向的分力 Gcosα。当研磨体随筒体提升到 A 点时，若在此瞬间研磨体的惯性离心力 F 小于 Gcosα，研磨体就离开圆弧轨迹，开始抛射出去，按抛物线轨迹运动。由此可见，研磨体在脱离点开始脱离的条件为：

$$F \leqslant G\cos\alpha \tag{7-1}$$

由圆周运动公式，$F = mv^2/R$ 及 $m = G/g$ 代入上式并整理得：

$$\frac{v^2}{gR} \leqslant \cos\alpha \tag{7-2}$$

又 $v=\pi Rn/30$，由于 $\dfrac{\pi}{g}\approx 1$，所以：

$$\cos\alpha\geqslant\frac{Rn^2}{900} \tag{7-3}$$

式中　F——惯性离心力，N；

　　　G——研磨体的重力，N；

　　　v——研磨体运动的线速度，m/s；

　　　R——研磨体层距磨机筒体中心的距离，m。

　　　α——研磨体脱离角，(°)；

　　　g——重力加速度，m/s^2；

　　　n——筒体转速，r/min。

式（7-3）为研磨体运动基本方程式，由此方程式可以看出研磨体脱离角 α（或降落高度）与筒体转速 n 及研磨体所在层半径 R（或筒体有效半径）有关，而与研磨体重量无关。

（2）研磨体降落高度与脱离角的关系　研磨体从脱离点上抛到最高点后，从最高点到降落点之间的垂直距离 H 称为降落高度。它影响着研磨体的冲击能量。在回转半径 R 一定时，H 值取决于脱离角 α 的大小。$H=h+y$，如图 7-45 所示。

物体上抛公式 $v_y^2=2gh$，所以 $h=v_y^2/(2g)$；而 $v_y=v\sin\alpha$，又因 $v^2=gR\cos\alpha$，由式（7-1）得：

$$h=\frac{gR\sin^2\alpha}{2g}=0.5R\sin^2\alpha\cos\alpha \tag{7-4}$$

而 $y=4R\sin^2\alpha\cos\alpha$（推导过程略），则降落高度 $H=h+y=4.5R\sin^2\alpha\cos\alpha$，这就是降落高度与脱离角的关系式，取不同的 α 值，可以得到不同的 H 值。

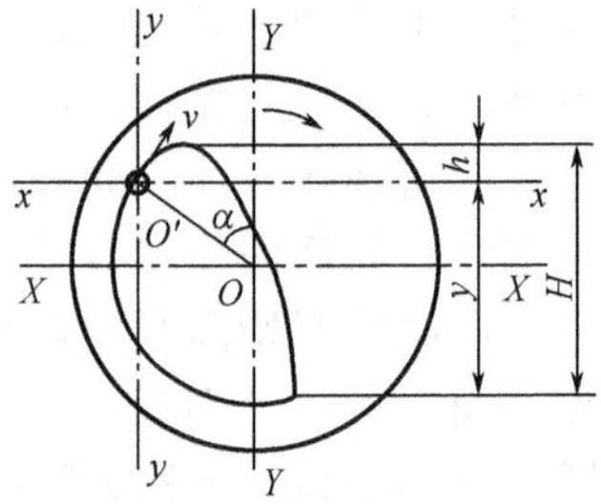

为 了 求 得 H 的 最 大 值，则 取 导 数 $\dfrac{\mathrm{d}H}{\mathrm{d}\alpha}=0$，即

图 7-45　研磨体的降落高度

$\dfrac{\mathrm{d}(4.5R\sin^2\alpha\cos\alpha)}{\mathrm{d}\alpha}=0$，解得 $\alpha=54°44'$。

所以，当靠近筒壁研磨介质的脱离角为 $54°44'$ 时，研磨介质具有最大的降落高度，能获得最大的冲击能量。

7.4.1.8　磨机主要参数的确定

（1）磨机转速

①临界转速　临界转速 n_0 是指磨内最外层研磨体刚好贴随磨机筒体内壁做圆周运动时的这一瞬间的磨机转速。此时研磨体处于磨机筒体圆断面的顶点，即脱离角 $\alpha=0°$。将此值代入研磨体运动基本方程式（7-3），可得临界转速为：

$$n_0=\frac{42.4}{\sqrt{D_0}}\quad (\mathrm{r/min}) \tag{7-5}$$

式中　D_0——磨机筒体有效内径，m。

以上公式是在几个假定的基础上推导出来的，事实上，研磨体与研磨体、研磨体与筒体之间是存在相对滑动的。因此，实际的临界转速比计算的理论临界转速要高，且与磨机结构、衬板形状、研磨体填充率等因素有关。

②磨机的理论适宜转速　使研磨体产生最大冲击粉碎功的磨机转速称作理论适宜转速。当靠近筒壁研磨体层的脱离角 $\alpha=54°44'$ 时，研磨体具有最大的降落高度，对物料产生的冲击粉碎功最大。将 $\alpha=54°44'$ 代入式（7-3），可得理论适宜转速：

$$n_0 = \frac{32.2}{\sqrt{D_0}} \quad (\text{r/min}) \tag{7-6}$$

③转速比　转速比 ϕ 是磨机的适宜转速与临界转速之比，即：

$$\phi = \frac{n}{n_0} = 0.76 \tag{7-7}$$

上式说明理论适宜转速为临界转速的 76%。一般磨机的实际转速为临界转速的 70%~80%。

④磨机的工作转速　以上适宜转速是在一定假设前提下推导出来的，而粉磨作业的实际情况很复杂，应该考虑的因素很多一般认为，对于大直径的磨机，由于其直径大，研磨体冲击能力强，转速可以低些；对于小直径的磨机，研磨体冲击能力较差，加之一般工厂的入磨物料粒度相差不大，所以转速可以高些。目前国内球磨机的规格 D 大都大于 2.0m，其工作转速 n_g 与有效内径 D_0 的关系为：

$$n_g = \frac{32.2}{\sqrt{D_0}} - 0.2D_0 \tag{7-8}$$

(2) 磨机功率　影响磨机需用功率的因素很多，如磨机的直径、长度、转速、装载量、填充率、内部装置、粉磨方式和传动形式等。计算功率的方法也很多，常用的磨机需用功率计算式为：

$$N_0 = 0.2VD_0 n_g \left(\frac{G}{V}\right)^{0.8} \tag{7-9}$$

式中　N_0——磨机需用功率，kW；

　　　V——磨机有效容积，m³；

　　　D_0——磨机有效内径，m；

　　　n_g——磨机工作转速，r/min；

　　　G——研磨体装载量，t。

磨机配套电动机功率计算。

$$N = K_1 K_2 N_0 \quad (\text{kW}) \tag{7-10}$$

式中　K_1——与磨机结构、传动效率有关的系数，中心传动和边缘传动干法磨的 K_1 分别为 1.25 和 1.3；中心传动和边缘传动中卸磨的 K_1 分别为 1.35 和 1.4。

　　　K_2——电动机储备系数，在 1.0~1.1 间选取。

(3) 磨机生产能力　影响磨机生产能力的因素很多，主要有粉磨物料的种类、物理性质和产品细度；生产方法和流程；磨机及主要部件的性能；研磨体填充率和级配；磨机的操作等。这些因素及其相互关系是比较复杂的，究竟哪种因素起主导作用，还必须依据具体情况而定。常用磨机生产能力经验计算式为：

$$Q = \frac{N_0 q \eta}{1000} \tag{7-11}$$

式中　Q——磨机生产能力，t/h；

　　　N_0——磨机所需功率，kW；

　　　q——单位功率产量，t/(kW·h)；

　　　η——流程系数。

当生料细度为 10%（80μm 方孔筛筛余）时，闭路中卸、尾卸烘干磨的 $q\eta$ 值分别为 90~95 和 80~85。

根据国内生产情况统计，闭路水泥粉磨系统的 $q\eta$ 值分别见表 7-7。

表 7-7　闭路水泥粉磨系统的 $q\eta$ 值

水泥品种	$q\eta$	80μm 方孔筛筛余/%	比表面积/(m²/kg)	入磨粒度/mm
PO 52.5	35～37	4～6	300～340	
PO 42.5	46～48	5～8	260～300	<25
PSA 325	41～43	3～8	—	

当入磨物料粒度、易磨性和产品细度发生变化时，应对上式进行修正。

①当入磨物料粒度发生改变时，应按粒度校正系数 K_d 进行修正。

$$K_d = \frac{Q_1}{Q_2} = \left(\frac{d_2}{d_1}\right)^x \tag{7-12}$$

式中　d_1、d_2——生产能力分别为 Q_1 和 Q_2 时的喂料粒度，以 80% 通过的筛孔孔径表示；

　　　　x——与物料特性、产品细度、粉磨条件等有关的指数，一般在 0.1～0.25 之间变化，对开路生料管磨或硬质物料，如石灰石、熟料、砂岩等取高值。

②当入磨物料发生变化时，可根据表 7-8 查出其易磨性系数，再用下式计算。

$$\frac{K_{m_1}}{K_{m_2}} = \frac{Q_1}{Q_2} \tag{7-13}$$

式中　K_{m_1}、K_{m_2}——生产能力分别为 Q_1 和 Q_2 时的入磨物料易磨性系数。

表 7-8　易磨性系数值 K_m

物料名称	易磨性系数	物料名称	易磨性系数
硬质石灰石	1.27	软质石灰石	1.7
中硬质石灰石	1.5		

③当产品细度发生变化时，根据表 7-9 查出不同细度时的细度系数 K_c 的数值，用下式计算。

$$\frac{K_{c_1}}{K_{c_2}} = \frac{Q_1}{Q_2} \tag{7-14}$$

表 7-9　不同细度的细度系数 K_c

细度(80μm 方孔筛筛余)/%	2	3	4	5	6	7	8	9	10	11
细度系数 K_c	0.59	0.66	0.72	0.77	0.82	0.87	0.91	0.96	1.0	1.04
细度(80μm 方孔筛筛余)/%	12	13	14	15	16	17	18	19	20	
细度系数 K_c	1.09	1.13	1.17	1.21	1.26	1.3	1.34	1.39	1.43	

7.4.1.9　研磨体

正确地选择研磨体、合理地确定填充率及级配，对提高粉磨效率、降低金属消耗和成本，保证整个粉磨系统的正常生产等具有重要的作用。

（1）研磨体的种类与材质

①钢球　在粉磨过程中与物料发生点接触，对物料的冲击力大，主要用于管磨机的第一、二仓，双仓开路磨的第一仓，双仓闭路磨的第一、二仓。钢球直径在 10～90mm 之间。

②钢段　钢段的外形为短圆柱形或截圆锥形，它与物料发生线接触、研磨作用强，但冲击力小，一般用于尾仓。常用的规格有 $\phi10mm \times 15mm$、$\phi18mm \times 22mm$、$\phi20mm \times 25mm$、

$\phi 25\text{mm} \times 30\text{mm}$ 等各种规格。

③材质　研磨体应具有较高的耐磨性和耐冲击性。其材质的好坏，影响到粉磨效率及磨机的运转率。要求材质坚硬、耐磨又不易破裂。国内外普遍采用合金耐磨球。其中，高铬铸铁是一种含铬量高的合金白口铸铁，其特点是耐磨、耐热、耐腐蚀，并具有相当的韧性；低铬铸铁含有的铬元素较少，韧性较高铬铸铁差，但有良好的耐磨性，用作小球、钢段及细磨仓的衬板是适宜的。

(2) 研磨体填充率及其选择　研磨体填充率是指研磨体在磨内的堆积体积 V_G 占磨机有效容积 V_0 的比例，也即研磨体断面积 F_G 占磨机有效断面积 F_0 的百分数，即：

$$\varphi = \frac{V_G}{V_0} = \frac{\dfrac{G}{\rho}}{\dfrac{\pi}{4}D_0^2 L} = \frac{G}{3.53 D_0^2 L} \times 100\% \qquad \text{或 } \varphi = \frac{F_G}{F_0} \times 100\% \tag{7-15}$$

式中　　V_G——研磨体所占容积，m^3；

$\quad\quad V_0$——磨机有效容积，m^3；

$\quad\quad G$——研磨体装载量，t；

$\quad\quad D_0$——磨机有效内径，m；

$\quad\quad L$——磨机（或仓）的有效长度，m；

$\quad\quad \rho$——研磨体的堆积密度，一般取 4.5 t/m^3；

$\quad\quad F_G$——研磨体所占断面积，m^2；

$\quad\quad F_0$——磨机有效断面积，m^2。

填充率直接影响冲击次数、研磨面积，反映各仓球面高低，还影响研磨体的冲击高度（冲击力），其范围一般在 $25\% \sim 35\%$ 之间，以 $28\% \sim 32\%$ 者居多。根据生产经验可按下述原则选取：对于多仓长磨或闭路磨机的填充率应是前仓高于后仓，依次递减；长径比较小（$2.0 \sim 3.5$）的小型磨机，磨生料时，两仓持平或二仓稍高，磨水泥时，后仓比前仓高 $2\% \sim 3\%$；当物料易磨性较好时，或出磨产品的细度要求较粗时，可适当提高一仓的填充率（取 30% 或更多），以提高产量。当物料易磨性较差时，或出磨产品的细度要求较细时，一仓填充率应低一些，以不高于 28% 为宜；磨机的转速较高，或衬板的提升能力较强时，磨机的填充率应低一些，反之应高一些。段仓的填充率一般不宜太高。

(3) 研磨体装载量的计算及测定　根据所选择的填充率按下式可以计算其装载量。

$$\begin{cases} G = V_0 \varphi \rho = \dfrac{\pi}{4} D_0^2 L_0 \varphi \rho = G_1 + G_2 + \cdots \\[2mm] G_1 = \dfrac{\pi}{4} D_1^2 L_1 \varphi_1 \rho_1 \\[2mm] G_2 = \dfrac{\pi}{4} D_2^2 L_2 \varphi_2 \rho_2 \\[2mm] \cdots \end{cases} \tag{7-16}$$

式中　　　G——磨内研磨体总装载量，t；

$\quad\quad\quad V_0$——磨机筒体的有效容积，m^3；

$\quad\quad\quad \varphi$——磨内研磨体平均填充率，以小数计；

$\quad\quad\quad \rho$——磨内研磨体平均堆积密度，一般取 4.5 t/m^3；

$\quad D_0，L_0$——磨机筒体有效内径、有效长度，m；

$\quad G_1，G_2$——球磨机第一、二仓研磨体装载量，t；

$\quad D_1，D_2$——磨机筒体第一、二仓有效内径，m；

L_1，L_2——磨机筒体第一、二仓有效长度，m；

ρ_1，ρ_2——磨机第一、二仓研磨体堆积密度，t/m³；

φ_1，φ_2——磨机第一、二仓研磨介质的填充率，%。

在粉磨过程中，研磨体逐渐被磨耗，装载量（或填充率）越来越小，可用实测法来核算研磨体的实际填充率。其做法是先停止喂料 20min 左右，将磨内物料卸空后停磨，进磨量取研磨体面与顶部衬板工作面的垂直距离 H，或研磨体面的弦长 L，如图 7-46 所示。最后根据磨机有效内径 D_0 与 H 或 L 之间的几何关系，计算出研磨体填充表面对磨机中心的圆心角 β，最后计算出填充率 φ。有关计算式如下。

$$H=\frac{D_0}{2}\left(1-\cos\frac{\beta}{2}\right) \quad L=D_0\sin\frac{\beta}{2} \quad \varphi=\frac{\beta}{360}-\frac{\sin\beta}{2\pi} \tag{7-17}$$

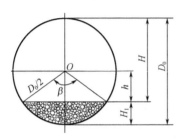

图 7-46　研磨体球面中心高 H 和弦长 L

（4）研磨体的级配　将不同规格的研磨体按一定比例配合装入同一仓中使用，称为级配。物料在粉磨过程中，较大块物料需要研磨体的冲击力大，这就要求大尺寸的研磨体；而较小块的物料需要研磨体的研磨作用强，尺寸小的研磨体数量可多些，与物料接触面积大，研磨作用强。所以为了适应各种不同粒度物料的冲击和研磨作用的要求，增加研磨体对物料的冲击和研磨机会，提高粉磨效率，必须对研磨体进行合理的配合。研磨体级配的原则如下。

①当入磨物料粒度大、硬度大时，需要加大冲击功，钢球直径要增大；反之，则缩小。产品细度放粗，喂料量必然增大，应加大球径，以增加冲击功、加大间隙、加快排料、减少缓冲；反之应减少球径。

②磨机直径大，钢球冲击高度高，球径可适当减小；磨机相对转速高，钢球提升得高，相应平均球径应小些。

③使用双层隔仓板时，球径应比同样排料断面单层隔仓板时为小，选用的衬板的带球能力不足时，应增加球径。

④一般采用四级配球，并且大、小球少些，中间球多些，即"两头小、中间大"。

⑤双仓磨的头仓用钢球，后仓用钢段；三仓以上的磨机一般是前两仓装钢球，其余仓装钢段。

⑥第二仓的最大球径与第一仓的最小球径相等或小一级。总装载量不应超过设计允许的装载量。

（5）研磨体级配的方法　研磨体级配的方法很多，实际生产中应根据原材料的特性、生产条件及操作条件，不断摸索调整才能得出理想的级配方案。下面介绍一种配球方法。

①求出入磨物料平均粒度和最大粒度　颗粒群的平均粒径可用通过量为 80%（质量比）的粒径（D_{80}）表示，而最大粒径用通过量为 95%（质量比）的粒径（D_{95}）表示，求法如下。

取有代表性的试样，用孔径 30mm、19mm、13mm、10mm 和 5mm 的套筛作熟料或石灰石及其他大粒度物料的筛析；用孔径 5mm、4mm、2mm、1mm、0.5mm 和 0.25mm 的套筛作矿渣、铁粉或其他小颗粒物料的筛析。称量并计算出各粒度级别的质量分数。以通过量为纵坐标、筛孔孔径为横坐标，把各物料以各号筛所作的筛析结果标在坐标纸上。通过所标各点作筛孔孔径（mm）与被测物料通过量的关系曲线。曲线上与 80%（质量比）物料通过量相对应的筛孔孔径即为该物料的平均粒度 D_{80}，与 95%（质量比）物料通过量相对应的筛孔孔径即为该物料的最大级粒度 D_{95}。入磨物料的综合平均粒度等于各入磨物料的粒度 D_{80} 与各物料在入磨物料中所占比例乘积之和；入磨物料的综合最大粒度等于各入磨物料的粒度 D_{95} 与各物料在入磨物料中所占比例乘积之和。

②确定最大球径和要求的平均球径 最大球径可按下式计算：

$$D_{max} = 28 \sqrt[3]{D_{95}} \qquad 或 \qquad D_{max} = 28 \sqrt[3]{D_{95}} \times \frac{f}{\sqrt{K_m}} \qquad (7\text{-}18)$$

要求的平均球径可按下式计算：

$$D_{av} = 28 \sqrt[3]{D_{80}} \qquad 或 \qquad D_{av} = 28 \sqrt[3]{D_{80}} \times \frac{f}{\sqrt{K_m}} \qquad (7\text{-}19)$$

式中 D_{max}——最大级钢球的直径，mm；

D_{av}——一仓要求的钢球平均直径，mm；

D_{95}——入磨物料最大级粒度，即95%物料通过的筛孔孔径，mm；

D_{80}——入磨物料80%通过的筛孔孔径，mm；

K_m——入磨物料的相对易磨性系数，查表7-8；

f——单位容积物料通过量影响系数，根据每小时的单位容积通过量 K 由表7-10 查取。

表 7-10 单位容积物料通过量 K 与 f 值的关系

$K/[t/(m^3 \cdot h)]$	1	2	3	4	5	6	7	8	9	10	11	12	13	14	15
f	1.01	1.02	1.03	1.04	1.05	1.06	1.07	1.08	1.09	1.10	1.11	1.12	1.13	1.14	1.15

$$K = \frac{Q + QL}{V} \qquad (7\text{-}20)$$

式中 Q——磨机生产能力，t/h；

L——磨机循环负荷，%；

V——磨机有效容积，m^3。

③钢球级配的选择 将计算出的 D_{max} 圆整成规格直径，依次递减选择4~5级钢球，每一级的比例可按"各种规格钢球质量分数等于物料相应各粒度级别质量分数"的原则确定。

对已配的混合球可用重量法计算出平均球径，计算式如下。

$$D_{cp} = \frac{d_1 G_1 + d_2 G_2 + \cdots}{G_1 + G_2 + \cdots} \qquad (7\text{-}21)$$

式中 D_{cp}——钢球平均球径，mm；

$d_1, d_2, \cdots$——各种规格钢球直径，mm；

$G_1, G_2, \cdots$——直径为 $d_1, d_2, \cdots$时对应的钢球质量，t。

(6) 研磨体合理级配的判断

①根据产品的产量和细度判断 在入磨物料进度、水分等均正常的情况下，若磨机产量高而持续，细度合格且稳定，说明研磨体装载量适当，级配方案合理。如果磨机产量正常，而产品细度太粗，表明物料流速太快，粉磨能力过强，研磨能力不足，此时取出一仓大球，增加二仓研磨体；若磨机产量低，细度过细，应增加一仓大球；若磨机产量低，细度又粗，表明研磨体不够，应补加研磨体。

②根据仓内料面高度及现象判断 在磨机正常喂料情况下，同时停止磨机的喂料和运转，观察各仓的料面高度。一般认为：双仓磨一仓料面上漏出半个或少半个球，二仓料面刚好盖住研磨体面，或比研磨体面高10~20mm，则研磨体装载量和级配适当。若一仓钢球露

新型干法水泥生产技术与设备

新型干法水泥生产技术与设备

出料面太多，说明该仓球量过多，或球径太大；反之，则是装球量太少，或球径太小；若两仓研磨体上都盖有很厚的料层，则两仓的研磨体量都太少。

③用磨内物料的筛析曲线判断　绘制筛析曲线的方法如下。在磨机正常喂料的情况下，同时将喂料设备和磨机停下来。分别打开各仓磨门，进入磨内。从磨头开始沿磨机轴线方向每隔 0.5～1.0m 的筒体横截面上作为一个取样断面。隔仓板两侧处的物料是必设的取样断面。在每个取样断面的不同部位，如中心、贴筒体壁处等，设 4～5 个取样点，将每一取样断面上不同取样点的试样混合成一个平均试样，作为一个编号，装入编好号码的试样袋。对每一个编号的试样称量出相同的质量（50～100g），分别用标准筛进行筛析，测定出细度，如用筛余量（％）表示，记录在筛析记录纸上。将筛余作为纵坐标，筒体全长作为横坐标，把各取样断面细度值标注在坐标纸上，将各点用折线连接起来，形成一条曲线，即为筛析曲线，如图 7-47 所示。

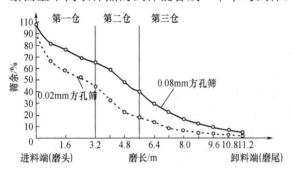

图 7-47　磨机筛析曲线

若在第一仓入料端约 1m 长的范围内，曲线的斜度很大，以后逐渐平缓，距尾仓卸料端有 0.4～0.5m 的线段趋于水平，且产品筛余值符合控制要求，说明研磨体级配合理；若一仓入料端曲线的斜度不大，以后也较平缓，说明该仓研磨体的平均球径太小；若某仓中有较长的水平段，说明该仓内研磨体的作业状况不良，应调整研磨体级配，或进行清仓，剔除研磨体碎屑；若隔仓板前试样的纵坐标（即筛余值）比隔仓板后的高很多，可能是隔仓板篦缝堵塞；若隔仓板前、后两试样的纵坐标相同，可能是隔仓板篦缝宽度过大。

④根据磨音判断　现代化水泥厂的磨机都配备了电耳，可以准确记录磨机工作时声音频率的变化。正常喂料时，若粗磨仓为哗哗声，夹杂着轻微钢球冲击衬板声，细磨仓为沙沙声，表明研磨体级配合理，粉磨情况正常；如果一仓钢球冲击声音特别洪亮，说明平均球径大，存料量过少；反之，声音发闷，说明平均球径太小且装载量不足。二仓正常声音为轻微哗哗、刷刷声。

⑤根据磨机的运转电流判断　在设备、喂料量和电压正常，且磨内物料水分含量也正常时，若磨机的运转电流低，表明研磨体装载量少，若运转电流高，表明研磨体装载量多。

（7）研磨体的补充　在粉磨过程中，由于研磨体之间，研磨体与物料、研磨体与衬板的冲击和摩擦，研磨体被磨耗，装载量减少，研磨体级配会发生变化，如不及时补充，就会降低产量和质量。所以磨机运转一段时间后，应向磨机内补充一定重量的研磨体（一般补充该仓最大的一种或两种），补充的依据及方法有以下几种。

①按单位产品的研磨体消耗量补充　每次重新更换研磨介质时将各仓研磨介质的装载量以及每隔一段时间向磨内补充的研磨介质总量记录下来，做好统计工作。根据这段时间的总产量，求得单位产品研磨介质消耗量。

生产中球、段需分别统计并多次统计测算，找出规律，由此制订出每月或每个生产周期的研磨体补充量，在日常生产中可按此计划补充研磨介质。

②按磨机的实际运转时间补充　根据统计得出磨机单位运转时间的研磨体消耗量，以它和实际运转时间的乘积进行补充。

③按磨机主电机电流表读数的降低值补充　以最初配球后，磨机投入运转时磨机主电机电流表的读数为基准值，磨机运转一段时间后，电流表读数下降，磨机产量下降，酌情补充

一些研磨体，使电流表的读数恢复到基准读数。每次补充的研磨体量和电流表读数的上升值均应详细记录。经多次记录后，通过整理，即可求得该磨机在结构、机械传动和电机性能等因素均不变的情况下，每增减 1t 研磨体的主电机电流读数的升降值。以此作为补充依据，确定应补充的研磨体量。若电流下降，产量未减，主要补段；若产量下降，且产品中粗粒增多，则主要补球，适当补段。

④根据填充率的变化补充　磨机操作过程中研磨介质磨损会使磨内球面降低，填充率和装载量则就变小，这时可停止喂料 20min 左右，将磨内物料卸出后停磨，进入磨内测量有关参数并计算出研磨体实际填充率，然后根据其与要求的填充率之间的差值，计算出需要补充研磨介质的量。

补球周期一般以仓内研磨体的磨损量不超过装载量的 5%～8% 为原则。

7.4.1.10　影响粉磨过程的主要因素

影响粉磨过程的因素是多方面的，有些内容前已阐述，这里主要介绍影响粉磨操作的因素。

（1）磨机各仓的长度　磨内的隔仓板把磨机合理地分为几个仓室，使研磨体分仓级配。一个磨机应该分几个仓和一个仓应该多长，这主要视磨机的规格和产品的细度要求而定。磨机的仓数多，能根据各仓物料的情况合理确定研磨体的级配和平均球径。但仓数多，隔仓板增多，将减少磨机有效容积，通风阻力也会增加，并影响磨机的产量。若仓数少，有效容积高，但研磨体级配不能适应磨内物料变化的要求。磨机的仓数一般根据磨机的长度 L 和直径 D 之比来确定，即 $L/D < 2.0$，单仓；$L/D = 2.0 \sim 3.0$，双仓；$L/D > 3.0$，三仓或四仓。

各仓长度比例不合理，将造成粗磨与细磨能力不平衡，出现产品细度过粗或过细的现象。根据实际生产资料统计，球磨机各仓的长度比例见表 7-11。在实际生产中，可根据情况对各仓长度做适当调整。

表 7-11　球磨机各仓的长度比例

仓数	仓别		
	I	II	III
双仓磨/%	30～40	60～70	
三仓磨/%	25～30	25～30	45～50

（2）入磨物料的粒度　入磨物料粒度是影响磨机产量的主要因素之一。入磨物料粒度小，可减小钢球的平均球径，在装载量相同的情况下，钢球的个数增加，钢球的总表面积增加，增加了钢球的粉磨能力，提高了产量。

（3）物料的易磨性　物料的易磨性与其物理性质和化学成分有关。当粉磨条件不变而入磨物料易磨性变差时，磨机的产量将随之降低。一般来说，天然原料的易磨性是不易改变的。然而对于水泥熟料，可通过调整其配方，并改善煅烧和冷却条件来提高其易磨性。

（4）入磨物料温度　由于研磨体对物料的不断冲击和研磨，产生了大量的热量，使物料细粉容易黏附在研磨体和衬板上。若入磨物料温度较高，细粉黏附现象则会越严重。

磨内温度升高后，还可能使轴承温度也随之升高；磨体由于热应力的作用，会引起衬板变形，螺栓断裂。由于轴承发热，润滑作用降低，有可能造成合金轴瓦熔化而发生设备事故。

（5）入磨物料水分　对干法生产的磨机，当物料含水量大时，磨内的细粉会黏附在研磨体和衬板上，形成"缓冲垫层"，同时还会堵塞隔仓板，阻碍物料流通，使粉磨效率大大降低，还能引起"饱磨"现象。

对干烘干兼粉磨系统，若入磨物料水分超过了磨机的烘干能力，会使生料水分超过要求，从而影响生料的输送和均化。

（6）粉磨产品细度　粉磨产品细度增加，会使磨机粉磨效率降低，电耗增大，成本上升。从优质、高产、低消耗的全面要求来看，在保证质量与经济合理前提下，生料和水泥细度都有一个合理的控制指标。

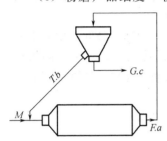

图7-48　一级闭路粉磨系统

（7）选粉效率 η 与循环负荷率 L　在如图7-48所示的闭路粉磨系统中，经选粉机选粉后，产品 G 中通过某一标准筛的细粉含量与喂入选粉机物料 F 中通过该标准筛的细粉含量之比，称作选粉效率 η。

循环负荷 L（或称循环负荷率）是指选粉机的粗粉回料量 T 与细粉量 G（即成品量）之比。

$$\eta = \frac{Gc}{Fa} \times 100\% = \frac{c(a-b)}{a(c-b)} \times 100\% = \frac{(100-c')(b'-a')}{(100-a')(b'-c')} \times 100\% \quad (7-22)$$

式中　　G——选粉机的产品量，t/h；

　　　　F——选粉机的喂料量，t/h；

　　a，b，c——选粉机的喂料、产品、回料中小于某粒级的含量，%；

　　a'，b'，c'——相应于 a、b、c 某一筛孔的筛余率，%。

$$L = \frac{T}{G} \times 100\% = \frac{c-a}{a-b} \times 100\% = \frac{a'-c'}{b'-a'} \times 100\% \quad (7-23)$$

根据上述两个公式，可推导出 η 和 L 的关系：

$$\eta = \frac{1}{1+L} \times \frac{c}{a} \quad (7-24)$$

当选粉机成品细度不变时，循环负荷随选粉机喂料变粗而增加，随回料变粗而降低；选粉机效率随喂料变粗而降低，随回料变粗而增加。实际上，喂料变粗，回料也变粗。选粉效率随新循环负荷提高而降低，随成品细度降低而下降。

循环负荷率在合理范围内增加，磨机的物料通过量增加、循环次数增加、流速加快、缓冲作用减弱、过粉磨现象减少，意味着粉磨效率的提高。然而，若循环负荷率太高，磨内的球料比过小，导致物料缓冲作用增强，粉磨效率反而下降。所以循环负荷必须保持在一个合适的范围内。

通常为了提高粉磨效率，应该提高粉选效率，使回磨粗粉中仅少量夹带微细颗粒，以防止过粉磨和缓冲现象。

（8）球料比和物料流速　磨仓内研磨体的质量与物料的质量之比称为球料比，它可大致反映仓内研磨体的装载量和级配是否与磨机的结构和粉磨操作相适应。球料比太小，说磨内存料量太多，易产生缓冲作用与过粉磨现象，降低粉磨效率；球料比过大，会增加研磨体间及研磨体对衬板的冲击，粉磨效率降低，还会增加金属磨耗。通常，中、小型开路球磨的球料比以6.0为宜。也可通过突然停磨观察磨内料面高低进行判断。如中、小型两仓开路磨，第一仓钢球应露出料面半个球左右，二仓物料应刚盖过球段面。在生产中如发现球料比不适当，可通过调整研磨体级配、装载量或选择合理的隔仓板通孔面积和篦孔大小等来调整。

磨内物料流速是保证产品细度、影响产量和各种消耗的重要因素。磨内物料流速过快，容易跑粗；流速太慢，又会产生过粉磨现象。因此应根据磨机特点、物料性质和细度要求，控制适宜的物料流速。磨内物料流速可以通过隔仓板篦孔形式、通孔面积、篦孔大小、研磨体级配及装载量来调节控制。

（9）磨机通风　加强通风可将磨内微粉及时排出，减少过粉磨现象，提高粉磨效率，能及时排出磨内水蒸气，减少细粉黏附现象，防止糊球和箅孔堵塞；还可以降低磨内物料温度，有利于磨机操作和水泥质量。此外，能消除磨头冒灰，改善环境卫生，减少设备磨损。

磨机通风量计算：

$$Q=\frac{\pi}{4}D_i^2(1-\varphi)W\times3600=2827D_i^2(1-\varphi)W \qquad (7-25)$$

式中　Q——磨机需要的通风量，m^3/h；

D_i——磨机有效容积，m；

φ——磨内研磨体填充率，以小数表示；

W——磨内风速，m/s，开路长磨，$W=0.7\sim1.2m/s$，闭路磨，$W=0.5\sim1.0m/s$。

（10）助磨剂　助磨剂是粉磨过程中添加的一种提高粉磨效率的外加剂。它能消除研磨体和衬板表面细粉物料的黏附及颗粒聚集成团的现象，强化研磨作用，减少过粉磨现象，从而可提高粉磨效率。

助磨剂的品种繁多，其中有机表面活性物质占大多数。根据国内水泥研究部门的研究结果，乙醇、丁醇、丁醇油、乙二醇、三乙醇胺和多缩乙二醇等助磨剂，助磨效果较好，且来源较广。此外，还有烟煤、焦炭等碳素物质也可用于干法生料粉磨作助磨剂。多缩乙二醇和三乙醇胺等助磨剂的加入量一般为磨机喂料量的 0.05% 以下。助磨剂的加入方法，一般可加水稀释成溶液，然后滴加或喷在喂料机的物料上。助磨剂的加入不应对水泥的物理性能带来不利影响，并应核算其成本。最后需要指出，添加助磨剂后，磨内物料流速加快，因而需要适当调整研磨体级配和球料比。

7.4.2　辊压机

辊压机是 20 世纪 80 年代中期发展起来的新型节能粉磨设备，其主体是两个相向转动的磨辊对脆性物料施以高压粉碎，达到改善物料粒度和易磨性的目的。以它为主组成的挤压粉磨新工艺具有显著的增产节能效果，受到国际水泥界的普遍重视。

7.4.2.1　辊压机的结构

辊压机的结构主要包括压辊轴系、传动装置、主机架、液压系统、进料装置等，如图7-49所示。

（1）挤压辊　辊子分为活动辊和固定辊。固定辊是用螺栓固定在机体上；活动辊两端通过四个平油缸对辊施加液压力，使辊子的轴承座在机体上滑动并使辊子产生 100kN/cm 左右的线压力。辊子有镶套式压辊和整体式压辊两种结构形式，水泥厂多用后者。整体式压辊的轴与辊芯为整体，表面堆焊耐磨层，焊后硬度可达55HRC 左右，寿命为 8000～10 000h；磨损后不需拆卸辊子，直接采用专门的堆焊装置堆焊，一般只需1～2天即可完成。通常，辊子的工作表面采用槽形，又可分为环状波纹、人字形波纹、斜井字形波纹三种，都是通过堆焊来实现的。

（2）传动装置　辊压机的传动装置有

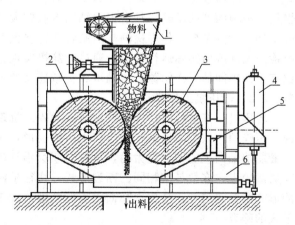

图 7-49　辊压机结构示意图
1—加料装置；2—固定辊；3—活动辊；
4—蓄能器；5—液压油缸；6—机架

两种：一是辊轴用联轴节和行星减速机直接相连在一起，电动机悬挂在减速机上通过三角皮带传动，整个传动机构和辊轴同时运动；二是电机置于地上通过万向联轴节、减速机与辊轴相接，由万向联轴节来适应双辊之间的摆动。以上两种均为双传动。

（3）液压系统　主要由油泵装置、电磁球阀、安全球阀、单向阀、油缸、蓄能器压力传感器、耐震压力表和回油单向节流阀等液压元件组成。蓄能器预先充压至小于正常操作压力，当系统压力达到一定值时喂料，辊子后退，继续供压至操作设定值时，油泵停止。正常工作情况下油泵不工作，由蓄能器保持相对稳定的系统压力，即系统中如压力过大，液压油排至蓄能器，使压力降低，保护设备；如压力继续超过上限值，自动卸压。只有当系统压力降至下限时，控制系统自动启动油泵，为系统供油、增压。

液压系统设计分为刚性系统和柔性系统。洪堡公司从减小活动辊水平振动，提高设备运行平稳性出发，采用大蓄能器关闭、小蓄能器开启的刚性操作系统；合肥水泥设计研究院从减小因物料颗粒的波动对传动系统产生的冲击角度出发，采用所有蓄能器全部打开的柔性操作系统。

（4）进料装置　喂料装置内衬采用耐磨材料。它是弹性浮动的料斗结构，料斗围板（辊子两端面挡板）用碟形弹簧机构使其随辊子滑动而浮动。用一个丝杆机构将料斗围板上、下滑动，可使辊压机产品料片厚度发生变化，适应不同物料的挤压。

（5）润滑系统　它是保障主轴承及其密封润滑和密封的装置，各润滑点由集中润滑泵通过分油器按比例定时加润滑脂。为了保证每个润滑点均能得到预先设定的油脂量，KHD公司和合肥水泥设计研究院产品中选用的分油器均可做到只要有一路油路受阻，整个系统则停止供油，并发出报警信号。避免了以往分油器只要有一路通畅，润滑泵仍处于正常工作状态的弱点。

（6）压辊轴承　大型辊压机用多排圆柱轴承，小型辊压机采用双列球面滚珠轴承。主轴与压辊有整体结构，也有分开外加分片辊套的。辊面耐磨层要求硬度为60HRC。

（7）主机架　采用焊接结构，由上、下横梁及立柱组成，相互之间通过螺栓连接。辊子之间的作用力由钢结构上的剪切销钉承受，使螺栓不受剪力。固定辊的轴承座与底架端部之间有橡胶起缓冲作用，活动辊的轴承底部衬以聚四氟乙烯，支承活动辊轴承座处铆有光滑镍板，主机架也由铰接连接。

（8）冷却系统　一般是为控制主轴承、主减速器以及磨辊的工作温度设计的。当采用大辊径、窄辊面型的压辊，其磨辊主轴因具有较大的散热面积，可不设冷却装置。

（9）检测系统　作为检测与控制各运行参数及设备状态而分布在其他的系统和部件中。由检测元件测出实际运行数据，通过计算机实现各系统间的联锁与安全保护。主要检测的参数有：磨辊间的工作间隙；主轴承和主减速器的工作温度；液压系统工作压力等。

7.4.2.2　辊压机工作原理

辊压机是基于料层粉碎（或称粒间粉碎）机理进行粉碎作业的，它的理论基础是压碎学说。压碎理论认为固体物料受压产生压缩变形，内部形成集中的应力，当应力达到颗粒在某一最弱的轴向上的破坏应力时，该颗粒就会沿该轴向发生碎裂和粉碎行为，被粉碎的碎块、碎屑或粉末，多数具有相同的断裂形式，往往呈楔形断裂或轴向剪裂状。颗粒受压时被粉碎的形式主要有三种：从楔形断面引起的断裂；沿三维空间某一轴向发生的剪裂；不具有特殊形式的碎裂。

如图7-50所示，辊压机的两个磨辊做慢速的相对运动，被粉碎物料沿着整个辊子宽度连续而均匀地喂料，大于辊子间隙 G 的颗粒在上部钳角 2α 处先经挤压，然后进入压力区 A（即拉入角 α 的范围内）时即被压紧并受到不断加大的压力 p，直至两辊间的最小间隙 G 处

压力达到最大值 p_{max}。受到压力的料层从进入 α 角开始随着料层的向下移动，密度逐渐增大，料层中的任一颗粒不可避免地受到来自各个方向的相邻颗粒的挤压，不断加大的压力使颗粒之间的空隙逐渐消失，颗粒在受到巨大的压力时发生应变，物料变成了密实、扁平的料饼并出现粉碎和微裂纹，这就是"粒间粉碎"效应，即所谓"料床粉碎"。

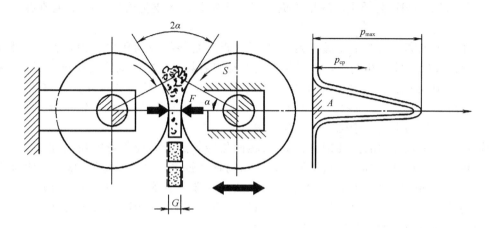

图 7-50　辊压机粉碎机理

G—缝隙；A—压力区；p—压应力；F—作用力；2α—钳角；S—转速

料床在高压下形成，压力导致颗粒压迫其他邻近颗粒，直至其主要部分破碎、断裂，产生裂缝或劈开，料床粉碎的前提是双辊之间一定要有密集的物料，粉碎作用主要取决于粒间的压力，而不取决于两辊的间隙。作用在物料上的压力取决于作用力 F 和受力面积 A，其平均压力为 F/A。实际上压力分布是一条曲线，在中间达到最大值。粉碎效应是压力的函数，平均辊压在 $80\sim120$MPa 之间细粉增速最快，超过 150MPa 细粉增加缓慢，如图 7-51所示。实际上真正起作用的是最大压力区，一般最大压力角为 $1.5°\sim2°$，而平均压力角为 $8°\sim9°$，最大压力区压力是平均压力的 2 倍左右。物料通过辊压后，粒度减小，并且产生了不少成品（图 7-52）；颗粒的裂缝增加，料饼的易磨性改善。

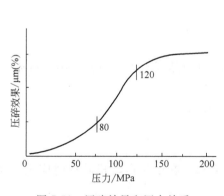

图 7-51　压碎效果和压力关系

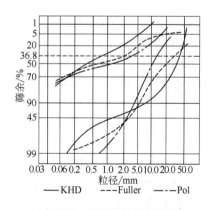

图 7-52　辊压前后粒度变化

高压料床粉碎的实现，一是要求强制喂料，物料必须充满辊缝形成料柱，颗粒之间如有自由空间则形不成料床；二是喂料粒度应小于两辊之间的间隙，但由于挤压粉碎机可以施行先挤碎后加压的功能，一定数量的大颗粒进入不致影响粉碎效果，但必须是不影响喂料。

7.4.2.3 辊压机参数

（1）辊压机结构参数

①辊压机的辊径和辊宽 辊压机的辊径 D 和辊宽 L 之比是涉及设备的工艺性能及设计性能最为敏感的参数。Polysius 公司倾向于用大辊径、小辊宽设计磨辊，其压辊辊径与辊宽之比 $D/L > 2.5$；KHD 公司生产的辊压机则多为小辊径、大辊宽磨辊，D/L 通常在 $1 \sim 2.5$ 之间。

大辊径、小辊宽方案的主要优点是：a. 当磨辊对物料的径向压力、物料颗粒与磨辊表面的摩擦力以及磨辊间隙相同时，直径越大的磨辊更容易咬住较大的物料颗粒，而小直径磨辊则相反；b. 压力区的高度较大，物料受压过程较长，颗粒有较多的机会调整受压位置，使料层各部位受压均匀；c. 辊径大，惯性也大，运转平稳；d. 辊径大，轴承也大，更有利于受力，且有足够的空间便于轴承安装与维护。

大辊径、小辊宽方案的主要缺点：a. 因辊面较窄，边缘效应的影响所占比例较大，在处理过的物料中未被真正挤压而从辊子两端逸出的物料较多，挤压后物料的均匀程度有所降低；b. 大辊径、小辊宽的辊面曲率减小，若施加同样单位辊宽粉碎力，则在高压区域最大挤压应力的峰值将要下降，对于脆性物料的挤压性能有所影响，因而要保持最大挤压应力的峰值不变，必须相应加大单位辊宽挤压粉碎力。

小辊径、大辊宽方案的优缺点与以上情况相反。国内关于 D/L 的取值通常基于入机粒度、生产能力和经济性等方面考虑。一般入机粒度小于 25mm、咬合性良好的物料，辊径取 $\phi 0.8 \sim 1.2m$ 之间；当产量要求较高时，则适当增加辊宽，以 $D/L = 1.1 \sim 1.2$ 为宜。合肥水泥研究设计院通过相同装机功率的对比提出：当来料粒度较大时，采用较窄辊宽，可防止传动系统过负荷；要求辊压机出机物料较细时，可适当增加辊宽，提高主电机的利用率；挤压细粉时，辊宽宜加大，同时还需提高液压系统的工作压力，重新核算和选型主轴的承载能力。

②辊压机转速 在一定范围内转速快，生产能力大，但速度超过一定值后生产能力不再增加。辊压机的转速常用辊子的线速度表示，通常为 $1.5 \sim 1.6m/s$。换算成转速见式（7-26）。

$$n = \frac{60v}{\pi D} \tag{7-26}$$

式中 n——转子转速，r/min；

D——辊子直径，m；

v——辊压机辊子表面线速度，m/s。

③辊压机的功率 辊压机的功率与被挤压物料的品种及工艺流程有关，可用式（7-27）表示。

$$N_0 = K_1 Q_R \tag{7-27}$$

式中 N_0——辊压机的功率，kW；

Q_R——辊压机物料通过量，t/h；

K_1——单位产品功耗，kW·h/t，见表 7-12，在配用电动机功率时应乘以备用系数 $1.10 \sim 1.15$。

（2）工艺参数

①磨辊挤压力 磨辊挤压力是决定辊压效果的主要工艺参数。物料受辊压机磨辊的挤压而粉碎，因此，辊压机施加给物料的挤压力大小是挤压粉碎必须具备的首要条件。挤压力太小不能充分发挥料层粉碎的优势，影响粉磨的效率；挤压力太大则势必增加无谓的能量消耗。图 7-51 已说明粉碎后细粉比例和平均辊压的关系。因此，辊压机设计时要寻找一个合

宜的辊压值，该值与粉磨系统有关，亦即与出辊压机的成品质量有关。

表 7-12　不同粉磨系统单位产品功耗 K_1　　　　　单位：kW·h/t

流程	预粉磨	半终粉磨	终粉磨
循环负荷	150	300~400	400~600
熟料	3.3~3.5	2.4	1.9~2.2
生料	3.5	2.1~2.3	1.9~2.2
矿渣	6~7	—	4.5~5
石灰石	3.0	—	—

由于磨辊所承受的压力不是常数，为了方便计算和比较，一般用辊子投影压力 p_r 来表示，其计算式为：

$$p_r = \frac{F}{BD} \tag{7-28}$$

式中　p_r——投影压力，kPa；

　　　F——辊压机的总力，kN；

　　　B——磨辊有效宽度，m；

　　　D——磨辊直径，m。

早期用于预粉磨的辊压机辊子的投影压力波动于 8500~10000kPa，相当于平均压力为 120~150MPa。当前联合粉磨的辊压机投影压力已降至 5000~6000kPa，相当于平均压力为 70~85MPa。实际上真正对辊压效果起作用的是最大压力。

②辊隙　辊压机两辊之间的间隙称为辊隙，在两辊中心连线上的辊隙称为最小辊隙，用 e_{min} 表示。根据辊压机的具体工作情况和物料性质的不同，在生产调试时，调整到比较合适的尺寸；在物料情况变化时，更应及时调整；在设计时，最小辊隙可按下式确定。

$$e_{min} = K_e D \tag{7-29}$$

式中　K_e——最小辊隙系数，因物料不同而异，水泥熟料取 $K_e = 0.016~0.024$，水泥原料取 $K_e = 0.020~0.030$。

③生产能力　辊压机生产能力是指单位时间内辊压机系统并考虑循环负荷的物料通过量。

a. 单机生产能力

$$Q = 3600Bev\gamma \tag{7-30}$$

式中　Q——辊压机生产能力，t/h；

　　　B——辊压机宽度，m；

　　　e——料饼厚度，基本同辊隙，m；

　　　v——辊压机辊子表面线速度，m/s；

　　　γ——料饼容重，t/m³，由试验得出，生料取 2.3t/m³，熟料取 2.5t/m³。

b. 新生比表面积计算法

$$Q = \frac{KS_0 Q_R}{S_1} \tag{7-31}$$

式中　Q——辊压机生产能力，t/h；

　　　S_0——开路满负荷生产时，出口料饼经打散后的比表面积，m²/kg；

　　　Q_R——辊压机处理能力，t/h；

S_1——辊压机产品比表面积，m^2/kg；

K——通过量波动系数，取 $0.8\sim0.9$。

④ 处理能力　辊压机的处理能力按下式计算。

$$Q_R=\frac{Q(1+L)}{K} \tag{7-32}$$

式中　Q_R——辊压机处理能力，t/h；

K——通过量波动系数，取 $0.8\sim0.9$，若 Q_R 是保证值，K 取 1.0；

L——辊压机循环负荷，%。

辊压机的循环负荷为回辊压机的物料量与辊压机新喂料的比值。合适的循环负荷，有利于入辊压机的新鲜喂料形成合理的粒度级配，提高料饼的密实性，改善辊压效果。辊压机循环负荷一般取值为：边料循环的预粉磨和混合粉磨流程，$L<1.5$；半终粉磨流程，$L=3.0\sim4.0$；终粉磨流程，$L=4.0\sim6.0$。

7.4.2.4　辊压机使用注意事项

(1) 喂料粒度　辊压机的喂料粒度不超过辊间隙宽度的 $1.5\sim2$ 倍，最好小于 $80mm$。一般认为小于 $0.03D$ 的基本粒度应占总量的 95% 以上，个别最大粒度也不宜大于 $0.05D$。一是喂料粒度过大或喂料不连续时，辊压机振动大；二是当喂料粒度太小时易出现粉料夹持不住，辊压机保护装置动作频繁，机架振动剧烈，产量下降，原因主要是细粉中空气含量高。

(2) 喂料均匀性　通过设置称重稳流喂料仓实现辊压机的满料操作，保证仓内有大于 $1m$ 的稳定料柱，确保沿辊长度方向喂料的连续均匀，以使辊压机内形成稳定密实料层。

(3) 辊压力　辊压机粉碎是高压、慢速、满料料床粉碎，辊压力平均在 $85\sim120MPa$ 粉碎效果最好。

(4) 物料性质　辊压机适用于中硬、脆性、非黏湿物料的粉碎。入料水分控制在 $2\%\sim3\%$，当原料水分大于 8% 时，产量明显下降，粉磨能耗增加，需考虑在选粉机或磨内进行烘干。

7.5　选粉机

选粉机是闭路粉磨系统的主要设备之一，它能够及时将粉磨到一定粒度的合格细粉选出，防止细粉在磨内黏附研磨体引起的缓冲作用，达到调节成品粒度组成，提高磨机粉磨效率的作用。

7.5.1　O-Sepa 选粉机

(1) O-Sepa 选粉机的结构　O-Sepa 选粉机主要由壳体、回转部分、传动部分和润滑部分组成，如图 7-53 所示。它由壳体部分、传动部分、回转部分和润滑系统等部件组成。壳体部分由壳体、灰斗、进料口和弯管等组成。在壳体内设有导流叶片、缓冲板、空气密封圈，在壳体侧面及顶盖开有一、二次进风口。在灰斗部分则安装有三次风管。壳体上部安装主电机和减速机。回转部分由笼形转子、主轴、轴套、轴承等组成。转子固定在主轴上，主轴通过传动部分的驱动旋转。转子由撒料盘及水平分隔板、调整叶片、上下轴套和连接板等组成，转子是选粉机的主要部分。

壳体部分是该选粉机的主体，其横断面呈蜗壳形。壳体主要由机壳、进料斗、弯管等组成。在机壳内装有导向叶片、缓冲板、空气密封圈，壳体侧面及顶盖设有检视门。由于选粉机内气流速度高，含尘浓度大，为防止高浓度的待选粉料对壳体磨损，壳体及弯管内壁贴有耐磨陶瓷片，进料斗、导向叶片和缓冲板各处均喷涂了耐磨材料或由耐磨钢板制成，以确保选粉机寿命和运转率。

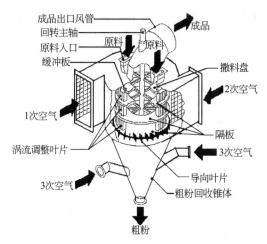

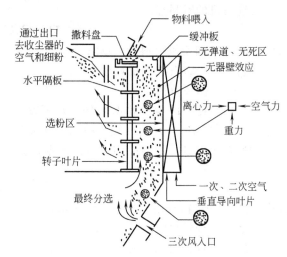

图 7-53　O-Sepa 选粉机结构　　　　　　　　图 7-54　O-Sepa 选粉机分级原理

　　导向叶片外侧是两个切向进风的通道，即一次风管和二次风管。机壳上面是传动部分，机壳上部承受选粉机回转部分和传动部分的重量。机壳下部是锥形集料斗，其内设有迷宫式挡料圈以形成料衬防止磨损。集料斗两侧有三次风管。

　　回转部分由转子、主轴、主轴套、轴承等组成。转子是选粉机的核心部件。转子装在机壳内，位于导向叶片的内侧，用键或法兰与主轴连接，主轴通过传动装置驱动旋转。转子由撒料盘、水平分层隔板、涡流调节叶片、转子轴套连接而成，转子形状像笼子，称笼形转子。转子上的分层隔板和分级叶片，与导流叶片共同整合气、固两相，可延长分选时间，避免形成速度梯度，造成产品颗粒不均。

　　导流叶片与蜗壳配合，保证气流、风速稳定。从一次风或二次风进入的气流，经导流叶片进入选粉区，通过导流叶片的角度可以控制气流的方向，如蜗壳截面不变，则气流速度随着导流叶片间隙的增加而逐渐降低。为此，导流叶片间增加的通风面积可通过减少的蜗壳面积来平衡，确保风速稳定。

　　撒料盘在转子上部，撒料盘上方是待选物料入口，撒料盘的外侧是装在机壳上的缓冲板。主轴及滚动轴承均安装在主轴套内，轴承用干油或稀油润滑，采用橡胶骨架油封及气封进行密闭。撒料盘与缓冲板配合，具有撒料、打散功能，保证物料被气流充分分选。

　　传动部分由直流调速电机、减速机、弹性柱销联轴器、减速机底座等组成。

　　润滑系统由稀油站及连接管路组成。如果减速机自身不带润滑装置，主轴承和减速机可共用一个稀油站；如果减速机自带润滑装置，主轴承单独使用一个稀油站。

　　传动系统采用稀油润滑，润滑、散热效果好，对环境适应性强，运转率高。

　　(2) O-Sepa 选粉机的工作原理　如图 7-54 所示，出磨物料由选粉机上部进料口喂入，通过旋转的撒料盘均匀撒向四周，在缓冲板的作用下，物料在分散状态下被抛撒在导风叶和转子之间的选粉区。一次风和二次风分别由选粉室两侧的进风口切向进入，经导向叶片水平进入环形分级区。在选粉机内由垂直叶片和水平叶片组成的笼形转子，回转时使整个选粉区内外压差保持一定，使气流稳定均匀，为自上而下的物料提供了多次分选的机会，每次分选都在精确的离心力和水平风力的平衡条件下进行；粉体颗粒随气流做涡旋运动，由于选粉距离较长，最后落入锥体部分的颗粒又经过三次风再次分选；合格的细粉随气流由中心管从上部抽出，进入收尘器将细粉收集；粗粉从锥体下部排出返回磨机再次粉磨。

（3）工作参数

①选粉机的喂料量

$$Q_f = Q_p(1 + L) \tag{7-33}$$

式中 Q_f——选粉机喂料量，t/h；

Q_p——粉磨系统产量，t/h；

L——循环负荷。

对于提升循环的生料粉磨系统，L 可取 3.0～4.0；对于中长水泥粉磨（$L/D = 3～4$），L 可取 2.0～3.0；当采用分级衬板和小球级配（$d_{cp} < 30$mm）时，L 可取 1.5。

②选粉机风量　选粉机用风量是根据在分级腔内料风浓度比（料风比）来确定的。

$$Q_a = \frac{1000Q_f}{60C_s} \tag{7-34}$$

式中 Q_a——选粉机用空气量，m^3/min；

Q_f——选粉机喂料量，t/h；

C_s——选粉机的料气比（对于水泥一般取 $\rho \leqslant 2.5$kg/m^3）。

③电机功率

$$P_0 = \frac{Q_f v_r^2}{7200}(1 + f_1) + \frac{C_0(C_s + a)}{18200} v_r^3 S \tag{7-35}$$

式中 P_0——电动机功率，kW；

v_r——撒料盘转速，m/s；

f_1——选粉机型号系数；

C_0——转子阻力系数；

C_s——分级腔内料风浓度比，kg/m^3；

a——分级气体单位质量，kg/m^3；

S——涡旋叶片总面积，m^2。

f_1、C_0 和 C_s 的取值可参考相关文献。

④电动机装机容量

$$P_s = \frac{P_0(1 + \alpha)}{\eta_t} \tag{7-36}$$

式中 P_s——电动机装机容量，kW；

P_0——电动机功率，kW；

α——电动机许可系数，取 0.2～0.3；

η_t——机械效率，以小数表示。

直接耦合时，$\eta_t = 1.0$；液力耦合时，$\eta_t = 0.95～0.97$；齿轮箱（一级斜齿轮），$\eta_t = 0.95～0.97$；齿轮箱（一级平齿轮），$\eta_t = 0.93～0.96$。

（4）选粉机的性能评价　评价选粉机特性的方法很多，但较为科学和全面地反映选粉机分级特性的是特劳姆（Tromp）曲线。

特劳姆（Tromp）曲线又称部分分级曲线，它是指选粉机分选出的粗颗粒中各粒级重量与选粉机喂料中各对应粒级的重量之比。如图 7-55 所示，特劳姆曲线形状越陡峭，说明选粉机的性能越好。

选粉机在对物料进行分级时，理想的情况是能够实现以一种粒径的颗粒为界限，将大于和小于该粒径的颗粒截然分成两部分。但由于选粉机结构和操作上存在缺陷，往往在成品中不免掺杂有许多粗颗粒，而在回料中又混有许多细颗粒，如果这两种掺杂量越少，则选粉机的性能越好。

Tromp 曲线有三个特性值：①切割粒径 D_{x50}，指进入粗粉和细粉数量相等（50%）时的粒径，D_{x50} 大，成品粗，D_{x50} 小，则成品细；②清晰度系数 K，指的是 Tromp 曲线的斜率。用 25% 进入粗粉的粒径和 75% 进入粗粉的粒径比值表示，K 值越大说明分级性能好；③漏选率又叫旁路值 β，指曲线最低点对应的比例（%）。β 值小说明粗粉中混入的细粉少，选粉机性能好。旁路值 β 的产生，主要是由于物料分

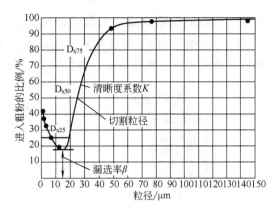

图 7-55 Tromp 曲线

散不好，有一部分粒子因相互黏附、凝聚、干扰作用等原因实际上不起分级作用就落入粗粉；当颗粒过小时，容易团聚，有一定量的过细颗粒随空气循环而进入粗粉回料中。

（5）O-Sepa 选粉机常见故障及处理 见表 7-13。

表 7-13 O-Sepa 选粉机常见故障及处理

故障名称	产生原因	处理方法
选粉机运转中发现异常的振动和噪声	①由于回转部分磨损、损坏引起的不平衡 ②撒料不均造成的冲击 ③不正常的润滑引起轴承损坏	①及时停机，检修回转部分并重新找平衡 ②设法保证均匀撒料 ③检修轴承，清洗并换油，保证密封和润滑
产品细度过粗或过细	①选粉机细度与产量的调整不佳 ②转子转速与风量控制不合理	①调整选粉机细度与产量 ②调节转子转速与风量
壳体、风口、排气弯管、缓冲板、导向叶片等零件磨损严重	①连接部位安装不正、接口不严 ②缺少密封垫或密封垫损坏 ③壳体或管路被磨透	①重新安装、找正、连接固定 ②接口处采用新密封垫 ③补焊壳体，维修管路
电动机、减速器运转声音异常，温度过高	耐磨瓷片等耐磨衬垫磨损严重、破碎或粘接不牢而脱落	加强内部保护耐磨层的巡检与粘接固定质量，及时修补与更换
壳体部分有漏料、漏灰、漏气现象	①润滑冷却不良 ②密封损坏，摩擦部位阻力增大 ③轴承损坏 ④电动机或减速器振动 ⑤齿面磨损严重，轮齿断裂	①检查、清洗润滑部位，更换新的润滑油或脂，加强冷却 ②检查更换密封 ③更换轴承 ④紧固电动机或减速器与机体连接 ⑤更换
转子不平衡，设备振动	转子由于检修或磨损不均造成不平衡	对转子进行检修并重新找平衡
滚动轴承温度过高（超过 65℃）	①润滑油量过少，润滑冷却效果差 ②轴承密封损坏 ③轴承损坏 ④供油管路漏油	①加足或更换新的润滑油，加强供油量 ②检修、更换轴承密封 ③更换新轴承 ④检修供油管路
转子磨损严重	①处理物料量过大 ②进气温度过高 ③转子未进行定期检修与维护保养 ④进料粒度过大	①减少喂料量 ②进气温度要保持在合理的范围 ③转子需按规定进行定期检修与维护保养 ④控制进料粒度

7.5.2　TESu 型双分离式高效选粉机

（1）结构　TESu 型双分离式高效选粉机主要由壳体部分、回转部分、翼形导流装置、翼形导流板旋转装置等组成，如图 7-56 所示。

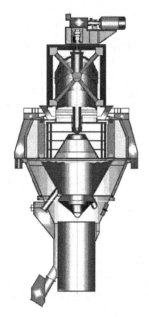

①壳体部分由上壳体、中壳体、下壳体、进料装置、大弯管、上部支承盖板、传动支架组成。在壳体内装设有翼形导流装置、缓冲板、空气密封圈、下料锥管和折流锥装置。壳体侧面开设有检查门；上壳体、中壳体和大弯管出口处内粘贴有互压式耐磨陶瓷片。中壳体、下壳体、进料装置、翼形导流装置、缓冲板的各处均选用耐磨材料，下料锥管的内部以形成料衬来防止磨损；壳体上部支承盖板承受选粉机主轴所联结的减速机、支座和电动机等重量。

②回转部分由转子、主轴、主轴套、调心滚子轴承和止推轴承等组成。转子用键固定在主轴上，主轴通过传动部分的驱动而转动。转子由撒料盘、分级叶片、二次挡料圈、折流板、上下轴套、联结板等组成。转子是选粉机的主要部分。主轴及滚子轴承和止推轴承均安装在主轴套内。轴承采用干油润滑方式，并采用橡胶骨架油封和迷宫环进行双重密封。

③传动部分由电动机、减速机、梅花形弹性联轴器组成。

图 7-56　TESu 型双分离式
高效选粉机

（2）工作原理　出磨物料由上部的四个喂料管（进料口）喂入选粉机，通过转子撒料盘、缓冲板充分分散，而后落入选粉区。选粉气流大部分来自粉磨设备，含尘气体通过下壳体进风口从底部进入选粉机，冲击折流锥的部分粗粉在"边壁效应"的作用下落入下料管，净化后的上升气体通过导流装置进入选粉区对物料进行分选，分选主要是根据离心力与空气阻力（斯托克斯力）的平衡达到有效的分级。在选粉机内由垂直叶片组成的笼形转子回转时，使得转子内外压差在整个选粉区内上、下维持一个定值，从而使气流稳定均匀，为精确选粉创造了良好的条件。在精确的离心力和水平空气阻力的平衡条件下，每一个物料颗粒都由上而下得到了多次分选，由于选粉距离较长，最后落入下料锥管（下料灰斗）的粗颗粒经出料口排出机外返回球磨机，细粉随气流进入收尘器收集为成品。

本机为负压操作，选粉空气可以是含尘气体、外部空气或者是两种空气的混合气体。气流通过具有一定角度的翼形导流装置及转子的分级叶片形成涡流，物料受气流作用分离成粗粉和细粉。

（3）技术特点

①采用可任意调节的调整涡流装置，可连续调整粒度分布的锐度，使得产品的颗粒级配好，分级精度高。改善了产品的颗粒级配，提高了产品质量。

②采用蜗轮式异形分级叶片，使选粉区的分选空间比其他型式的选粉机要大 5～10 倍。

③在选粉机分级转子内部安装了折流装置，使得转子的空气阻力大幅度降低，能量消耗减少。

④转子上的分级叶片、分散、导料装置和调整涡流装置采用了特殊的耐磨材料，使得选粉机的各个零部件使用寿命延长，提高了粉磨系统的运转率。

⑤在内锥体下部设了折流锥装置，可对选粉区降落下来的粗粉进行选粉机内部循环分选，提高分选效率，而且制作简单，安装方便。

⑥转子主轴承的润滑方式由稀油润滑改为干油润滑，使得设备的运转率和可能性得到提

高，可降低销售成本，降低维修强度。

⑦采用下进风形式，适合用于辊压机联合粉磨系统，布置合理，工艺简单，投资省。

7.5.3 TLS 组合式选粉机

组合式选粉机是笼式高效选粉机和粗粉分离器以及旋风收尘器的紧凑组合，从功能上兼具粗粉分离器和选粉机的性能。该选粉机有多种形式，如 TLS 型、DS 型、WXW 型、XW 型、ZX 型和 WZX 型等，但它们的结构和功能类似。以下就以 TLS 型为例，对组合式选粉机的结构和原理加以说明。

（1）TLS 组合式选粉机结构　TLS 组合式选粉机由壳体部分、回转部分、旋风筒、传动部分和润滑系统构成，如图 7-57 所示。壳体部分由上壳体、下壳体和内锥体组成。上壳体内装设笼形转子，顶部有出风管和四个进料口；在其空腔内沿四周设置了导向风环。进风口和粗粉出口设置在下壳体，在其内部和笼形转子底部设有内锥体。在内锥体下部出口有反击锥。笼形转子由撒料盘、水平分隔板、垂直涡流叶片、上下轴头等组成。在粉选机壳体两侧有四个旋风筒。

（2）TLS 组合式选粉机工作原理　物料由选粉机上部喂入，经撒料盘离心撒开，均匀地沿导流叶片内侧自由下落到分级区内，形成一个垂直料幕。含尘气体直接进入选粉机底部，沿进风管上升至上部出口，气体中的物料在反击锥处受到碰撞作用而转向；气体则沿四周进入由内锥体和外壳体组成的内腔，继续上升。由于上升风速的降低、提升力的变小，粗颗粒向下降落并通过粗料出口离开选粉机；细颗粒随气体继续上升。当气体到达位于导向风环与旋转着的笼形转子之间的选分区后，汇合上部喂入的物料一并分选。

由于气力的驱动，细粉（即成品）穿过笼形转子上的篦条并离开壳体上部的出风口进入旋风筒。成品从旋风筒下部卸出，含尘气体则从其上部出口进入收尘器。粗粉从选粉区降落下来进入内锥体，通过内锥体与反击锥的环形缝隙来实现物料的均匀分撒。这样，上升气体可对此部分物料进行再次分选，从而提高选粉效率。分选后的粗粉最终经过卸料口卸出。

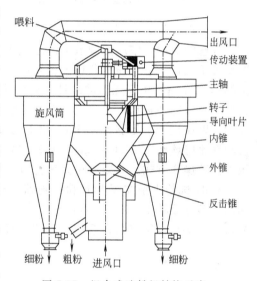

图 7-57　组合式选粉机结构示意

TLS 组合式选粉机具有较高的分选效率和烘干能力，其分离粒径范围为 $25 \sim 150 \mu m$。在此分离粒径范围内，粗粉含量仅为 3% 左右。产品细度主要靠调节回转部分的转速来控制，若在允许转速范围内仍达不到要求细度，可调整导板开度调整通风量。转子转速的提高和导板开度的减小均使产品粒度变细。

7.5.4 V 形选粉机

V 形选粉机是与辊压机配套使用的静态打散分级设备，粗分选、打散、烘干三项功能为一体，可将出辊压机物料中的合格细粉分离出来。

V 形选粉机完全靠风力提升分选，分级精度较高，适合分选 0.5mm 以下的物料。V 形选粉机结构简单、磨损小，但系统复杂，磨损主要集中在管道、旋风筒、风机。上部两边分别有进风口和出风口，进料口设在进风口上部，粗粉出口位于底部，内部设置了两排固定的呈梯状排列的相互成一定角度的打散分级板，如图 7-58 所示。

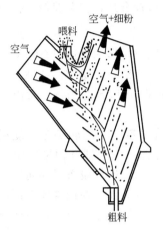

图 7-58　V 形选粉机结构示意

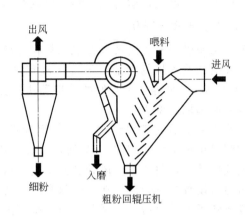

图 7-59　VSK 选粉机组成

　　V 形选粉机是利用高度落差使料饼在下落过程中撞击打散，利用气流方向和速度的改变达到分选的目的。细度的调节可以通过改变风速来控制。其分级细度一般＜1mm。与高效选粉机相比，V 形选粉机分选风量较低，压差小，因此，其循环风机的功率也只需高效选粉机的 45％左右；由于无运动部件，设备耐磨容易解决，且使用寿命长；由于物料下落过程较长，既可冷却物料，也可烘干有一定水分的物料。V 形选粉机系统中，辊压机规格必须足够大，以保证产生足够量 0.5mm 以下的细粉供 V 形选粉机分选，因此，辊压机与球磨机装机功率比应该在 1∶1.0～2.5（开流）或 1∶1.0～2.0（闭流）。V 形选粉机系统必须采用低压大循环操作方式，否则料饼无法打散，更无法选出料饼中挤压好的细粉。

　　VSK 选粉机是在 V 形选粉机基础上开发的一种动静态结合的选粉机。内部水平安装的动态笼形分级转子（图 7-59），改变了 V 形选粉机只能进行粗分的局限，可直接进行终产品分选。生料辊压机终粉磨系统配套的 VSK 选粉机延长了出风管长度，以利烘干物料。

第8章 除尘器

8.1 电除尘器

8.1.1 电除尘器的特点

（1）除尘效率高　电除尘器可以用通过加长电场长度的办法提高捕集效率。烟气中粉尘处于一般状态时，其捕集效率可达99%以上。

（2）设备阻力小，能耗低　电除尘器的阻力一般在200～300Pa，约为袋式除尘器的1/5。由于能耗较低，很少更换易损件，所以运行费用比袋式除尘器要低得多。

（3）适用范围　电除尘器可捕集粒径小于0.1μm的粒子、300～400℃的高温烟气。当烟气的各项参数在一定范围内波动时，电除尘器仍能保持良好的捕集性能。烟气中粉尘的比电阻对电除尘器运行有着重要影响，当比电阻小于$10^4\Omega \cdot cm$或大于$10^{11}\Omega \cdot cm$时，电除尘器的正常工作受到干扰。

（4）处理风量大　由于结构上易于模块化，可以实现装置大型化。目前单台电除尘器烟气处理量已达200万立方米/小时。这样大的烟气量用其他除尘器来处理是不经济的。

（5）投资大　电除尘器结构复杂，耗用钢材多，每个电场需配用一套高压电源及控制装置，因此一次投资大。

8.1.2 电收尘器的工作原理

电收尘器是利用高压静电来进行气、尘分离的。电场内设计有线状的放电极（阴极）和板状的收尘极（阳极），当电极间加上直流高压后，由于放电极和收尘极的型式不同，使电极间产生一个不均匀电场。当施加的直流电压达到一定数值时，放电极周围局部区域的电场强度足以使气体电离，生成电子和正、负离子。其中正离子很快到达放电极中和，而大量的电子和负离子在电场力的作用下向收尘极方向运动，这就是电晕放电和电晕电流。

当含尘气体通过电极间的通道时，电晕电流中的电子和负离子（正离子由于其作用区域很小，绝大部分粉尘靠电子和负离子吸附）就会吸附到粉尘上，使粉尘荷电。荷电的粉尘在电场力的作用下向收尘极运动，最后沉积在收尘极板上并将电荷释放出来。当粉尘沉积到一定厚度时，通过振打装置将粉尘清入灰斗排出，完成分离过程。

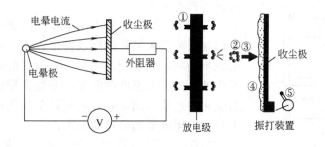

图 8-1　电收尘器工作原理

电收尘器的除尘过程可表示为：①放电→②荷电→③运动→④沉积、释放→⑤清灰（图 8-1）。

电收尘器的除尘效率除了与电场的结构型式、供电装置的特性等有关外，与烟气和粉尘的性质关系更大。如烟气和粉尘的成分、温度、湿度、浓度、粒度和比电阻等。其中粉尘的比电阻对除尘效率的影响尤为突出。实践证明，当粉尘的比电阻在 $10^4 \sim 10^{11} \, \Omega \cdot cm$ 之间时，电收尘器才有很好的除尘效率。

比电阻低于 $10^4 \, \Omega \cdot cm$ 的粉尘称为低比电阻粉尘。当这种粉尘到达收尘极表面后，会很快释放电荷，并获得收尘极的正电荷，从而与收尘极相互排斥而重返气流。当再次荷电到达收尘极后又重复以上过程，形成粉尘在收尘极上的跳跃现象，最后可能随气流带出收尘器，使除尘效率下降（图 8-2）。

比电阻高于 $10^{11} \, \Omega \cdot cm$ 的粉尘称为高比电阻粉尘。这种粉尘到达收尘极表面后，释放电荷很慢，当粉尘不断聚积时，粉尘层的电荷与收尘极间产生一个强电场，这个电场不但减弱了电极间的电场强度，排斥其他粉尘继续向收尘极运动，还会在粉尘层的孔隙间发生局部击穿，产生大量的正离子与电场内的负离子中和。其结果，电晕电流增大，电压降低，电场内闪络频繁，粉尘的二次飞扬严重。这就是所谓的反电晕现象，导致电能消耗增加，降尘性能恶化甚至无法工作（图 8-3）。

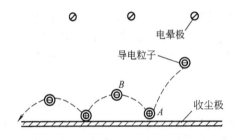

图 8-2　低比电阻粉尘的跳跃现象

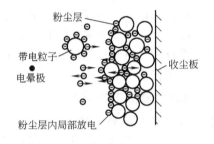

图 8-3　高比电阻粉尘的反电晕现象

要使电收尘器具有良好的除尘效率，必须调节粉尘的比电阻在适合的范围内，这在水泥行业称为烟气的调质处理。

新型干法水泥生产线的窑尾烟气，由于其湿度小、温度高，粉尘的比电阻往往高于 $10^{11} \, \Omega \cdot cm$，对于应用电收尘器作为窑尾除尘设备来说，调质处理的主要目的就是降低粉尘比电阻。我国有些干法水泥厂的窑尾电收尘器，长期以来除尘效果不好，都是由于烟气未进行调质处理或处理不当所致，所以对烟气进行调质处理是保证电收尘器稳定、高效运行的重要条件。

降低粉尘比电阻的方法很多，向烟气中掺入导电性能好的物质或通入某种能降低粉尘比电阻的气体。但这些方法既不经济，又复杂。水泥厂对烟气的调质措施，是根据粉尘的比电阻随温度和湿度（湿度常用露点表示）的变化而变化的性质（图 8-4），通过调节烟气的湿度和温度将粉尘的比电阻降低到要求的范围。

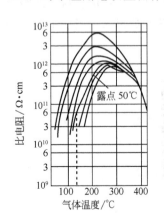

图 8-4　比电阻与温度和湿度的关系

由图 8-4 可以看出，粉尘的比电阻与温度的关系曲线呈抛物线，且比电阻有一个峰值。当温度低于峰值时，电传导主要发生在颗粒表面，称为表面比电阻。当温度高于峰值时，电传导主要发生在颗粒内部，称为体积比电阻。体积比电阻与湿度的关系不大，而表面比电阻与湿度的关系很大。新型干法水泥生产线窑尾的烟气温度一般在 320℃ 左右，当温度超过 400℃ 时，粉尘的体积比电阻才可能降到 $10^{11}\,\Omega\cdot cm$ 以下。当温度低于 200℃ 时，粉尘的表面比电阻随温度的下降和露点温度的上升而下降。如当烟气温度在露点温度 50℃ 以上时，只要将烟气温度降到 150℃，则粉尘的比电阻就可降到 $10^{11}\,\Omega\cdot cm$ 以下。此时，必须兼顾到温度和露点两个条件，单纯的烟气温度和露点温度都不能保证达到所需的调质要求。

为了充分利用热源，新型干法生产线都将窑尾烟气用于原料（或其他物料）烘干，并与窑尾共用 1 台电收尘器。这就要求电收尘器不但在原料磨停用时（直接操作）要达到规定的除尘效率，而且当原料磨运行时（联合操作）也要达到规定的除尘效率。即所谓的转换操作，此时仅有以上的参数是不够的。计算和实践证明，在联合操作时，当烘干物料后的烟气露点达到 47℃ 以上，温度降到 130℃ 以下时，粉尘的比电阻就可降到 $10^{11}\,\Omega\cdot cm$ 以下。因此在新型干法生产线窑尾电收尘器选型时，要求用户分别提供直接操作和联合操作两个烟气参数的原因，以便合理选择电收尘器规格。

8.1.3　电收尘器的工作参数

8.1.3.1　临界电压

在管式电除尘器有效区内产生电晕放电之前的电场实际是静电场，电场中任何一点 x 的电场强度 E_x 可按圆柱形电容器方程式计算。

$$E_x = \frac{U}{x \ln \frac{R_2}{R_1}} \tag{8-1}$$

式中　E_x——在 x 处的电场强度，kV/cm；

　　　U——外加电压，kV；

　　　R_2——圆筒形沉淀极内半径，cm；

　　　R_1——电晕极导线半径，cm；

　　　x——由中心线到确定电场强度的距离，cm。

由该式可知，电晕极导线与沉淀极之间各点的电场强度是不同的，越靠近电晕线，电场强度就越大。故 $x=R_1$ 处的电强度为最大，即：

$$E_x = \frac{U}{R_1 \ln \frac{R_2}{R_1}} \tag{8-2}$$

根据经验，当电晕极周围有电晕出现时，对于空气介质，临界电场强度可用下面经验公式计算。

$$E_0 = 31\delta\left(1 + \frac{0.308}{\sqrt{SR_1}}\right) \tag{8-3}$$

式中　E_0——临界场强，kV/cm；

　　　R_1——电晕极导线半径，cm；

　　　δ——空气相对密度；

　　　S——系数。

当负电晕周围空气介质接近大气压时：

$$S = \frac{3.92p}{273 + t} \tag{8-4}$$

式中　p——空气介质压力，kPa；

　　　　t——空气温度，℃。

由式（8-2）和式（8-3）可求出临界电压：

$$U_0 = E_0 R_1 \ln \frac{R_2}{R_1} \tag{8-5}$$

式中　U_0——临界电压，kV。

其他符号同前。

用该计算式求出板极式电除尘器的临界电压后，再乘以系数 1.5～2，即可作为电除尘器的实际工作电压。

8.1.3.2　沉降速度

尘粒随气流在电除尘中运动，受到电场作用力、流体阻力、空气压力及重力的综合作用，尘粒由气体驱向于电极称为沉降。沉降速度是指在电场力作用下尘粒运动与流体之间产生的阻力达到平衡后的速度。沉降速度常称为驱进速度，它的大小由其获得的荷电量来决定。尘粒上的最大荷电量可由式（8-6）计算。

$$ne_0 = E_x \frac{d^2}{4}\left(1 + 2\frac{\varepsilon-1}{\varepsilon+2}\right) \tag{8-6}$$

式中　e_0——一个电子的电荷电量，静电单位（1 静电单位＝2.08×10^9 电子电荷）；

　　　　n——附着在尘粒上的基本电荷数；

　　　ne_0——尘粒上的最大荷电量，静电单位；

　　　　E_x——电场强度，绝对静电单位；

　　　　d——尘粒直径，cm；

　　　　ε——尘粒的介电常数，见表8-1。

表 8-1　某些物质的介电常数

名称	介电常数	名称	介电常数
水	81	石灰石	6～8
空气	1	石膏	5
金属	∞	地沥青	2～7
玻璃	5.5～7	瓷	5.7～6.3
金属氧化物	12～18	绝缘物质	2～4

由式（8-6）可见，尘粒荷电量由电场强度、尘粒尺寸和介电常数决定。尘粒荷电后，在电场力的作用下，由电晕极向沉淀极转移，作用在尘粒上的电场力为 $F = ne_0 E_x$。运动中尘粒需克服的介质阻力为 $S = 3x\mu d\omega$。当尘粒稳定运动时，电场力与介质阻力相等，即 $ne_0 E_x = 3x\mu d\omega$。由此可得出尘粒的驱进速度：

$$\omega = \frac{ne_0 E_x}{3\pi\mu d} \tag{8-7}$$

在求得尘粒受电场力作用的驱进速度之后即可求出尘粒运动 x 距离所需的时间 τ。

$$\mathrm{d}\tau = \frac{\mathrm{d}x}{\omega} \tag{8-8}$$

以管式电除尘器为例，电晕极导线半径为 R_1，圆管半径为 R_2，则时间为：

$$\tau = \int_{R_1}^{R_2}\frac{d_0}{\omega} = \frac{L}{\omega}\int_{R_1}^{R_2}\mathrm{d}x = \frac{R_2}{\omega} \tag{8-9}$$

气流在电除尘器中停留时间为 τ'，而 $\tau'=L/v$，设计时应满足（$\tau\leqslant\tau'$）

$$\frac{R_2}{\omega}\leqslant\frac{L}{v}\ \text{或}\ W\leqslant\frac{L}{R_2}v$$

式中　L——气流在电除尘器中经过的路程，m；

　　　v——气流速度，m/s；

　　　ω——尘粒驱进速度，m/s；

　　　R_2——沉淀极管内半径，m。

在一般情况下，管式电除尘器 $v=0.8\sim1.5$m/s，板式电除尘器 $v=0.5\sim1.2$m/s；$\tau_1=(2\sim4)\tau$。

8.1.3.3　除尘效率

影响除尘效率的主要因素有电源电压、供电方式、烟气流速、粉尘浓度和粒度、比电阻、电场长度及电极的构造等。除尘效率的表达式如下。

对管式除尘器：

$$\eta=L-e^{-\frac{4\omega LK}{v_p D}} \tag{8-10}$$

对板式除尘器：

$$\eta=L-e^{-\frac{\omega LK}{v_p b}} \tag{8-11}$$

式中　ω——粉尘驱进速度，m/s；

　　　v_p——含尘气体的平均流速，m/s；

　　　L——在气流方向沉淀极的总有效长度，m；

　　　b——沉淀极和电晕极之间的距离，m；

　　　D——管式沉淀极的内径，m；

　　　K——由电极的几何形状，粉尘凝聚和二次飞扬决定的经验系数。

由上述计算式可以看出，电除尘器的效率与 L/v_p 关系很大，或者说除尘效率与电除尘器的容积关系甚大。假如除尘效率为 90% 时，除尘器的容积为 1，则效率为 99% 的除尘器的容积将增大为 2。

电收尘器的规格选择还可采用多依奇的除尘效率公式：

$$\eta=(1-e^{\frac{-\omega f}{100}})\times100 \tag{8-12}$$

式中　η——总收尘效率，%；

　　　e——自然对数的底；

　　　ω——驱进速度，cm/s；

　　　f——比收尘面积，m²/(m³·s)。

$$f=\frac{A}{Q} \tag{8-13}$$

式中　A——总收尘面积，m²；

　　　Q——烟气量，m³/s。

将式（8-13）代入式（8-12）并转换得：

$$A=\frac{-Q\times\ln(1-\eta)}{\omega}\times100 \tag{8-14}$$

从上式可以看出，在烟气量和除尘效率不变的情况下，电收尘器的总收尘面积 A 与驱进速度 ω 成反比关系。ω 是一个多因素影响因子，它与烟气和粉尘的成分、状态及性质、收尘器的结构等许多因素有关，在选择电收尘器的规格大小时，如何正确地选择 ω 值则显得非常重要。

对于新型干法水泥生产线窑尾除尘系统来说，其烟气和粉尘的成分并没有很大的差别，可作为一个固定因素。对于鲁奇型电收尘器的标准结构来说，ω 可以描述成与烟气温度和湿度的函数关系，这一关系是鲁奇公司通过上千例的应用实践不断统计和修正得出的，具有非常高的准确度。在联合操作时，这一关系说明了 ω 值随烟气温度的降低和湿度的增加而增加。也就是说，只有 ω 值取得大，电收尘器的规格才能小。同时，烟气温度最大为 130℃ 和露点温度最低为 47℃ 的一组值是极限值，超过这一极限值时，电收尘器的工作极不稳定，这是窑尾除尘系统操作中必须注意的。此外，电除尘器的效率还与系统的漏风、工艺操作控制水平、除尘器的制造、安装质量等有关，但烟气的参数起着主要作用。

8.1.4 电收尘器常见故障及处理

8.1.4.1 电收尘器爆炸

（1）事故表现

①窑尾电收尘器发生燃烧爆炸　发生剧烈燃烧、爆炸事故时，电收尘器电场的极板和极丝全部或部分烧毁，未烧毁部分则发生严重变形。发生燃烧爆炸前，电收尘器内一般都有煤粉积聚和一氧化碳气体积聚，氧气也比较充足，而相应的防燃防爆措施即监测仪表和报警装置却未正常工作，该报警时未报警，操作者过于依赖这些仪表，或者经验不足、思想麻痹，未能及时发现事故隐患。

②煤磨电收尘器发生燃烧爆炸　发生燃烧爆炸时，入口分布板变形，电场极板（通常是第一电场极板）变形严重，横梁弯曲，顶部防爆阀全部爆开，电晕线断。入口分布板受到冲击变形，冲击方向一般朝电场内部凸出。

（2）事故原因分析　任何工艺设备发生燃烧、爆炸，都要具备三个条件：①可燃物质；②氧气；③火源。

①对于窑尾电收尘器，电场内发生燃烧、爆炸的主要原因有以下几方面。

a. 生产工艺系统操作不正常或燃煤质量变劣时，造成煤粉燃烧不完全，致使大量一氧化碳气体和煤粉进入电收尘器中，如遇系统漏风多，有足够的氧气，会产生火花放电引起爆炸。

b. 一些未燃烧完全的煤粉，被捕集在电极上，在电晕作用下进行不完全燃烧，产生 CO，浮到电收尘器上部死区积累，当 CO 积聚区扩展到电场时，电晕引燃爆炸。

②对于煤磨电收尘器，电场内发生燃烧、爆炸的原因，除了前面叙述的两种外，还有以下两种。

a. 入口煤粉浓度高　由于煤磨电收尘器前边的粗粉分离器收尘效率不高，使得进入电收尘器的煤粉浓度很高，超出了允许范围，此时遇到电场漏风，则为燃烧、爆炸提供了充分的条件和可能。

b. 入口管道积灰自燃　煤磨电收尘器在安装时，入口处有一段水平管道，由于该处气流急剧变化，造成高浓度的煤粉在此经常沉积，发生自燃，导致电场内燃爆。

（3）事故处理与预防

①事故处理　电收尘器电场内发生爆炸后，要及时组织人员进行现场调查，分析事故原因，采取相应措施及时处理。对已损坏的电场极板和电晕线，予以更换；对横梁和入口分布板进行复位处理，在此基础上，采取必要的预防措施，防止事故再度发生。

②事故预防措施

a. 改善操作方法，控制废气中的一氧化碳气体含量，将一氧化碳气体分析仪的探头设于电收尘器入口管道边或电场顶部一氧化碳积聚区内，并使其和信号装置及电收尘器高压电源联锁，当一氧化碳浓度达到 1% 时能报警；达到 2% 能自动切断电源。

b. 为保证可靠和安全，可安装氧气分析仪，有助于确定完全燃烧的比例。正常情况下，废气中含氧量低于 3%。当含氧量达到 3% 时，可报警；达到 5% 时，能自动切断电源（含氧量≥6% 时就有可能发生燃爆事故）。

c. 改善工艺性能，稳定热工制度。如控制煤粉细度和喂煤的均匀性，控制分解炉烟气中过剩含氧量，在出现不正常窑况和点火阶段，尤其要防止出现煤粉不完全燃烧。

d. 勤观察、勤检查窑尾废气温度，特别是安装仪表后，要克服过于依赖仪表的麻痹思想，使系统操作始终处于正常状态。

e. 对于煤磨电收尘器的入口煤粉浓度高和入口管道积灰自燃问题，应采取适当的改进措施，如提高粗粉分离器的收尘效率，将入口管道由水平安装改为倾斜安装，防止煤粉积聚等。

f. 对系统漏风点进行处理，减少漏风。

8.1.4.2　电收尘器电晕线断裂

(1) 故障表现　在电收尘器操作中，电晕线断裂时有发生，虽不算什么大事故，但由于电极间距窄，维修人员不能进入其间更换断线，因而会产生以下一些连带问题：

①引起极间短路；

②残存的断线在电场中晃动，引起电压不稳定，影响收尘效果。

(2) 故障原因分析及处理方法　分析电晕线断裂的原因大致有以下几种。

①由于振打作用产生间隙，电晕线挂环和框架挂钩的连接处产生弧光放电使环与钩连接处烧断。

处理方法：将挂钩与挂环连接处点焊牢固即可，最好改用螺栓连接，紧固后点焊以减少该处电弧放电。

②由于电晕线松弛，在振打时产生摆动，引起电弧放电，烧断电晕线。

处理方法：a. 缩短电晕线的长度；b. 采取拉紧措施，可在阴极框架同一平面内板弯或用漆包线缚紧，以免电弧烧断。

③由于电收尘器漏风，导致结露，造成电晕线腐蚀断裂。

处理方法：更换断线后，加强密闭堵漏及保温措施。

④由于振打力过大，使极线疲劳，造成电晕线断裂。

处理方法：适当降低振打力，保持适中。

⑤由于废气中二氧化硫存在造成电晕线腐蚀断裂。

处理方法：a. 改用耐腐蚀材质电晕线；b. 采取工艺措施，降低废气中二氧化硫含量。

⑥由于极板毛刺、不平、小凸起、焊缝等，产生了集中的火花放电，将电晕线击断。这类断线用肉眼观察其断面，与腐蚀、疲劳断裂不同，面向放电一侧是平的，表面粗糙，而另一侧往往又圆又光滑。

处理方法：保证极板表面平整、光滑及极板间距，避免火花放电。

(3) 预防措施主要是从结构上加以改进。

①根据热膨胀量大小，控制电晕线在一定长度，不宜设计过长。

②电晕线两端可加工成螺纹状，用螺母紧固在框架上，以保证电晕线对框架无拉紧力，即使断线，靠自身的刚性（因长度不大），也不至于立即掉下来，使电场仍能在一定电压范围内工作。

③调整好振打力的大小，同时要避免电晕线与振打重锤所引起的共振。

④调整好极板间距的大小，确保极板表面的平整和光滑，同时要防止结露，防止腐蚀性介质对极板及电晕线的腐蚀。

⑤及时清理和更换断线，对个别不易更换的断线，可先剪掉待方便时换新。

⑥有些电收尘器在第一电场采用 RS 芒刺电晕线，第二、三电场采用星形线。由于第二、三电场电压往往高于一电场，所以整个第一电场均采用 RS 芒刺线。

⑦安装或更换电晕线时，各电晕线张力应均匀，以免个别电晕线张力过紧时受较大拉应力而疲劳断裂，同时将阴极框架拉变形造成某些电晕线松弛。

8.1.4.3　电场二次电压升不高

（1）故障表现　电收尘器电场二次电压大小对收尘效率的影响很大。在使用中，电收尘器电场二次电压升不上去的表现主要有以下几点。

①二次工作电流正常或偏大一点，二次电压升至较低就发生闪路。

②电场异极间距误差严重超标，二次电压达不到起晕电压的要求。

③二次工作电流大，二次电压升不高，甚至接近于零。

（2）故障分析　造成电收尘器电场二次电压升不上去的原因主要有以下诸方面。

①安装质量不合格。阳极板和阴极板框架是薄、细、大件；因此当装卸及堆放不良时极易发生变形，安装时每块极板和框架都应进行检测校正，其平面度误差应小于 5mm。但在实际安装时，极板未经校正就装入电场，撞击杆与导轨，悬挂角钢两端未留空隙或所留热胀量太小，以致热烟气来后使极板及悬挂角钢弯曲变形，停窑检查，极板又恢复原形，很难发现。

②放灰间隔太长或灰斗下灰不畅，积灰或杂物挂在收尘极板或电晕极上，引起极板变形，两极间距局部变小。

③保温箱内出现正压，含湿量较大的烟气从电晕极支承绝缘套管内向外排出；或者保温箱（或绝缘室）温度低，绝缘套管内壁受潮漏电，都会造成二次电压升不高。

④电场内气体分布不均，电场横截面受热不均，引起极板和框架变形，结构不对称的极板遇此情况更易变形，使极间距变小。

⑤阴极框架在气流冲击下摆动，造成周期性异极间距误差增大，电场电压、电流波动。

⑥电晕极振打装置瓷瓶受潮积灰或有污物黏附，也会导致"闪路"。

⑦电缆被击穿或漏电，同样会"闪路"。

⑧收尘极板和电晕极之间短路。

⑨石英套管内壁冷凝结露，造成高压对地短路。

⑩电晕极振打装置的绝缘瓷瓶破损，对地短路。

⑪电晕极断线，线头靠近收尘极。

（3）故障处理

①采取措施，严防短路。

a. 清除收尘极板和电晕极之间可能导致短路的杂物。

b. 剪去已经折断的电晕线头。

c. 擦拭石英套管，使其内壁形不成结露。

d. 更换新的绝缘瓷瓶，或修复损坏的瓷瓶，确保电晕极振打装置正常工作。

e. 及时更换损坏的高压电缆或电缆终端接头。

②调整极间距，确保其误差不超限。

a. 对变形的沉淀极用电焊加热后，用小葫芦等工器具拉直，然后用类似于沉淀极底部导轨的零件 1～2 根两端焊在壳体上，对沉淀极限位，防止其变形。

b. 对变形的电晕极校正后，在框架底部加一组绝缘磁质拉杆固定，防止其摆动偏移。

c. 采用结构对称、不易变形的极板。充分考虑热胀量的大小，悬挂角钢两端可割去一部分，导轨可向下移动，防止受热膨胀、弯曲变形。经常清除极板上的杂物，严禁积灰积到极板上。确保同极距误差在±5mm 以内，异极距误差在±3mm 以内。

③防受潮、防漏电。

a. 及时更换已击穿或漏电的电缆。

b. 采取措施，防止保温箱内出现正压。

c. 增加热风装置，提高保温箱温度，清除积灰，擦拭瓷瓶，防止电晕振打装置瓷瓶受潮积灰或污物黏附。

d. 经常擦拭绝缘套管内壁，防止其受潮漏电。

8.1.4.4　放电极振打断轴

(1) 放电极振打系统工作原理　放电极振打传动装置为顶部凸轮提升机构，振打采用提升摆锤击打方式，当提升框被顶部凸轮装置提升时，转动块带动振打轴转动一定的角度，安装在振打轴上的振打锤随着轴的转动被提起一定高度，当顶部凸轮装置使提升框突然下落一定距离时，振打锤受自重下落打在电晕极框架上的砧板上，从而抖落附在电晕线及框架上的粉尘（图 8-5）。振打轴断裂后，电晕线及框架上就大量积灰，电场的放电效果将大大降低，影响收尘效果。

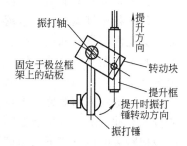

图 8-5　振打装置示意

(2) 断轴的原因分析　振打轴受力不好。由于整根振打轴长度为 4.9m，只有 2 个滑动轴承座支承，工作时受到提升框向下的冲击力，振打轴产生弯曲变形。轴中间的定位销孔降低了轴的承载能力，导致轴在固定销部位断裂。调整不当，上、下两根轴受力不一致，使其中一根轴受附加力过大。

(3) 断轴的修理方法

①直接焊接法　发现轴断后，将断轴找平对正，直接与转动块焊接在一起。直接焊接法修理速度较快，但因受操作条件限制，轴焊接时焊缝质量难以保证，加之断轴不易对正，焊后易产生变形和应力集中等原因，采用直接焊接法修复的轴，实际使用效果不好（图 8-6）。

②加强套焊接法　为了增强轴的强度，增大铰链部位的受力面积，可采用加套焊接的办法，即在断轴部位焊一个加强套。加强套与转动块之间用键连接。加强套与断轴之间仍采用焊接，使用加强套焊接修复的轴与直接焊接法修理的轴相比使用寿命有所延长，但仍有缺陷，加强套增加了提升杆的提升重量，振打轴所承受的力有所增加，经此法修复的轴仍有断裂现象（图 8-7）。

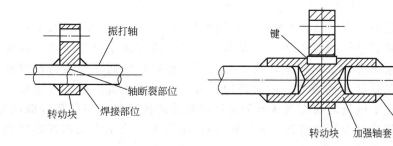

图 8-6　焊接修复示意　　　　　图 8-7　加强轴套修复示意

(4) 改进措施　为了改善轴的受力，可调整上、下两轴之间的提升杆长度，使振打锤的行程在满足条件的情况下达到最小，使振打轴的受力适当减轻。对顶部凸轮装置及时进行检查，发现有卡死损坏时及时修复。

8.1.4.5 绝缘棒断裂

绝缘棒是放电极振打轴提升拉杆的绝缘部件，工作时受到提升杆提升时的拉力和下落时的挤压力，通常绝缘棒断裂是因为放电极振打装置调整不当或断轴造成的，因此，应正确调整放电极振打装置，及时修复断裂的振打轴。

用强度较好的刚玉质绝缘棒代替普通瓷绝缘棒，可延长绝缘棒的使用寿命。

（1）分布板堵塞、跨落　气体分布板堵塞，一般是由于分布板振打失效引起的，因此，检修时，必须认真检查，每一个分布板振打锤是否有很好的振打作用，如有错位或振打力量不足时，应及时调整修复。当气体分布板严重堵塞时，粉尘就会从分布板底部越积越多，严重时会导致分布板的跨落，因此检修时也应检查分布板底部的积灰情况。

（2）各振打锤错位、脱落　振打锤一般由螺栓固定在振打轴上，长时间的振打冲击和振动，会使固定螺栓回松，振打锤在轴上移动一定距离，这样振打锤在振打时就打不到砧板上，起不到振打的效果。因此，每次检修都必须检查各振打锤的位置，发现错位、脱落时必须全部复位重新固定，必要时与轴点焊，防止再次错位、脱落。

（3）电场内部短路　电场内部的放电极极丝，在经过长时间的振打振动和高温含尘气体的侵蚀和冲刷后，有可能会断裂，断裂的极丝就会造成电场内部的短路。出现这种情况时，一般把断裂的极丝剪下取出即可，因为对于整个电场来说，减少一根极丝对收尘效果的影响是微乎其微的。另外，电收尘器灰斗内的积灰太多，淹没到极丝时，也会造成电场内部的短路现象，因此，为避免出现严重后果，灰斗内积灰应做到随收随运，如有特殊情况，应将积灰时间控制在 4h 以内。绝缘套管、绝缘轴、穿墙套管、电缆终端接线盒积灰过多，会导致绝缘能力下降，产生爬电现象，影响电场电压，因此，这些部位应及时进行清理，保证绝缘部件的清洁、干燥。

（4）故障判断及处理　对电收尘器故障原因进行判断时，一般应遵循由外到内的原则，即出现故障时，通过故障的表象进行判断。外部机械设备或电器设备故障，可以不停窑进行处理，电场内部故障，必须停窑进行处理。出现故障时，一般应先对电场外部的机械电器设备进行详细检查，杜绝一切可能导致故障的外部因素，当通过详细检查确认外部设备无明显故障，认为是电场内部故障时，可进一步通过分隔法进行确认，即可从电器上将电控系统分别断开进行开路升压实验，一般可从四点式转换开关处将变压器出线与电场进线断开进行空载试验，还可从进线电缆头处将供电电控系统与电场断开，进行空载试验，如空载试验证明外部系统完好时，即可最后确定为电场内部故障，必须停窑进入电场进行检修修复。为确保检修人员人身安全，进入电场之前，应特别注意以下几个问题。

进入电场内部之前应有可靠、有效的放电接地措施，一般经过两个步骤：一是从四点式开关处将电场进线转换到接地位置；二是为防止第一步接地不可靠，进入电场之前应对电场内部的极丝系统进行二次接地，其方法是用一根确认导通的导线将极丝系统与电场壳体连接起来，确保接地的可靠。两次接地正常后，检修人员方可进入电场。电场内部是基本封闭的，进入电场之前应确认电场经过可靠的通风换气，并尽量降低内部温度。进入电场之前，应将所有人孔门打开，开启排风机 4h 以上，确认电场内部温度和有害气体在规定范围内。

8.1.5 常见故障及排除

电收尘器常见机械故障及排除方法见表 8-2，电除尘器常见工艺故障及排除方法见表 8-3。

表 8-2　电收尘器常见机械故障及排除方法

故障	产生原因	排除方法
反电晕	①粉尘比电阻高于规定值 ②未及时清扫沉淀板上的积灰	①预先对气体进行比电阻调质,可采用增湿法 ②清扫沉淀极板积灰
沉淀极断裂	①由于漏风或开停时电场内部结露,废气中的 SO_2 使极板腐蚀 ②风速高,风量大,使极板被粉尘磨损	①极板改用耐腐蚀材质 ②通热风入电场,在开停前后使场内温度保持在露点以上 $20\sim30℃$
振打传动电机烧毁	①冷态时,转轴各轴承的中心线不同心,轴变形或轴链轮平面与电机链轮平面不重合,导致转矩增大 ②热态时,因温度作用,转动轴发生变化,或因温度不均匀,各轴承中心线不在同一直线上,造成阻力矩急剧上升	①调整各同心度 ②放大轴承间隙 ③每根轴上进行一点轴向固定 ④进行多次调整 ⑤电机加过载保护 ⑥注意气流分布的均匀性,以保证温度的均匀
电晕极线松弛	①由于电晕极线过长,电晕极部分各表面温度不均 ②各电晕极线松紧程度不同 ③电收尘器启动停车频繁	①将电晕极线长度改短 ②电晕线松弛后可用漆包线缚紧 ③用板线工具,将松弛的电晕线缚紧
电晕线断裂	①由于振打作用产生间隙,使电晕线及框架结构的挂钩和挂环的连接处产生弧光放电,而将钩与环的连接处烧断 ②电晕线松弛,振打时产生摆动,引起电弧放电,烧断电晕线 ③漏进空气引起冷凝,造成腐蚀 ④振打过大,使极线疲劳	①将挂钩和挂环连接处点焊固定;对于星形线,应将其端头螺栓改焊接为整体加工,其螺栓与阴极框架紧固后也应加以点焊 ②缩短电晕线的长度,电晕线两端可改用螺栓连接紧固 ③堵漏 ④降低振打以保持适中 ⑤条件许可,改用 RS 芒刺线
电晕封闭	①进口含尘浓度超过 $35g/m^3$ ②未及时清扫电晕电极清灰	①控制入口处的含尘浓度 ②振打,吹扫电晕极上清灰
振打失灵	①振打机构传动轴窜轴、卡锤、掉砧铁、掉锤和振打锤偏离砧铁中心等 ②电极积灰严重	①将振打机构改为侧部浇臂锤振打机构 ②将夹板锤改为仿形锤,砧铁与撞击杆用铆钉或螺栓连接后再加焊 ③传动轴上设万向联轴节和特种支承,减少窜轴和卡轴。传动装置要定期加油,并加雨罩 ④建立合理的振打制度,一般以阳极板积灰厚度达 $5\sim10mm$ 时振打为宜
阳极板弯曲变形	①卸灰不畅,积灰进入极板之间,电场短路,阳极板被烘热变形 ②烟气温度过高或电场爆炸引起变形	①取出极板整形,此法不好 ②极板间加腰带,即时变形阳极板用电焊加热后再用小葫芦等工具拉直,套上扁钢腰带,但要防止腰带对阴极放电

表 8-3　电除尘器常见工艺故障及排除方法

故障	产生原因	排除方法
电流上升,电压不动或刚升压就跳闸	①极丝断 ②阳极板高压电缆被击穿 ③石英管受污染磨损破裂	①停机 ②进电场检修

故障	产生原因	排除方法
有电压、无电流或电流很小	①电极上积灰较多 ②比电阻高	①停机 ②清灰、换电阻
电流、电压均不稳定、容易跳闸	稳定后调节太大或太小	调节适当
电压上升少出现跳闸	电场温度较低	适当加温
电压升不高，电流减小或电压不升高、电流表上升快或者立即跳闸	①电场风道过高 ②电极发生振动 ③阴极、阳极间距小 ④电场内积灰过多 ⑤吊悬螺栓松动	①停机进电场检查 ②针对原因加以解决
高压回路短路，电晕丝断靠近正极板	①使用时间较长 ②电晕丝损耗腐蚀	①停机进电场检查 ②更换电晕丝
石英套管开裂击穿	①石英套管腐蚀 ②积灰多	停机、清灰、更换
高压回路短路	①极板受振打和风的冲击力变形 ②脱焊移位	①停机进电场检查 ②针对原因解决
振打失灵	振打轴承和振打点移位	停机进电场检查校正
振打电机烧坏	①机械卡住 ②弹子磨损 ③单项	停机进电场检查，针对原因解决，更换电动机
分格轮卡住	电场内异物掉入灰斗	停机打开检查门、清理
分格轮电流表大	①下灰量过多 ②保险丝熔或发烫	①停机检查 ②调节下灰量使下灰适当更换保险丝
螺运机满灰堵住开关	①窑灰管道堵塞 ②灰量过多 ③螺运机叶片变形或脱焊 ④螺运机跳开关分格轮在转	①疏通管道 ②调节下灰量 ③停机检查、针对问题解决
闸板启闭不灵活	①被料渣、铁粒（块）等杂物卡住 ②闸板套磨损 ③闸板安装不正	①经常检查筛析机筛网，发现破损及时修补或更换 ②闸板套磨损后及时更换 ③安装时要使闸板、连杆、手柄的结合处保持在一条直线上
主轴易损坏	①水泥中常混有料渣、铁渣等，在轴的密封部位卡住，磨损主轴 ②主轴细长，承受转矩时易弯曲，增加了磨损程度	①更换坏轴 ②采取措施预防主轴损坏

8.2　气箱脉冲袋式收尘器

8.2.1　概　述

气箱脉冲袋收尘器是从美国 Fuller 公司引进的高效袋式除尘器，它集分室反吹和脉冲喷吹等收尘器的优点，克服了分室反吹时动能强度不够和喷吹脉冲清灰过滤同时进行的缺点，增强了适应性，提高了收尘效率，延长了滤袋使用寿命，不仅可作为破碎机、烘干机、煤磨、生料磨、篦冷机、水泥磨包装机及各库顶、库底的收尘设备，而且还可作为高浓度的立磨及 O-Sepa 选粉机（1000g/m³，标准状况）的收尘，并保证出口排放浓度小于 50mg/m³（标准状况）。滤料采用涤纶针刺毡，使用寿命平均可达 2 年以上，耐温 120℃，若采用诺曼克斯（Namex）滤料，耐温可达 220℃，滤袋上口不设文氏管，也没有喷吹管，降低了工作阻力，使检修、维护相当简便，电磁脉冲阀数量为每室 1～2 个，规格有 1.5in、2in、2.5in 和 3in 四种（1in≈2.54cm），与国内同类产品相比，它采用双膜片结构，具有控制灵敏、效率高、寿命长等特点。

气箱脉冲袋收尘器，其产品型号用大写英文字母 PPCS 表示，并加注 S（螺旋输送）和 A（空气斜槽），表示排灰方式，产品分 32、64、96、128 四个系列，其数字分别表示每室的滤袋数每一系列又按室数分成若干个规格。

8.2.2　结构及工作原理

气箱脉冲袋收尘器的由箱体、袋室、灰斗、进出风口组成，并配有支柱、爬梯、栏杆、气路系统、清灰控制器等。

（1）箱体　箱体主要是固定袋笼滤袋及气路元件，制成全封闭形式，清灰时，压缩空气首先进入箱体，并冲入各滤袋内部。箱体顶部做成 1.5°斜面，使用时可防止积水，顶部还设有检修门，供安装和更换袋笼、滤袋用。根据规格不同，箱体内又分成若干个室，相互之间均用钢板隔开，互不透气，以实现离线清灰。每个室内均设有一个提升阀，以通断过滤烟气流。

（2）袋室　袋室在箱体的下部，主要用来容纳袋笼和滤袋，并形成一个过滤空间，烟气的净化主要在这里进行，同箱体一样，根据规格的不同也分成若干个室，并用隔板隔开，以防在清灰时各室之间相互干扰，同时形成一定的沉降空间。

（3）灰斗　灰斗布置在袋室的下部，它除了存放收集下来粉尘外，还作为进气总管使用（下进气式），含尘气体进入袋室前先进入灰斗，由于灰斗容积较大，使气流速度降低，加之气流方向的改变，使较粗的尘粒在这里得到分离，灰斗内布置有螺旋输送机或空气斜槽等输送设备，出口还设有回转卸料器或翻板阀等锁风设备，可连续排灰。

（4）进出风口　进出风口根据收尘器的结构形成分两种，32 系列的进风口为圆筒形，直接焊在灰斗的侧板上，出风口安排在箱体下部，袋室侧面，通过提升阀板孔与箱体内部相通，如图 8-8 所示。其他系列的进出风口成一体，安排在袋室侧面、箱体和灰斗之间，如图 8-9 所示，中间用斜隔板隔成互不透气的两部分，分别为进气口和出气口，这种结构形式体积虽大些，但气流分布均匀，灰斗内预收尘效果好，适合于烟气含尘浓度较大的场合使用。

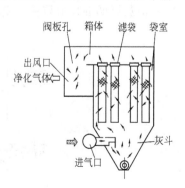

图 8-8　箱体结构

　　气箱脉冲袋收尘器的工作原理：当含尘烟气由进风口进入灰斗后，一部分较粗尘粒由于惯性碰撞、自然沉降等原因落入灰斗，大部分尘粒随气流上升进入袋室，经滤袋过滤后，尘粒被阻留在滤袋外面，净化的烟气由滤袋内部进入箱体，再由阀板孔、出风口排入大气，达到收尘的目的。随着过滤的进行，滤袋外侧的积尘逐渐增多，使收尘器的运行阻力也逐渐增高，当阻力达到预先设定值（1245～1470Pa）时，清灰控制器发出信号，首先控制提升阀将阀板孔关闭，如图 8-10 所示，以切断过滤烟气流，停止过滤过程，然后电磁脉冲阀打开，以极短的时间（0.1～0.15s）向箱体内喷入压力为 0.5～0.7MPa 的压缩空气，压缩空气在箱体内迅速膨胀，涌入滤袋内部，使滤袋产生变形、振动，加上逆气流的作用，滤袋外部的粉尘被清除下来掉入灰斗，清灰完毕后，提升阀再次打开，收尘器又进入过滤状态。

　　上述工作原理所表示的仅是一个室的情况，实际上气箱脉冲式袋收尘器是由多个室组成的，清灰时，各室分别进行，这就是分室离线清灰，其优点是清灰室和过滤室互不干扰，实现了长期连续作业，提高了清灰效果。

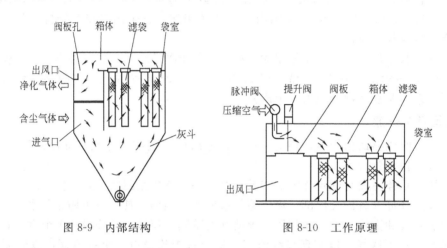

图 8-9　内部结构　　　　　　　　图 8-10　工作原理

　　一个室从清灰开始到结束，称为一个清灰过程，清灰过程一般为 3～10s，如图 8-11 所示，从第一个室清灰结束，到第二个室清灰开始，称为清灰间隔。清灰间隔的时间长短取决于烟气参数、规格大小等，短则几十秒钟，长则几分钟甚至更长时间，清灰间隔又可分集中清灰间隔和均匀清灰间隔两种，所谓集中清灰间隔是指从第一室清灰开始到最后一个室清灰结束，全部室都进入过滤状态，直至下一次清灰开始，而均匀清灰间隔则在最后一个室清灰结束后，仍以间隔相同的时间启动第一室清灰，因此均匀清灰间隔的清灰过程是连续不断的。从第一室的清灰过程开始到该室下一次的清灰过程开始之间的时间间隔，称为清灰周期，清灰周期的长短取决于清灰间隔时间的长短。

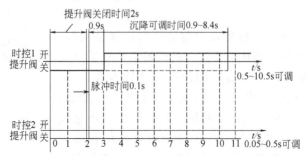

图 8-11　清灰过程

上述清灰动作均由清灰控制器进行自动控制,清灰控制器有定时式和定压式两种,定时式是根据收尘器阻力的变化情况,预置一个清灰周期,收尘器按固定预置时间进行清灰,这种控制器结构简单,调试、维修方便,价格便宜,适用于工况条件比较稳定的场合,定压式是在控制器内部设置一个压力转换开关,通过设在收尘器上的测压孔测定收尘器的运行阻力,当达到清灰阻力时,压力转换开关便发出信号,启动清灰控制器进行清灰。这种控制器能实现清灰周期与运行阻力的最佳配合,因此非常适合工况条件经常变化的场合,但仪器较复杂,价格也比较贵。

8.2.3　气箱脉冲袋收尘器的选用

(1) 过滤风速的确定　表 8-4 中的处理烟气量是按过滤风速 $v=1.2\text{m/min}$ 计算的,没有考虑扣除清灰时离线室的过滤面积,实际选用时,应根据工况条件,先确定过滤风速,再根据处理烟气量按下式求净过滤面积和总过滤面积。

$$F_{净}=\frac{Q}{60v} \tag{8-15}$$

式中　$F_{净}$——净过滤面积,m^2;

　　　Q——处理烟气量,m^3/h;

　　　v——过滤风速,m^3/min。

$$F_{总}=F_{净}\times\left(1+\frac{1}{n}\right) \tag{8-16}$$

式中　$F_{总}$——总过滤面积,m^2;

　　　n——室数。

再根据总过滤面积选择相应过滤面积的除尘器。

(2) 气箱脉冲袋收尘器的清灰是利用压缩空气进行的,对压缩空气的要求是清洁干燥,用户应配空气过滤器,保证压力不低于 0.5MPa,耗气量计算:

$$Q=\frac{nZS}{T}K \tag{8-17}$$

式中　Q——耗气量,m^3/min

　　　n——室数;

　　　Z——每室脉冲阀数;

　　　S——每次喷吹气量,S 的取值为 1.5in 脉冲阀 $S=0.24\text{m}^3$,2.5in 脉冲阀 $S=0.79\text{m}^3$,$1\text{in}\approx2.54\text{cm}$;

　　　K——系数,厂内系统供气 $K=1.5$,单独压缩机供气 $K=2$;

　　　T——清灰周期,min。

清灰周期 T 的大小取决于过滤风速、入口浓度等因素,由工况实测决定。压缩空气的质量是影响清灰系统正常工作和寿命的重要条件,使用时,应引起足够重视。

表 8-4　PPCS 系列气箱脉冲袋收尘器规格性能

技术参数		PPCS 32-4	PPCS 64-6	PPCS 96-6	PPCS 96-8	PPCS 96-2×5	PPCS 96-2×7	PPCS 96-2×8	PPCS 96-2×10
处理风量 /(m³/h)	1#	8900	26700	40100	53300	66900	94100	107600	134500
	2#	6500	22000	33000	46000	60000	85000	95000	120000
总过滤面积/m²		128	384	480	768	960	1344	1526	1920
滤袋条数		128	384	480	768	960	1344	1526	1920

续表

技术参数	PPCS 32-4	PPCS 64-6	PPCS 96-6	PPCS 96-8	PPCS 96-2×5	PPCS 96-2×7	PPCS 96 2×8	PPCS 96 2×10
过滤风速/(m³/min)	1.0～1.2							
阻力/Pa	1500～1700							
进口浓度(标准状况)/(g/m³)	1000							
出口浓度(标准状况)/(g/m³)	≤50							
压缩 空气 压力/Pa	$(4\sim6)\times10^5$							
压缩 空气 耗气/(m³/min)	0.37	1.8	2.4	2.7	2.7	3.0	3.0	3.5
螺旋 输送 规格	LS315,30m³/h	LS400,38m³/h,两台						
螺旋 输送 减速电机	XWD2.2-5-1/59、5.7kW	XWD5.5-7-1/59、5.7～7.5kW						
刚性叶轮给料机	300×300,转速 41r/min, 能力 39m³/h	400×400,转速 45r/min, 能力 72m³/h		400×400,转速 45r/min,两台				
除尘器负压/Pa	7000							
保温面积/m²	36.5	118	130	150	180	245	315	350
设备质量/kg	3400	9700	12400	18000	21500	29400	37800	42000

注：处理风量中 1# 指入口浓度小于 100g/m³（标准状况）的处理能力；2# 指入口浓度大于 100g/m³（标准状况）的处理能力。

8.3　BFRS（P）系列大型反吹袋式除尘器

8.3.1　概述

BFRS（P）系列大型高温反吹袋式除尘器是在引进技术的基础上，结合我国国情研制开发的一种高效能袋式除尘器，该系列产品有效地克服了其他大型反吹袋式除尘器的缺点，充分发挥了袋式除尘的优势，具有技术先进、结构紧凑、除尘效率高、滤袋寿命长、操作维修方便、钢耗低、适应范围广等特点，具有广泛的推广应用价值，它的开发成功，将大大提高我国大型高温烟气治理的技术水平，为我国袋式除尘技术的发展起到积极的推动作用。BFRS（P）系列袋式除尘器技术性能见表 8-5。

表 8-5　BFRS（P）系列袋式除尘器技术性能

项目	型号			
	BFRS(P)560	BFRS(P)700	BFRS(P)1000	BFRS(P)1200
处理风量/(×10⁴m³/h)	4.5～23.5	9.4～37.5	19.4～92.3	22.3～162.8
单元数/个	4～8	6～10	8～16	8～24
总过滤面积/m²	2230～4460	4180～6960	8200～16400	9400～28320
净过滤风速/(m/min)	0.45～1			
滤袋数/条	1160～2320	840～1400	960～1920	1104～3312
滤袋规格(直径×长度)/m	0.13×5	0.2×7.8	0.3×9.23	0.3×9.23
入口含尘浓度(标准状况)/(g/m³)	≤200			

续表

项目		型号			
		BFRS(P)560	BFRS(P)700	BFRS(P)1000	BFRS(P)1200
出口含尘浓度(标准状况)/(g/m³)		≤100			
允许温度/℃	高温	≤250			
	低温	≤120			
阻力/Pa		≤1500	≤1800	≤1800	≤1800
工作压力/Pa		3920			
漏风率/%		≤5			
单位过滤面积钢耗/(kg/m²)		25	25	26	26

8.3.2　结构及工作原理

8.3.2.1　结构

BFRS（P）系列袋式除尘器全部采用内滤、下进风形式，并可根据其应用的工艺系统是正压操作或是负压操作设计成正压型或负压型。整个除尘器主要由壳体、灰斗、阀系统、反吹清灰装置、压缩空气系统、测压系统及楼梯平台等部分组成。

该系列除尘器分为标准型和用户型两种形式，标准型即表 8-5 中所列的四种标准单元。在选用时，只需选取若干不同规格的单元进行组合，就可以满足不同工艺状况的需求，原则上每个标准单元在制造厂加工完成，整体发运至用户。用户型则是根据用户现场需要遵循一定规范设计，在现场组合安装，能接近用户的要求。

8.3.2.2　工作原理

工作时，提升阀打开，含尘气体由进气口进入，经灰斗一侧的手动碟阀（常开）进入灰斗，其间含尘气体中颗粒较大的粉尘由于重力作用便落入灰斗底部，再由花板下部进入滤袋内，净化气体经提升阀进入出气口，最后排入大气。

当滤袋内表面积灰到一定程度需要清灰时，先关闭提升阀，切断进入该收尘室的烟气，使袋子处于松弛状态，再开启反吹风阀，反吹风机从袋收尘器的出口吸入干净热空气，经管道由上部进入袋室，使滤袋产生缩袋，滤袋上的粉尘在机械（缩袋）和反吹风作用下，从滤袋上脱落入灰斗，经过一定时间后，关闭反吹风阀，使滤袋又处于松弛状态，再开启反吹风阀，使滤袋又一次缩袋，如此重复三次，使滤袋上的积灰被清除。

8.3.3　技术特点

（1）技术先进，结构紧凑，使用范围广　BFRS（P）系列大型分室反吹袋式除尘器是引进美国 Fuller 公司的先进技术，其选型依据及选型参数来源于 Fuller 公司 70 多年袋式除尘设计、应用的数据库，具有选型偏差小、命中率高的优势。该系列除尘器采用标准化模块结构，紧凑合理、通用性强，单位过滤面积钢耗比国内同类产品少 30%。选型时可依据工况条件，组合成数十种规格，以适应不同场合工况条件的需要。该系列除尘器的各项技术经济指标均达 20 世纪 90 年代世界先进水平。

（2）除尘效率高，滤袋使用寿命长　BFRS（P）系列除尘器可根据不同的工况条件合理选择滤料，如用于高温场合，选择玻纤膨体纱滤料及后处理技术，这种滤料具有过滤效率高、耐高温（可达 280℃）、阻力小、耐腐蚀、无滑移渗透等特点，滤袋使用寿命达两年以上。

（3）设置特殊功能阀，使设备运行更加稳定可靠　BFRS（P）系列除尘器的阀系统全部采用盘式提升阀，该阀具有动作灵活、可靠、不受温度及其他条件影响的特点，具有很强的适应性。在阀系统中还设置有特殊功能阀，以确保设备运行更加稳定可靠，滤带寿命更长。如清灰阀起到清管路、防止结露、保护反吹风机的作用；加压阀的设置具有在系统状态变换时减少对滤袋冲击的作用，以达到保护滤袋、延长滤袋寿命的目的。

①先进的滤袋悬挂及张紧系统　滤袋伸长是滤袋的一种属性，为了使滤袋在设备使用中能够保持一定的张紧力，必须有相应的张紧及调整机构。BFRS（P）系列除尘器采用弹簧、限位套、加阶梯调整块构成滤袋悬挂及张紧装置，使滤袋调整及张紧非常方便，并随时可调。

②采用分室结构，不停机检修　BFRS（P）系列大型反吹袋式除尘器采用分室离线清灰结构，不仅有效地保证了清灰强度，且实现了不停机检修，检修换袋非常方便，保证了整机设备的长期、可靠、连续运行。

③反吹风系统采用闭路循环，有效防止结露　BFRS（P）系列大型反吹风袋式除尘器反吹风风源采用净化后的热空气，形式闭路循环，减少了反吹风和处理风之间的温差，有效地防止了滤袋结露。

8.4　LCM 长袋脉冲袋收尘器

8.4.1　概述

LCM 型长袋脉冲除尘器是在常规短袋脉冲除尘器的基础上发展起来的一种新型、高效袋式除尘器。它不仅综合了分室反吹和脉冲喷吹清灰的优点，而且加长了滤袋，充分发挥压缩空气强力喷吹清灰的作用。克服了分室反吹清灰强度较低，脉冲喷吹清灰与粉尘过滤同时进行的缺点，防止了粉尘再附与失控问题，从而可提高过滤速度，节省清灰能耗和延长滤袋的寿命。除尘器的电控采用先进的 PLC 可编程控制器。

8.4.2　工作原理

除尘器由灰斗、上箱体、中箱体、下箱体等部分组成，上、中、下箱体为分室结构。工作时，含尘气体由进风道进入灰斗，粗尘粒直接落入灰斗底部，细尘粒随气流转折向上进入中、下箱体，粉尘积附在滤袋外表面，过滤后的气体进入上箱体至净气集合管－排风道，经排风机排至大气。清灰过程是先切断该室的净气出口风道，使该室的布袋处于无气流通过的状态（分室停风清灰）。然后开启脉冲阀用压缩空气进行脉冲喷吹清灰，切断阀关闭时间足以保证在喷吹后从滤袋上剥离的粉尘沉降至灰斗，避免了粉尘在脱离滤袋表面后又随气流附集到相邻滤袋表面的现象，使滤袋清灰彻底，并由可编程序控制仪对排气阀、脉冲阀及卸灰阀等进行全自动控制。

8.4.3　技术特点

①本除尘器采用分室停风脉冲喷吹清灰技术，克服了常规脉冲除尘器和分室反吹除尘器的缺点，清灰能力强，除尘效率高，排放浓度低，漏风率小，能耗少，钢耗少，占地面积少，运行稳定可靠，经济效益好。适用于冶金、建材、水泥、机械、化工、电力、轻工行业的含尘气体的净化与物料的回收。

②由于采用分室停风脉冲喷吹清灰，喷吹一次就可达到彻底清灰的目的，所以清灰周期延长，降低了清灰能耗，耗气量可大为降低。同时，滤袋与脉冲阀的疲劳程度也相应减低，从而成倍地提高滤袋与阀片的寿命。

③检修换袋可在不停系统风机、系统正常运行条件下分室进行。滤袋袋口采用弹性胀圈，密封性能好，牢固可靠。滤袋龙骨采用多角形，减少了袋与龙骨的摩擦，延长了袋的寿命，又便于卸袋。

④采用上部抽袋方式，换袋时抽出骨架后，脏袋投入箱体下部灰斗，由人孔处取出，改善了换袋操作条件。

⑤箱体采用气密性设计，密封性好，检查门用优良的密封材料，制作过程中以煤油检漏，漏风率很低。

⑥进、出口风道布置紧凑，气流阻力小。

8.4.4　系列设计

LCM 型长袋脉冲除尘器按滤袋不同直径、每室滤袋的不同布置、过滤面积的不同，分成三种不同的系列，以室为单位组合成排，分成单排列和双排列。

①LCM340 系列，分单排和双排，滤袋尺寸为 130mm×6000mm。脉冲喷吹压力可为低压（0.2～0.3MPa），也可为高压（0.4～0.5MPa），由用户选用。

②LCM940 系列，只有双排布置，滤袋尺寸为 130mm×6000mm。脉冲喷吹压力一般设计为低压（0.2～0.3MPa）。

③LCM920 系列，只有双排布置，滤袋尺寸为 160mm×6000mm。脉冲喷吹压力为高压（0.4～0.5MPa）。也可按用户意见特殊设计。

④除尘器进口粉尘浓度一般允许为 $60g/m^3$（标准状况）以下，也可按用户要求设计。

8.4.5　过滤风速

过滤风速是除尘器选型的关键因素，应根据烟尘或粉尘的性质、应用场合、粉尘粒度、黏度、气体温度、水分含量、含尘浓度及不同滤料等因素来确定。当粉尘粒度较细，温、湿度较高，浓度大，黏性较大宜选低值，如≤1m/s；反之可选高值，一般不宜超过 1.5m/s。对于粉尘粒度很大，常温、干燥、无黏性，且浓度极低，则可选 1.5～2m/s。过滤速度选用时，应计算在减少一室（清灰时）过滤面积时的净过滤风速不宜超过上述数值。

应根据含尘气体的温度、含水分量、酸碱性质、粉尘的黏度、浓度和磨蚀性等高低、大小来考虑。一般在含水量较小、无酸性时根据含尘气体温度来选用，常温或≤130℃时，常用 $500～550g/m^2$ 的涤纶针刺毡；≤250℃时，选用芳纶诺梅克斯针刺毡，或 $800g/m^2$ 玻纤针刺毡，或 $800g/m^2$ 纬双重玻纤织物，或氟美斯（FMS）高温滤料（含氟气体不能用玻纤材质）。当含水分量较大，粉尘浓度又较大时，宜选用防水、防油滤料（或称抗结露滤料）或覆膜滤料（基布应是经过防水处理的针刺毡）。当含尘气体含酸、碱性且气体，温度≤190℃时，常选用莱通（Ryton 聚苯硫醚）针刺毡。气体温度≤240℃，耐酸碱性要求不太高时，选用 P84（聚酰亚胺）针刺毡。当含尘气体为易燃、易爆气体时，选用防静电涤纶针刺毡。当含尘气体既含有一定的水分，又为易燃、易爆气体时，选用防水、防油、防静电（三防）涤纶针刺毡。

LCM 型长袋脉冲除尘器清灰控制采用 PLC 微电脑程控仪，分定压（自动）、定时（自动）、手动三种控制方式。

①定压控制　按设定压差进行控制，除尘器压差超过设定值，各室自动依次清灰一遍。

②定时控制　按设定时间，每隔一个清灰周期，各室依次清灰一遍。

③手动控制　在现场操作柜上可手动控制依次各室自动清灰一遍，也可对每个室单独清灰。由用户选定控制方式，用户无要求时，则按定时控制供货。

8.4.6　安装及调试

①为便于运输，设备解体发运交货（其结构件只刷防锈漆，面漆在现场涂刷）。收到设

备后，先按设备清单，检查是否缺件，然后检查在运输过程中是否损坏，对运输过程造成的损坏应及时修复，同时对到货设备做好防损、防窃等保管工作。

②对排灰装置进行专门检查，转动或滑动部分，要涂以润滑脂，减速机箱内要注入润滑油，使机件正常动作。

③安装时应按除尘器设备图纸和国家、行业有关安装的规范要求执行。

④安装设备由下而上，设备基础必须与设计图纸一致，安装前检查、进行修整，而后吊装支柱，调整水平及垂直度后安装横梁及灰斗，灰斗固定后，检查相关尺寸，修正误差后，吊装下、中箱体及上箱体、风道，再安装气包、脉冲阀及喷管以及电气系统、压气管路系统。

⑤喷吹管安装，严格按图纸进行，保证其与花板间的距离，保证喷管上各喷嘴中心与花板孔中心一致，其偏差小于 2mm。

⑥各检查门和连接法兰均应装有密封垫。检查门密封垫时应用胶黏结。密封垫搭接处斜接或叠接，不允许有缝隙，以防漏风。

⑦安装压缩空气管路时，管道内要吹扫除去污物，防止堵塞，安装后要试压，试压压力为工作压力的 1.15 倍，试压时关闭安全阀。试压后，将减压阀调至规定压力。

⑧按电气控制仪安装图和说明安装电源及控制线路。

⑨除尘器整机安装完毕，应按图纸再进行检查、修整。对箱体、风道、灰斗内外的焊缝进行详细检查，对气密性焊缝特别重点检查，发现有漏焊、气孔、咬口等缺陷应进行补焊，以保证其强度及密封性。必要时，进行煤油检漏及对除尘器整体用压缩空气进行打压检漏。

⑩在有打压要求时，按要求对除尘器整体进行打压检验。试验压力按要求，一般为净气室所受负压乘以 1.15 的系数，最小压力采用除尘器后系统风机的风压值。保压 1h，泄漏率 <2%。

⑪最后安装滤袋和涂刷面漆，先拆除喷吹管再安装滤袋。滤袋的搬运和停放，要注意防止袋与周围硬物、尖角物件接触、碰撞。禁止脚踩、重压，以防破损。滤袋袋口应紧密与花板孔口嵌紧，不得歪斜，不留缝隙。袋框（龙骨）应垂直，从袋口往下安放。

⑫单机调试在除尘器安装（试压）全部结束后进行，对各类阀门，如进排气阀、卸灰阀、螺旋输送机等进行调试，先手动，后电动，各机械部件应无松动、卡死现象，轻松灵活，密封性好。再进行 8h 空载试运转。

对 PLC 程控仪进行模拟空载试验，先逐个检查脉冲阀、排气阀、卸灰阀、螺旋输送机线路的通畅与阀门的开启关闭是否好，再按定时控制时间，按电控程序进行各室全过程的清灰，应定时准确，各元件动作无误，被控阀门按要求启闭。

⑬联动调试。在整个除尘系统启动、系统风机运行的条件下进行负载联动，重复第 14 条进行运行。

⑭负载运行。工艺设备正式运行，除尘器正式进行过滤除尘，PLC 程控仪也正式投入运行（一般提前 5～10min 运行），随时对各运动部件、阀门进行检查，记录好运行参数。如按定时控制，应在除尘器阻力达到规定的阻力值（如 1500～1800Pa）时，手动开启 PLC 程控仪对滤袋进行清灰，各室清灰完后即停，而后统计阻力再达到规定值的时间，再手动开启 PLC 程控仪对滤袋进行清灰，如此循环多次。在取得对两次清灰周期间的平稳间隔时间后，即可以此时间数据作为程控仪"定时"控制的基数，输入程控仪。而后，程控仪即可自动"定时控制"正式投入运行。

8.4.7　维护和检修

① 除尘器要设专人操作和检修。全面掌握除尘器的性能和构造，发现问题及时处理，

确保除尘系统正常运转。值班人员要记录当班运行情况及有关数据。

②转动部位定期注油。

③发现排气口冒烟冒灰，表明已有滤袋破漏，检修时，逐室停风打开上盖，如发现袋口处有积灰，则说明该滤袋已破损，需更换或修补。

④除尘器阻力一般在 1200～1500Pa，最大为 2000Pa，清灰周期根据阻力情况用控制柜内的设定开关进行调整。

⑤压缩空气系统的空气过滤器要定时排污，气包最低点的排水阀要定期排水。有贮气罐的也要定时排水。

⑥控制阀要由专业人员检修，定期对电磁阀和脉冲阀进行检查。

⑦离线排气阀用的汽缸或电液推杆出厂前推（拉）力均已调试好，用户一般不需要调整即可使用。必要时可根据需要，在确保电液推杆电机工作在额定电流范围内调整溢流阀螺钉；电液推杆每半年需要更换一次液压油，油必须过滤，油中应无水，加油口必须密封，冬季采用 8# 机械油，夏季采用 10# 机械油。每半年需对电液推杆进行维护、保养一次，用煤油冲洗管道、油路集成块、滤清器等处。

8.5　袋式除尘器过滤材料的选择

过滤材料的选择与应用，是水泥工业中袋式除尘设备的核心技术，对除尘器的性能起着决定性的作用。

8.5.1　水泥工业含尘气体的特性

高温，如回转窑窑尾排出的含尘气体，温度高达 350～400℃ 以上，需经过调质，冷却后再进行处理。

高湿，如机立窑，烘干机，不仅温度波动，其湿含量也高达 20% 以上。

高浓度，与立磨、挤压磨、高效选粉机配套的袋式除尘器，其处理的含尘气体的粉尘浓度可达 700～1600g/m³。

防燃、防爆，如煤磨排出的含有煤粉的含尘气体。

总之，要针对不同的条件，选择不同的过滤材料，并采取相应的技术保护措施。

对过滤材料的要求应当包括下面几个技术性能：适用于不同的温度，如常温、中温、高温；剥离性好，易清灰，透气性好，阻力低；过滤效率高，在某些高浓度场合，效率可达 99.99%；强度高，能承受高能量清灰，使用寿命长；价格适宜。

8.5.2　选择滤料注意事项

①选择滤料一定要了解生产厂家的生产工艺是否完备，技术来源是否可靠，产品质量与检测手段是否有保证，缝制工艺是否合理，售后服务是否及时周到，总之要选择质量可靠的产品。

②要看使用条件，除了常规的含尘浓度、粉尘细度、烟气温度、水分、排放要求、滤料的强度特性之外，还需考虑诸如抗酸、抗碱、抗水解等化学稳定性。目前还没有一种万能的、价廉物美的滤料。如美塔斯（METMAX），用于水泥熟料冷却机除尘是一种很好的过滤材料，若用于立窑除尘则不适宜。

③过滤风速是决定除尘器性能的一个很重要的参数，它的大小取值与滤料的效果、使用寿命有直接关系。至今还没有一个公式来描述它与诸因素之间的关系，但它与粉尘、烟气的特性有关，与清灰方式有关，与滤料的材质、织物结构有关，与投资大小以及运行的经济性

有关，因此需要慎重选择。

④除了技术特性外，还要综合评价其经济性，在技术可靠、满足使用要求的前提下，再考虑价格问题。滤料的价格，既要考虑初投资，也要考虑运行的经济性。如覆膜针刺毡，与普通针刺毡相比，价格提高了好几倍，但在同等使用条件下，运行阻力可降低一半，节省了运行电耗；同时由于阻力降低，工艺过程通风改善，可以提高主机产量，经济效果可观。旧设备的改造，优选方案是将原有的普通滤料改为覆膜滤料，不用增加过滤面积，不扩大设备，不动用土建。

8.5.3　国内几种滤料的技术性能

（1）低温类　适用于生料磨、水泥磨、库顶库底等局部扬尘点袋式除尘器使用，而用于高湿含量条件下还需对其表面采用拒油防水处理剂进行表面处理。

（2）高温类　适用于水泥立窑、旋窑窑尾、冷却机、烘干机等高温废气处理的袋式除尘器，而用于高温、高湿含量条件下，还需对其表面采用拘油防水处理剂进行表面处理。

ZLN-D 涤纶针刺毡性能见表 8-6，玻璃纤维过滤材料性能见表 8-7。

表 8-6　ZLN-D 涤纶针刺毡性能

序号	材质		涤纶纤维	涤纶纤维	丙纶纤维
1	单位质量/(g/m²)		350、400、450、500、550、600、650	350、400、450、500、550、600、800	500、550、600
2	透气度/[L/(m²·s)]		200～300	180～400	140～210
3	厚度/mm		1.3～2.7	1.3～2.8	1.8～2.1
4	断裂强度	径向	>600N/5×20cm	>600N/5×20cm	>960N/5×20cm
		纬向	<1000N/5×20cm	<10600N/5×20cm	<1500N/5×20cm
5	断裂伸长/%	径向	<35		< 35
		纬向	<55		< 55
6	连续工作温度/℃		130	130	88
7	瞬间工作温度/℃		150	150	90
8	表面处理方式		光面、烧毛处理	光面、烧毛处理	光面、烧毛处理
9	耐酸性		对强度无影响	对强度无影响	强
10	耐碱性		对强度无影响	对强度无影响	强

表 8-7　玻璃纤维过滤材料性能

序号	材质		玻璃纤维	玻璃纤维	玻璃纤维
1	单位质量/(g/m²)		350、400、450、500、550、600、650	300、450、500、600、750、800	300、500、800
2	透气度/[L/(m²·s)]		350～480	180～400	140～210
3	厚度/mm		0.3～0.8	0.3～0.8	0.3～0.8
4	断裂强度	径向	> 1500N/5×20cm	> 1500N/5×20cm	> 1338N/5×20cm
		纬向	> 1250N/5×20cm	> 1250N/5×20cm	> 1500N/5×20cm

续表

序号	材质		玻璃纤维	玻璃纤维	玻璃纤维
5	断裂伸长/%	径向	＜35		＜35
		纬向	＜55		＜55
6	连续工作温度/℃		280	280	280
7	瞬间工作温度/℃		300	300	300
8	表面处理方式		表面处理	表面处理	表面处理
9	耐酸性		强	强	强
10	耐碱性		强	强	强

第9章 预分解窑系统的调节与控制

预分解窑系统具有四高（入窑分解率高、硅酸率高、煅烧温度高和升温速率高）、两快（窑速快、冷却快）、在控制上具有多变量、自动化程度高和操作控制远离窑头等特点。尽管预分解窑配备了计算机操作控制系统，具有省时、及时和不易失误等优点，但就目前技术水平而言，有些地方还需人工辅以完成，如点火投料初期、停窑阶段和发生故障时的处理，无法全部由计算机自动控制操作完成。因此，要求操作人员要按照工艺特点和规律，多看工艺运行参数和参数记录曲线，根据波动范围及预计发展趋势，提前发现工况变化并及时调控操作变量，实现系统的稳定。

9.1 预分解窑调节控制的目的及原则

9.1.1 预分解窑调节控制的目的

预分解窑系统由预热器、分解炉、回转窑、高效冷却机四个子系统组成，各子系统分别主要承担水泥熟料煅烧过程的预热、分解、烧成、冷却各阶段任务。由于水泥熟料煅烧过程是一个连续的物理化学变化过程，各阶段相互影响、相互制约，也就是说预分解窑系统任何一个参数的变化、失衡均会影响整个系统的稳定运行。预分解窑生产过程控制的关键是均衡稳定运转，它是生产状态良好的重要标志。运转不能均衡稳定、调节控制频繁，甚至出现恶性的"周期循环"，是窑系统生产效率低、工艺和操作混乱的明显迹象。因此，调节控制的目的就是要使窑系统经常保持最佳的热工制度，实现持续地均衡稳定运转。

9.1.2 预分解窑调节控制的一般原则

预分解窑系统操作控制的一般原则，就是根据生产条件变化，适时调整、优化各工艺系统参数，最大限度地减小波动，保持系统"均衡稳定"的运转，不断提高设备运转率。

"均衡稳定"是事物发展过程中的一个相对静止状态，它是有条件和暂时的。在实际生产过程中，由于各种主、客观因素的变化、干扰，难免打破原有的平衡稳定状态，这都需要操作人员予以适当调整，恢复或达到新条件下新的均衡稳定状态，因此运用各种调节手段来保持或恢复生产的均衡稳定，是控制室操作员的主要任务。

就新型干法水泥全厂生产而言，应以保证烧成系统均衡稳定生产为中心，调整其他子项系统的操作。就烧成系统本身，应是以保持优化的合理煅烧制度为主，力求较充分地发挥窑的煅烧能力，根据原、燃料条件及设备状况适时调整各项参数，在保证熟料质量的前提下，最大限度地提高窑的运转率。

在预分解窑系统具体操作中要坚持"抓两头，保重点，求稳定，创全优"这12字口诀。所谓"抓两头"，就是要重点抓好窑尾预热器系统和窑头熟料烧成两大环节，前后兼顾、协调运转；所谓"保重点"，就是要重点保证系统喂煤、喂料设备的安全正常运行，为熟料烧成的"动态平衡"创造条件；所谓"求稳定"，就是在参数调节过程中，适时适量，小调渐调，以及时地调整克服大的波动，维持热工制度的基本稳定；所谓"创全优"，就是要通过一段时间的操作，认真总结，结合现场热工标定等测试工作，总结出适合全厂实际的系统操作参数，即优化参数，使窑的操作最佳化，取得优质、高产、低耗、长期安全稳定的全面优良成绩。

　　总之，预分解窑系统操作要坚持"系统性、计划性、预见性、应急性"四项原则。所谓系统性，即将预分解窑系统看做一个整体（包括余热锅炉系统），统筹兼顾、分清主次、优化参数、协调运转、稳定操作；所谓计划性，即根据预分解窑系统运转情况，有目的、有计划、有步骤的控制调节；所谓预见性，即根据某些运行参数及原、燃材料等的变化及其规律，准确判断、预见对其他运行参数的影响及变化趋势，根据预兆，提前做好准备，适时适量调整；所谓应急性，即针对预分解窑系统突发的故障和不正常现象，及时、正确做出判断，并根据预案沉着应对，做到急而不乱、避免事故发生，将损失降低到最小限度。

9.2　预分解窑的点火投料操作

　　不同窑型、不同生产企业，其点火投料程序也是不同的，各企业均会根据自身特点制定点火投料操作规程。下面以某日产 2000t RSP 预分解窑为例说明预分解窑的点火投料操作程序。

9.2.1　点火投料前的必备条件

　　①设备调试完毕，运行状况正常；②仪表准确可靠；③控制系统灵敏、有效、可靠；④烧成系统耐火材料已烘干；⑤油、气、水输送线路畅通，压力满足要求；⑥煤、料存量满足要求；⑦点火工具、材料齐备；⑧通信线路畅通。

9.2.2　点火投料步骤

　　①确认冷却机各室风机阀门全关；②确认窑后高温风机进口阀门全关；③确认窑头收尘器排风机全关；④确认窑头一次风机进口阀门全关；⑤确认入炉三次风阀门全关；⑥确认窑尾点火烟囱阀门全开；⑦启动供油系统，点火；⑧启动一次风机（根据油燃烧情况而定）；⑨窑尾温度升到 200℃ 时，每隔 60min 间歇转窑 1/4 圈；⑩窑尾温度升到 500℃ 时，窑头开始喷煤，喂煤量 1t/h；⑪窑尾温度升至 500℃ 时，每 30min 间歇转窑 1/4 圈，窑尾温度升至 600℃ 时，每 15min 间歇转窑 1/4 圈；⑫煤粉燃烧稳定后，减少喷油量直至停止，并逐步增加喷煤量，调节一次风量；⑬启动篦冷机一、二室风机，调节风机进口阀门，保证窑尾废气中 O_2 含量在 2% 以上；⑭启动窑头收尘器，启动窑头收尘器排风机；⑮启动篦冷机三、四、五室风机，调整其阀门开度；⑯调节窑头收尘据排风机进口阀，维持窑头负压在 0~50Pa；⑰窑尾温度达 700℃ 时，每 10min 间歇转窑 1/4 圈；⑱窑尾温度达 800℃ 时，开始连续转窑，窑速为 0.5r/min；⑲启动高温风机和窑尾排风机，适当打开进风阀门（20%），关闭点火烟囱阀门；⑳分解炉出口温度达 650℃ 时，增大窑头喷煤量，调节窑速至 1r/min，分解炉开始喷煤（1t/h），并加大排风机和高温风机进口阀门开度（至 50%）；㉑分解炉出口温度达 850℃ 时，开始投料（投料量 50t/h，一般为额定投料量的 50% 左右），增大窑头和分解炉喷煤量，并调节窑速；㉒启动熟料输送机；㉓启动熟料篦式冷却机；㉔启动增湿塔喷水，控制废气温度低于 150℃；㉕当废气中 CO 浓度小于 0.15% 时，启动窑尾收尘器；㉖逐步增加生料喂料量，约每小时增加 5t，同时根据温度变化增大喷煤量，调节用风量，维持窑头负压在 0~50Pa，并相应调节篦冷机篦床速度。点火程序温度制度参考曲线如图 9-1 所示。

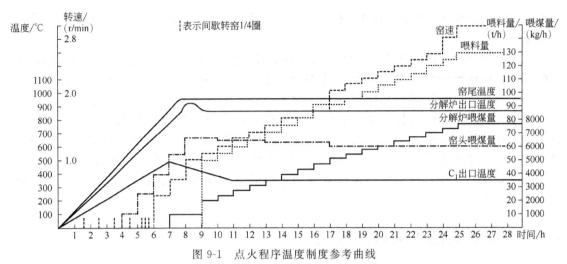

图 9-1 点火程序温度制度参考曲线

①本点火程序参考曲线仅供参考；②图中窑尾温度、分解炉出口温度、C_1出口温度曲线为各温度变化的基础（即控制目标值），在实际点火操作中，各温度波动±50℃均为正常；③不同窑型、不同生产企业，其点火程序也不尽相同，应根据自身特点确定点火操作程序

9.3 回转窑挂窑皮操作

所谓"窑皮"是附着在烧成带耐火砖表面的一层熟料，它的作用是：①保护烧成带耐火砖不直接受高温及化学侵蚀，从而延长耐火砖使用寿命，为窑的安全运转创造条件；②可以减少烧成带筒体向周围的散热损失，提高窑的热效率。

点火后，把耐火砖表面烧到一定温度，物料进入烧成带后，产生一定数量的液相。当耐火砖被物料埋盖后，由于不再接受气体传给热量，本身热量反而被物料所吸收和向外散失，因而耐火砖表面温度降低，而使黏附在表面的一层物料与耐火砖凝固在一起，形成一层窑皮。当这一部分又转到与火焰直接接触时，只要气体和物料之间的温差不太大，粘上去的物料就不会掉下来。只要窑皮表面温度长时间低于熟料中液相的凝固温度，固化的颗粒层就会附着在窑皮上，窑皮就会继续形成。但是随着窑皮的增厚，烧成带筒体向外散失的热量减少，窑皮表面温度就会升高，当达到熟料中液相的凝固温度以上时，窑皮就不再形成，并脱落下来。由于窑皮的减薄，其表面温度又降下来，窑皮又开始形成。当窑能在这样相对平衡条件下运转时，新生的窑皮与脱落的窑皮达到动态平衡，就能保持一定厚度的窑皮。影响窑皮形成的因素主要有以下几点：

（1）生料化学成分 由于窑皮形成中含有从液相变为固相的过程，因此生料煅烧时的液相量对窑皮的形成有非常重要的作用。液相量多，则容易形成窑皮，同时也易脱落；液相量少，形成窑皮困难，但一旦形成了就比较坚固。目前一般挂窑皮时，不改变生料成分，则用正常生产的生料，既易形成窑皮，又易保住窑皮。

（2）火焰与窑皮的温度 火焰温度过低，使物料出现液相量少，不易形成窑皮；火焰温度过高，使窑皮温度高于液相的凝固温度，窑皮会脱落。窑皮温度应在接近液相凝固温度附近保持平衡，才有利于窑皮的形成。窑皮的温度直接受火焰温度、火焰形状及筒体向外散热的影响。在窑的发热能力不变的情况下，火焰形状直接影响烧成带窑皮表面温度，太短、太急和太粗的火焰会侵蚀窑皮，长火焰对窑皮形成有利，火焰应在有利于窑皮形成的条件下尽量缩短。

（3）耐火砖的成分　如果窑皮与耐火砖表面能够形成一层黏性较高的物质，就不易脱落，有利于窑皮的形成。

挂窑皮是一项重要而复杂的工作，如果操作不当，不但挂不上窑皮，反而会把耐火砖烧坏。对于 RSP 型预分解窑来说，待 C_5 出口气体温度达到 900℃时开始投料，喂料量为设计能力的 30%～40%；逐渐关闭冷风阀，适当加大喂煤量和系统排风量，慢速转窑，开始挂窑皮。挂好窑皮的关键是，待生料到达烧成带时及时调整喂煤量和窑速，确保烧成带温度稳定，窑速与喂料量相适应，一般需 3～4 个班可挂好窑皮。

9.4　预分解窑的正常运行操作

9.4.1　预分解窑系统调节控制参数

新型干法窑在生产过程中需要控制的参数非常多，参数间的因果关系关联也比较紧密。一般进行重点检测、控制的在 60～65 个之间，这些参数包括检测参数和调节参数。

在实际生产过程中，各厂的检测项目和测点位置不尽相同，表 9-1 列出了预分解窑的主要检测参数及其作用，并以 2500t/d 及 3000t/d 为例列出了各参数的控制范围。

表 9-1　正常情况下控制参数项目、作用及控制范围

控制参数项目	参数控制范围		作用
	2500t/d	3000t/d	
窑尾温度/℃	1000±50	1100±50	控制室内煅烧状况
窑主传电流/A	350～450	350～480	
窑尾负压/Pa	−1000～−300	−300～−100	
窑头负压/Pa	−50～−20	−50～−20	
预热器 C_1 出口温度/℃	330～350	325～335	系统拉风量的适宜控制
预热器出口负压/Pa	−6500～−6000	−6900～−6200	
高温风机入口温度/℃	300～350	300～350	
高温风机电流/A	80～84	82～87	
C_5 出口负压/Pa	−2100～−1950	−2200～−2000	
C_5 下料温度/℃	860～880	840～870	分解炉内煤粉燃烧和碳酸钙分解反应的平衡程度
分解炉出口温度/℃	870～900	850～870	
分解炉出口负压/Pa	−1200～−1000	−1400～−1200	
三次风温/℃	>850	>850	
C_3 锥部负压/Pa	−3800～−3600	−3900～−3700	预热器工作状态
C_2 锥部负压/Pa	−4200～−4000	−4400～−4200	
篦冷机一室压力/Pa	5100～5350	5200～5450	料层厚度指标
篦冷机二室压力/Pa	4700～5000	4800～5200	
篦冷机四室压力/Pa	2900～3100	3000～3200	
五室、六室压力/Pa	2600～2800	2700～3000	
一、二室篦板温度/℃	28～38	32～45	

控制参数项目	参数控制范围		作用
	2500t/d	3000t/d	
增湿塔温度/℃	320～350	300～350	收尘器工作指标
窑头入除尘器的温度/℃	250～350	250～450	
窑尾入除尘器的温度/℃	150～180	150～180	
窑筒体温度/℃	＜350	＜350	空皮状况和烧成带位置的安全指标
煤粉仓温度/℃	＜60	＜60	
预热器出口/℃	320～350	320～350℃	

　　　　预分解窑系统检测参数反映了其运行状态,这些参数的调节与控制是通过对调节参数(变量)的调节与控制来实现的,也就是说,预分解窑的操作是通过对操作参数(变量)的调节与控制来实现的。这些调节参数主要是:喂料量、窑速、喷煤量(窑头、窑尾)、风机转速、各阀门开度、篦冷机篦板推动速度等。表 9-2 列出了主要的操作变量及其作用,并以 1000t/d 水泥熟料烧成系统为例列出了各操作变量的正常控制范围。

表 9-2　1000t/d 水泥熟料烧成系统主要的操作变量及其作用

序号	项目	正常控制范围	作用
1	投料量/(t/h)	70～75	风、煤、料平衡
2	窑速/(r/min)	3.0±0.2	
3	窑头喂煤量/(t/h)	2.2±0.3	
4	窑尾喂煤量/(t/h)	3.3±0.3	
5	高温风机转速/(r/min)	950～1020	控制系统拉风
6	高温风机入口阀门开度/%	80～90	
7	篦冷机篦速/(次/min)	4～8	控制料层厚度
8	窑头一次风机转速/(r/min)	830～870	控制火焰形状、火焰长度、着火点位置
9	喷煤管内、外风阀门开度/%	50/80	
10	喷煤管位置/cm	0～70	
11	三次风阀门开度/%	40～60	调节系统平衡,保证煅烧需要
12	窑头排风机入口阀门开度/%	50～85	
13	窑尾排风机入口阀门开度/%	70～85	
14	篦冷机冷却风机入口阀门开度/%	70～90	
15	高温风机入口冷风阀门开度/%	0～80	保护除尘器和风机
16	窑头除尘器入口冷风阀门开度/%	0～80	
17	窑尾除尘器入口冷风阀门开度/%	0～80	

　　　　另外,入窑生料及煤粉的化学成分对烧成而言也属自变量,它们的变化会引起运行参数一系列的变化,但它们不由窑操作员控制。当出现原燃料成分不符合要求波动时,应及时向有关部门提出意见并及时调整预分解窑系统的运行参数,以适应入窑生料及煤粉的化学成分

的变化。

具体如何调控各项操作变量，因各厂设备、工艺及其他条件不同，不可一概而论，许多厂的操作员在总结操作经验时均提出过各种口诀或原则条款，较为典型的是"三个固定，四个稳定，处理好五个关系"。

三个固定：固定窑速；固定下料量；固定冷却机的料层厚度。

四个稳定：稳定窑尾温度；稳定分解炉出口温度；稳定系统排风；稳定预热器出口温度。

五个关系：窑与炉的用风关系；新入生料与回料均匀入窑的关系；窑与预热器、分解炉、冷却机的关系；窑与煤磨的关系；主机与各辅机的关系（包括预分解窑系统与余热锅炉、生料磨、煤磨用风的关系）。

9.4.2　正常操作下过程变量的控制

所谓正常操作，是指窑系统经点火升温、投料挂窑皮并进入正常投料起，到出现较大故障而必须转入停窑操作这一时期。正常操作的主要任务就是通过风、煤、料及窑速、篦速等操作变量的调节，保持稳定、合理的热工制度，使重点过程变量基本稳定。在日常生产过程，预分解窑系统中需要重点监控的主要工艺参数有以下几个。

（1）烧成带物料温度　通常用比色高温计及看火摄像头进行测量和观察，该温度作为监控熟料烧成情况的标志之一。由于测量上的困难，往往只能测出烧成物料的温度，作为综合判断的参考。

（2）氧化氮（NO_x）浓度　回转窑中 NO_x 的生成与 N_2、O_2 浓度和燃烧温度有关，其形成条件一是高温（1300℃以上）；二是高的 N_2、O_2 浓度。由于 N_2 在窑内几乎不存在消耗，故仅 O_2 与浓度和烧成温度有关。空气消耗系数越大、O_2 浓度及燃烧温度越高，NO_x 生成量越多，此外，NO_x 的生成还和 N_2 与 O_2 的混合方式、混合速度有关。

窑系统中对 NO_x 的测量，一方面是为了控制其含量，满足环保要求；另一方面，在窑系统生产情况及空气消耗系数大致固定情况下，窑尾废气中 NO_x 的浓度同烧成带火焰温度有密切的关系，烧成带温度高，NO_x 浓度增加，故以 NO_x 浓度作为烧成带温度变化的一种控制标志，时间滞后较小，很有参考价值。因此，可将此同其他参数一起，综合判断烧成带情况。

但是，如果增设了脱氮装置，必须考虑脱氮装置的运行效率对 NO_x 的影响。

（3）窑转动力矩　由于烧成温度较高的熟料被壁窑带动得较高，因而其转动力矩也较大，故以此结合比色高温计温度、废气中 NO_x 浓度等参数，可以对烧成带物料煅烧情况进行综合判断。但是，由于窑内掉窑皮、结圈、塌料以及喂料量的变化等原因，也会影响窑转动力矩的测量值。因此，当窑转动力矩与比色高温计测量值、NO_x 浓度发生矛盾时，必须充分考虑掉窑皮、物料变化的影响，综合权衡，做出正确的判断。

（4）窑尾气体温度　它同烧成带温度一起表征窑内各带热力分布状况，同最上一级旋风筒出口气体温度（或连同分解炉出口气体温度）一起表征预热器（或含分解炉）系统的热力分布状况。同时，适当的窑尾温度对于窑系统物料的均匀加热及防止窑尾烟室、上升烟道及旋风筒因超温而发生结皮堵塞也十分重要。一般可根据需要控制在 950～1100℃。

（5）分解炉或最低一级旋风筒出口气体温度　它表征物料在分解炉内的预分解情况。温度太高，易使液相过早出现而致结皮；温度过低，燃料燃烧及碳酸盐分解速度慢，使燃烧不充分、分解率低，不能充分发挥分解炉的功能，甚至造成分解炉熄火。在确保分解炉不结皮的情况下尽可能提高分解炉温度，一般控制在 850～890℃，保证物料在分解炉内预分解状况的稳定，从而使整个窑系统热工制度稳定，对防止结皮堵塞也十分重要。

(6) 最上一级旋风筒出口气体温度 一般控制在 $300 \sim 340℃$。超温时，应检查生料喂料是否中断、某级旋风筒或管道是否堵塞、燃料量与风量是否超过喂料量的需要等，查明原因后做出适当处理；当温度降低时，则应结合系统有无漏风及其他旋风筒温度状况酌情处理。

(7) 窑尾、分解炉出口或预热器出口气体成分 通过设置在各相应部位的气体成分自动分析装置进行检测各部位气体成分，它们表征窑内、分解炉或整个系统的燃料燃烧及通风情况。对窑系统燃料燃烧的要求是：既不能使燃料在空气不足的情况下燃烧而产生 CO，又不能有过多的过剩空气而增大热耗。一般情况下，窑尾烟气中 O_2 含量控制在 $1.0\% \sim 1.5\%$，分解炉出口烟气中 O_2 含量控制在 3.0% 以下。

窑系统的通风状况，是通过预热器主排风机及安装在分解炉入口的三次风管上的调节风门闸板进行平衡和调节的，当预热器主排风机转速及入口风门不变，即总排风量不变时，关小分解炉三次风管上的风门闸板，即相应地减少了三次风量，增大了窑内的通风量；反之，则增大了分解炉的三次风量，减少了窑内通风量。如果三次风管上的风门闸板开启程度不变，而增大或减少预热器的主排风机的通风量，则窑内及分解炉内的通风量都相应地增加或减少。可见，预热器主排风机主要是控制全系统的通风情况，而分解炉入口的三次风管上的风门，主要是调节窑与分解炉两者的通风比例。调节依据是各相应部位的废气成分的分析结果。

在窑系统安装有电收尘器时，对分解炉或最上一级出口（或电收尘器入口）气体中的可燃气体（$CO + H_2$）含量必须严加限制。因为含量过高，不仅表明窑系统燃料燃烧不完全，使热耗增大，更主要的是在电收尘器内容易引起燃烧和爆炸。因此，当预热器出口或电收尘器入口气体中 $CO + H_2$ 含量超过 0.2% 时，则发生报警，达到允许极限 0.6% 时，电收尘器高压电源自动跳闸，以防止爆炸事故，确保生成安全。

(8) 最上一级及最低一级旋风筒出口负压 预热器各部位负压的测量，是为了监视各部阻力，以判断生料喂料量是否正常、风机闸门是否开启、防爆风门是否关闭以及各部有无漏风或者堵塞情况。当最上一级旋风筒负压升高时，首先要检查旋风筒是否堵塞，如正常，则结合气体分析结果确定排风是否过大；当负压降低时，则检查喂料是否正常、防爆风门是否关闭、各级旋风筒是否漏风，如果正常，则结合气体分析结果确定排风是否足够。

一般情况下，当发生结皮堵塞时，其结皮堵塞部位与预热器主排风机间的负压 O_2 在含量正常情况下有所提高，而窑与结皮堵塞部位间的气流温度升高，结皮堵塞的旋风筒下部及下料口处的负压均有所下降。据此可判断结皮堵塞部位并加以处理。

由于各级旋风筒之间的负压互相联系、自然平衡，故一般只要重点监测预热器最上一级和最下一级旋风筒的出口负压即可了解预热器系统的情况。

(9) 最下一、二级旋风筒锥体下部负压 它表征该两级旋风筒的工作状态，当该旋风筒发生结皮堵塞时，锥体下部负压下降。

(10) 预热器主排风机出口管道负压 在窑系统与生料磨系统联合操作时，该处负压主要指示系统风量平衡情况。当该处负压增大或减小（视测量部位而规定目标值）时，应关小收尘器的排风机闸门；反之，则开大闸门，以保持风量平衡。

(11) 收尘器入口气体温度 该温度对收尘器设备安全及防止废气中水蒸气冷凝结露十分重要，因此必须控制在规定的范围内。一般情况下，在收尘器上装有自动控制装置，当入口气温达到最高允许值时，电收尘器高压电源自动跳闸。在生料磨系统利用预热器废气作为烘干介质，窑、磨联合操作情况下，收尘器入口气温有较大变化时，如果预热器系统工作正常，则需要检查生料磨系统及增湿塔出口气温状况。

（12）窑速及生料喂料量　一般情况下，在各种类型的水泥窑系统中，都装有与窑速同步的定量喂料装置，以保证窑内料层厚度的稳定。在预分解窑系统中，对生料喂料量与窑速的同步调节则有两种不同的主张：一种主张认为同步喂料十分必要；另一种主张则认为由于现代化技术装备的采用，基本上能够保证窑系统的稳定运转，因此在窑速稍有变动时，为了不影响预热器和分解炉的正常运行和防止调节控制的一系列变动，生料喂料量可不必随窑速的小范围调节而变动，而在窑速变化较大时，喂料量可以用人工根据需要调节，故不必安装同步调速装置。

（13）窑头负压　它表征窑内通风量及冷却机与入窑二次风之间的平衡。在正常生产情况下，一般增加预热器主排风机风量，窑头负压增加，反之减小。而在预热器主排风机排风量及其他情况不变时，增大篦冷机冷却风机鼓风量，或者关小篦冷机排风机风门，都会导致窑头负压减小，甚至出现正压。在正常生产中，窑头负压一般保持在 $0.05\sim0.1\text{kPa}$，绝不允许窑头形成正压，否则窑内细粒熟料飞出，会使窑头密封圈磨损，也影响人身安全及环境卫生，对安装在窑头的比色高温计及电视摄像头等仪表的正常工作及安全也很不利。一般采用调节篦冷机剩余空气排风机风量的方法，控制窑头负压在规定的范围内。

（14）篦冷机一室下压力　它不仅指示篦冷机一室篦床阻力，也指示窑内烧成带温度变化。当烧成带温度下降时，熟料结粒减小，致使篦冷机一室料层阻力增大，在一室篦床速度不变时，一室篦床下压力必然增高。生产中，常以一室压力与篦床速度构成自动调节回路，当一室压力增高时，篦床速度自动加快，以改善熟料冷却状况。

（15）窑筒体温度　窑筒体温度表征了窑内窑皮、窑衬的情况，据此可监测窑皮粘挂、脱落、窑衬侵蚀、掉砖及窑内结圈状况，以变及时粘补窑皮，延长窑衬使用周期，避免红窑事故的发生，提高运转率。

9.5　停窑操作

9.5.1　正常停窑

烧成系统的停窑，在无意外情况发生时，均应有计划地进行停窑，同时需相关车间配合，做到各车间按烧成要求进行有序操作，特别是煤粉仓是否排空，留多少煤粉供窑降温操作应协调好。因生料磨系统使用窑尾废气作为烘干热源，煤磨系统使用窑头篦冷机废气作为烘干热源，两磨系统皆未设置辅助热源，故两磨系统的开停，停窑过程当中两磨系统操作参数的相应调整，库存料量的数量，下次开窑的时间等都要进行周密的考虑与部署。

①在预定熄火 2h 前，减少生料供给，分解炉逐步减煤，再逐步减少生料量，以防预热器系统温度超高。

②点火烟囱慢慢打开，使 C_1 出口温度不超过 400℃。

③当分解炉出口温度降至 $600\sim650$℃时，完全止料，同时降窑速至 1.2 r/min，控制窑头用煤量。

④减少高温风机拉风。

⑤配合减风的同时，减少窑头喂煤，不使生料出窑。

⑥停增湿塔喷水，然后继续减风。

⑦当尾温降至 800℃以下时，停窑头喂煤，然后停高温风机，点火烟囱完全打开，用窑尾收尘排风机进口阀门控制用风量。注意窑头停煤后，需保持必要的一次风量，以防煤管变形。

⑧停窑尾收尘，回灰输送系统，生料喂料系统。

⑨当筒体温度达 250℃以下时改辅助转窑。

⑩视情况停筒体冷却组风机，窑口密封圈冷却风机。

⑪窑头熄火后，注意窑头罩负压控制，即减少篦冷机鼓风，窑头排风机排风。

⑫窑头出料很少时，停篦冷机，过一段时间后，从六室到一室各风机逐一停止。

⑬停窑头电收尘，熟料输送，一次风机，窑头电收尘排风机，用点火烟囱和窑尾电收尘排风机控制窑负压。

⑭视情况停喂煤风机，将喷煤管渐渐拉出。

⑮全线停车。

9.5.2 事故停窑

系统的故障停窑有两类：机电故障和工艺故障。投料试运行阶段，系统连续运转时间短，电气控制系统中的各类整定保护值的高低有待优化，且各厂情况不相同，故障表现出不尽相同。同时设备初次重载运转，难免出现故障，初次投料运行，大大增加了机电故障的概率。

（1）紧急停窑操作要领

① 当巡检人员在车间内发现设备有不正常的运转状况或危害人身安全时，可利用机旁按钮盒或机旁电流表箱上的停车按钮进行紧急停窑。

② 控制室操作员要进行紧急停窑时，可通过计算机键盘操作"紧停"按钮，则该联锁组内设备全部一起关机。

（2）故障的判断和处理　当有报警信号时，可按键盘上的专程解除按钮，解除声响信号，故障的判断可查看电气控制报警系统。

在投料运行中出现故障停车时，首先要止料，停分解炉喂煤。然后再根据故障种类及处理故障所需时间，及对工艺生产、设备安全影响的大小，完成后续操作。

（3）故障停窑后的操作处理方法

①凡影响回转窑运转的事故（如窑头及窑尾收尘排风机、高温风机、窑主电机、篦冷机、熟料输送设备等）都必须立即停窑，止煤、停风、停料，开启点火烟囱。窑低速连续运转，或现场辅助传动转窑。送煤风，一次风不能停，一、二室各风机鼓风量减小。如果突然断电，则应接通窑保安电源，及时开窑辅助传动，并对关键性设备采取保护措施。注意人身安全。

②故障停窑要尽量减少对两个废气余热利用系统的影响，及时调整原料和煤磨，增湿塔及时调节喷水量，以减少对下一步生产的影响。

③分解炉喂煤系统发生故障时，可按正常停窑操作，或维持低负荷生产时（投料量＜100 t/h），适当减少系统排风量。应注意各级旋风筒，防止堵塞。

④故障停窑后应尽快判断事故原因及停车检修时间，如短期停窑应注意保持窑内温度，即减小系统拉风，窑头小煤量，控制尾温不超过 800℃，低速连续转窑，注意高温风机入口温度不超过 350℃。

⑤如发生预热器堵塞，首先应正确判断堵塞位置，立即停料、停煤、慢转窑、窑头小火保温或停煤。抓紧时间拥堵，并注意人身安全。

⑥窑喂煤系统停窑后，无法烧出合格的熟料，应及时止料，慢转窑，止分解炉喂煤，减少拉风，防止 C_1 筒出口温度过高。注意转窑及系统保温。

⑦如发现断料应及时停止分解炉喂煤，慢窑操作并迅速查明原因处理故障，及时恢复喂料。慢窑操作时应减少拉风，防止 C_1 出口超温，如短期不能恢复喂料，即可考虑停窑。

⑧掉砖红窑：操作中应注意保护好窑皮，观察窑筒体表面温度变化，发现局部蚀薄应采取补挂措施，一旦发现红窑或有掉砖现象（包括分解炉和预热器的高温部位），应立即查明具体部位和严重程度，决定紧急停窑或将窑内物料适当转出后停窑，特别是窑体掉砖红窑，

不允许拖长运转时间，以免烧坏窑筒体。

9.6　非正常条件下的操作及故障处理

在生产过程中，由于设备故障或操作（调节控制）不当等原因，经常会出现一些不正常情况，影响生产的正常进行，造成质量事故甚至设备的损坏及人员伤亡等重大损失。

生产中出现故障或不正常情况时，体现在热工参数的变化上。因此，在日常生产过程中，要求操作人员必须密切注意生产运行参数的变化，及时发现问题，并做出正确的判断，采取相应措施，迅速排除故障，恢复正常生产，确保人身及设备安全，将损失减小到最低限度，避免造成重大损失。

在进行故障或不正常情况的判断时，要分清主要矛盾与次要矛盾，逐步进行判断。一般情况下，首先要重点观察一级旋风筒出风口、分解炉（或最下一级旋风筒出风口）、窑尾及窑头温度的变化；其次是一级旋风筒出风口、分解炉（或最下一级旋风筒出风口）、窑尾及窑头压力的变化；再次是窑尾及预热器后风管气体成分的变化；最后是其他参数的变化。

在对故障或不正常情况做出正确的判断后，根据不同的故障或不正常情况采取不同的措施。对于破坏性故障或故障处理需要较长时间而必须停车时，要按照操作规程依次进行停煤、停料、停窑，同时要注意避免跑生料；对于调节性故障，根据故障后或不正常情况原因，做出相应调整，但要注意调节幅度一次不要太大，防止热工参数出现大的变动，造成"恶性循环"。

9.6.1　预分解窑系统常见工艺故障及处理方法

（1）结皮堵塞

①碱、硫、氯等有害成分富集及危害　众所周知，水泥中的碱与集料中的活性成分反应对混凝土有很大的破坏作用，因此构筑物施工时除对混凝土集料需要加以选择外，水泥生产中对碱含量也必须加以限制。

在预分解窑的生产中，由于碱在预热器系统的重新凝聚，熟料中的碱含量往往高于其他类型的回转窑。同时当生料及燃料中的碱、硫、氯等有害成分含量较高时，还容易造成预热器系统的黏结及堵塞，影响窑系统的稳定生产，所以更应特别重视。

在预分解窑系统中，碱、硫、氯等循环、富集，是伴随着两个过程而发生的一个叫做"内循环"；另一个叫做"外循环"。所谓内循环，是指碱、硫、氯在窑内高温带从生料及燃料中挥发，到达窑系统最低两级预热器等较低温度区域时，随即冷凝在温度较低的生料上，它们随生料一起进入窑内，形成一个在预热器和窑之间的循环及富集过程。而外循环则是指凝聚生料中的碱、硫、氯等成分，随废气排出预热器系统，当这部分粉尘在收尘器、增湿塔及生料磨系统中（当预热器废气作为烘干介质）被收尘器收集重新入窑时，在预热器与这些设备之间存在循环过程。由于这个循环过程是在窑外单独进行的，故称为外循环。如果在收尘设备中收集的窑灰丢弃，外循环则基本消除。但是，由于在预热器系统中 K_2O 的冷凝率高达 $79\%\sim81\%$，而 Na_2O 的冷凝率较低，因而预热器废气中带出的含碱、硫、氯等有害成分相当低，因此窑灰重新回窑产生的外循环，对生产影响不大。

②预热器系统结皮堵塞的原因　对预热器系统来说，最容易发生结皮、堵塞的部位是窑尾烟室、下料斜坡、缩口及最下一级旋风筒锥体、最下两级旋风筒等部位。但是，结皮在整个预热器系统以及预热器主排风机的叶片上都能发生。结皮增厚时，不但会使通风通道有效面积减小，阻力增大，影响系统通风，结皮严重或塌落时，还容易发生堵塞事故，影响正常生产。主排风机叶片结皮，会使风机发生震动，影响风机的安全运转。

造成固体颗粒黏结在煅烧装置的内壁而形成预热器内结皮的原因，伦普认为是湿液薄膜表面张力作用下熔融黏结,作用于表面上的吸力造成的表面黏结及纤维状或网状物质的交织作用造成的黏结。由于在窑尾及预热器内的结皮中硫酸碱和氯化碱含量很高,而在硫酸钾、硫酸钙和氯化钾多组分系统中,最低熔点温度为 $650 \sim 700℃$,因此,窑气中的硫酸碱和氯化碱凝聚时,会以熔融态形式沉降下来,并与入窑物料和窑内粉尘一起构成黏聚性物质,而这种在生料颗粒上形成的液相物质薄膜,会阻碍生料颗粒的流动,在预热器内造成黏结堵塞。此外,生料成分波动、喂料不均、火焰不当、预热器过热、燃料不完全燃烧、窑尾及预热器系统漏风、预热器内衬料剥落、翻板阀不灵等种种原因,也都会导致结皮、堵塞。

法国拉法基水泥公司认为,结皮的形式主要与尔列三个因素有关:a. 与物料中钾、钠、氯、硫的挥发系数大小有关,特别是在还原气氛中,挥发系数增大时,对结皮影响很大;b. 与物料易烧性的有关,若物料易烧性较好,则熟料的烧成温度将会相应偏低,结皮就不易发生;c. 与物料中所含三氧化硫与氧化钾的摩尔比大小有关,物料中的可挥发物含量越大,窑系统的凝聚系数越大,则结皮形成的可能性就越大。

关于结皮的主要矿物成分,一般认为是由于大量的粉尘循环及硫酸盐、氯化物的富集而生成一种灰硅钙石。

③防止预热器系统结皮堵塞的措施　防止预热器系统结皮堵塞的措施可归纳如下:a. 减少和避免使用高氯和高硫的原料;b. 使用低氯、低硫或中硫的煤;c. 如果难以避免过量的氯和硫,建议丢弃一部分窑灰,以减少氯的循环或采用旁路放风系统;d. 避免使用高灰分和灰分熔点较低的煤;e. 对窑及预热器要精心操作,使各部的温度、压力稳定及喂料量稳定;f. 在悬浮预热器系统,特别是在最下两级旋风筒的锥体卸料部位,沿切线方向装设高压空气清扫喷嘴或空气喷枪定时清扫。

④旁路放风系统　为了解决碱、硫、氯等有害成分的循环富集所造成的结皮堵塞及熟料质量下降,首先必须注重原燃料的选用。当原燃料资源受到配制,有害成分含量超过允许限度时,必须采取旁路放风措施。旁路放风量可根据原燃料情况,通过计算确定。由于旁路放风装置要增大基建投资,并且每 1% 旁路放风量增大熟料热耗 $17 \sim 21kJ/kg$ 熟料,故一般放风量不超过 25%,一般为 $3\% \sim 10\%$。此外,当所用原料中碱、硫等有害成分挥发率过低,为了生产低碱熟料,可适当加入氯化钙作为外加剂,提高旁路放风效果。

(2)预分解系统塌料　预分解窑系统塌料是指大股生料直接通过旋风筒或分解炉向下塌落的一种状态。发生塌料时,生料通过窑尾烟室落入窑内,导致窑内热工制度紊乱,无法控制,严重时燃烧器回火,造成设备损害和人身伤害。

(3)飞砂　飞砂现象有两种:一是回转窑烧成带物料不易烧结而产生大量飞扬的细粉熟料(一般小于 1mm),称为飞砂料;二是烧成带物料过黏,成片下滑,很少滚动,难以结粒,表面粉化而产生的黏散料。飞砂料的出现使窑内浑浊并对窑皮不利,影响熟料质量和窑的操作,也引起冷却机一室篦压、二次风温及风量的波动。飞砂料随三次风进入分解炉,影响炉内燃烧。

(4)结圈　当风煤配合不当或煤粉粗粒落在物料上,或熟料液相偏高,使窑皮出现增厚的不正常现象,通常称为结圈。圈分前圈和后圈。前结圈在烧成带和冷却带交界处,后结圈在烧成带后部。它们的存在均会影响窑内热工制度和产质量。

(5)红窑　指烧成带局部耐火砖被烧掉而发生窑筒体烧红的现象。当筒体扫描仪显示温度过高时,要到现场检查红斑发生在何处及情况如何。若发生轻微红斑应立即补挂窑皮,若筒体出现亮红面积大,且红斑出现在过渡带,分解带时,一般是调转所致,必须止料停窑处理。防止红窑的关键是保护窑皮和经常移动燃烧器位置。

(6)堆雪人　从篦冷机内摄像机可以看到冷却机入口处熟料产生堆积,俗称"堆雪人"。

该现象会影响二次风入窑状况，或造成篦冷机不走料，是影响窑正常运转的一大障碍。

（7）红河 "红河"是篦冷机常见现象，产生的原因是篦冷机冷却效果恶化，高温熟料在篦床上保持较长时间，从篦冷机观察孔或摄像机中可看到篦床上有较长的"红河"带。

预分解窑系统常见工艺故障现象、分析及处理方法见表 9-3。

表 9-3 预分解窑系统常见工艺故障现象、分析及处理方法

工艺故障		内容
结皮与堵塞	现象	①锥体负压下降甚至零压，表示该预热器锥体有堵塞现象 ②锥体负压下降，且炉温快速上升，系统负压略有减少，判断炉以上旋风筒发生积料堵塞；当最下一级旋风筒锥体压力降低、出炉温度不变、入窑料温下降时，可判断最低级旋风筒堵塞 ③预热器入口与下一级出口温度急剧上升表示该锥体有堵塞现象 ④烟室负压降低、三次风和分解炉出口负压增大且波动大，表示缩口结皮；三次风、炉出口和烟室负压同时增大，表示烟室底部结皮
	原因	①系统有害组分（碱、氯、硫）的循环、富集是形成结皮的重要条件 ②"二次燃烧"形成局部高温和还原气氛是形成结皮的关键因素 ③煤质差、灰分高是引起结皮的重要因素 ④投料初期达到定额喂料量间隔时间太长；窑炉燃料比例不合适使系统局部温度超高而堵塞 ⑤冷热交替造成大量结皮垮落或卸料口漏风是引起堵塞的生产操作管理因素 ⑥机械性堵塞，翻板阀闪动不灵
	措施	①避免使用高硫、高碱、高氯的原料和高灰分及灰分熔点低的煤；若必须用，可采取旁路放风或丢弃窑灰等措施 ②重视优化分解炉的炉容和结构，保证煤粉燃尽率和停留时间 ③中控操作要稳定，避免不完全燃烧和局部高温 ④在易结皮部位装设空气炮，按时清灰；在发现锥体压力波动大时，应及时进行吹扫和加强拥堵，同时降低 C_5 筒进口温度；当锥体压力为零时，应立即止料，停窑处理 ⑤开窑前检查炉内、预热器内、管道内是否有杂物，翻板阀是否灵活和系统密闭情况，发现问题及时处理 ⑥缩短从投料开始到达额定喂料量的间隔时间
预热器塌料	现象	①主机电流突然下降，表示预热器和分解炉系统塌料 ②窑尾负压突然增大又突然变小，后恢复正常，表明预热器塌料 ③窑尾温度下降幅度很大，窑头负压降低
	原因	①操作产量过低。当投料量过低、系统风速时，影响生料吹散、托起的因素最易引发突然性大幅度塌料 ②设备设计不合理，如烟室缩口尺寸过大、风速低、炉容积过小；旋风筒锥斗角度不够、进料口斜坡角度不合理等 ③操作因素，如风分配不合理，炉内风速低或炉温低，分解缓慢增加炉内生料负荷，易造成分解炉塌料 ④旋风筒漏风造成生料内循环，筒内生料浓度增加到一定程度，当系统操作参数变化时，积料下落 ⑤翻板阀调整不合理，积料过多，一次冲下造成塌料
	措施	①严格控制出磨生料水分<0.5%，稳定喂料量 ②改造旋风筒结构尺寸，合理调整翻板阀配重 ③开窑加料操作，尽快跳过低产塌料危险区 ④提高系统风量 ⑤对于较低程度的塌料，一般不做特别处理；塌料严重，则按窑跑生料处理

工艺故障		内容
跑生料	现象	①看火电视中显示窑头起砂、昏暗，甚至无图像 ②三次风温急剧升高 ③窑系统阻力增大，负压升高 ④篦冷机下压力下降 ⑤窑功率急剧下降 ⑥窑头煤粉有"爆燃"现象
	原因	①生料 KH、SM 高，难烧 ②窑头出现瞬间断煤 ③窑有后结圈 ④喂料量过大 ⑤分解率偏低，预烧不好 ⑥煤不完全燃烧
	措施	①起砂时应及时减料降窑速，慢慢烧起 ②提高入窑分解率，同时加强窑内通风 ③跑生料严重时应止料停窑，但不停窑头煤，每 3～5min 转窑 1/2 圈，直至重新投料
飞砂料	现象	①看火电视中显示窑头昏暗，甚至无图像 ②窑内出现细小熟料结粒
	原因	①生料硅酸率过高，液相量不足 ②操作参数不合理，火焰太长，煅烧温度不够
	措施	①降低生料硅酸率，适当增加氧化铁的含量 ②煅烧温度应与配料方案相适应
黏散料	现象	①烧成带物料过黏，成片下滑而很少滚动，难以结粒 ②物料表面粉化，形成飞砂 ③熟料立升重低，f-CaO 也低 ④看火电视中显示窑头昏暗，甚至无图像
	原因	硫酸盐饱和度过高，高温的液相熟料液相表面张力太小
	措施	①控制硫酸盐饱和度在 40%～70% ②避免使用高碱、高镁和高硫的原燃料 ③适当降低窑尾温度，提高窑速，缩短物料在过渡带停留时间
窑内结圈	现象	①窑口前圈可直接观察到 ②火焰短粗，窑前温度升高，火焰伸不进窑内形成短焰急烧，煤粉不完全燃烧，窑内发浑 ③窑尾温度降低，三次风和窑尾负压明显上升 ④窑头负压降低，并频繁出现正压 ⑤结圈积料严重，窑功率增加，窑内倒烟 ⑥来料波动大，窜料严重，一般烧成带来料减少；严重时窑尾密封团漏料
	原因	①生料化学成分影响：生料中 KH 或 SM 偏低，使煅烧中液相量增多，黏度大而易富集在窑尾；入窑生料化学成分均匀性差，造成窑热工制度容易波动，引起后结圈；煅烧过程中，生料中有害挥发性组分在系统中循环富集，从而使液相出现温度降低，同时也使液相量增加，造成结圈 ②煤的影响：煤灰中 Al_2O_3 含量较高，当煤灰沉落到烧成带末端的物料上会使液相出现温度大大降低，使液相增加，液相发黏 ③操作和热工制度的影响：用煤过多，产生还原气氛，物料中的 Fe^{3+} 还原为 Fe^{2+}，易形成低熔点矿物，使液相早出现；一、二次风配合不当，火焰过长，使物料预烧很好，液相出现早；热工制度不稳定，窑速波动大；喷煤管长时间不前后移动，后部窑皮生长快

工艺故障		内容
窑内结圈	措施	①调整配料 ②减少原燃料有害成分 ③控制好火焰形状，经常移动喷煤管 ④确保煤粉质量 ⑤对于前圈，拉出喷煤管高温、短焰烧圈 ⑥对于后圈，可采用冷烧法、热烧法和冷热交替法烧圈 ⑦在结圈出现初期，每个班在 $0\sim700mm$ 范围内进出喷煤管各一次
窑内结球	现象	①窑尾温度降低，负压增高且波动大 ②三次风、分解炉出口负压增大 ③窑功率高，且波动幅度大 ④C_5 和分解炉出口温度低 ⑤在筒体外面可听到有振动声响； ⑥窑内通风不良，窑头火焰粗短，窑头时有正压
	原因	①配料不当，SM 低、IM 低，液相量大，液相黏度低 ②入窑生料化学成分波动大，导致用煤量不易稳定，热工制度不稳定 ③喂料量不稳定 ④煤粉燃烧不完全，到窑后燃烧，煤灰不均匀掺入物料 ⑤火焰过长，火头后移，窑后局部高温 ⑥分解炉温度过高，使入窑物料提前出现液相 ⑦煤灰分高，细度粗 ⑧原料中有害成分含量高
	措施	①调整配料 ②保持喂料、喂煤稳定，降低它们化学成分的波动 ③确保煤粉质量 ④控制好火焰形状 ⑤控制原、燃料中有害成分 ⑥发现窑内有结球后，应适当增加窑内拉风，顺畅火焰，保证煤粉燃烧完全，并减料慢窑，让结球"爬"上窑皮进入烧成带，用短时大火把大球烧散或烧小，以免进入篦冷机发生堵塞，同时要防止大球碰坏喷煤管 ⑦若已进入篦冷机，应及时止料、停窑，将大球停在低温区，人工处理
熟料过烧或烧流	现象	①窑内颜色白亮，物料发黏（出汗）呈面团状 ②物料被带起高度较高 ③窑电流高，而当烧流现象严重时，窑电流会突然下降
	原因	①用煤量过多，烧成温度太高 ②熟料的 KH、SM 值偏低，氧化铝和氧化铁含量偏高
	措施	①调整配料 ②降低窑头喷煤量，提高窑速
红窑	现象	①筒体扫描仪显示温度偏高 ②夜间可发现筒体出现暗红或深红，白天则发现红窑处筒体有"瀑皮"现象
	原因	①窑衬太薄或脱落 ②火焰形状不正常 ③窑衬损坏或侵蚀变薄 ④垮窑皮

续表

工艺故障		内容
红窑	措施	①保护窑皮：掌握合理的操作参数，稳定热工制度，加强燃烧控制，避免烧大火、烧顶火，严禁烧流及跑生料 ②及时调整：当入窑生料由难烧料向易烧料转变时，且当煤粉出于转堆原因热值由低变高时，要及时调整有关参数，适当减少喂煤量，避免窑内温度过高，保证热工制度的稳定过渡 ③要尽量减少开停窑的次数，从而降低对窑皮和材料的损伤
堆雪人	现象	①一室篦下压力增大 ②出篦冷机熟料温度升高，甚至出现"红河"现象 ③窑口及系统负压增大 ④篦冷机用摄像机直接观察
堆雪人	原因	①生料 KH、SM 偏低，液相量偏多，黏度大 ②窑头火焰集中，出窑熟料温度高，有过烧现象 ③窑内出现还原气氛，熟料中 Fe^{3+} 还原为 Fe^{2+}，生成低共熔物 ④篦冷机篦速与窑速配合不合理，篦速过慢造成熟料堆积
堆雪人	措施	①在篦冷机前端装设空气炮 ②将燃烧器伸入窑内，降低出窑熟料温度 ③调整配料，降低液相量 ④采用新型篦冷机
红河	现象	①篦板局部温度高 ②篦冷机出料温度高
红河	原因	①熟料粗细不均 ②篦床速度太快，料层较薄
红河	措施	①合理调整篦速和熟料层厚度 ②采用新型篦冷机

9.6.2　预分解窑系统异常参数的调整

预分解窑常见异常参数的现象、原因分析及处理方法见表9-4～表9-7。

表 9-4　温度异常处理

故障	现象	原因分析	处理方法
烧成温度低，窑尾温度高	①火焰较长，黑火头长 ②窑皮与物料温度都低于正常温度；窑尾温度高于正常温度 ③烧成带物料被带起的高度低 ④熟料结粒小，结构疏松，立升重低，f-CaO 含量高	①系统风量过大或窑内风量过大 ②煤粉质量差、水分大、细度粗、燃烧速度慢，易产生后燃 ③多风道燃烧器使用不当，各风道之间的风量调节不合理，火焰不集中 ④二次风温过低	①适当降低系统风量或加大三次风阀开度 ②严格控制煤粉质量，调整煤磨操作参数 ③合理调整火焰长度，使火焰活泼有力，使风煤混合均匀，燃烧充分 ④合理调整篦床速度及合理配置各室风量

续表

故障	现象	原因分析	处理方法
烧成温度高，窑尾温度低	①煤粉喷出后立即燃烧，几乎没有黑火头，火焰短 ②火焰、窑皮及物料温度均高，整个烧成带白亮耀眼，窑电流偏低，窑尾温度低 ③熟料结粒粗大，物料被窑带起的高度高，熟料立升重高，f-CaO 含量也高	①燃烧器爆发力过强，火焰白亮且短 ②煤粉质量好、灰分小、细度细、水分小 ③系统风量过小或三次风与窑内风量匹配不合理，造成窑内通风过小 ④窑内有结圈或长厚窑皮影响窑内通风，使火焰短，窑尾温度下降	①适当调节内外风比例，减小旋流风增大直流风，确保火焰形状合理 ②使煤粉的控制指标在合理范围内 ③增大系统风量，减小三次风阀开度，增大窑内的通风量 ④处理结圈，控制长后窑皮
烧成温度低，窑尾温度低	①窑皮和物料温度都比正常低，窑内暗红，窑尾废气温度也低，窑体温度低，窑电流低 ②熟料颗粒细小而发散，在窑内被带起的高度低，并顺着耐火砖表面滑落 ③熟料表面疏松无光泽，立升重低，f-CaO 含量高，产质量低	①喂料不均，喂料量突然增加，或大量掉窑皮，造成物料预烧差 ②系统漏风严重，排风量不足 ③长时间给煤少，煤粉灰分大、细度粗 ④生料成分发生变化，饱和比和硅率高，物料煅烧困难	①加大喂煤量 ②加大喷煤管旋流风，适当加大直流风 ③等到两端温度正常后，恢复正常操作
烧成温度高，窑尾温度高	①烧成带物料发黏，物料被窑壁带起很高，物料翻滚不灵活，有时出现饼状物料 ②窑电流高 ③窑体温度高，窑尾废气温度高，烧成带温度也高	①喂煤量大，煤质好 ②生料饱和率和硅率偏低，液相量过高，不耐火 ③物料预烧好	①减少窑头喂煤量 ②减少旋流风，适当加大直流风 ③控制火焰温度，调整烧成带和窑尾温度
窑尾温度过高	窑尾温度过高，同时伴有 ①分解炉出口气体不升高 ②分解炉出口气体温度升高 ③当分解炉自控时加不进正常煤量 ④分解炉内气体温度高 ⑤窑尾负压增大，窑尾烟室 O_2 含量增高 ⑥窑内黑火头等，烧成带温度低 ⑦温度单向性变化	①C_5 级旋风筒堵塞 ②$C_1 \sim C_4$ 某级旋风筒堵塞 ③窑头喂煤量过多 ④分解炉喂煤量过多 ⑤窑内拉风过大，分解带过长，高温带后移 ⑥煤质变化或煤粉太粗，燃烧速度减慢 ⑦热电偶失灵	①停窑停煤 ②窑头减少喂煤量 ③适当减少分解炉喂煤量 ④增大三次风阀开度，减少窑内用风量 ⑤适当加少窑内用风量及一次风量，使高温带前移 ⑥适当开大三次风管阀门开度，缓慢增大分解炉用煤比例 ⑦更换热电偶

故障	现象	原因分析	处理方法
窑尾温度降低	窑尾温度过低，同时伴有 ①窑头返火（严重正压） ②窑尾负压增大 ③窑尾负压减小或为零 ④窑尾负压明显下降 ⑤窑头黑火头短、前温高 ⑥C_5出口温度及C_5下料温度低	①预热器塌料 ②窑内后结圈 ③窑尾缩口结皮严重 ④预热器系统有严重漏风 ⑤煤的挥发分高 ⑥分解炉用煤量少 ⑦热电偶上结皮	①小股塌料可不动；大塌料时减少生料量，降低窑速，增加窑喂煤量 ②减少一次风，喷煤管大变动；调整旋流、直流风比例，改变火焰长度，前后移动喷煤管，排风同时配合变化 ③及时、定时清理结皮，控制上升烟道的温度 ④检查并处理漏风 ⑤适当增大窑内排风，增大燃烧器直流风并减少旋流风 ⑥增加分解炉喂煤量 ⑦上述调整均无效，检查并更换热电偶
C_1旋风筒出口气体温度上升	C_1旋风筒出口气体温度上升，同时伴有 ①断料或正在停料，各级旋风筒温度均在上升，并超出控制值 ②C_1和C_5预热器内有火花 ③各级旋风筒出口温度均相应上升 ④温度单向性变化	①断料或减料 ②煤粉燃烧不好 ③喂煤量偏大 ④热电偶失效	①检查断料原因，恢复正常；加大喂料量，适当打开点火烟囱掺入冷风 ②适当开大三次风阀，若因煤粉不好，需提高煤粉细度 ③适当减少分解炉喂煤量 ④更换热电偶
分解炉出口温度过高	分解炉出口温度过高，同时伴有 ①某级旋风筒锥体堵塞，负压报警 ②喂料不正常，预热器系统温度高 ③C_5出口温度不恒定 ④物料在炉内分散不好，分解率低	①$C_1 \sim C_4$级旋风筒中某级锥体堵塞 ②生料喂料量突然下降或中断 ③自动喂煤装置失灵或手动喂煤过多 ④三次风小，或撒料装置坏	①停煤、停料，捅堵；若堵塞严重，停窑 ②减少分解炉喂煤或停煤，检查断料、少料原因 ③手动操作时应减煤 ④加大三次风，检修撒料装置
分解炉出口温度过低	分解炉出口温度过低，同时伴有 ①窑头有返火现象（瞬时出现正压） ②分解炉喂煤显示偏低 ③分解炉内有火花，C_5出口温度上升 ④窑内排风小，窑头加不进煤 ⑤温度变化迟钝	①C_2或C_4级旋风筒内塌料 ②分解炉喂煤少，窑头喂煤多 ③三次风量不足 ④三次风量过大 ⑤热电偶上结皮	①小股塌料可不动；大塌料时减少生料量，降低窑速，增加窑喂煤量 ②平衡分解炉和窑头喂煤 ③适当开大三次风阀，增加三次风量 ④适当关小三次风阀，增加窑用风量 ⑤清理热电偶上结皮
二次风温及三次风温变化	①风温太低，冷却机篦下压力低，传动电流下降 ②风温太高，冷却机篦下压力上升，传动电流上升 ③风温太高，入冷却机熟料温度太高	①料层薄 ②料层厚 ③风温太高，入冷却机熟料温度太高	①降低篦速，增加料层厚度，提高篦下压力使其达到控制值 ②提高篦速 ③适当增加冷却机（一、二室）风量并增加排风机排风量，稳定窑头负压及温度

续表

故障	现象	原因分析	处理方法
冷却机篦板温度偏高	中控画面显示冷却机篦板温度过高	①篦板脱落或篦缝较宽，漏料比较严重 ②熟料烧成状况不良，颗粒过细 ③篦床上出现"红河"现象 ④篦床速度过快，料层过薄 ⑤窑皮垮落或篦床堆料，无法及时冷却 ⑥风室冷风量过大，或料层较薄，熟料被吹穿 ⑦风室冷却风量过小，不能充分冷却熟料	①检修时更换磨损的篦板 ②提高窑头温度，控制熟料硅率不要过大 ③根据篦床情况进行调整，若料层过薄，适当降低篦速 ④若风室风量过大，熟料层被吹穿，则减少该风室风量，适当减慢篦速 ⑤若风室风量过小，不足以冷却熟料，则增加该风室风量，适当加快篦速
冷却机出料温度偏高	冷却机出料温度偏高	①冷却风量不够 ②篦床速度过快，熟料冷却后移 ③各风室风量匹配不合理 ④篦床出现"红河"或熟料结大块，掉窑皮	①适当增加部分风室风量，使其匹配合理 ②适当减慢篦速 ③保证配料合理及烧成状况稳定 ④对篦床"红河"现象进行处理
冷却机余风温度过高	冷却机余风温度过高	在二、三次风温不变的情况下，可能是由于篦冷机低温区用风量过少造成的	打开冷风阀门参加冷风

表 9-5　压力异常处理

故障	现象	原因分析	处理方法
窑尾压力增大	窑尾压力增大，同时伴有 ①C₅出口温度上升，炉内有火花，排风机前负压增高 ②窑尾负压增高，窑主电机功率高 ③改变三次风或排风机前阀门开度无效	①窑内通风量过大 ②窑结圈或窑皮过厚 ③负压表失灵 ④二次风温过低	①适当加大三次风阀开度，关小排风机前阀门开度 ②减小一次风，调整旋流风和直流风比例，改变火焰长度，前后移动喷煤管，同时排风配合变化 ③检查并修理仪表
窑尾压力过低	窑尾压力过低，同时伴有 ①窑尾温度偏低 ②三次风负压大，系统总负压小 ③负压指示失灵	①窑尾烟室结皮或积料 ②窑内用风量小 ③测压管堵塞	①处理结皮或积料 ②适当关小三次风阀，调大排风机风阀或转速 ③清理负压管
窑头出现正压	窑头出现正压，同时伴有 ①窑头返火倒烟 ②窑尾负压增大报警	①预热器塌料 ②窑内结圈严重 ③窑头排风机阀门自动调节失灵	①小股塌料可不动；大塌料时应减料，降低窑速，增加窑喂煤量，逐渐恢复正常 ②减少一次风，调整喷煤管旋流风和直流风比例，改变火焰长度，前后移动喷煤管，排风同时配合变化 ③手动开大阀门开度，并修复自动调节

故障	现象	原因分析	处理方法
各级预热器出口气体压力过高	各级预热器出口气体压力过高,同时伴有 ①喂料量变大 ②窑内通风量变大		①减少喂料量 ②调小窑尾高温风机转速,降低系统通风量
高温风机入口气体压力过高	高温风机入口气体压力过高	①窑尾高温风机阀门开度增大或风机的转速增加 ②烧成系统阻力增加	①关小阀门或调低风机转速 ②检查窑内、窑尾通风情况,看是否有堵塞、结圈现象
窑头收尘器进出口气体压差过高	窑头收尘器进出口气体压差过高	①冷却机余风过大 ②收尘器内部结构不合理	①调小窑头排风机入口阀门 ②改进收尘器内部结构

表 9-6　电流异常处理

故障	原因分析	处理方法
窑电流逐渐升高	窑内略有过少,窑况变强	提高窑速,降低窑头喂煤量或提高生料喂入量
窑电流逐渐降低	窑况变弱	降低生料喂入量,增加喷煤量,降低窑速
窑电流突然升高,然后突然下降	窑况过强,出现烧流现象	大幅度降低喷煤量,提高窑速;注意观察窑头状况,窑况变弱前增加喂煤量;增加篦冷机高温冷却风机风量
窑电流缓慢升高	火焰偏长,窑皮长厚	注意调短火焰
窑电流缓慢升高且有突然波动	部分小窑皮脱落,填充率增加	注意观察电流变化,略加喷煤量并注意篦冷机及破碎机电流
窑电流突然升高很多,然后逐渐下降	有大块窑皮脱落	降低窑速,增加喷煤量,降低生料喂入量
窑转一圈电流差逐渐变小	窑皮部分脱落,变得均匀	保持原操作,注意观察电流的进一步变化
窑转一圈电流差逐渐变大	窑皮部分脱落,变得不均匀	保持原操作,注意观察电流的进一步变化

表 9-7　气体分析异常处理

故障	现象	原因分析	处理方法
窑尾 CO 超标	①窑尾CO超标、负压减小,温度低 ②窑尾CO超标,烧成带温度低,窑电流下降	①窑内拉风太小 ②窑内供煤量过大	①适当减小三次风阀 ②适当减少窑用煤量
分解炉 CO 超标	①分解炉出口CO超标,窑尾温度高,分解炉出口温度低 ②分解炉出口CO超标,分解炉内煤量多,出口温度低,C_5出口温度高	①分解炉用三次风太小 ②分解炉供煤量过大	①适当增大三次风阀 ②适当分解炉窑喂煤量

参 考 文 献

[1] 胡道和主编．水泥工业热工设备．武汉：武汉工业大学出版社，1992.
[2] 陈全德主编．水泥预分解技术与热工系统工程．北京：中国建材工业出版社，1998.
[3] 陈全德主编．新型干法水泥技术原理与应用．北京：中国建材工业出版社，2004.
[4] 熊会思编著．新型干法烧成水泥熟料设备．北京：中国建材工业出版社，2004.
[5] 韩梅祥主编．水泥工业热工设备及热工测量．武汉：武汉理工大学出版社，1990.
[6] 王仲春编著．水泥工业粉磨工艺技术．北京：中国建材工业出版社，2000.
[7] 芮君渭，彭宝利主编．水泥粉磨工艺及设备．北京：化学工业出版社，2006.
[8] 周惠群主编．水泥煅烧技术及设备．武汉：武汉理工大学出版社，2006.
[9] 天津水泥工业设计研究院建院 50 周年论文集．2003.04.
[10] 南京水泥工业设计研究院建院 50 周年论文集．2003.04.
[11] 南京水泥工业设计研究院．铜陵海螺 5000t/d 熟料国产化示范线工程技术论文集．2003.01.
[12] 刘景洲主编．水泥机械设备安装、修理及典型实例分析．武汉：武汉理工大学出版社，2002.
[13] 曾志明，徐秉德主编．新型干法水泥培训教材．北京：中国建材工业出版社，2004.
[14] 刘志江．论我国水泥工业的可持续发展．水泥技术，2002（01）.
[15] 高长明．论我国水泥工业发展形势及前景预期．中国水泥网·网刊，2004（07）.
[16] 季尚行．我国新型干法水泥生产技术的进步与展望．水泥工程，2010（05）.
[17] 吴子荣等．低品位石灰石在新型干法窑上的应用．水泥，2000（03）.
[18] 《中国水泥》编辑部．原燃料预均化技术．中国水泥，2003（03）.
[19] 容红．莱歇辊式磨结构简介．当代水泥，1992（05）.
[20] 容红．TRM36.4 立磨的结构特点．中国水泥，2005（02）.
[21] 赵乃仁．辊式磨粉磨的运行机理及其选型原则的探讨．水泥工程，2004（01）.
[22] 李涛平．立磨在水泥工业中的应用．中国水泥，2002（11）（12），2003（01）.
[23] 王仲春．生料辊磨的大型化．水泥技术，1998（03）.
[24] 柴星腾等．辊磨参数探讨．水泥技术，1998（03）.
[25] 李继海．MPS 立式磨的控制．新世纪水泥导报，2003（02）.
[26] 许芬．TRM 系列立式辊磨的开发与应用．水泥技术，1999（02）.
[27] 邹莉，郭元东．ATOX-50 立磨操作浅谈．新世纪水泥导报，1999（01）.
[28] 梁颖涵．国内大型生料辊磨的应用现状和技术分析．水泥技术，2002（01）.
[29] 王晓星．ATOX 立磨的应用与维修．新世纪水泥导报，1999-02，1999-03.
[30] 潘正军．浅谈影响 MPS 磨机产量的因素．水泥工程，2003（04）.
[31] 邓小林等．HRM3400 立磨设计及在 2500t/d 生产线上的应用．中国水泥，2003（11）.
[32] 刘明．Atox 辊磨的应用．水泥技术，2002（03）.
[33] 姚天海等．ATOX 立磨的设计特点及最新改进．水泥工程，2004（03）.
[34] 李钟．MPS 5000BC 立式磨预粉磨水泥的应用．新世纪水泥导报，2000-01.
[35] 冷海波等．MPS3150 立磨主要操作参数的控制．水泥工程，2004（02）.
[36] 叶承君．ATOX 和 MPS 立磨在我公司的应用．水泥，2004（08）.
[37] 邓会令．辊压机生料终粉磨系统的操作和维护．新世纪水泥导报，2011-02.
[38] 屈松杰，琚瑞喜．生料终粉磨系统中立磨和辊压机的应用比较．新世纪水泥导报，2011-04.
[39] 李仁龙．中卸烘干磨的操作要点．新世纪水泥导报，2005-03.
[40] 李新萍，张汉林．中卸烘干磨、立磨和辊压机生料终粉磨方案比较．水泥，2010（10）.
[41] 余长才．顺昌水泥厂生料均化库的介绍．当代水泥，1992（01）.
[42] 梁颖涵．TP-1 型生料均化库的开发及应用．水泥技术，1999（05）.
[43] 陈涛．5000t/CDC 预分解系统的开发与设计．新世纪水泥导报，2003-06.
[44] 蔡玉良．预分解系统开发研究与设计方法的探讨．水泥工程，1996-03、1996-06.
[45] 陶从喜等．5000t/d 烧成系统技术开发．水泥技术，2002（04）.
[46] 陈庆十．5000t/d 生产线烧成系统国产装备的开发．水泥技术，2002（04）.
[47] 赵乃仁．分解炉内物理化学反应的起始条件和单位容积发热量．水泥工程，2000（01）.
[48] 李建锡．分解炉中 $CaCO_3$ 分解与煤燃烧的相互作用研究．水泥技术，2000（01）.

[49]   方景光等.LLH 水泥厂 TSD 型分解炉性能分析与评议.新世纪水泥导报，2003（02）.

[50]   江旭昌.回转窑托轮的调整.新世纪水泥导报，1999-02～06.

[51]   李建锡等.预分解系统结皮特征的研究.水泥工程，1999（01）.

[52]   江旭昌.回转窑煤粉燃烧器的发展、特点及选择.新世纪水泥导报，2008-01～03.

[53]   江旭昌.回转窑煤粉燃烧器空气动力学的分析与研究.新世纪水泥导报，2010-02～03.

[54]   高长明.新型双调节伸缩式喷煤管-Duoflex 型燃烧器.新世纪水泥导报，2000-04.

[55]   孔学标.回转窑煤粉燃烧器的技术进展.水泥，2000（12）.

[56]   袁晓艳，杨爱民.回转窑燃烧器的选择及使用.水泥技术，2010（03）.

[57]   谢国华.低 NO_x 燃烧系统的设计和操作.水泥工程，1999（03）.

[58]   张凯军.MP 型中速磨煤机在水泥厂的应用.新世纪水泥导报，2002（05）.

[59]   容永泰.九十年代初的篦式冷却机.当代水泥，1992（05）.

[60]   容永泰.往复篦式冷却机的发展.中国建材装备，1992（04）.

[61]   高长明.熟料冷却技术的新突破——SF 型交叉棒式篦冷机.水泥，1999（11）.

[62]   陶从喜，孙义飞.TCFC 第四代行进式篦冷机的研发及应用.中国水泥，2011（02）.

[63]   敬清海等.新型 S 篦冷机的研制与设计.新世纪水泥导报，2008-05.

[64]   贺云龙等.LBTF5000 第三代空气梁往复推动篦式冷却机的开发设计.新世纪水泥导报，2004-01.

[65]   陈友德.水泥生产的技术进展和耐火材料的发展趋势.中国水泥，2002（07）、（08）、（09）.

[66]   苑金生.水泥窑用耐火材料及其选择匹配.新世纪水泥导报，2003-02.

[67]   张子平等.水泥回转窑窑衬设计浅谈.新世纪水泥导报，1999-06.

[68]   范咏等.高性能耐火浇注料新品种.中国水泥，2003（05）.

[69]   韩仲琦.现代水泥粉磨技术的发展.山西建材，2000（03）.

[70]   徐建荣.三种类型的立磨水泥粉磨系统.水泥工程，1998（04）.

[71]   赵艳.几种典型水泥粉磨系统的比较.水泥工程，2010（03）.

[72]   张世才等.带辊压机的水泥粉磨系统工艺方案简述.水泥技术，2011（06）.

[73]   姚丕强.TRM 立磨粉磨水泥的操作结果.水泥，2009（11）.

[74]   胡斌等.TRMK4541 水泥立磨终粉磨设备及系统工艺研究应用.中国水泥，2010（12）.

[75]   赵大民等.谈我公司 HOROMLL 水泥粉磨系统.新世纪水泥导报，2002（06）.

[76]   王永春.BS780 型电收尘器在我厂的使用情况.新世纪水泥导报，2002（06）.

[77]   王渔贵等.LJP 系列袋式除尘器在新型干法水泥生产线上的应用.新世纪水泥导报，2003（03）.

[78]   吴善淦，沈玉祥.水泥工业袋式除尘器的应用.中国水泥，2002（11）.

[79]   李新华等.新型干法窑中控操作要点及常见故障处理.水泥，1999（10）.

[80]   徐秉德，预分解窑操作的体会.水泥，2004（04）、（05）、（06）.